仿生学导论

任露泉　梁云虹　著

科学出版社

北　京

内 容 简 介

学习、模拟生物与大自然的仿生学是驱动创新的重要途径，其高效、低耗、绿色、可续的仿生理念正成为人类经济发展和社会进步的科学理念与发展模式。今天，仿生学已成为活力最强、发展最快、应用最广的前沿学科之一。本书共14章，除系统介绍和阐述仿生学内涵的演进、仿生学基础理论、基本原则和主要方法与技术外，还通过多个方面的大量比照分析，阐释了生物是人类之师，人类是万物之灵，人类一定要向生物学习，也一定能学好这一仿生学的本源问题。本书具有系统性、前沿性、创新性和趣味性，特别是书中详述了大量生动实例和最新研究进展，将会让读者收获颇丰。

本书可作为仿生学、生物学、生物医学与健康、生态学、环境科学，以及工程技术等学科的教师、本科生、研究生的教学或科学研究的参考书，也可供相关学科专业的研究人员、技术人员和管理人员参考。

图书在版编目(CIP)数据

仿生学导论/任露泉，梁云虹著. —北京：科学出版社，2016.9

ISBN 978-7-03-050099-1

Ⅰ. ①仿… Ⅱ. ①任…②梁… Ⅲ. ①仿生-研究 Ⅳ. ①Q811

中国版本图书馆CIP数据核字（2016）第228920号

责任编辑：王 静 李 悦 / 责任校对：李 影

责任印制：赵 博 / 封面设计：北京铭轩堂设计有限公司

科学出版社出版

北京东黄城根北街16号

邮政编码：100717

http://www.sciencep.com

三河市骏杰印刷有限公司印刷

科学出版社发行 各地新华书店经销

*

2016年9月第一版 开本：B5 720×1000

2025年1月第七次印刷 印张：22 3/4

字数：456 000

定价：138.00元

（如有印装质量问题，我社负责调换）

前　言

仿生学是20世纪生物学与技术科学快速发展中产生的一门新兴交叉学科。自诞生以来，仿生学以其可续发展的强大生命力和充满原始创新的无限活力，飞速扩展到自然科学、技术科学和工程科学的众多领域，不仅如此，还拓展到人文社会科学领域，产生重大影响，并得到广泛应用。仿生学已发展成为多学科交叉融合，促进人类进步与发展的大学科。现在，很难举出一个例子说明一个学科、一个领域与仿生学没有关系。而且由于仿生学的发展，还产生了许多新的领域、新的学科。国内外许多高等院校和科研机构不仅开展了多个方向的仿生学研究，还创建了多个仿生分支学科与专业，培养仿生专业人才。许多企业，包括《财富》杂志排名世界100强的大公司也在采取措施，在企业落实仿生学。仿生学不仅是创新之道、创业之道，也是实践高效、低耗、绿色、可续的仿生理念解决经济与环境难题之道。仿生学受到越来越多的关注与重视，吸引越来越多的人去学习、去实践。然而，一直以来国内缺乏对仿生学进行系统性介绍的学术性书籍，而适用于高等院校和科研机构人才培养的仿生学教学用书国内也少见。鉴于此，我们撰写了本书。

笔者从事仿生学研究30余载，也担负着硕士生、博士生的指导与教学任务。2005年我校设立了仿生科学与工程硕士学位点和博士学位点，并开设了多门有关仿生学的课程，其中“仿生学导论”由我们承担，但一直未有正式的书面教材。当时也曾承诺撰写《仿生学导论》一书，但只是经过多年对仿生学的学习与积累，以及仿生科研与人才培养的实践与体悟，才在10多年后由任露泉和梁云虹合作完成本书的撰写，实现了夙愿。

本书由任露泉构思，拟订全书章节纲目，提供积累的相关资料，并对全书进行了统稿、修改、补充与完善；全书由梁云虹执笔，在国内外不同工作环境中，靠信念与毅力笔耕不辍，历经4年，6易其稿，最终完成初稿。这里要特别感谢李秀娟博士快速完整地多次打印书稿，并与分处国内、国外的作者及时有效沟通，得以如约完成书稿。

全书共分14章。

第1～3章，介绍了仿生学的基本概念，重点阐述仿生学内涵的演进，仿生学研究的内容、目标、特点与意义，进而对仿生学的分类进行了初步的尝试，最后阐释了仿生学四大基本要素及其之间的关系。主要回答：①什么是仿生学？②为什么要学习、研究仿生学？③仿生学发展的动力何在？④仿生学研究的内容是什么？

第4～10章，阐述了仿生学的本源问题：①人类为什么要向生物学习？特别是，为什么把生物、生活、生境和大自然都作为仿生模本？书中阐明，生物在许多方面强于人类，是人类之师，值得人类很好地学习。而生活、生境是仿生学不可或缺的重要仿生资源，大自然的运行机制与演化规律则是人类社会进步与经济发展之必需。②人类向生物学习，能学好吗？答案是，人类是大自然进化出的具有最高智慧的生物，是动物界中智慧思维和学习、掌控能力最强的物种，人类是万物之灵，完全能够向生物学好。

第 11 章，阐述仿生学的发展历程及其前景，回答人类向生物学得如何，亦即仿生学发展得怎样的问题。

第 12～14 章，阐释仿生学的基本原理、基本原则和主要方法与技术，这是进行仿生研究时应遵循的原则、依据的原理和常用的方法与技术。回答今后如何更好地向生物学习，如何更好地进行仿生研究的问题。

本书具有以下特点：①系统性。围绕前述 8 个基本问题，系统阐明了仿生学的基本概念、基本理论、主要方法及其发展规律，也阐明了仿生学在纵向不断发展与深化、横向不断扩展与拓展中，已成为发展脉络清晰、纵横交融、多学科交叉的横断学科。②前沿性。本书引用 *Nature*、*Science*、*PNAS* 等国际著名刊物最近年份发表的许多研究实例，介绍了仿生学一些热点领域的最新研究成果和正在进行的研究，以及仿生学的某些发展态势，展现了仿生学多学科交叉前沿研究的惊人进展。③创新性。在介绍仿生学基本概念的基础上，本书通过人类与生物多个方面的大量比照分析，阐明了生物是人类之师、人类是万物之灵，人类一定要向生物学习，而且一定能学好这一仿生学的本源问题。这一创新性的编排将会使读者受到启发。书中的部分内容出自作者的科研与教学成果，如仿生内涵的演进、仿生基本要素、仿生基本理论、仿生基本原则、生活仿生、生境仿生、非光滑形态仿生及耦合仿生等。这些内容是基于仿生研究的需要提出的，还需要仿生实践的进一步检验，以便更好地修正与完善，以使仿生学更好地发展。④趣味性。本书有意识地引入大量实例，不仅有仿生的经典范例和近年来的研究故事，更有生物和大自然的才智的精彩展现，犹如充满无穷奥秘的世界讲述一个又一个满含趣味与神奇的故事。目的是激发人们对生物、对大自然的敬畏与热爱，引导对仿生学的兴趣、关注与参与。

本书只是多姿多彩的仿生学世界的一个剪景。我们愿本书能使读者收获生物的灵感、自然的启示、仿生的理念，精神上回归自然，从而高效、低耗、绿色、可续地脚踏实地前行。

本书可作为仿生学、生物学、生物医学与健康、生态学、环境科学及工程技术等学科的教师、本科生、研究生的教学或科学研究参考书，也可供相关学科专业的研究人员、技术人员和管理人员参考。

本书在撰写过程中参阅和引用了国内外许多相关文献资料，在此，向所有原作者表示感谢。作者向关心、支持本书著述、出版的专家、学者和同事谨致谢意。

仿生学发展太快，应用太广，几乎每天都有新进展，每个领域都有新成果，作者思维难免时有跟不上发展形势，考虑不周全、挂一漏万之处；再者，限于作者学术水平和写作能力，书中难免有不当之处，敬请指正。

作　者

2016 年 5 月

目　录

第 1 章　仿生学基本概念

人类通过观察、辨识、分析和利用自然界的种种策略来解决面临的各种难题，自然界已成为各种技术思想和发明取之不尽、用之不竭的源泉，仿生学也取得了令人瞩目的成就，许多影响人类文明进程的重大发明都得益于仿生学。现今，仿生学正引领着一次又一次的技术创新，成为当代最引人注目、最具活力的前沿学科之一。那么，什么是仿生学？为什么要研究仿生学？仿生学研究的内容是什么？本章将予以回答。

1.1　仿生学含义

1.1.1　定义原则

人类在漫长的岁月里，不断地观察自然界，研究和模仿各种生物，发明创造各种工具和机器，由简单到复杂，由粗糙到精细，以适应生存和发展的需求。自 20 世纪 50 年代以来，人们已经认识到学习和模拟生物是开辟新技术的重要创新途径之一，许多工程技术人员和科研人员主动地向生物界去寻求新的设计思想和原理，于是，生命科学和工程技术科学结合在一起，互相渗透孕育出一门新的科学——仿生学。

那么，什么是仿生学？仿生学内涵怎么样界定？仿生学如何定义？虽然，美国斯蒂尔（J.E.Steele）博士在仿生学诞生的第一次全美仿生学术会议上就定义了仿生学，但随着仿生科学研究的不断深入、研究内容的不断丰富、应用领域的不断拓展，仿生学内涵与外延也在不断地变化。还应指出，多个相关学科交叉融合的实践，不仅催生了仿生学，而且也产生了仿生子学科；生物学基础研究引导的相关学科的仿生实践活动，也产生了相应的仿生子学科；工程领域重大或紧迫需求直接驱动的仿生原理指导下的实践活动，同样也产生了相应的仿生子学科。显见，实践活动不仅促动了仿生理念的萌生、实现与深化，催生了仿生学的诞生，而且相应地也产生了不少仿生子学科。这不仅使仿生学定义多样化，也使其与时俱进、内涵丰富。因此，仿生学不仅是基础研究、应用基础研究与应用研究紧密结合的交叉学科，亦是重在实践的应用生物学之一。还应注意到，不同的专业人员探究仿生学的奥秘会有不同的侧重点，当然，也会对仿生学产生不同的认识和理解。事实上，迄今为止，仿生学还没有一个严格意义上的统一而明晰的定义。但其基本内涵是明晰的，即首先是研究、认识生物；进而学习、利用、模拟生物；最后，在上述基础上，开发和研制人们需要的，同时具有生物一定功能特性的技术、方法或产品（包括自然科学、技术科学、工程科学、人文科学和社会科学领域的产品）。

简言之，仿生学基本内涵不可或缺的要素是生物，即仿生的模本；模拟生物形成的理论、方法、技术或产品可统称为仿生制品，是仿生学的目的，这里用制品一词重在其更广义；模拟是模本向制品转化的基本途径，仿生模拟是仿生学的重中之重。因此，仿生学定义的原则，除了应内涵准确、界定明晰外，还应与时俱进，适应时势需求，重视实践出真知；同时，亦要尊重不同学科领域不同研究人员对仿生学定义的不同认识、理解与阐释。事实上，从仿生学研究与应用的实践来看，仿生学的定义，有传统的与现代的，即使是传统与现代的定义，也都有广义与狭义之分。此外，还有不同专业人员从自身研究的立场和体验出发给出的更专业化、更领域化的定义。这也正是仿生学充满活力，蓬勃发展的体现。

由图 1-1 可以看出，仿生学定义的时变性很明显：①仿生目标由自控机到人工技术制品，到人工制品，到包含自然或人造生命及其组件的人工制品，再到发

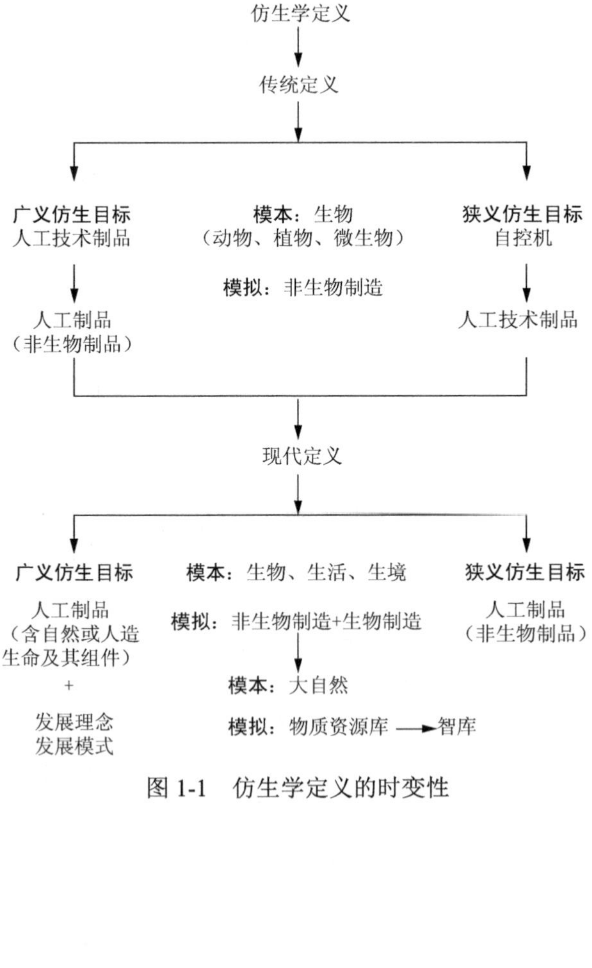

图 1-1　仿生学定义的时变性

展理念、发展模式，内涵在不断扩大与深化；②模本由生物（动物、植物、微生物）到生物、生活、生境，再到大自然，内容在不断丰富与拓展；③模拟由非生物制造到生物制造与非生物制造的结合，再到将大自然仅作为物质资源库变为智库，方法也在不断增加与创新。

本节着重分析仿生学的内涵及其定义的多样性、实践性和时变性，目的在于更全面、系统、历史地了解与认识仿生学，进一步明晰：①仿生学的核心是学习、模拟自然；②仿生学的重点是实践、是应用、是基础研究与应用研究的紧密结合；③仿生学活力无限，时时能生根发芽；④仿生学应用前景广阔，处处可开花结果。

1.1.2　斯蒂尔（J.E.Steele）定义

1960 年，美国斯蒂尔博士在美国第一届仿生学术会议上，把仿生学定义为，模仿生物原理来建造技术系统，或者使人造技术系统具有或类似于生物特征的科学[1]。从上述定义中可看出三个关键词，即生物、技术系统和模仿。显然，生物是仿生的模本；技术系统是仿生的制品，即仿生目标；模仿即模拟，是仿生设计与制造，是实现仿生目标，即将模本转化为仿生制品的途径和桥梁。在科学和技术不断发展的道路上，尽管人类很早便从生物界获得启示创造人工制品，但仿生学的诞生，一般以 1960 年全美第一届仿生学术会议的召开为标志。仿生学的光荣使命就是为人类提供最可靠、最灵活、最高效、最经济的接近于生物的技术系统，为人类造福。

1.1.3　传统定义

仿生学定义最早是从信息科学，更具体地说，是从控制科学与工程开始的，这从斯蒂尔的仿生学定义及第一次仿生学会议的主要议题——“生物系统所得到的概念能够用到人工制造的信息加工系统的设计上去吗”，即可明显看出。而从仿生学的传统狭义定义及其把电烙铁和手术刀“积分”在一起的图标更能直证之。仿生学传统狭义定义是“研究生物体接受、传递、加工及其机制，并将之作为模拟对象，来设计各种自控机的科学”。在仿生学研究不断深化的形势下，又产生了仿生学传统广义定义，即仿生学是“研究生物界各种各样的特征（包括物质、能量、信息等），并以之作为模拟对象，来改善现代技术设备并创造新技术”。显然，仿生学的目标从仅仅是自控机扩大到整个技术领域，即仿生制品从自控机扩大到人工技术制品。

随着仿生学向人文社会科学领域的发展，仿生制品中出现了非技术性质的人工制品，即仿生制品由“人工技术制品”扩展到“人工制品”，因此，“模拟生物制造人工技术制品”的仿生学定义变为“模拟生物制造人工制品”的广义定义。仿生制品从纯技术层面向包含技术层面在内的更多的层面拓展、扩容。

尚需指出，仿生学传统定义中，无论是狭义定义、广义定义，还是后来演变的定义，都是在下列条件下定义的：①仿生模本都是生物，即动物、植物、微生物；②仿生模拟都是非生物制造。显然，仿生模本内容没变，仿生模拟方法一样，但由于仿生领域由自然科学领域向人文社会科学领域拓展，仿生制品在质和量上都有了大的飞跃。

1.1.4 现代定义

经过亿万年进化的大自然，不仅拥有开启许多奇思妙想的金钥匙，也有实现这些构想的最佳办法。与人类建造的各种工厂不同，大自然通常不需要高温、高压等苛刻条件，它总能找到巧妙适宜的方法，利用现有材料，耗费最小的能量，制造出功能最优的“产品”，而不会有任何浪费。仿生学的出现，开启了人类由向自然界索取转为向自然界学习的新纪元，人类在长期的生产与生活实践中，总是自觉或不自觉地运用从自然界获取的信息去解决问题。

审视仿生学的发展轨迹可以清晰地看出，仿生学发展迅猛，已渗透到人类社会的众多领域，远远超出了仿生学诞生时所界定的范畴。在现代，随着人类对自然探索的不断深入，仿生学也经历了孕育—发展—成熟的不同历程，进入了一个全新的发展阶段。仿生学的定义也随着现代科学技术的发展，特别是与生命科学、医学、保健科学等的深入结合，得到进一步的丰富、拓展和提升。仿生学现代的狭义定义，即为仿生学传统的广义定义，而现代的广义定义可表述为，学习、模拟生物、生活和生境制造包含自然或人造生命及其组件的人工制品。定义中所体现的不仅是仿生模本从生物拓展到生活与生境的突破，更是仿生模拟实现了非生物制造与生物制造的紧密结合，而且仿生制品不仅仅是人工制品，而是直接包含有生命体或其组件，这些都是前所未有的，将会对正在孕育的新的科技革命和工业革命产生不可估量的深远影响。

现代广义定义中对仿生学还有进一步的表述，即仿生学是学习、模拟大自然，在建造的人工制品中实现回归自然的仿生发展理念和发展模式的科学。仿生学是解决人类面临的经济与社会发展的重大难题的一条有效途径。这既是仿生学的根本宗旨，亦是其最新发展。

与仿生学传统定义相比，可以看出，现代定义在研究内容上，人们已不再是仅仅模拟生物，还注重对人类生活以及人类与生物的生存环境（生境）所发生的一些现象进行探索，将一切对人类有用的信息进行仿生尝试，尤其是将生活与生境作为生活模本和生境模本，同生物模本一样进行仿生模拟。在实际需求的驱动及相关学科的渗透和影响下，现代仿生学的研究领域正变得越来越宽，已经远远超出传统仿生学的研究范围与深度。随着分子生物学、系统生物学、纳米技术、微机电技术等的发展，仿生学正向微纳结构和微纳系统仿生学、分子仿生学、细胞仿生学方向发展；随着人们对自身生活现象与生境奥秘的探索与揭示，将促进生活仿生学、生境仿生学、过程仿生学、能源仿生学等学科的发展；随着对基因组、蛋白质结构、脑与神经结构与功能认识的深入，将会推动以解读生命信息为目的的计算仿生学的发展；随着信息技术向网络和智能化方向发展以及神经发育生物学的助推,将会推动智能与认知仿生学、管理仿生学等学科的发展。例如，现今，仿生学在人文社会科学领域也充满着勃勃生机，经济仿生学的提出，为社会与经济发展提供了一种新的观察视角、新的参照标系、新的发展模式、新的运行法则。当人们为解决各种各样的经济难题而冥思苦想、绞尽脑汁时，经济仿生学可望给人们带来意想不到的灵感。

在模拟手段上，随着观测、试验、仿真手段的完善，特别是非生物制造与生物制造的紧密结合，使现代仿生学的模拟广度和深度得到进一步的强化。仿生学已不再是简单地对自然进行“形似”模拟的单元仿生，而是模仿生物多因素及其相互耦合、相互协同作用的原理而进行的多元仿生或耦合仿生，这更近于神似仿生。“神似”模拟是在形似模拟的基础上更注重对生物功能原理与规律的探究，以多元仿生为主，原理模拟为要。其是从概念、内容到方法上有质的变化的仿生理念，有望解决传统形似仿生难以解决的问题，将会产生更好的仿生效能。特别是，将大自然从仅仅作为物质资源库去索取，转变成作为人类经济与社会发展的智库，去学习、去模拟，这是仿生学对人类在人与自然关系上几百年来的认识的一次根本性的变革，必将产生重大而深远的影响。

在制造人工制品方面，随着仿生学与生命科学、医学、药学、物质科学、认知科学、纳米技术、信息技术、能源技术和制造技术等交叉渗透愈益深入，现今，仿生制品内涵更广，除了非生命的传统仿生制品外，已有包含生命组件和具有完整生命的仿生制品不断涌现。例如，2015 年 4 月，美国 3D 生物打印技术公司（Organovo）利用 3D 打印技术，将活细胞组合在一起形成可用的器官结构，成功地打印出全细胞肾组织[2,3]，如图 1-2 所示，这一成果有望帮助数以百万计患有肾脏疾病的人恢复健康。这些具有一定生命活性的仿生制品，在功能性、选择性、适应性、灵活性、灵敏度、抗干扰性、微型化等方面，与目前各种同类的传统仿生制品相比较，存在着明显的优越性。

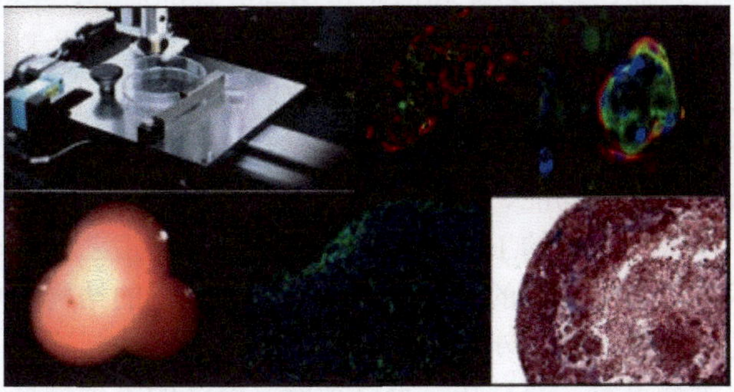

图 1-2　3D 打印全细胞肾组织[2]

从远古人类潜意识下的仿生活动，到现代科学与工程中的重大仿生设计，仿生的意识、理念和实践开辟了人类进步、社会发展和科技创新的独特道路。现今，在学科交叉的渗透和影响下，仿生学的研究内容有了进一步拓展，将生物、生境及生活中一切对人类需求有用的信息，均作为仿生模本被模拟。同时，仿生模拟也加快了从形似向神似迈进的步伐，仿生制品也从传统的非生命仿生制品向包含生命组件的仿生制品和具有完整生命的仿生制品方向发展。可见，现代仿生学显示出了无穷的生命力，它的发展和成就，将有力促进科学技术与文化的进步。

1.1.5 仿生学相关定义

仿生学深厚的内涵、丰富的内容、宽广的领域及其交叉学科的特点，使众多研究者如游大海、如翔蓝天，凭借自己的学识与领悟，从不同视角、不同层面阐释了对仿生学概念的理解与认识。本节重点介绍一些仿生学的相关定义，这对全面认识仿生学是有裨益的。

世界著名动物学家 Nachtigall[4]进一步简化了斯蒂尔提出的仿生学概念，他定义仿生学是“学习自然界的现象作为技术创新模式的科学”，其实质是“把从自然界学来的知识作为对独立技术形式的建议”。

1981 年，邵海忠[5]在《仿生学纵横谈》一书中提出，仿生学主要是“观察、研究和模拟生物各种各样优异的本领（包括生物本身的结构、各种器官的功能、体内物理和化学的过程、能量的供给、信息的加工、记忆与传递等)，以便将这些先进的性能移植到科学技术中去，来改善老的、创制新的各种自动装置和调节系统，为国民经济各部门的发展提供效率高、可靠性好、动作灵活、结构简单、体积小、重量轻、价格低、最经济的接近于生命系统的技术装置”，简言之，仿生学“就是观察、研究和模拟生物优异的本领，以便将这些先进性能移植到科学技术中去的科学”。

1982 年，文中坚和陈滇英[6]在《生物与仿生学》一书中提出，仿生学是“研究生物系统的结构性质、能量转换和信息传递与处理的原理，并将所获得的知识，用来改进和完善现有的科学技术设备、装置，以及为创造新的科学技术装备、建筑结构和新工艺提供原理、设计思想或规划蓝图”。

1990 年，郭奇珍和陈明得[7]在《仿生化学》一书中将仿生学定义为“仿生学是研究生物系统的结构、功能、能量转换、信息传递等各种优异特性，并把它应用到技术系统，以改善已有的工程设备，并创造出新的工艺、自动化装置、特种技术元件等技术系统的综合性的科学。通过对生物系统的结构与功能的研究，为设计和建造新的技术装置提供新思想、新原理、新方法和新途径。仿生学的使命就是要为人类提供最可靠、最精巧、最高效而又经济的类生物系统的技术系统，以造福于人类”。

1997 年，美国蒙大拿州著名生物学家 Benyus[8]在《仿生学：源于自然的创新灵感》一书中提出，仿生学是“研究自然模型并进行模仿，或者从自然设计和过程中获得灵感以解决人类的问题的科学”。仿生学用生态学的标准判断我们创新的可持续性，是观察和评价自然的新路线。

2003 年，印度著名生物医学家 Ramachandra[9]将仿生学定义为，简单地说，仿生学就是“模拟生物”，是一个力图通过生物模拟设计系统和合成材料的科研领域。

2004 年，路甬祥院士提出，“仿生学是研究生物系统的结构、性状、原理、行为以及相互作用，从而为工程技术提供新的设计思想、工作原理和系统构成的技术科学”[10]。

2005 年，于帆和陈嬿[11]在《仿生造型设计》一书中提出，“仿生学是一种设计思想，它是通过参考并模仿经过漫长时间考验的自然模式和繁殖来解决人类面临的难题的”。

2006 年，美国物理学家 Bar-Cohen[12]在《仿生学：受生物启发的技术》一书中指出，仿生学就是将自然界的发明创造资源作为人类创新的灵感的科学。

2008 年，巴西学者 Braga[13]在《仿生电子制作》一书中指出，仿生学可定义为一门利用生物进化成果的科学，并指出技术与自然界联系有三种方式，都可作为仿生方式或研究内容：①利用生物进化成果来制作设备；②将人工制作的装置直接与大自然结合，因为生物体或其某部分可以完成人工设备不能完成的任务；③生物体或其部分可以作为传感器向人工系统发射信号，同时，也可以接收信号并完成一些工作。显然，一是传统意义的仿生方式；二是将生命或其组件作为整个人工系统的传感器；三是将生命或其组件作为人工系统的组成部分，既是传感器，又是执行器。可见，仿生制品中直接融入了生命体或其组件，这不仅使仿生学研究内容大大拓展，其制品大大丰富，也使其模拟方法因顺应时势，更加多种多样。

2008 年，比利时学者 Pauli[14]在《蓝色革命——爱地球的 100 个商业创新》一书中指出，仿生学是学习自然界永续发展能力的科学。Pauli 指出，仿生学是通往永续发展的关键，自然生态系统巧妙运作，其中的每一位成员都能够彼此串接能源与养分，永远都有充足的资源供应万物，为万物带来了共同的效益。师法生态系统多年演化出的方案，采用生态制造，运用仿生来设计永续发展的蓝色经济，将会取得传统制造所无法媲美的成效。可见，仿生模本有了进一步拓展，不再是仅仅模拟生物，还注重对生态环境进行模拟，甚至将生态仿生作为蓝色经济革命的推手。

2015 年，Haman 在《创新启示——大自然激发的灵感与创意》一书中指出[15,16]，仿生学是运用从大自然得来的知识解决人类问题的科学。他还认为，人们每天会从大自然中获得启示，利用自然界的知识成果将地球和人类带入全新的黄金时代，而仿生学一定能将我们引领到这个时代中去。

此外，不同领域专业人员对仿生学的认识也各有独到见解。例如，①力学家认为，仿生学是“研究并模仿生物体大体结构与精细结构的静力学性质，以及生物体各组成部分在体内相对运动和生物体在环境中运动的动力学性质的科学”；②化学家认为，仿生学是“模拟生物体内的化学反应过程、物质输送过程及能量转换过程等的科学”，如植物的光合作用、微生物固氮等；③生物信息学家认为，仿生学是“研究与模拟生物感觉器官、神经元与神经网络及高级中枢的智能活动等方面的信息处理过程的科学”；④分子仿生学家认为，仿生学是“生物学家、设计师和工程师模仿自然的设计”，如研究与模拟生物体中酶的催化作用，生物膜的选择性、通透性，生物大分子或其类似物的分析和合成，等等；⑤材料学家认为，仿生学是“向自然界生物材料学习合成材料的工具”；⑥电子学家认为，仿生学是“学习生物系统处理生物信息的途径”；⑦生态学家认为，仿生学就是“向自然学习，尤其是学习自然界可持续发展的能力和机制”的科学；⑧工程师们认为，仿生学是“探索生物结构与功能的关系以进行人工设计与制造的科学”。

综上表明，①仿生学定义随着仿生学的进步不断深化与拓展；②不同学科领域专业人员结合自己专业与仿生实践提出种种定义，凸显了仿生学在具体学科专业领域的主导思想，亦彰显了仿生学与专业实际紧密结合所具有的生命力，是仿生学蓬勃发展的具体展现；③仿生学海纳百川，舞台宽广，活力无限，呈现出一片诱人的前景。

1.1.6 “仿生学”英文释义

仿生学是一门多学科交叉的综合性边缘学科，它是生命科学与工程技术科学相互渗透、彼此融合而产生的。美国斯蒂尔博士为新兴的仿生科学命名为“bionics”，是将具有“生命”方式之意的希腊文“bion”，与“具有……之性质”的“ics”组合而成的，意思代表着研究生命系统功能的科学。他认为“仿生学是研究以模仿生物系统的方式，或是以具有生物系统特征的方式，或是以类似于生物系统方式工作的系统的科学”。1963 年，我国将“bionics”译为“仿生学”。

1991 年，美国空军科学研究处提出“biomimetics”一词，意思是寻求生物学为材料设计和处理提供帮助。J.F.Vincent 教授对“biomimetics”一词给出一个更好的释义：从自然提取优秀的设计。随后，又出现了“biosmimesis/biosmimics”一词，由拉丁文“bios”（生命方式）和“mimesis/mimics”（模仿）组合而成。后来还出现了“biosimulation”、“biomachinery”这些词，都强调生物模拟是仿生学的精髓所在。从“bionics”到“biomimetics”，再到“biosmimesis/biosmimics”，标志着仿生学研究领域的不断拓展，它包括材料科学与工程、分子生物学、生物化学、物理学等许多学科，其研究内容相当丰富，即从生物材料形态和结构的仿生发展到材料制备的仿生，从生物材料的自愈合和功能适应性到材料的性能恢复和延长寿命及智能材料的仿生。

1997 年，美国蒙大拿州著名生物学家 J.M.Benyus 在《仿生学：源于自然的创新灵感》一书中，首次提出“biomimicry”一词，其释义是“仿生学是观察和评价自然的一种新方法，创新灵感源于自然”。这期间，也出现了“biognosis”、“bioinspirition”这些词，突出了自然启示、生物启迪对于仿生的重要性。“biomimicry”一词强调应用生态标准来判断人类创新的合理性，更强调人类不只是从自然世界索取什么，而是应向自然世界学习什么。

从“bionics”到“biomimetics”、“biosmimesis”再到“biomimicry”，从复制自然到吸取自然优秀的设计，再到受自然启发而进行的仿生“bioinsprition”，从简单的模仿生物“biosimulation”到强调仿生研究的跨学科、集成性，再到重视仿生研究的创新性和生态友好性，体现了仿生学学科发展方向的不断拓展，以及人们对自然界、对仿生学认识的不断飞跃。

1.1.7　工程仿生学

工程仿生学是面向工程，适应工程需求的仿生学，是仿生学与工程科学的交叉。工程仿生学是仿生学的重要组成部分、重要分支、重要领域；在仿生学的上、中、下游研究中，工程仿生学以中、下游为主（技术、工程产品），尤其突出工程背景的仿生；从工程需要出发，学习、模拟生物，研究目标重在技术发明与工程创造。

节能减材是汽车行业发展追求的重要目标，也是汽车工程领域的迫切需求。设计师从自然界中获取灵感，在汽车设计和材料选择中开始了“与大自然合作”的进程。例如，奔驰汽车公司 2005 年推出了一款仿生概念车，设计师发现，生活在印度洋—太平洋地区的热带硬鳞鱼——箱鲀，前脸非常小，身体比例与水滴类似。在风洞实验里，这种小鱼油泥模型的风阻系数仅为 0.06，非常接近理想流线型水滴的风阻系数 0.04。箱鲀身体构形可以让气流顺利地通过它的身体，几乎不会产生影响空气动力效率的紊流[17]。设计师根据箱鲀的身体构形，作为车身构形的方案，设计并制造出了一辆仿生奔驰车，其不仅整体构形满足空气动力学对高速运动形体的要求，而且，车前后部位凸起的翼，也是依据鱼翼构形设计的空气导流板，在超高速运行中起着一定的平衡作用，如图 1-3 所示。

同时，工程师们又从树木和骨骼的结构中得到启发，将其应用于奔驰车的骨架设计中。为了使应力均匀分布，树木会在最重要的受力点增加质量，而骨骼会在不需要的地方去除不必要的物质以便减轻整体质量。根据树木和骨骼等具有相对较轻的质量却拥有高强度的结构特征，为仿生奔驰车设计出了轻质骨架。通过测试表明，该仿生奔驰车的风阻系数仅为 0.19，同时，轻盈的车身及卓越的动力性能让该车的废气排量比普通车减少了约 20%。

图 1-3 仿生奔驰车[17]

为了解决拖拉机进水田作业的工程需求，原吉林工业大学的研究者模拟水牛在水田作业时的行走原理，提出半步行仿生理论，研制了多种仿生半步行轮及其行走机械[18-20]。这是我国农业工程领域在 20 世纪 70 年代始进行的工程仿生学应用的典型实例。

农业机械、工程机械、越野车辆等地面机械在松软黏湿地面行走或作业时，粘附严重，阻力大增，脱附减阻是地面机械的重大需求。吉林大学的研究者受动物遇黏不粘现象的启发，运用工程仿生学原理，提出并研发了非光滑仿生和耦合仿生理论与技术，研制出多种地面机械仿生脱附减阻机具，有效地解决了地面机械领域脱附减阻和一些工程技术难题[21-24]。

模仿大自然有无限的潜力和机会，有望提升众多工程领域原始创新能力。为适应科学和技术源头创新的需要，进一步推动经济实现跨越式发展，各国都在以积极主动的姿态迎接全球性竞争和挑战。工程仿生学将为工程技术创新提供新思路、新原理和新方法，将会促进感知更强、功能更优、运动更好、能耗更低、能效更高的各种仿生技术与产品的诞生。

1.2 仿生学研究内容

1.2.1 生物、生活、生境与大自然

1.2.1.1 生物研究

1）纯生物学研究

基于生物专业或对生物的兴趣，研究生物系统各个层次的结构、功能、行为、控制、生长发育、起源、进化，以及生物与周围环境的关系等，这是基础研究，也是仿生学的生物学基础。

人类的舌头能够探查到有害的化合物，保护我们不要误吞有害的东西，最新研究发现，人类的肺也同舌头一样能够感觉到吸入的有害物质，并对其作出反应。Shah 等[25]开展了一系列的有关人类呼吸道运动纤毛（其是衬覆于人类呼吸道的极小的细胞器，它能帮助肺脏咳出有害的吸入性物质）的试验，研究发现，这种毛发样的突起除了有机械性的功能外，还扮演着一种感官的角色。过去人们认为，仅原发性纤毛才具有这种化学感受器的性质。研究人员对人类培养的呼吸道组织进行了感受器相关基因的筛检后发现，这些组织会表达数种被称为 T2R 的苦味受体，在对运动中的纤毛施加苦味物质（如香烟的烟雾）时，会触发其细胞内钙的增加并加速这些纤毛的“摆动”。这些苦味受体可探查到进入呼吸道的有害物质，并启动纤毛的防卫反应以清除这些讨厌的物质。人类呼吸道纤毛结构和功能的缺陷与多种遗传疾病（如囊性纤维化）有关。因此，这一新的生物学研究成果，将为人类通过仿生治疗、攻克呼吸道疾病提供重要的生物学基础。

传统的生物进化论认为，生物的进化是以生物物种内的种群为单位独立进行的。在不同物种之间存在着生殖隔离，物种之间的杂交几乎是不可能的。英国、美国及西班牙科学家通过对英国常见的野草千里光（*Climbing groundsel* Herb）进行研究发现，不同物种之间也存在着基因交换。野草千里光是在 300 年前被植物学家引入英国的，科学家们在英国的千里光中追踪到了一小段特殊的 DNA 序列，它来自意大利西西里的开黄色花朵植物 *Senecio squalidus* 的“近亲”。这段 DNA 修改了千里光花朵，使其发生了变异，进化出了更加艳丽的头状花序，能更好地吸引传粉者授粉，如图 1-4 所示[26]。这一生物学研究表明，自然状态下的不同物种之间，偶尔也能够打破生殖隔离，发生遗传交谈（cross-talk），交换并保存有价值的基因，从而在进化时具有更好的适应性和更大的多样性潜能。自然的遗传交换能在种间转移重要的特征，就像人类一种语言的某些单词能被另一种语言吸收利用一样。这一生物学研究，为基因工程和医学仿生带来了新的前景。

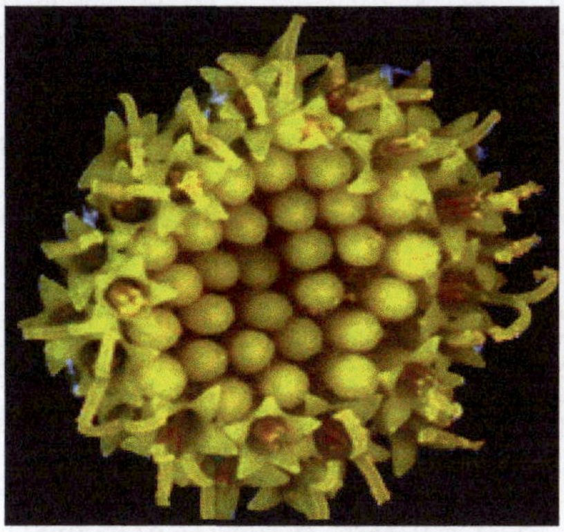

（a）千里光的意大利近亲的花序

（b）千里光的花序

图 1-4　千里光的花序[26]

所谓纯生物学研究，就是生物学科内的专业性科学研究，从仿生学视角看，所有生物学分支学科的研究都会与仿生学相系，亦即一切生物学的前沿研究，仿生学都要给予关注。这是因为，地球上的生命自诞生以来延续 38 亿年之久，是宇宙间稀有的现象。研究地球生命的过去和现在及其从过去到现在的演化轨迹、进化规律与发展机制，关注地球生命的未来，不仅是自然科学，特别是生命科学、生物学的主要任务之一，也是仿生学的重要任务之一。

纯生物学研究不仅是生物学领域的专业性研究，也是基于科学发展推动的仿生学的生物学理论与技术储备，研究时虽暂无仿生学应用背景，但却是仿生学发展不可或缺的基础性研究。

2）生物现象研究

在自然界中，千姿百态的生物、丰富多彩的生物现象以及种种现象之间错综复杂的相互作用关系，都蕴涵着深奥的机制，无时无刻不在展示其精妙之处，吸引着人类去探索，如生物节律、迁徙、向性、伪装、共生与寄生等。

世界上有许多国家和地区严重干旱，缺乏水资源，约有 22 个国家需要从空气中收集水用于饮用或灌溉。因此，研发集水技术、制造集水装置对解决水资源匮乏具有重要的意义。自然界中许多生物能从潮湿空气中收集水滴，从而使其能在干旱缺水的地区生存，这为人类研发集水装置提供了灵感。每个清晨，人们都会发现纤弱的蛛网上结满露水，具有极强的集水功能，这一生物现象，引起许多研究者强烈的好奇心，驱使人们进行探索。研究发现，蛛网在干燥环境下，由亲水性的蓬松胀泡（称为“puff”）组成，并周期性排列在两根主纤维上，如图 1-5 所示。然而，在遇到雾气纤维吸水被润湿后，胀泡结构变成纺锤结（称为“spindle-knot”），而贯穿其间的主纤维变为纤细的链接结构（称为“joint”），如图 1-6 所示[27]。值得一提的是，纺锤结和链接结构分别由无序交织和有序排列的纳米纤维结构组成，因而形成了表面能量梯度，同时由于曲率梯度还产生拉普拉斯压差，在这两个梯度力的协同驱使下，雾气可以连续不断地凝结而形成小尺度液滴，并从链接结构向纺锤结方向传输，形成较大水滴，悬挂在蜘蛛丝上。受蜘蛛丝集水这一生物现象的启发，科研人员制备了一系列具有纺锤结构的人造集水纤维，在曲率变化、粗糙度和化学组成的共同作用下，利用纺锤结构上不同聚合物亲疏水性能的不同，可以驱动数十皮升的水滴朝向或离开纺锤结构，如图 1-7 所示[28]。

生物现象伴随生命全过程，时有发生，常特异、新颖，机理隐秘，有时甚至是偶遇、偶发，容易引起人们的好奇、兴趣，甚至爱好，驱使人们去探索、去研究。由于人们好奇心所产生的探索生物现象奥秘的动力是难以估量的，其研究成果产生的影响也是不可估量的。虽然对生物现象的最初研究并无仿生学应用背景，但是，正是人类对生物奇异现象的好奇、对探索生物现象奥秘的兴趣和对明晰生物特异现象机理的向往，产生了对人类社会具有巨大价值的仿生发明与创造。

（a）蜘蛛丝集水

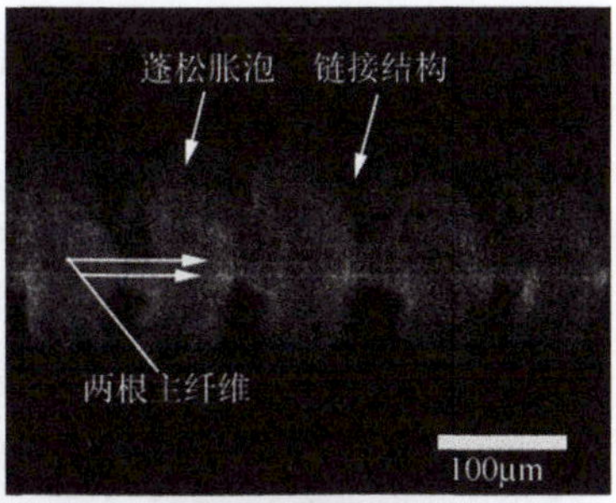

（b）蜘蛛丝结构

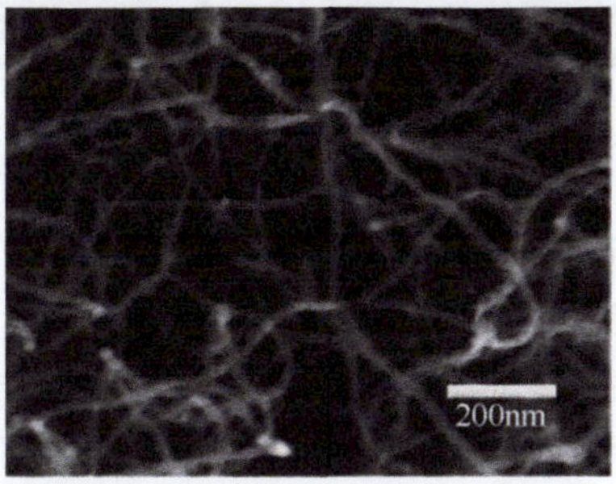

（c）蓬松胀泡结构放大

图 1-5　筛孔蜘蛛丝干燥环境下的结构[27]

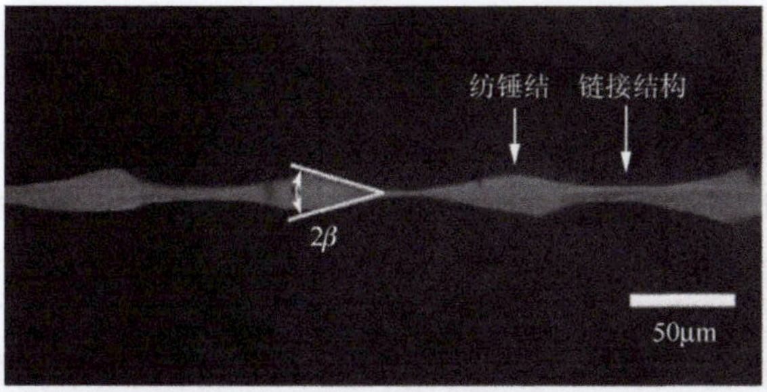

（a）纺锤结和链接结构周期排列

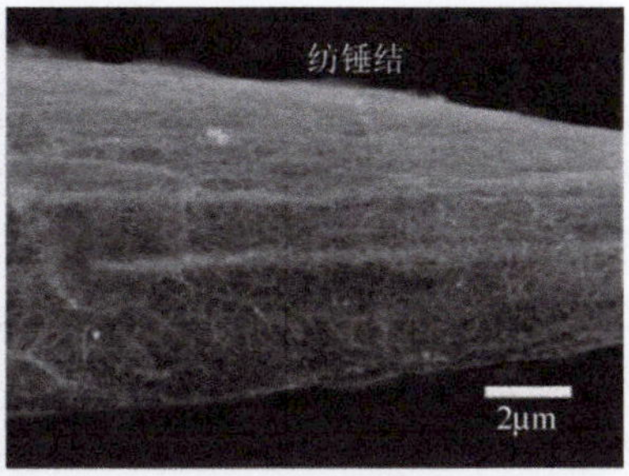

（b）纺锤结放大

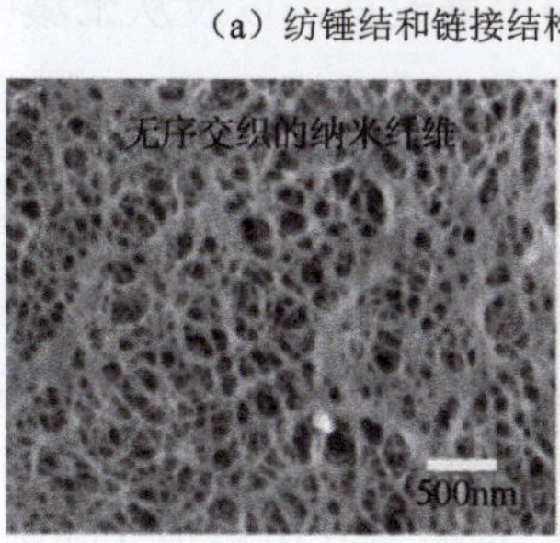

（c）纺锤结纳米纤维无序交织

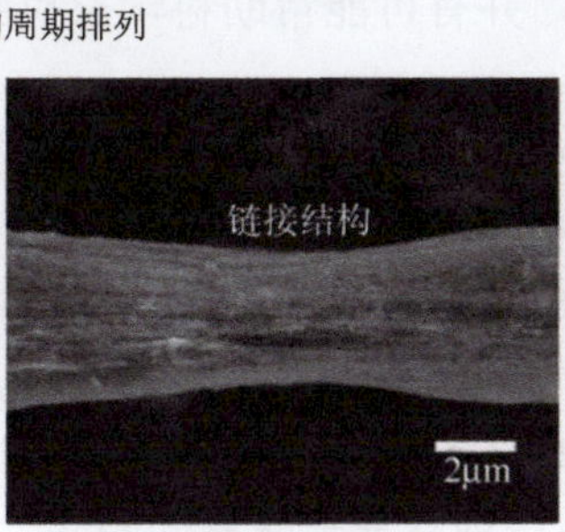

（d）链接结构放大

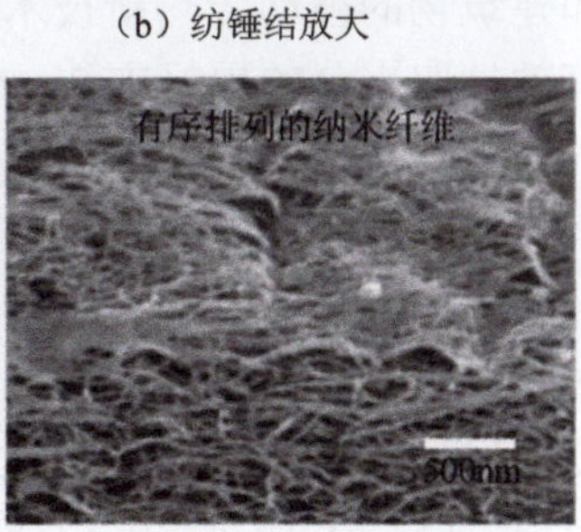

（e）链接结构纳米纤维有序排列

图 1-6　筛孔蜘蛛丝湿润环境下的结构[27]

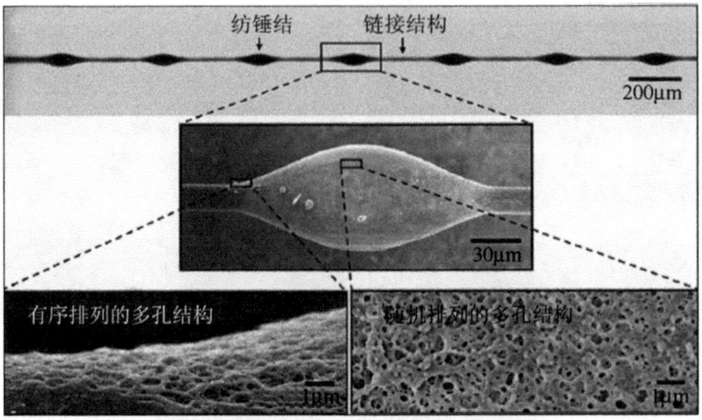

图 1-7　根据湿润环境下蜘蛛丝结构制备的仿生纤维[28]

3）生物学已有成果研究

对已有的生物学成果的研究主要有两个方面，一是大面积进行分析、提纯、凝练、归类、集成，为仿生学研究做好战略储备；二是带着明晰的需求，有目的地寻找有可能用于仿生学的生物学研究成果——这是应用基础研究，研究成果有潜在的或明确的仿生应用前景。

蒸腾作用是树木的一种内在毛细管作用，树叶表面水分蒸发后，土壤中处于负压状态的水（亚稳液态水）通过蒸腾拉力（transpirational pull）从根部被抽上来，经由树干抵达枝端，这一原理很早就被揭示。美国康奈尔大学的 Wheeler 和 Stroock[29]根据这一研究成果，研制出了世界首棵微流“合成树”，其由聚甲基丙烯酸羟乙酯水凝胶（水凝胶有极细的气孔，能把水分保留在气孔中，然后通过毛细管作用产生压力）中两个并列的圆圈组成，上面有均匀分布的模仿植物管道系统的微流通道，能在液相负压环境中抽取水分，水的传输方式与植物蒸腾作用相仿。微流 “合成树”的研制，不仅证明了树木和其他植物的蒸腾作用完全是一个物理作用过程，不需要任何生物能量，而且有助于运用仿生学原理开发用于汽车和建筑物的被动传热新技术，并有可能帮助科学家找到土壤改良，以及从土壤中有效抽取水分的更好方法。

为培育具有二氧化碳高吸收容量的作物，人们进行了广泛的寻找和不懈的探索。叶片下表皮的气孔是控制植物与大气之间进行二氧化碳和水交换的门户，气孔孔径由穿越防卫细胞膜的离子和代谢物的运输来调控，这一原理虽然被揭示许久，但此前一直没有发现气孔发育的正信号作用因子。近年来，在拟南芥（*Arabidopsis thaliana*）中发现了一种具有气孔诱导性质的蛋白质，被称为“气孔蛋白”（SLAC1）[30,31]。它是一种富含半胱氨酸的肽，仅见于新叶内组织（叶肉）层（而在侧根、根系顶部、整株脉管等组织中并未发现）中，其通过与细胞表面受体 TMM 结合来启动气孔细胞系的形成，如图 1-8 所示。这项对植物叶片呼吸作用原理的深入研究，为人类开发仿生气孔蛋白提供了可能：仿生“气孔蛋白”可望用来培育具有高气孔密度，从而具有高二氧化碳吸收容量的作物和树木，其不仅可以通过基因工程方法来培育，也可以通过喷洒合成“气孔蛋白”或相关合成肽的方法来培育。

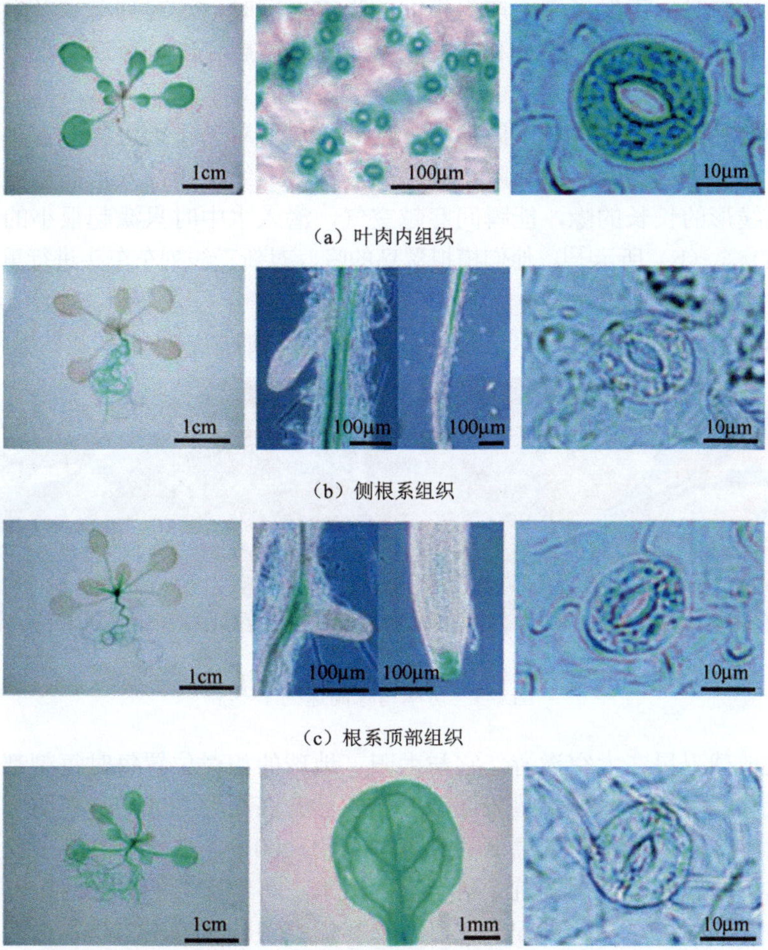

（a）叶肉内组织

（b）侧根系组织

（c）根系顶部组织

（d）整株脉管组织

图 1-8　拟南芥叶子与根系显微组织[30]

生物学已有成果研究的对象是生物学领域已被研究和已形成的成果，有仿生学应用的大背景，但多数暂无具体应用目标。现对其进行研究的目的就是要对已有成果的特点、规律、原理等进行归类或进一步系统深入分析，以备仿生学应用；抑或有具体应用目标，寻找适于目标应用的已有成果。

4）模本生物研究

根据工程实际需求，选择典型生物模本进行研究——这是应用基础研究，研究成果有明确的仿生学应用目标。

早在 1964 年，日本就制造出了第一列新干线列车，时速达 193 km/h，但如此快速的列车通过隧道时，总会发出震耳欲聋的噪声。研究发现，新干线列车以高速通过狭窄的隧道时，不断推挤前面的空气，形成了一堵“风墙”，其与隧道外面的空气相碰撞时，引发音爆，产生极大的噪声，同时，这对列车本身也施加了巨大的压力。新干线列车的设计和研发人员对这一问题仔细分析后，意识到新干线列车必须要像跳水运动员入水一样“穿透”隧道。为了获取灵感，他们开始研究善于俯冲的鸟类，并通过对不同鸟类观察分析，将翠鸟作为生物模本进行仔细研究发现，翠鸟生活在河流湖泊附近高高的枝头上，经常俯冲入水捕鱼，它们具有一个呈流线形的长长的喙，能瞬间穿越空气，潜入水中时只激起很小的水花，如图 1-9（a）、（b）所示[32]。他们模拟翠鸟的喙，对新干线列车车头进行重新改造，西日本铁路公司制造出了 500 系列列车，并于 1997 年投入使用，如图 1-9（c）所示。实践证明，这种列车噪声水平显著下降，而且行驶时阻力减小，能效提高约 20%。

（a）翠鸟　　（b）翠鸟潜水瞬间　　（c）仿生高速列车

图 1-9　仿翠鸟喙高速列车[32]

人造地球卫星在太空遨游，它与太阳、地球的相对位置每时每刻都在发生变化。当受到太阳辐射时，卫星表面温度会骤然升高至约 200℃，而阴影区域没有阳光照射时，进入到地球的温度又会下降至约-200℃，严重影响许多仪器的正常工作，这一问题曾一度困扰航天科学家。后来，科学家开始对生活在温差变化较大生境中生物的控温机制进行研究，并选择蝴蝶翅膀作为生物模本进行了深入的探讨。研究发现，蝴蝶翅膀上分布着一层细小鳞片，当气温上升或阳光直射时，鳞片自动张开，以减少阳光的辐射角度，从而减少对阳光热能的吸收；当外界气温下降时，鳞片自动关闭，紧贴体表，让阳光直射鳞片，从而，在外界温差变化较大时，其仍然能把体温控制在正常范围内。科学家受蝴蝶鳞片会随阳光的照射方向变化自动变换角度而调节体温的启发，将人造卫星的控温系统制成了百叶窗样式，每扇叶片两个表面的辐射散热能力不同，一个很大，而另一个非常小。百叶窗的转动部位装有一种对温度非常敏感、热胀冷缩性能特别明显的金属丝。当卫星温度急剧升高时，金属丝迅速膨胀，使叶片立即张开，使辐射散热能力大的那个表面朝向太空，从而帮助卫星散热，降低温度；当卫星温度突然下降时，金属丝会马上冷缩，使每扇叶片闭合，让辐射散热能力小的那个表面朝向太空，抑制卫星散热，起到保温的作用。科学家通过这种设计，保持了人造卫星内部温度恒定，从而解决了航天事业中的这一难题。

模本生物的研究就是带着工程中的具体技术难题到生物界寻找灵感，有明确的工程需求和具体的应用目标，且生物界已有的研究成果尚无或不能满足工程需求，必须在生物中优选符合工程需求的生物模本，通过研究后，将其功能结构原理直接进行仿生应用。

1.2.1.2　生活研究

以人类自身的自然生命、生活智慧、生活现象等为模本，提取人类生活的精髓，进行更贴近人们生活、更高层面的直接或抽象仿生。例如，仿生洗衣机洗涤方式的研发，正是以人们手工洗衣方式为模本进行创新的。传统洗涤方式多为波轮式搅拌，对衣物的磨损率与缠绕率较高。海尔集团模仿人们手工搓洗衣物的方式、力度、频率等，通过在洗涤桶内特设搅拌叶，并以其有规律地往复运动来实现对衣物的洗涤，开发出了仿生搓洗式洗衣机。

人类在自身生活中积累的经验、技能与知识为仿生创新提供了重要的资源，这样的例子在日常生活中比比皆是。例如，人类根据生活中加热物体所产生的传热现象，提出了传热学理论，并以此发明和改造了许多仪器与装备；瓦特根据水壶里的水沸腾产生的蒸汽把盖子顶起来的现象，改良了蒸汽机，蒸汽机的出现曾引发了 18 世纪的工业革命，直到 20 世纪初，它仍然是世界上最重要的原动机，后来才逐渐让位于内燃机和汽轮机等；牛顿根据苹果落地现象发现了万有引力，并提出万有引力定律，这是 17 世纪自然科学最伟大的成果之一，它把地面上物体运动的规律和天体运动的规律统一了起来，对以后物理学和天文学的发展具有深远的影响，在天文学和宇宙航行计算方面有着广泛的应用。人类利用自身独有的创造性思维在不断地发现自身生活中所蕴含的哲理，并以此为模本，发明新的技术与成果，使人类更好更科学地生活。

1.2.1.3　生境研究

生境即人类与生物生存的环境，这里主要指自然环境、自然生态，以及常见的或偶发的自然现象，是人类赖以生存不可或缺的条件，亦是人类发展的基本保证。生境，尤其是许多自然现象深蕴的机理与规律，有望为人类解决工程技术难题提供重要启示，甚至可能为人类长远健康发展奉献有效的指引。这是仿生学又一重要资源，是又一重要仿生模本。现今，人类越来越重视自然环境、自然生态和自然现象的神奇、奥妙和巨大的潜能，探索自然本身的景观、现象、原理与规律等蕴涵的奇妙力量，开展模仿生境机理与规律的仿生研究。例如，常见的云变雨现象，人们根据雨水形成的过程与原理，选择合适时机，用飞机、火箭向云中播撒干冰、碘化银、盐粉等催化剂，使云层降水或增加降水量，进行仿生降雨，以解除或缓解农田干旱、增加水库灌溉水量或供水能力，或增加发电水量等。不仅如此，人们还根据自然降雨现象中的雨滴强度、密度等特性，发明了仿生人工降雨模拟器，对雨强与雨滴大小进行控制，实现最大限度利用水资源并减小对土壤的侵蚀。人们还根据自然环境中沙漠表面非光滑形态的稳定性原理，研发了航天、航空发动机的火焰稳定器；人们还模拟自然生态的构建原理与变化规律，开展生态仿生研究，开发了人造生态系统。

1.2.1.4 自然界运行规律研究

仿生学的根本宗旨就是学习、模拟大自然的运行法则。在前述的生物研究与生境研究中，探讨了作为生物模本的生物个体，具体的生物群体，以及作为生境模本的具体的自然景观、自然生态和自然现象。这是对自然界具体生物进行的相对独立的研究，当然，这也是对大自然的有益探索。但从仿生学宗旨而言，还需要研究生物与天然生境构成的自然界中，生物不同种类间存在什么样的关系？如动物、植物与微生物间，动物或植物不同种群间等；生物与天然生境间又存在什么样的关系？自然界中的物质、能量与信息是如何产生、传输、转换和利用的？这些关系是如何变化的，遵循什么样的法则？这是仿生学应研究与回答的问题。特别是，当人类的发展理念和经济发展模式与大自然不协调，人类面临重大的经济难题和严重的环境危机时，上述问题更是仿生学必须探讨、必须回答的最重要、最迫切的问题。

1.2.2 工程技术需求

1.2.2.1 人工制品需求性研究

研究人工制品工程需求的迫切性和重要性，明晰人工制品的功能性，了解人工制品采用传统与常规方法制备时所难以解决的问题。通常情况下，工程需求是多样的，应该单元或多元功能择重、择优选择。

1.2.2.2 人工制品与生物功能特性相似性分析

在对人工制品需求性进行分析后，寻找与其具有相似功能特性的生物模本，分析人工制品与生物模本之间的相似程度，从中优选出最合适的生物模本。例如，制造仿生犁壁，需要解决的就是降低土壤与犁体表面的粘附、摩擦，减小耕作阻力。自然界中，蜣螂、蚯蚓、蝼蛄等土壤动物具有能够在黏湿的土壤中自由穿行的特性，这与犁壁的触土特性相似。研究发现，土壤动物触土部位普遍存在几何非光滑特征，如凸包形[图 1-10（a）、（b）]、鳞片形、刚毛形等[33]。这种非光滑体表与土壤相互作用时产生微振效应、水膜不连续效应和界面空气膜效应，不仅使粘附界面产生一定频率和振幅的微动，减少与土壤的接触面积和静接触时间，还能使粘附界面的水膜呈不连续分布，使动物体表与土壤间产生局部空气膜，从而减小土壤与动物非光滑体表的粘附力和摩擦力。因此，可以提取土壤动物体表非光滑特征，对犁体表面进行设计，以实现脱附、减阻的目的。

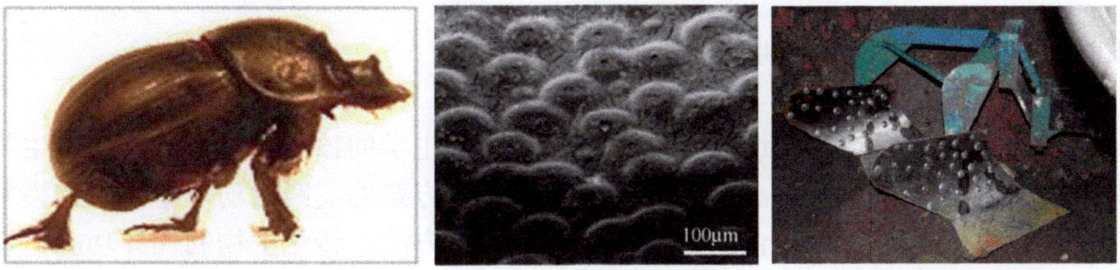

（a）蜣螂　（b）蜣螂头部凸包形态　（c）凸包形仿生犁壁

图 1-10　蜣螂头部形态及仿生犁壁[33, 34]

1.2.2.3　人工制品仿生实现的可行性分析

人工制品仿生实现是不同于传统的或常规的设计与制造途径，具有创新性，其可行性研究包括功能的优异性、原理的科学性、技术的先进性、经济的合理性、环境的适应性及制造条件的可能性等。例如，模拟蜣螂头前部“推土板”设计仿生凸包形犁壁，如图 1-10（c）所示[34]。首先，要考虑在不同的土壤和耕作条件下，为了达到最好的仿生能效，凸包形单元体的形状、尺寸、分布类型、分布密度等设计参数及其优化组合的方案是否合理可行；其次，要考虑能否通过现有的生产技术制造出满足精度要求的仿生犁壁，且制造成本低、效率高等，如当小规模生产凸包形仿生犁壁时，可否采用在普通犁壁表面焊接或粘结凸包形单元体的分步多次成型工艺，而在需要大批量生产时，可否采用开式模热锻压的整体一次成型工艺。

1.2.3　仿生转化

广义地，仿生转化应包括以下 5 个方面的内容。

（1）有需求，无模本，转化就是寻求合适的模本，将需求转化到模本上去。

（2）有模本，且已有一定的研究成果，但暂无需求，转化就是要寻求合适的需求，将模本研究成果转到需求上去。

（3）有需求，亦有模本，转化就是模拟，就是寻求最优的仿生模拟，进行最佳的仿生设计与制造，这是仿生学最常用的转化。

（4）仿生制品工程化，转化就要求：①工程技术资料规范、齐全、完整；②制备工艺合理；③质量上乘，即通过一系列工程化细节，使仿生制品技术可信、工艺优化、质量可靠。

（5）仿生制品产业化，转化就是在工程化基础上，将仿生制品转化为可规模生产的成型产品，且要能生产、能售出、能赢利。

总之，仿生转化就是将模本与需求紧密联结在一起，并通过生物模拟，将模本成果转化为仿生理论与技术、仿生制品与产品，同时，构建仿生创新基地与平台，为仿生制品及其工程化、产业化提供新的研发理念与技术。

1.2.4 仿生制品设计与制造

仿生制品的设计与制造，即仿生模拟，是仿生学的核心内容，它是将从生物界获得的信息变成有望解决工程技术问题的具体方案的实践活动，即将生物模本信息与工程研究对象相结合，采用一定的技术与方法，转化生物的优异功能，设计并制造出满足工程技术需求的人工制品。在仿生设计与制造的全过程中，在分析制品仿生实现可行性的同时，还要充分考虑各个环节及其整体的优化，即实现全程优化、全面优化和整体优化。

美国宾夕法尼亚大学西切斯特分校流体动力学专家、海洋生物学家 F.E.Fish 教授发现，座头鲸的鳍状肢边上存在具有垒球大小的球形结节，它们可令鲸鱼快速在海洋中游动[35]，如图 1-11（a）、（b）所示。Fish 教授将一个 3.65 m 长的鳍状肢模型放入风洞进行测试发现，这些结节可将从鳍状肢上方经过的空气分成不同部分，可以减小空气阻力，就像毛刷穿过空气一样。利用这项研究，Fish 教授为风扇设计出边缘有隆起的叶片，令其空气动力学效率比标准设计提升 20%左右[36]。他还成立了一家专门生产这种叶片的公司，用以改善全世界工厂和办公大楼的风扇性能。同时，利用这个理念，在风力发动机涡轮叶片上增加一些结节，如图 1-11（c）所示，大大提高了涡轮机的效率[37]。

（a）鲸鱼鳍状肢　（b）肢上球形的结节　（c）仿生风力发动机涡轮叶片

图 1-11　鲸鱼鳍状肢和仿生涡轮叶片[35, 37]

生活在非洲纳米布沙漠的一种甲虫 *Stenocara* 的背部翅膀也具有集水功能，研究发现，这种甲虫背部翅膀上密密麻麻地分布着许多山峰状突起物，如图 1-12（a）所示；突起物顶部光滑，没有其他物质覆盖，具有亲水性，如图 1-12（b）所示；突起物侧斜面和周围底面覆盖着披有蜡质外衣的微米结构，由直径为 10 μm 的平滑半球呈规则的六角形排列而成，如图 1-12（c）所示，具有超疏水性。甲虫翅膀表面这一凸一凹的集水和排水构造，为其在这种干旱多雾的环境中获取了生存的水资源。大雾来临时，沙漠甲虫身体倒立，雾中微小水珠会凝聚在亲水的突起物上，越凝越大，使得水珠的重量对接触面积的比例越来越大，当毛细管张力固定不住这些水珠时，水珠就会滚落，顺着超疏水部位慢慢流入甲虫口中，从而实现集水功能[38]。

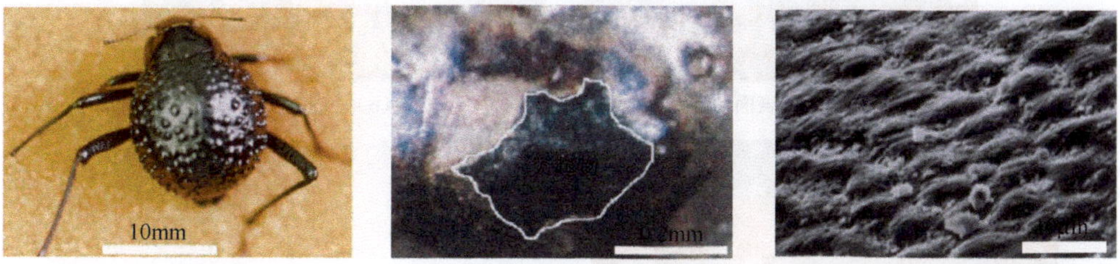

（a）沙漠甲虫　（b）翅膀上的突起物形貌　（c）突起物的半球形微米结构

图 1-12　沙漠甲虫及其翅膀的微观结构[38]

沙漠甲虫翅膀表面亲水与疏水区域的结合是其集水的关键，这一发现可以用于机场减雾，集水灌溉，还可以用于多雾干旱地区集水等。例如，西班牙拉斯帕尔马斯海滨地区的名为“水剧场”的圆形露天剧场，其表面就是模仿甲虫翅膀的表面结构而设计的，能够从空气中获取水并有效蒸馏海水，利用获取的淡水浇灌农作物，如图 1-13（a）所示。又如，仿甲虫结构制备的“露水库”水壶器皿，其背部的脊状结构能够收集露水，器皿的凹线处可以把凝集在上面的水珠收集在一起，并流到底部的圆环容器中，水很容易进入这个圆环容器，通过底部的出水孔把水倒出来；不集水时，还可以用来盛水，如图 1-13（b）、（c）所示。此外，模拟这种甲虫集水翅膀表面的特点，可以制备具有不同浸润性的材料，如 Zhai 等[39]在超疏水表面上利用一种聚电解质溶液制备亲水性的陈列图案，在亲水图案上选择性地沉积多层膜可以使不同的区域产生不同的浸润性，如图 1-14 所示。这种集水表面在可控药物释放涂层、户外的微流体器件及芯片等领域具有潜在的应用前景。

（a）仿甲虫剧场集雾器　（b）仿甲虫水壶　（c）缺水地区使用的仿生水壶

图 1-13　仿甲虫集水制品

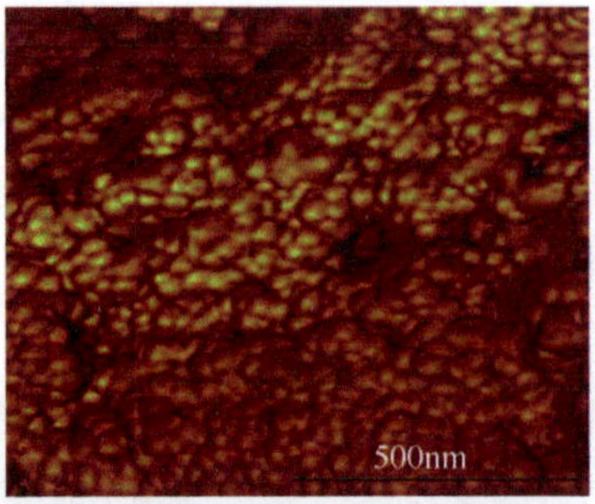

（a）疏水表面

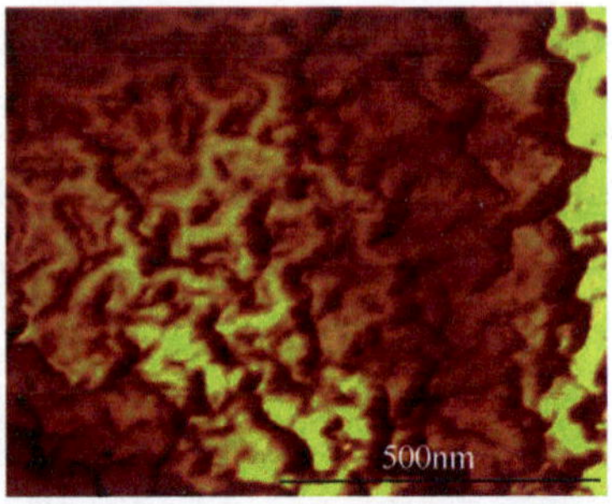

（b）亲水表面

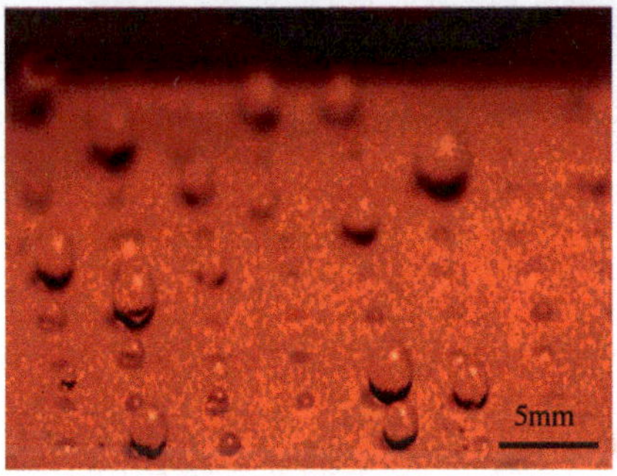

（c）水滴在带有亲水陈列图案的超疏水表面上

（d）水滴在（c）图中亲水区域的放大

图 1-14 具有不同浸润性的仿生材料[39]

显见，从上述仿生事例可以看出，仿生设计的关键在仿生，即要将生物模本中可仿生的功能特性的精华在设计中展现出来，要用仿生统领设计，指导设计，使仿生成为设计的灵魂，否则，就是一般设计。仿生制造的关键在制造，要创新制造技术与装备，或集成一切可利用的制造技术与装备，真正造出体现仿生设计灵魂的制品，否则，就是一般制造或传统制造。

仿生设计与制造的制品是仿生的，目标明晰；设计技术与方法可以是传统的、常规的，也可以是仿生的，但应有创新性；同时，制造技术、工艺与方法可以是传统的、常规的，也可以是仿生的或是集成的，但也应有创新性。

1.2.5 仿生成果评价

仿生成果评价研究是指依据明确的目标，按照一定的标准，采用科学的方法，对仿生成果的功能、品质、属性等进行量化，并对量化结果作出价值性的判断。仿生成果评价范围不仅包括仿生全过程产生的各种成果，而且还包括对仿生效益与仿生效率的评价。

综上所述，在整个仿生学研究中，生物、生活、生境模本研究是仿生学的理论基础，是仿生学不断推陈出新的源头和关键环节；工程技术需求是仿生学研究的动力，受工程技术需求驱动，人类将会以更积极的态度向自然界学习，从而引领仿生学向更深、更广层面发展；仿生转化是仿生学研究的技术基础，是研发仿生制品的必由之路，正是由于工程技术需求源源不断，仿生转化才蓬勃发展；仿生制品设计与制造是仿生学研究的主要目标，创新地设计与制造出具有各种特性的人工制品是仿生学的核心研究内容；仿生成果评价研究是仿生学成果提升的关键，通过仿生成果评价，量化仿生效能，从而加强薄弱环节的改进，促进高效环节的进一步提升。因此，仿生模本、仿生需求、仿生转化、仿生制品与仿生评价研究相互作用、有机链接，共同促进了仿生学的发展，是仿生学取得重大突破的关键。

1.3　仿生学研究目标

仿生学的研究目标，就是既快又省地获取既多又好的自然发现、技术发明、工程创造和思维创新。

1.3.1　自然发现

自然发现，就是对自然环境、自然生态和自然现象的奥妙的第一次揭示与阐释。仿生学首要的也是最基本的目的和任务，就是要不断揭示生物、生活和生境中隐藏的种种秘密。这些秘密不仅存在于动物、植物和微生物中，也存在于人类自身，存在于我们周围，存在于我们生活和工作的时时处处。一个发现可能产生一个新的仿生领域，形成一个新的仿生子学科，甚至可能改变人类的生活，改变人们的理念。人类社会、科学技术就是在人们不断地发现中前进的，仿生学也是在自然发现的不断涌现中拓展、深化、蓬勃发展的。自然发现是仿生学的理论基础，是技术发明、工程创造、思维创新的源泉。

显然，自然发现是自然科学领域研究的核心，也是仿生学研究的核心目标。世界是一个有机的整体，万物存在着不同程度的内在联系，看似毫不相干的领域，由于一个自然发现，由于仿生学，就可能紧密地联系在一起。下面介绍两个例证。

海洋贻贝的足丝能够坚固地附着在岩石上，研究发现，足丝由纤维核和呈颗粒状的角质层构成，如图 1-15 所示，其中，角质层中富含一种称为多巴（dopa）的氨基酸，其是一种强劲的粘合剂，能粘到几乎所有的表面[40]。同时，角质层中还含有特别多的铁离子，呈集束性分布。多巴和铁的致密交叉耦合使得足丝具有高的硬度，而交叉耦合较少的区域，则具有高的延展性[41]。这一生物学发现，为制备可用于科技、生产、医学和生活等众多领域的高粘附材料、强韧性材料提供了重要的仿生思维。

（a）贻贝

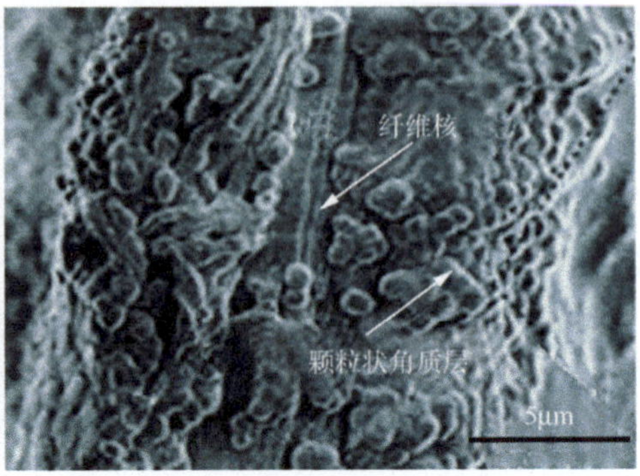

（b）足丝结构

图 1-15　贻贝的足丝[40]

美国密歇根州立大学的研究人员发现，一类被称为地杆菌的细菌，体表上长着由蛋白质组成的丝状细长的菌毛，其能够导电，通过还原周围环境里的铀金属（向铀金属添加电子）来获取能量[42]。溶解在水里的铀经过还原后，会变得难以溶解，从而缩小污染范围，并且很容易被清除掉。研究发现，如果没有菌毛，铀的还原反应是在细菌内部进行的，这会伤害到细菌自身。而有菌毛时，大部分反应围绕着菌毛完成，这不仅扩大了反应过程中可用于电子传输的空间，还拉远了铀与细菌的距离，提高安全性。同时，地杆菌细胞的呼吸酶在接触铀之后，有菌毛的细菌呼吸酶活性更高，因而生存能力更强，菌株生长更快。由于菌毛的成分是蛋白质，可以比较容易地往上面添加不同的官能团，来调节菌毛功能。因此，这一生物学发现，不仅为治理核试验造成的铀污染提供了一种新技术，而且也为治理其他核污染或一些金属元素的放射性同位素（如锝、钚和钴等）的污染，提供了新的思路。

自然界的生物具有各种奇特的功能特性，为人类技术发明提供了不竭灵感，促动人们进一步去发现、去揭示。自然发现就是要发现生物、生活、生境模本的内在机制与变化规律，为仿生设计提供新理念、新思维、新理论。

1.3.2　技术发明

技术科学领域研究的核心是技术发明，没有发明，就没有技术的进步，就没有人类社会的发展。对于仿生学，技术发明是在基于三生（生物、生活、生境）模本功能特性与原理进行仿生模拟过程中，研发的具有知识产权的新技术、新方法、新工艺、新仪器等，这是仿生学的技术基础，工程创造的关键，也是仿生学研究的一个重要目标。

人和许多生物都具有自愈合、自修复的功能。例如，人体骨骼产生裂纹时，其能通过蚀骨细胞（osteoclast）和成骨细胞（osteoblast）进行重建。蚀骨细胞可以侵蚀骨头，它们在死亡的骨头中产生通道或者管道，然后，通过这些管道将成骨细胞送到损伤的位置，慢慢生成新的骨骼。英国布里斯托大学的研究人员受骨骼自修复的启示，发明了一种材料自修复的仿生技术。其通过溶模（lost wax）的方法，将一个管道系统引入到高分子复合材料中，如果材料发生了损伤，就可以将一种修复用的树脂注入这些管道中，对损伤的部位进行修复[43]。试验发现，通过这种仿生技术修复的复合材料的抗压强度可以达到损伤之前的97%。根据生物自愈合、自修复原理，美国卡内基梅隆大学和日本九州大学的研究人员合作，共同研发出一种经紫外线照射，能多次自我修复的仿生技术，其原理是利用原子之间反复形成共价键，进行材料自我修复。通过这种技术生产出的聚合物材料，是由三硫代碳酸盐（trithiocarbonate）交叉连接而成，碳原子和三个硫原子结合在一起，其中的两个硫原子的第二个键位又与其他碳原子结合，这样形成的整体结构就具有了特殊的性质，即在紫外线照射下能够重组[44]。光照会使三硫代碳酸盐中的一个碳—硫键断裂，生成两个根（拥有一个不成对的自由电子的分子）。这种根非常活泼，很容易与其他的三硫代碳酸盐发生反应形成新的碳—硫键，在打破其他分子键同时又产生更多更自由的根。这种链式反应会一直进行，直到两个根再次互相反应才停止。试验表明，将切开的边缘紧密地压在一起，用紫外线照射，边缘处会通过根的重组而长在一起；即使切成小碎片，只要把碎片压在一起进行照射，也能融合成一片完整的材料，如图 1-16 所示。利用这一生物学原理，可发明多种可反复进行仿生自修复的材料制备技术，同时，也为研发新型的可循环利用的绿色材料提供了可能。

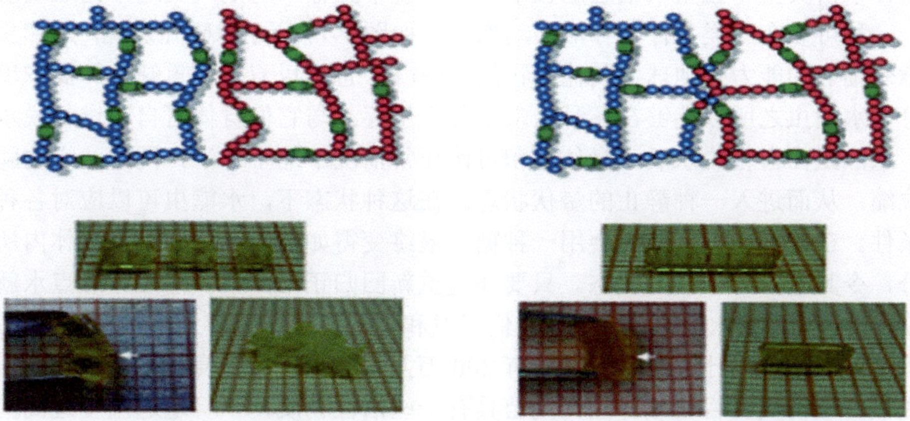

（a）紫外线照射前　　（b）紫外线照射修复后

图 1-16　可多次自修复的聚合物材料[44]

阿根廷为了解决冬季取暖季节能源短缺问题，核能工程师华尼科受蝴蝶翅膀鳞片调温方式的启发[45]，发明了一种节能屋顶。首先，在屋顶的最上层安装一个可收放的卷帘，分为反光和透光两部分。卷帘下面安置太阳能热水器，其面积正好覆盖整个屋顶，并与地下室的水箱、室内散热片、生活用水龙头相连接。在夏季，打开反光卷帘减弱阳光的照射，同时，把地下室较凉的水送到屋顶，通过水的蒸发进一步降温，在室内发挥冷辐射的作用；在冬季，使用透光卷帘，允许阳光穿透，同时，白天把储水箱的水送到屋顶吸收阳光热能，夜间再把这部分热水收回，输送到室内的散热片之间循环，发挥暖气的作用。华尼科的仿生发明，节能效果好，成本低，尤其适合在广大乡村推广。目前，阿根廷政府已经专门拨出资金，在南部博尔森市建设示范房。

上述例子表明，从仿生学的视角看，技术发明的源头在三生模本的功能、结构、原理及其仿生转化过程中的技术难题；技术发明的重要动力在自然发现和仿生目标实现的引发，在现实与未来的需求。发明就在身边，发明就在当前。

1.3.3 工程创造

工程科学领域研究的核心是创造，对于仿生学而言，工程创造就是在仿生制品工程化、产业化过程中，制造的仿生产品、营造的仿生系统、建造的仿生工程，比传统的好，比非仿生的好，蕴含新创意、新技术。工程创造是仿生学，尤其是工程仿生学的最终目标。

任何仿生学中的工程创造都离不开三生模本，离不开自然发现和技术发明。一个小小的动物、植物和微生物或其部分都可能承载一个大大的工程，这就是仿生学创造的奇迹。例如，一种名为水熊虫（water bear）的缓步类节肢动物，可以同时在宇宙真空和强太阳辐射的极端恶劣环境下生存，这是人类迄今为止发现的唯一一种可以在此类条件下存活的动物[46]，如图 1-17 所示。研究发现，水熊虫能够承受辐射的能力是地球上其他动物的 1000 倍，也可以忍耐严重缺水和高浓度的盐分。水熊虫之所以能够在各种极端条件下生存，与它们身体可自动进行脱水有关。水熊虫在自行脱水后，身体体积可比正常情况下缩小一半，同时，它的腿也会收缩，从而进入一种静止的蛰伏状态。在这种状态下，水熊虫可以应对各种极端条件。在此期间，水熊虫会用一种糖（最终变得如玻璃般坚硬）替代体内所有水分，令其陷入一种假死状态。只要环境重新回归正常，其只需要一点点水就又能焕发生机。受到水熊虫的启示，人们研发和生产出一种保存疫苗的仿生防腐剂。据世界卫生组织估计，全世界每年有 200 万儿童死于疫苗本身可以阻止的疾病，如白喉、破伤风、百日咳。因为疫苗具有一些活性物质，一旦遭遇温度过高的环境会立即死去，所以，将疫苗安全送达需要它们的地方极为困难。人们根据水熊虫在极端环境中的代谢转换原理，经过工程化途径，最终制造出了特殊的仿生防腐剂产品，可以将疫苗内的活性物质变成盖玻片水珠，令疫苗在酷暑中也能存活一周。

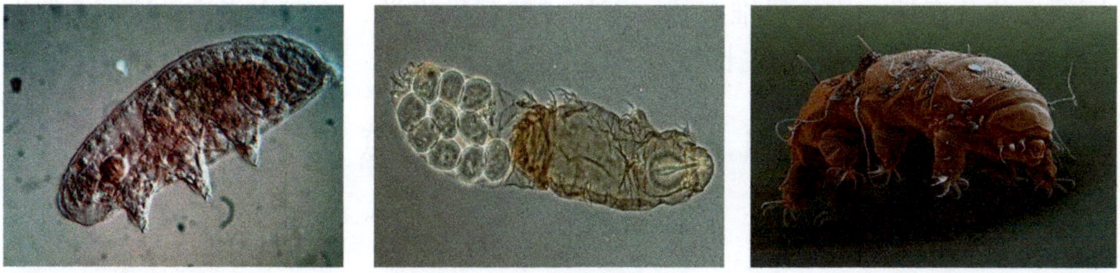

（a）侧面照　（b）仰面照　（c）立体照

图 1-17　水熊虫

http://tieba.baidu.com/p/616419421

迄今为止，人类通过向自然界寻找、学习和模仿，不仅找到了技术创新的新思路、新理论和新方法，而且，开发和制造出了许多仿生产品和仿生工程系统，解决了人类社会发展需要解决的诸多问题，满足了人类生产和生活所需。例如，仿飞蓬草滚动制造车轮；福特公司的仿甲壳虫车、奔驰公司的仿鲀鱼车、吉利公司的仿熊猫车；各种各样有足、无足仿生机器人；等等，都是仿生工程的创造。人类还根据飞鸟的空气动力学原理，发明制造了飞机；根据金枪鱼快速、灵活的特性，发明制造了新一代仿生潜艇；根据植物、动物及其巢穴、壳卵等的构造原理，建造各种仿生建筑，融结构美、力学美和艺术美于一体，其中的许多世界闻名；根据自然生态原理，构建了仿生生态系统；根据萤火虫把化学能转变成光能的发光原理[47]，发明了日光灯，同时，又用化学方法人工合成了荧光素，用于特殊环境下的照明；根据植物叶片表面自清洁原理[48]，发明了具有自清洁功能的涂料、瓷砖；等等。再现生物功能特性的仿生工程创造不胜枚举，仿生工程正成为众多工程领域中一颗活力无限的新星。

1.3.4　思维创新

思维创新是仿生学研究的又一个重要目标，仿生学研究的全过程，即从需求分析、模本优选、模型构建、相似模拟，到制品研发，再到工程化、产业化，最后满足需求评估，逐步实现自然发现、技术发明和工程创造的仿生目标，全过程不断展现各种创新，这也是仿生学活力无限的根本保证。

实质上，这种仿生全程创新源于思维创新，即仿生过程中理念的创新，思路的创新，思维模式、思维品质与思维方法的创新，以及思维能力的提升。没有思维创新，就很难有效实现自然发现、技术发明和工程创造的仿生目标。

思维创新不仅是全程创新，也是可续创新，这是仿生学研究的最本质的特征。在仿生学研究中，思维创新蕴含的是发散思维、开放思维、辩证思维和智慧思维。这种创新思维不断积淀、凝炼和升华而形成的仿生思维，不仅可以增强好奇心，提高探知力，优化克难制胜的思维路线，而且可以提升思辨能力，激发灵感，缩短顿悟的孕育期，增加思维智慧。正如《智慧思维学》一书中指出的[49]，“仿生学——人类智慧思维的新生长点”。

1.4 仿生学研究特点

1.4.1 新兴、前沿

虽然仿生学的历史可以追溯到许多世纪以前，但仿生学是一门新兴前沿学科，通常认为，1960 年美国召开的第一届仿生学学术会议是仿生学诞生的标志。从诞生、发展，到现在短短 50 多年的时间内，仿生学的研究成果几乎遍及科学、技术、工程和人文社会科学的所有领域。仿生学的问世开辟了独特的科学技术发展道路，即探索自然界天然蓝图的奥秘，设计并实现人类科学技术发展美好前景的道路，深深地改变着人们的理念，大大开阔了人们的视野，显示了极强的生命力。

仿生学具有无止境的前沿，开启了向自然界学习的新纪元，其吸纳和运用生物学最新的理论与最新成果，采用最先进的方法和技术，在生物学和工程技术之间架起了一座桥梁，为解决工程技术难题，甚至人类社会发展面临的重大问题，提供了十分有益的帮助。

1.4.2 学科交叉

仿生学是生物学和技术科学相融合的交叉学科，它的研究涉及许多学科。仿生学不单单只是模拟生物的卓越功能，并巧妙和精确地应用到工程技术上，同时，仿生学还通过对自然界所发生的一些不利现象进行探索，究其因果，思之对策，科学预测及有效控制危及人类正常生活与安全的严重灾害。可以说，仿生学几乎与所有的学科都有着密切的关系，其已经形成为诸多学科交叉、融合的大学科。

1.4.3 原创性强、生命力强

仿生学是促进科学技术创新，尤其是原始创新的重要途径和动力源泉。经过 35 亿年进化的生物界，一直是人类产生各种技术思想和发明创造灵感的不竭源泉，模仿生物有着无限的潜力和机会，更能提升原始创新的能力，实现新技术、新产品的发明与创造。

仿生学充满活力，生命力强，原因在于仿生学将最新理论、最前沿的技术与工程实际最新的需求、最迫切的需要相结合，这种结合越紧，活力越强。不仅如此，仿生学可持续创新的本质，也会激发仿生研究强大的活力。

1.4.4　上、中、下游研究紧密结合

仿生学的性质决定其上、中、下游研究，即仿生学的基础研究、技术研发和应用研究，必须紧密结合，研创出新的仿生成果。企业、学校、科研机构相互配合，发挥各自优势，形成强大的研究、开发、生产一体化的先进系统，并在运行过程中体现出综合优势，这是仿生成果产生和转化的必要条件。仿生学的上、中、下游，不仅是仿生学研究不可或缺的重要环节，也是仿生成果之所以创成的三个不同阶段。

1.4.5　可续发展

仿生学可续创新的本质决定着仿生学理论研究永无止境，仿生技术开发和仿生制品研制生机勃勃，仿生成果工程化、产业化方兴未艾，仿生学正向着更宽广、更深入的方向可续发展。自然发现越来越多，技术发明越来越多，工程需求越来越多，进一步激励、推动着三者的仿生结合，引领更多学科、更多领域产生更多的仿生成果。

1.5　仿生学研究意义

1.5.1　开启向自然学习的新时代

自然界生物在亿万年优胜劣汰的进化过程中，为了生存、自卫、竞争和发展等各种需求，优化出了许多优异的结构和特殊功能，为人类科学技术创新带来了意想不到的灵感。路甬祥院士指出："人的创造欲是科技创新的根本动力，自然和社会是我们认知和创新服务的对象，也是我们学习的最好老师"[10]。从古至今，自然界一直是启迪人类无意识和有意识仿生行为的源泉，人类在文明进化的过程中不断受到来自自然界的启示，现今，更是开启了向自然界学习的新纪元。生命科学、物质科学、认知科学、纳米技术、信息技术、能源技术和制造技术等与仿生学融合、汇聚或是集成，将缔造全新的研究思路和全新的发展模式，将拥有巨大的发展潜力，产生不可估量的效能。模拟自然有着无限的潜力，有着更多的突破，更重要的是促进原始创新能力的大大提升。

1.5.2　加快揭示生物奥秘的步伐

在自然选择的法则下，生物经过 35 亿年的进化，逐渐具有各种与生存环境高度适应的功能特性，成为对生境具有最佳适应性和高度协调性的系统。仿生学的

意义在于加快揭示生物奥秘的步伐，将 35 亿年生物界进化的成果，作为技术发明和工程创造的天然蓝本。

35 亿年生物进化优化的具体成果所承载的生物奥秘是丰富多彩的。例如，35 亿年的生命演化与协同进化过程优化了生物体宏观与微观结构、形态与功能；优化了生物的运动方式与行为；优化了能量与物质传输、转化、代谢、存储及利用体系；优化了信息产生、传递、处理和调控能力；优化了脑与神经系统的结构与功能；优化了遗传、发育、再生、复制、调控、组装的过程与机制；优化了修复、代偿、抗逆、抗毒、免疫机制；优化了生物对环境的适应能力，与其他生物间相互依存、协同进化的能力；等等。上述这些都是技术创新和工程创造最好的参照。

1.5.3 促进生物进化优化成果的应用

仿生学的研究意义还在于，将 35 亿年生物进化优化的成果作为技术发明的参考，促进生物进化优化成果的转化与应用。目前，基于生物 35 亿年进化优化成果而进行的仿生应用举不胜举，如仿生装备、仿生运动系统（飞、跑、跳、爬、走、游等）、仿生材料（复合、梯度、智能、自修复等）、仿生能源（生物对各种能源的利用，常温、常压下能源的转化，等等）、海量信息高效处理与控制的仿生、仿生智能（生物计算机等）、仿生遗传工程（基因改进，转基因昆虫、植物等）、仿生医学工程（人造心脏、肺脏、皮肤、肌肉、骨骼等器官与组织等）、自适应仿生、协同仿生、耦合仿生等。

仿生学对促进科学技术日新月异的发展，特别是对战略技术、核心技术的促进尤为强劲；对促进发展模式（科学、技术、工程、经济、管理等）的创新，尤其对跨越式、自主式和优质集成式创新更为有效。仿生学研究为有效解决当前经济社会发展的重大问题提供新的选择，特别是对经济全球性竞争、经济社会发展局部失衡、资源环境危机和国家安全威胁等面临的难题的有效解决，具有重要意义。

参 考 文 献

[1] Steele J E. How do we get there? Bionics symposium: living prototypes-the key to new technology. September, 1960, 13-15.

[2] Uzarski J S, Xia Y, Belmonte J C I, et al. New strategies in kidney regeneration and tissue engineering. Current Opinion in Nephrology and Hypertension, 2014, 23: 399-405.

[3] Desrochers T M, Suter L, Roth A, et al. Bioengineered 3D human kidney tissue, a platform for the determination of nephrotoxicity. PLoS One, 2013, 8: e59219.

[4] Nachtigall W. Einfuhrung in Biologisches Denken und Arbeiten. Heidelberg： Quelle Und Meyer, 1975.

[5] 邵海忠. 仿生学纵横谈. 南昌: 江西人民出版社, 1981.

[6] 文中坚, 陈滇英. 生物与仿生学. 南宁: 广西人民出版社, 1982.

[7] 郭奇珍, 陈明得. 仿生化学. 北京: 化学工业出版社, 1990.
[8] Benyus J M. Biomimicry: Innovation Inspired by Nature. New York: William Morrow and Company, 1997.
[9] Ramachandra P R. Biomimetics. Sadhana, 2003, 28: 657-676.
[10] Lu Y X. Significance and progress of bionics. Journal of Bionic Engineering, 2004, 1: 1-3.
[11] 于帆, 陈嫣. 仿生造型设计. 武汉: 华中科技大学出版社, 2005.
[12] Bar-Cohen Y. Biomimetics: Biolosically Inspired Technologies. New York: CRC press, 2006.
[13] Braga N C. 仿生电子制作. 毕树生, 译. 北京: 科学出版社, 2007.
[14] Pauli G. 蓝色革命——爱地球的 100 个商业创新. 洪慧芳, 译. 台北: 天下杂志出版社, 2008.
[15] Haman J. 创新启示——大自然激发的灵感与创意. 王佩, 郭燕杰, 译. 北京: 中信出版社, 2015.
[16] Haman J. The Shark's Paintbrush: Biomimicry and How Nature is Inspiring Innovation. United States: Nicholas Brealey, 2013.
[17] Bhushan B. Biomimetics: iessons from nature-an overview. Philosophical Transactions of the Royal Society A: Mathematical Physical and Engineering Sciences, 2009, 367: 1445-1486.
[18] 陈秉聪. 步行车辆理论及脚踝设计. 北京: 机械工业出版社, 1991.
[19] 方亚彬, 陈秉聪. 仿生人造牲畜疾走步态动步行的基础研究. 农业机械学报, 1995, 26: 19-22.
[20] 陈秉聪. 土壤——车辆系统力学. 北京: 中国农业机械出版社, 1981.
[21] 任露泉. 土壤粘附力学. 北京: 机械工业出版社, 2011.
[22] Ren L Q, Li J Q, Chen B C. Unsmoothed surface on reducing resistance by bionics. Chinese Science Bulletin, 1995, 40: 1076-1080.
[23] Ren L Q, Deng S Q, Wang J C, et al. Design principles of the non-smooth surface of bionic plow moldboard. Journal of Bionic Engineering, 2004, 1: 9-19.
[24] Ren L Q, Wang Y P, Li J Q, et al. Flexible unsmoothed cuticles of soil animals and their characteristics of reducing adhesion and resistance. Chinese Science Bulletin, 1998, 43: 166-169.
[25] Shah A S, Shahar Y B, Moninger T O, et al. Motile cilia of human airway epithelia are chemosensory. Science, 2009, 325: 1131-1134.
[26] Kim M, Cui M L, Cubas P, et al. Regulatory genes control akey morphological and ecological trait transferred between species. Science, 2008, 322: 1116-1119.
[27] Zheng Y M, Bai H, Huang Z B, et al. Directional water collection on wetted spider silk. Nature, 2010, 463: 640-643.
[28] Bai H, Tian X L, Zheng Y M, et al. Direction controlled driving of tiny water drops on bioinspired artificial spider silks. Advanced Materials, 2010, 22: 5521-5525.
[29] Wheeler T D, Stroock A D. The transpiration of water at negative pressures in a synthetic tree. Nature, 2008, 455: 208-212.
[30] Negi J, Matsuda O, Nagasawa T, et al. CO_2 regulator SLAC1 and its homologues are essential for anion homeostasis in plant cells. Nature, 2008, 452: 483-486.

[31] Sugano S S, Shimada T, Imai Y, et al. Stomagen positively regulates stomatal density in arabidopsis. Nature, 2010, 463, 241-244.

[32] Serna J G, Barrig′on L P, Cocero M J. New trends for design towards sustainability in chemical engineering: green engineering. Chemical Engineering Journal, 2007, 133: 7-30.

[33] Ren L Q. Progress in the bionic study on anti-adhesion and resistance reduction of terrain machines. Sciencein China Series E: Technological Sciences, 2009, 52: 273-284.

[34] 任露泉, 梁云虹. 生物耦元及其耦联方式. 吉林大学学报（工学版）, 2009, 39: 1504-1511.

[35] Fish F E, Battle J M. Hydrodynamic design of the humpback whale flipper. Journal of Morphology, 1995, 225: 51-60.

[36] Fish F E, Weber P W, Murray M M, et al. The tubercles on humpback whales' flippers: Application of bio-inspired technology. Integrative and Comparative Biology, 2011, 51: 203-213.

[37] Fish F E, Laurens E H, Mark M M. Hydrodynamic flow control in marine mammals. Integrative and Comparative Biology, 2008, 48: 788-800.

[38] Andrew R P, Chris R L. Water capture by a desert beetle. Nature, 2001, 414: 33-34.

[39] Zhai L, Berg M C, Cebeci F C, et al. Patterned superhydrophobic surfaces: toward a synthetic mimic of the namib desert beetle. Nano Letters, 2006, 6: 1213-1217.

[40] Lee H, Dellatore S M, Miller W M, et al. Mussel-inspired surface chemistry for multifunctional coatings. Science, 2007, 318: 426-430.

[41] Harrington M J, Masic A, Andersen N H, et al. Iron-clad fibers: a metal-based biological strategy for hardflexible coatings. Science, 2010, 328: 216-220.

[42] Cologgia D L, Pastirk S L, Speers A M, et al. Extracellular reduction of uranium via Geobacter conductive pili as a protective cellular mechanism. Proceedings of the National Academy of Sciences, 2011, 108: 15248-15252.

[43] Norris C J, Meadway G J, O'Sullivan M J, et al. Self-healing fibre reinforced composites via a bioinspired vasculature. Advanced Functional Materials, 2011, 21: 3624-3633.

[44] Amamoto Y, Kamada1 J, Otsuka P H, et al. Repeatable photoinduced self-healing of covalently cross-linkedpolymers through reshuffling of trithiocarbonate units. Angewandte Chemie International Edition, 2011, 50: 1660-1663.

[45] Lou S, Guo X, Fan T, et al. Butterflies: inspiration for solar cells and sunlight water-splitting catalysts. Energy & Environmental Science, 2012, 5: 9195-9216.

[46] Bertolani R, Altiero T, Nelson D R. Tardigrada（water bears）. Encyclopedia of Inland Waters, 2009, 3: 443-455.

[47] Nakatsu T, Ichiyama S, Hiratake J, et al. Structural basis for the spectral difference in luciferase bioluminescence. Nature, 2006, 440: 372-376.

[48] Barthlott W, Neinhuis C. Purity of the sacred lotus, or escape fromcontamination in biological surfaces. Planta, 1997, 202: 1-8.

[49] 陶伯华. 智慧思维学. 长春: 吉林人民出版社, 2010.

第2章　仿生学分类

仿生学已经渗透到几乎所有的学科领域，与不同层面的众多领域和学科交叉互融，产生许多仿生学子学科。仿生学科不仅研究内容丰富、种类繁多，而且其分支学科相异较大，并不断产生新的分支子学科。为了系统、全面地认识仿生学纵向发展和横向拓展的脉络，以便不同仿生分支学科的应用，以及学科间的沟通、交流与合作，特设此章，初步尝试分类，仅供参考。

2.1　仿生学分类原则

迄今，仿生学还没有统一的分类标准，更没有系统的分类实践。本书根据众多仿生工作者对不同学科领域仿生研究的实际从方便研究与应用的角度进行的传统归类，基于我们几十年仿生研究的实践和当前的需要，从便于学习、便于把握、便于应用的角度，对仿生学分类进行初步尝试。仿生学初步分类的基本原则是，传统与现代相结合、形式与内容相统一、纵向与横向相衔接、交叉渗透相融合，既要科学合理，符合分类学基本要求，又不拘泥于之，一切以利于仿生学学科发展为要。

2.1.1　传统与现代相结合

仿生学是一门建立在多学科交叉融合基础上的综合性学科，相关的基础学科包括生物学、电子学、数学、物理学、化学、医学、信息学、材料学、机械学、计算机科学等。仿生学的研究内容也极其广泛，无论是宏观还是微观、整体还是局部、结构还是功能，只要生物系统比技术系统有明显优点，都值得人们去模仿，都是仿生学的研究内容。由于仿生学涉及学科众多，研究内容广泛，所以其分类也相对复杂，但一般遵循传统分类与现代实用相结合的原则。

传统仿生学没有严格科学意义上的分类，只是根据不同学科领域的研究情况的大致分类，如力学仿生、分子仿生、能量仿生、信息与控制仿生等。例如，以往，将研究生物体大体结构与精细结构的静力学性质，以及生物体各组成部分在体内相对运动和生物体在环境中运动的动力学性质的仿生统称为力学仿生，如为减少应力集中、提高建材承载力而模仿贝壳结构力学性能修建的大跨度薄壳建筑；模仿股骨结构建造的立柱；为减小阻力提高行进速度而模仿鲨鱼皮肤的沟槽结构，把人工鲨鱼皮包敷在飞机、船舰外壳上，如图2-1所示[1,2]，这些研究都属于力学仿生的范畴。但是，随着仿生学与现代科学技术的不断发展，对仿生学研究内容的分类更加系统，从力学仿生中逐渐衍生出结构仿生学、机械仿生学、运动仿生学、建筑仿生学等。

（a）鲨鱼盾鳞结构　　（b）飞机机翼仿生结构

图 2-1　飞机机翼仿生鲨鱼皮结构[1, 2]

2.1.2　形式与内容相统一

仿生学的分类要遵循形式与内容相统一的原则，即仿生学研究的主要内容和基本要素与其表现形式相统一，观其名便知其实，这是分类法的基本要求，如形态仿生学、结构仿生学、材料仿生学、行为仿生学、过程仿生学、耦合仿生学等。显见，仿生学分支学科的命名大都体现研究内容的基本特征与表现形式的有机结合。

2.1.3　纵向与横向相衔接

仿生学是一门新兴的交叉学科，无论是在纵向的深度发展上，还是在横向的广度拓展上，都会涉及众多的学科与领域，会产生许多分支学科，但分类时，纵向与横向一定要衔接好，既能体现出学科内部间的紧密联系，又能体现出学科间的有机融合与本质区别。仿生学的每一个分支学科都不是孤立的，多是纵向与横向的有机联系与结合，这样能使仿生学的研究形成一个网络，可应用于更多领域，而且纵向与横向的衔接，会激发更高层次的仿生灵感产生。例如，医学仿生学是模仿生物系统的优异能力，以恢复、保持和增强人的身心健康的学科。医学仿生学在纵向上，即学科内部主要研究内容上可分为基础仿生医学和临床仿生医学，前者主要包括生理仿生学、免疫仿生学、发育仿生学、遗传仿生学、再生仿生学、仿生药物学等，后者主要包括仿生循环、仿生呼吸、仿生消化、仿生神经、仿生内分泌、仿生运动、仿生中医学、仿生医学工程学等，如图 2-2 所示。医学仿生学在横向上涉及的学科众多，融合了生物学、生理学、生命科学、力学、神经学、信息学、材料学、数学、化学等。因此，医学仿生学无论在整体层面，还是在系统层面均与相关学科发生不同程度的交叉和重叠，这不仅促进医学仿生学科的进一步细化，也使其快速发展，在组织工程、基因工程、仿生药物学、仿生生物材料、仿生信息与控制、仿生人工器官与仿生自然疗法等方面取得了突破性成果。

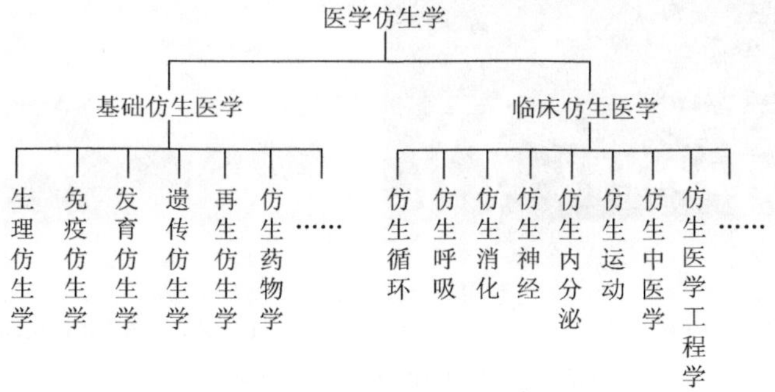

图 2-2　医学仿生学分类

2.1.4　交叉渗透相融合

多学科交叉融合是创新的重要源泉，学科前沿的重大突破和重大创新成果，许多是多学科交叉、渗透、融合和汇聚的结果，重视学科交叉渗透将使科学本身向着更深层次和更高水平发展。现今，仿生学的许多分支学科不仅是生物学与自然科学和技术科学的交叉渗透，还是生物学与人文社会科学之间交叉形成的新兴学科，如经济仿生学、管理仿生学、企业仿生学、人文仿生学、社会仿生学等。例如，管理仿生学，是模拟三生模本的资源管理体系及其运行机制和管理规律为改进或建立人为管理系统的管理层次、结构、目标、策略与多样性提供方法和原理的科学。管理仿生学的研究将视角投向整个现实三生模本的全部实际现象，揭示与阐述一切对管理学有启发借鉴意义的自然界的内部结构、协调机制，以及与环境的关系和进化法则，大体可分为 4 个研究领域：①关于管理的群体行为仿生学研究；②关于管理的个体行为仿生学研究；③关于管理的现象效应仿生学研究；④关于管理的实现法则仿生学研究。管理仿生学成果在许多领域得到广泛应用。例如，德国自动化公司模拟蚂蚁高效的团队管理与合作效应，研发出仿生蚂蚁机器人机动队，这些蚂蚁机器人约有手掌大小，能够像真正的蚂蚁一样为了完成特定任务（如搬运食物）而自主决定形成有效的合作[3]。仿生蚂蚁的塑料身体部分是 3D 打印制造的，底板连着传感器，蚂蚁的六只脚和钳子是用陶瓷驱动器制作的，只消耗很少的能量就能够快速和准确地弯曲，同时保持自身结构完整，头上的触角可以用来充电。仿生蚂蚁头部有一个立体摄像头帮助它们确定其位置及其需要搬动的物体，底板传感器可以帮助它们感受周围环境。仿生蚂蚁机器人之间能够相互沟通，并且协调它们的行动动作和运动方向，一个小团体能够共同推动或拉动比自己身体大许多的物体，如图 2-3 所示。

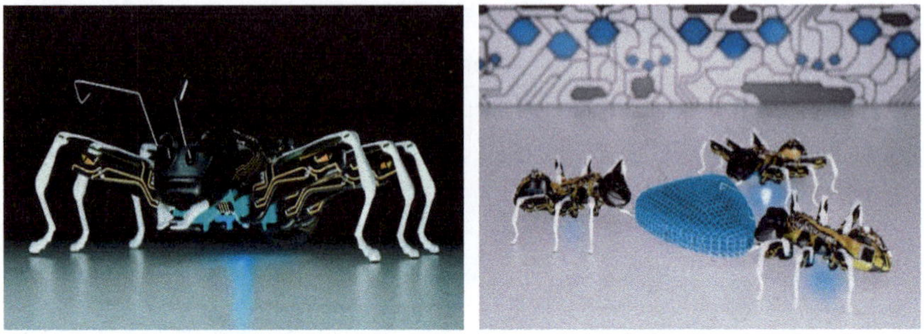

（a）仿生蚂蚁机器人　　（b）蚂蚁机器人组成机动队

图 2-3　仿生蚂蚁机器人机动队[3]

2.2　从横向联系分类

2.2.1　不同领域

在人类学习自然、改造社会的过程中，人类把长期向生物界、向人类自身生活、向自然生境学习的经验和体悟提升到理论的高度，把原始的仿生模仿发展到科学的高度，仿生学不仅把自然科学、技术科学、工程科学、人文科学和社会科学与仿生科学紧密地联系起来，而且赋予了这些科学领域仿生原理的内涵与各自的特色。这些大科学领域里，各自的仿生实践、进步与成果，又造就了不同大领域内多个小领域的仿生科学。例如，自然科学仿生领域产生了物理仿生、化学仿生等；工程技术仿生领域产生了能源仿生、交通仿生、机械仿生、材料仿生、农业仿生、信息仿生、建筑仿生、军事仿生等；人文仿生领域产生了文化仿生、教育仿生、艺术仿生、体育仿生等；社会仿生领域产生了社会仿生、经济仿生、管理仿生等。总之，领域不论大小，不管哪一层面，都会有仿生，仿生存在于任何一个领域里。

例如，在建筑领域，人类从模仿巢穴营造第一个住房起，就不断地模仿生物来改进自己的建筑。精巧的巢室、深幽的洞穴、薄而强韧的贝壳、压而不碎的蛋卵，自然界的建筑师具有各种各样的奇特本领。有效寻找和利用自然界生物合理的建造规律，来适应人类社会发展对建筑的需要，是建筑领域仿生的重要任务。在建筑仿生领域，从城市总体规划到单体建筑，从城市生态、居住环境到材料可持续发展等又细分出许多更具体的仿生领域，如城市生态与环境仿生、建筑功能仿生、建筑结构仿生、建筑材料仿生等。建筑结构仿生领域有许多经典的仿生结构一直为人类借鉴，如拱形结构、薄壳结构、充气结构、螺旋结构等。

在建筑结构仿生领域中，模拟白蚁穴结构营建的仿生建筑可称为典范之作。白蚁是自然界出色的建筑师，它们在巢穴内构建复杂的采暖和通风系统，利用阳光和自然风使蚁穴内空气新鲜，并保持在 30℃左右，而蚁穴外的温度白天高达 40℃，夜晚则降至 0℃以下。相比之下，人类建造的大楼需要消耗大量能源来达到通风和调节温度的目的。为了使建筑在炎热的夏天获得舒适的室内温度，同时，兼顾冬季采暖需要，建筑师们借鉴白蚁丘结构，在空间结构布局、排风系统构造、蓄热材料利用、表面纹理设计等方面做了精心筹划，构建出良好的通风降温系统以控制建筑的热过程，最终使建筑具有了如白蚁丘结构的气候调节功能，代表性建筑有津巴布韦首都哈拉雷的东门中心大楼和澳大利亚墨尔本市会议大楼等。

2.2.2　不同学科

仿生学与各个学科交叉渗透，不仅为学科建设、科技创新开拓了新的途径，也促使众多仿生学分支学科诞生。在几乎所有的大门类学科中，都可以找到仿生研究的信息与实例，即在学科名称后加上仿生形成的仿生学科，都有实实在在的仿生内容，如物理仿生、化学仿生、数学仿生、生物仿生、史学仿生、文学仿生、哲学仿生、医学仿生、药学仿生等。同样的，在各大门类学科中也产生了更细化、更专业的仿生子学科，如物理仿生中还有光仿生、电仿生、磁仿生、热仿生、力学仿生、运动仿生等。总之，无论是大学科门类，还是不同层级的子学科，只要与仿生学交融，就会呈现活力大增、蓬勃向上的发展势头。

2.3　从纵向联系分类

2.3.1　不同尺度

这是从仿生研究对象的几何多维尺度来划分的，有纳观仿生学、微观仿生学、宏观仿生学和宇观仿生学，微观仿生学包括分子仿生学、细胞仿生学、微生物仿生学等，宏观仿生学主要包括研究宏观对象的众多传统仿生学科。

特别是进入 21 世纪以来，科技进步突飞猛进，伴随着电子显微技术的发展，仿生学对自然界的直观模拟逐渐从宏观走向了微观。自然是一个先进的合成工厂，不断制造出具有各种奇异功能的生物体，而这些功能的实现，往往要依靠基本物质单元在不同尺度上的有序或无序组装，对这些材料或结构的探索和研究，为人们在不同尺度上的仿生开辟了新的途径。因此，在不同领域、不同学科、不同专业中，仿生学的研究和应用都显示了强大的生命力和创造力，研究内容也从宏观的多尺度结构、微观的电子和原子结构、介观的原子和分子聚集体向纳观的超微细结构拓展。仿生学的研究从宏观的宇宙到微观的分子都有涉猎，按照研究的不同尺度可分为分子仿生学、纳米仿生学、宇宙仿生学等。例如，纳米仿生学是纳米技术与仿生学结合开创的新领域、新学科，是在纳米尺度模仿生物的功能、特性进行仿生设计。

随着纳米技术的发展，研究发现，许多生物体的特殊功能特性都与纳米材料及其结构息息相关。通过对贝壳、牙齿、骨骼等的研究发现，这些生物体中最坚硬部分的主要组分为各种矿物质，如碳酸钙、二氧化硅、羟基磷灰石等[4,5]。单从这些矿物本身来看，它们没有如此高的强度、硬度或韧性，但在生物体中这些性质却得到了极大的增强。进一步的研究发现，纳米尺度上的有序组装使其性质发生了巨大变化[6,7]。结构色的生物体显色方式被发现，也是在纳米层次上的有序和无序结构相互作用的结果。许多生物，如蝴蝶、鸟类、蛾子等有着非常绚丽的色彩，这些色彩并不全是色素产生的，而是与生物体的微观结构有关[8-10]。自然赋予了生物不自觉运用光学原理的能力，它们通过最基本的光学原理，如干涉、衍射、散射等，对可见光作用，形成了多姿多彩的世界。研究发现，这些美丽色彩的源头就在其表面的有机或无机介质纳米结构的有序排列，它们的排列使得某一波段的光在其间发生干涉、衍射或散射等，从而过滤出特定波长的光，最终产生了美丽的色彩。例如，非洲的燕尾蝴蝶的翅基板具有分层纳米结构，类似“布拉格反射器”，这种结构不仅能引导入射光，还能控制光发射方向，从而使其产生美丽的色彩，如图 2-4 所示[11]。

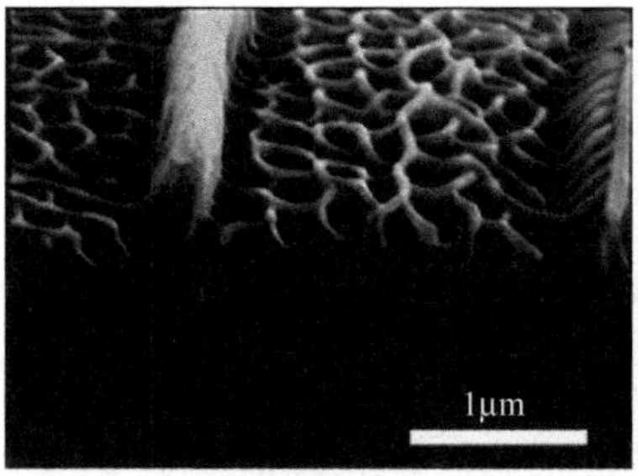

（a）翅基板结构

（b）纵截面分层结构

图 2-4　非洲燕尾蝴蝶翅基板结构[11]

天然蜘蛛丝具有轻质、高强度、高韧性、高热导性和生物相容性等优异特性，在国防、军事、建筑、医学等领域具有广阔的应用前景，但到目前为止，蚕丝以及任何人造丝的性能都难以与蜘蛛丝相媲美[12,13]。美国弗吉尼亚州威廉与玛丽学院的研究者通过对褐皮花蛛所产生蛛丝的微观结构研究发现，这种蜘蛛丝呈平滑带状，宽度为 6～9 μm，厚度仅为 40～80 nm，特别薄，在通常情况下，丝的宽度越窄，其厚度也会越小，宽度与厚度的比例通常为 150∶1～100∶1，这种特殊的纳米结构，使其能够很容易地被弯曲和折叠，如图 2-5 所示[14]。

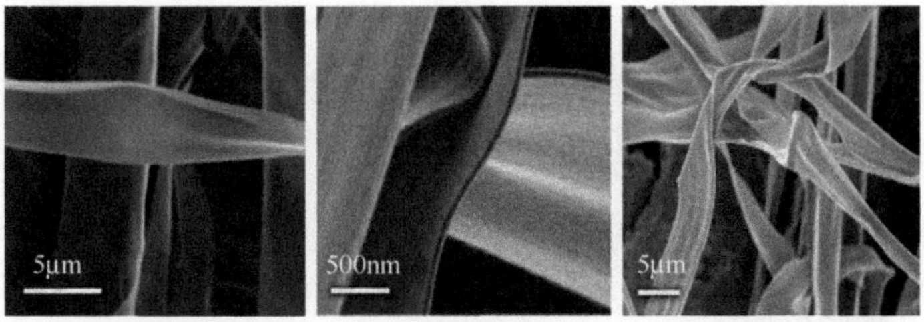

（a）几条蜘蛛丝　（b）蛛丝厚度方向　（c）易于弯曲折叠

图 2-5　宽度与厚度比为 100∶1 的蜘蛛丝[14]

自然界中许多令人惊奇的现象多缘于生物体上纳米单元的有序组装，如昆虫的复眼由纳米结构的小眼整齐排列，使其展现出良好的光学特性；植物叶片、昆虫与鸟类翅膀表面的微纳结构组合，使其展现出了良好的自洁功能；壁虎脚趾无数的纳米刚毛阵列，使其展现出了超强的粘附力；水黾脚部数千根同向排列的多层微纳尺寸的刚毛，使其展现了非凡的浮力；等等。纳米仿生学的研究绝不仅限于此，现今，纳米仿生学与生命科学、医药学的有机结合，产生了许多突破性成果。例如，在纳米尺度上了解生物大分子的精细结构及其与功能的联系；在纳米尺度上获得生命信息；纳米功能分子器件的成功研制；等等。

2.3.2　不同层面

仿生学研究的层面非常宽泛而复杂，不同的研究层面也会产生不同的仿生分支学科。

2.3.2.1　纵向层面关系

（1）在仿生学中，仿生度 Fs 是指仿生制品模仿的核心指标与生物模本同类指标之比值，一般 $Fs \leqslant 1$，特别情况下 Fs 也可能大于 1。Fs 越大，仿生效果越好，而神似仿生 Fs 应接近于 1，甚至大于 1。按仿生度分，如由大到小有神似仿生、耦合仿生、多元仿生、形似仿生等。

（2）按模本包含关系分，如由群体到个体再到部分有蚁群仿生（如蚁群算法、蚂蚁机器人团队等）、蚂蚁仿生（如仿生蚂蚁机器人等）、蚂蚁行走仿生（如仿蚁行走装置等）、蚂蚁力学行为仿生（如仿蚁举重、牵引装置等）。

（3）按学科领域包含关系分，如范围由大到小有仿生学、工程仿生学、机械仿生学、地面机械仿生学、松软地面机械仿生学、松软地面机械脱附减阻仿生学等，还有物理仿生、力学仿生、建筑力学仿生、建筑结构力学仿生、建筑结构力学动态仿生等。

2.3.2.2 横向层面

（1）层面平等，如机械功能仿生中有减阻仿生、耐磨仿生、降噪仿生、抗疲劳仿生、抗冲蚀仿生等。

（2）层面交融，如基于不同仿生模本的生物仿生、生活仿生、生境仿生等。

2.3.2.3 纵横层面交叉

纵横层面交叉，如多功能仿生、多目标仿生、集成仿生等。

2.3.2.4 效能层面

效能层面，如绿色仿生、自适应仿生、可续仿生等。

尚须指出，上述分类知识应用时，应首先明晰纵向不同层次研究的深度和横向不同层面研究的广度，以及纵向、横向不同层面间的重要性质和其纵横交叉相融的内在联系，还要注意三生模本与研究领域的纵横关系、包含层次、不同仿生分支学科的核心目标与特色，充分利用好方方面面的仿生资源。

2.4 从模拟因素分类

在任何一项仿生研究中，仿生模本的因素数是不同的。按在仿生中模本的因素数量不同，可分为单元仿生，多元仿生和耦合仿生。

2.4.1 单元仿生

大自然的各种环境造就了具有不同适应性的生物。因此，生物可供模拟的因素非常广泛，仅就机械仿生学而言，模拟一个因素的，如形态（形貌）、结构、材料、构形（形状）、过程、行为等，分别称为形态仿生学、结构仿生学、材料仿生学、构形仿生学、过程仿生学、行为仿生学等，这些都是单元仿生。

单元仿生通常属于形似仿生的范畴，离神似仿生还有较大距离，一般仿生度不会太高。但尚需指出，即使是单元仿生，只要模拟的因素的机理与规律是明晰的，其仿生度也不会低。事实上，单元仿生，仅考虑单一因素，仿生模本的基础理论一般达不到神似的要求，但由于其通常能满足仿生需求的基本要求，且简单易行，因此，各种单元仿生始终在仿生学研究中占有重要位置，对仿生学的发展也是不可或缺的。

2.4.2 多元仿生和耦合仿生

多元仿生是模拟两个或两个以上因素的仿生，多数情况下，是没有考虑因素间的生物耦合关系的多元仿生。它比单元仿生前进了一步，但还远未能达到神似仿生。然而，生物经过亿万年的进化，优化出各种各样的形态、构形、结构和材料等，展现出多种多样的功能特性，成为对生存环境具有最佳适应性和高度协调性的系统。生物适应其生境所呈现的各种功能，不仅仅是单一因素的作用，而是互相依存、互相影响的多个因素通过适当的机制耦合、协调作用的结果，亦即生物的不同形态、结构、材料等因素通过彼此之间的耦合作用而达到生物功能的最优化、对环境适应的最佳化和生物能量消耗的最低化。显然，生物通过两个或两个以上不同因素的耦合作用有效地实现生物的各种功能特性，充分展现其对生境的最佳适应性，这种生物耦合现象是生物界普遍存在的。因此，学习和模拟生物这种耦合机制的多元仿生称为耦合仿生[15-17]，较之仅学习和模拟影响生物功能单一因素的单元仿生，更接近生物的功能原理，将会产生更好的仿生效能，将加快仿生从形似向神似迈进的步伐。

多元耦合仿生也不同于传统多元仿生，是更近于生物实际的仿生，是从概念、内容到方法上的全新的仿生理念，有望解决传统单元仿生和多元仿生难以解决的问题。例如，荷叶、苇叶等植物叶片和蝴蝶等昆虫翅膀，通过表面形态、复合结构和表面低能化材料相耦合，具有显著的自洁功能。学习和模拟这些生物的耦合原理，进行三元耦合仿生，有望解决高能表面的自洁问题，而这是单纯的形态仿生、结构仿生、材料仿生等单元仿生或其任意组合的多元仿生难以解决的。多元耦合仿生理论与技术，在生物功能的仿生实现中正发挥着越来越重要的作用。

应当指出，耦合仿生一定是多元仿生，但多元仿生不一定都是耦合仿生，关键是仿生研究时，是否从生物耦合出发；仿生设计时，考虑的是耦合还是一般生物因素。

目前，在国际仿生领域，单元仿生仍占主导地位，如形态仿生、结构仿生、材料仿生、柔（弹）性仿生等，尤其是非光滑形态仿生仍是国际众多工程仿生领域研究的热点[18]。可喜的是，单元仿生向多元耦合仿生的发展，正形成新的研究趋势，将引领仿生学从单元向多元，形似向神似，单场单相向几何、物理、化学、生物等多场多相优质交融的方向发展。多元耦合仿生的理念虽然提出仅仅数年，但已显示出巨大的生命力，尤其在工程仿生领域发展迅速、成果频出，涌现了一批仿生耦合技术与产品，产生了明显的仿生效能。

参 考 文 献

[1] Denkena B, Köhler J, Wang B. Manufacturing of functional riblet structures by profile grinding. Journal of Manufacturing Science and Technology, 2010, 3: 14-26.

[2] Bhushan B. Biomimetics: Bioinspired Hierarchical-structured Surfaces for Green Science and Technology. New York: Springer Heidelberg New York Dordrecht London, 2012.

[3] Tennenbaum M, Liu Z, Hu D, et al. Mechanics of fire ant aggregation. Nature Materials, 2016, 15: 54-59.

[4] Liu X Y. Bioinspiration from Nano to Micro Scales. New York: Springer New York Heidelberg Dordrecht London, 2012.

[5] Ehrlich H. Biological Materials of Marine Origin Vertebrates. New York: Springer Dordrecht Heidelberg New York London, 2015.

[6] Mayer G. Rigid biological systems as models for synthetic composites. Science, 2005, 310: 1144-1147.

[7] Dorozhkin S V, Epple M. Biological and medical significance of calcium phosphates. Angewandte Chemie International Edition, 2002, 41: 3130-3146.

[8] Saranathan V, Osuji C O, Mochrie S G J, et al. Structure, function, and self-assembly of single network gyroid (I4132) photonic crystals in butterfly wing scales. Proceedings of the National Academy of Sciences, 2010, 107: 11676-11681.

[9] Pris A D, Utturkar Y, Surman C, et al. Towards high-speed imaging of infrared photons with bio-inspired nanoarchitectures. Nature Photonics, 2012, 6: 195-200.

[10] Han Z W, Niu S C, Shang C H, et al. Light trapping structures in wing scales of butterfly trogonoptera brookiana. Nanoscale, 2012, 4: 2879-2883.

[11] Vukusic P, Hooper I. Directionally controlled fluorescence emission in butterflies. Science, 2005, 310:1151.

[12] Asakura T. Biotechnology of Silk. New York: Springer Dordrecht Heidelberg New York London, 2013.

[13] Rousseau M E, Cruz D H, West M M, et al. Nephila clavipes spider dragline silk microstructure studied by scanning transmission X-ray microscopy. Journal of the American Chemical Society, 2007, 129: 3897-3905.

[14] Schniepp H C, Koebley S R, Vollrath F. Brown recluse spider's nanometer scale ribbons of stiff extensible silk. Advanced Materials, 2013, 25: 7028-7032.

[15] 任露泉, 梁云虹. 耦合仿生学. 北京: 科学出版社, 2012.

[16] Ren L Q, Liang Y H. Biological couplings: classification and characteristic rules. Sciencein China Series E: Technological Sciences, 2009, 52:2791-2800.

[17] Ren L Q, Liang Y H. Biological couplings: function, characteristics and implementation mode. Sciencein China Series E: Technological Sciences, 2010, 53:1-9.

[18] Ren L Q. Progress in the bionic study on anti-adhesion and resistance reduction of terrain machines. Sciencein China Series E: Technological Sciences, 2009, 52: 273-284.

第 3 章　仿生学基本要素

仿生学发展迅速，拓展广泛。那么，仿生学发展的动力何在？本章通过对仿生学基本要素的阐述，可以明晰地回答上述问题。在仿生学研究日益深化和不断拓展的过程中，对仿生学的基本要素——仿生需求、仿生模本、仿生模拟与仿生制品的内涵、特征及其间的相互作用规律的阐释，是实现仿生新理论的创建、仿生新技术的发明和仿生新制品的创造不可或缺的基础知识[1]。

3.1　仿 生 需 求

3.1.1　需求驱动

自古以来，生物、生活与生境就是人类启迪无意识和有意识仿生行为的源泉。在漫长的岁月里，人类不断地观察和研究自然界和人类自身，模拟各种生物、生境现象和生活原理，发明种种工具和机器，创造多样知识与文化，由简单到复杂，由粗糙到精细，以适应生存和生产的需求。在这个漫长而艰难的模拟与实践中，人类所进行的许许多多仿生活动，发生的各种各样的仿生行为，大多是受人类各种需求，如生存需求、健康需求、军事需求、发展需求、精神需求、兴趣（爱好、好奇心）需求等的驱动，成为仿生学发展的主要动力，产生了卓越的仿生效果，有效推动了科学技术的发展与创新，实现了人类与自然界的协调发展。

3.1.1.1　生存需求

1）远古时期人类生存需求

远古时期，尽管人类已经作为具有自觉能动性的主体呈现在自然界面前，但是由于缺乏强大的物质和精神手段，人类对自然的开发和支配能力极其有限，不得不依赖自然界直接提供的食物和其他简单的生活资料维持生存，也无法抵御各种自然力的肆虐及野兽的侵扰和危害。同时，人类数量的日益增长和生存需求的日益增强与大自然有了尖锐矛盾，天然的工具已无法满足人类日常的衣、食、住、行、自卫与竞争等生存需求。为了维持自身生存需求，人类克服了因智力、生活、生产能力低下的自身因素，开始了模仿生物的“仿生”活动，开启了由自然直接提供生活资料到向自然学习改善生活条件的新纪元。例如，人类从鸟类筑巢学会了建造房屋，从动物的角、牙、骨学会了制造狩猎工具，受猛兽捕食的启发学会了狩猎的方法，仿蜘蛛织网学会了制作鱼网和织布，仿鱼类学会了制造独木船，从动物自卫、捕食的动作中还学到了一些战策、战术，等等。这些仿生现象是人类最初级的创造性活动，也是人类为生存而表现出的无意识状态下的“生存—自卫—竞争”仿生活动，是人类无意识地向自然界迈出的“仿生第一步”。

2）上古至中古时期人类生存需求

上古至中古时期，即公元5000年前到公元1500年前。远古时期，在人类生存需求与自然界产生的矛盾中，虽然出现了一系列对自然开发和支配的仿生现象，但仅仅依据这些极其有限的仿生活动，也无法满足人类日益增长的物质与精神需求。这些需求的增加迫使人类改变思路，在简单仿照一些自然界中可以应用的劳动工具的同时，不断地观察和探索自然界生物体的特殊形态、结构、材料等与其功能特性之间的联系，产生新的灵感，积极开展模拟与实践，制造出各式各样的生产工具，战胜自然，创造更多的物质财富。

例如，大约在公元4000年前，黄帝受随风滚动的飞蓬草的启发而发明了轮子，做成装有轮子的车。轮子的发明为人类提供了自然界所不能提供的好处，尤其对技术的影响是巨大的。在公元3500年前，轮子被广泛地应用于制陶业和运输业。后来，人类祖先还利用车轮旋转的原理制成各种旋转工具，如磨盘、风车等，大大提高了劳动生产率。近现代，许多交通工具，如汽车、火车等相继出现，并不断革新，但都离不开轮子这一运转形式，如图3-1所示。

（a）飞蓬草　　（b）飞舞的飞蓬草　　（c）轮子

图3-1　飞蓬草及轮子

在上古到中古几千年的时间里，正是生存需求的提升，使人类在生产实践中不断地观察自然界，研究和模仿各种生物，产生了黄帝造车、古人学飞等经典仿生活动，历经了生物模仿、大胆实践、惨痛失败、经验总结、创造模拟等众多环节，完成了模拟生物发明和创造由简单到复杂、由粗糙到精细的多种工具和机器，逐渐形成了具有“观察—灵感—模拟”特征的仿生思想，为人类光辉灿烂的古代文明创造了非凡的成就。也正是这一革命性的仿生发现与发明，使人类技术沿着一条与生物界大不相同的道路前进。

3）近现代人类生存需求

近现代，人类师法自然，生存需求已基本满足，但为了提高生存质量，人类受到自然界生物体精巧的结构和完美功能的启发而获得了大量的灵感，开始进行有意识的发明和创造。在发展科学与技术过程中遇到难题，人类惊叹生物具有精确和完善的系统、适应内外环境变化的非凡能力、经济而精巧的结构、可靠而协调的功能，以及最低能耗和最高能效的功能转化等特点，自觉地把生物作为设计思想和创造发明的源泉，积极努力地学习与模拟，开展了一系列“分析—启示—设计”仿生活动，开创了近现代科学与技术发展的新纪元。

例如，在近代，人类以电鱼发电器官为模型，设计出世界上最早的伏特电池；根据鱼鳔控制鱼类沉浮原理，完善了潜水艇的沉浮问题，如图 3-2 所示；根据蝙蝠和夜蛾超声定位原理，发明了雷达和反声呐系统[2]，如图 3-3 所示；根据苍耳的粘附特性，发明了尼龙搭扣等物件连接产品，如图 3-4 所示。蜻蜓的每片翅膀前缘的上方都有一块角质加厚部分，生物学上称之为翅痣或翼眼，这是蜻蜓用来克服飞行时产生“颤振”的装置，它起着平稳飞行的作用[3]。根据蜻蜓翅痣防“颤振”原理，在飞机两翼末端的前缘装上平衡棒，能保持飞机在飞行中的平稳，如图 3-5 所示。

（a）鱼鳔

（b）潜水艇

图 3-2　鱼鳔和潜水艇

（a）蝙蝠发出超声波

（b）雷达

图 3-3　蝙蝠和雷达装置

（a）苍耳　（b）苍耳粘附性　（c）尼龙搭扣

图 3-4　苍耳与尼龙搭扣

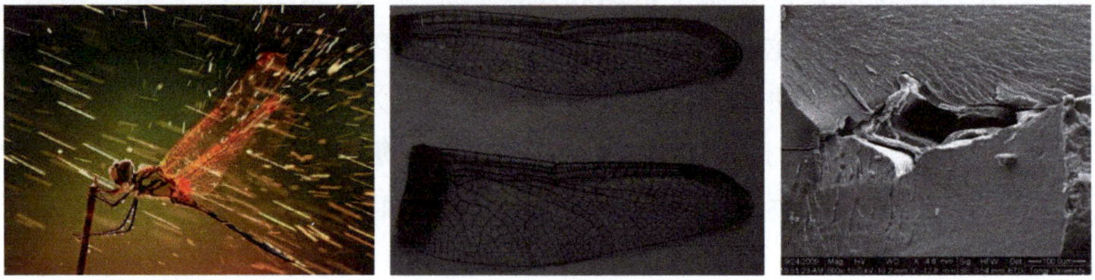

（a）蜻蜓　（b）翅痣　（c）翅痣断口结构

图 3-5　蜻蜓翅痣[3]

在现代，随着人类对生物微观结构研究水平的提升和功能机理探索的深入，仿生学也经历了孕育—发展—成熟的一个全新发展历程，仿生理念渗透到工程和技术领域的方方面面，仿生研究内容逐渐向着微观化与精细化发展，仿生技术层出不穷，形成可持续创新流，仿生科技成果不胜枚举。

3.1.1.2　健康需求

1）古代人类健康需求

在古代，人类在满足生存需求的同时，开始追求健康保障。自然界的生物为了具有较强的生存能力，能够以强健的生命系统抗击天敌，它们都在孜孜不倦地以各种方式保护和维护自己的健康。在生病后出于本能的需要，不仅会向异类求医问药，而且还会巧妙地利用一些植物的药用功能为自己治病。人类受自然界生物自医、互医、保健等方式的启迪，开创了博大精深的古代仿生医学、药学、保健、运动等医疗体系，保障人类健康需求。例如，2000 多年前古罗马的医师利用水中电鳗放电时产生的电流，刺激精神病患者脑部产生“电疗”效果；东汉时期华佗不仅利用曼陀罗果实发明了世界上最早的外科手术麻醉剂——麻沸散，他还模仿虎、鹿、熊、猿、鸟的动作，创编“五禽戏”保健操，如图 3-6 所示，成为我国最早的仿生医疗保健操。

2）现代人类健康需求

在现代，人类的健康观是整体健康，追求躯体健康、心理健康、心灵健康、智力健康、道德健康、环境健康、社会健康等，以保障人类在身体、精神和社会等方面都处于良好的状态。也正是现代人类健康需求的全面提升，强力驱动医学仿生、药学仿生、保健仿生、运动仿生等生物医学工程领域的发展。

图 3-6 “五禽戏”保健操

http://www.microfotos.com/index.php?p=home_imgv2&picid=1533489

（1）医学仿生。在医学领域，许多解决人类健康问题的重大医学突破都是通过仿生学实现的，仿生医疗措施更接近于生态本质，可实现人类延长寿命、战胜疾病和延缓衰老等目标。例如，科学家成功地研发了多种假肢，但其完成动作的多样性和灵活性还远远满足不了患者需求，这一问题一直困扰着科技工作者与患者。美国霍普金斯大学的研究者研发出一种“靶向肌肉重新支配神经”仿生医疗技术，将截肢手术后保存下来的神经同身体内的另一组肌肉（常常是胸部的肌肉）连接在一起，然后在胸部肌肉上放置电极，当患者想移动手臂时，大脑发送信号，这些信号先使胸部肌肉收缩，然后发送电子信号给仿生手臂，指导手臂移动[4]。这个过程同健康人一样，只需要有自觉的意识就可以。同时，瑞士洛桑联邦高等理工学院的研究者研制的仿生假肢直接通过电极芯片与人类手臂上的两个主要神经系统相连，假肢上的电极会帮助假肢佩戴者用思维来控制该假肢，同时还会向佩戴者的大脑发送信号。该仿生假肢能够与截肢者很好地“融为一体”，不仅能够随意摆动手指、握拳拿物，而且指尖、拇指、手掌、手腕等处的触觉都非常敏锐，如图 3-7 所示。

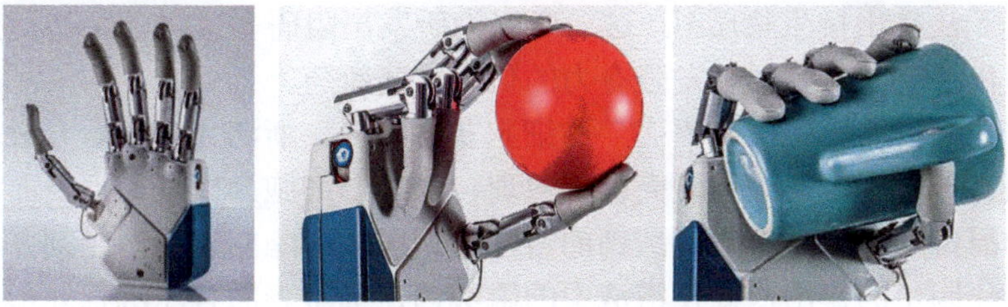

（a）仿生假肢　　（b）随意拿捏物体

图 3-7　触觉敏锐的仿生假肢[4]

又如，人与动物骨骼在外力载荷作用下能够吸收能量缓释应力，具有良好的强度和韧性等。美国麻省理工学院的研究者通过在纳米尺度上对胫骨的基本构建材料——含有矿物纳米颗粒的胶原蛋白进行研究发现，骨骼在微小尺度上硬度具有不均匀性，这不但不会影响骨骼的韧性，而且与均质材料相比，更有利于能量的吸收[5]，如图 3-8 所示，这为医学领域开发新型仿生骨骼材料提供了借鉴。

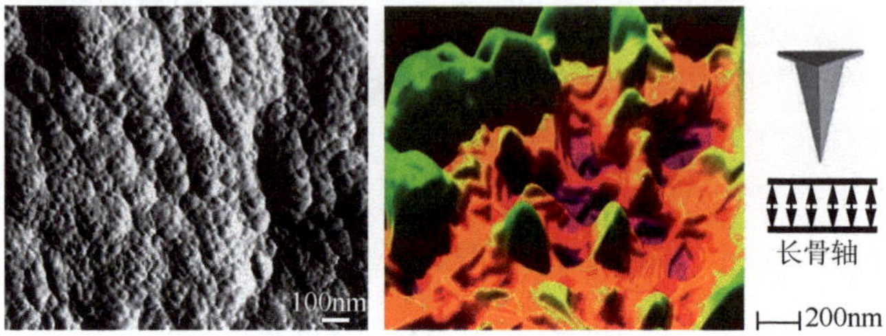

（a）骨骼材料形貌　（b）纳米尺度上骨骼硬度二维等值曲线图

图 3-8　平行于长胫骨轴的骨骼材料形貌与硬度二维等值曲线图[5]

现今，在医学仿生领域，基于生物医治、防御、免疫、自修复等功能原理，人类开发出了许多医疗诊断技术，研制出了许多人体仿生器官与组织，如仿生人造心脏、胰腺、肝脏、肾脏，仿生骨骼、关节、假肢，仿生眼、鼻、舌，仿生细胞、皮肤、肌肉，等等，这些仿生成果代表着医学领域的最新成就，预示着新的医学时代的到来，人类将从中获得更好的健康保障。

（2）药学仿生。随着人类健康观的改变，药学与仿生学有机结合，更注重在分子、细胞、组织、器官、系统等多层次认识人与生物体的结构、功能和其他生命现象，不断开发新的制药方式，如分子仿生制药、酶催化仿生制药等，合成更有效的药物和提高药物质量，保证用药安全，使人类能更好地同病害作斗争。例如，多重耐药菌是具有多重耐药性的病原菌，多种抗生物质对其都无法发挥作用。日本东京大学的研究者以耐受高温环境的嗜热古菌的转运蛋白为模型，使其在脂质中结晶，发现细菌细胞膜上的转运蛋白能将药物排出细胞，从而让细菌产生抗药性。研究人员将氨基酸连接成环状，形成肽，成功阻止了嗜热古菌转运蛋白功能，使其无法排出抗生物质[6]。这一研究为研发出阻碍多重耐药菌转运蛋白功能的物质提供了借鉴，有望开发强有力的仿生抗菌新药。

又如，在自然界中，带“壳”的细胞非常罕见。浙江大学的研究者基于鸡蛋细胞外还有一层薄薄的矿化硬壳保护原理，以酵母细胞为模型，把表面涂有聚丙烯酸酯的酵母细胞放入富含磷酸钙的溶液，聚丙烯酸酯能充当诱导剂并起着鸡蛋膜上的矿化因子的作用，促使溶液中的磷酸钙在细胞表面有序沉积并形成均匀的一层“外衣”，如图 3-9 所示。“穿衣”后的酵母细胞依然保持活性，并进入休眠状态，这样，即使在营养不良等不利环境下，它依然能保持长时间的活性。另外，“脱衣服”的方法也很简单，通过弱酸或者超声波的作用，这层外衣就能轻易褪去，细胞则能恢复原来正常的状态和功能[7]。这为细胞的保存和传送开辟了新途径，同时也为开发癌症治疗药物与技术提供了新启示。

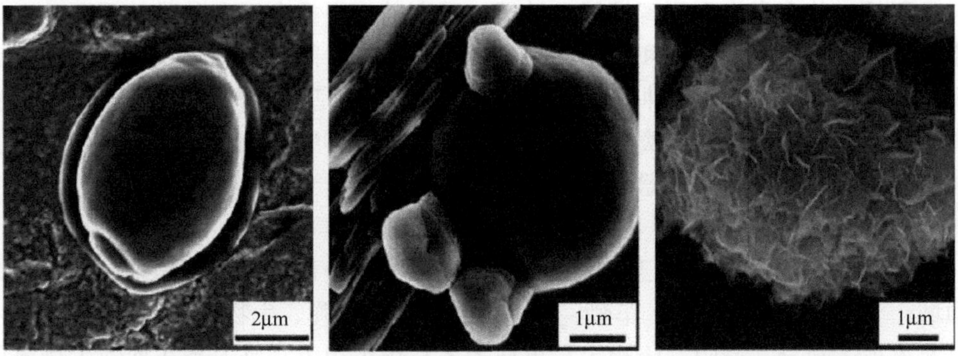

（a）酵母细胞　（b）磷酸钙在酵母细胞表面有序沉积　（c）矿化包裹后的酵母细胞

图 3-9　酵母细胞矿化“穿衣”过程[7]

（3）保健仿生。保健仿生在中国有着悠久的历史，如古人创建的五禽戏、婆罗门导引十二法等对养生保健、强身健体、预防疾病有着特殊的作用。现代人类更是借鉴生物保健养生精髓，结合经络学、气功原理、人体生物钟、人体运动生理学及科学的保健运动方法等，兼收并蓄，创建了多种多样的仿生保健运动技法，发明了许多仿生保健器具，用于调整人类自身组织和提高自身康复能力。例如，人类根据鸟类独脚站立式、猫伸展式、眼镜蛇抬头式等生物动作创作了仿生瑜伽保健运动；根据生物体内的生物电子运动原理，利用低频电流作用于人体穴位，提高人体组织活力，开发出了仿生保健按摩椅、颈椎治疗器等保健器材；仿猫打盹拱腰、仿蝗虫跷腿、仿狗行走等动作开发了许多仿生保健术。

3.1.1.3　军事需求

1）古代军事仿生

人类在许多方面无法与自然界的众多生物相比，如猛兽的牙和爪等锐利无比。人类在远古时期就开始模仿猛兽，用类似于动物“爪”的东西把自己武装起来，并模仿狮、虎、狼等的捕食行为进行狩猎等。因此，为了生存与自卫，诞生了最原始的军事仿生。人类进入原始社会后，氏族间为了争夺生存资源，发生了人类最早的战争。此时，人类开始模仿动物的角、骨、牙、爪和硬壳等，采用木、竹、石、骨等自然材料制造弓、箭、刀、枪、矛、戈、盾等仿生兵器；模仿鱼和鸭子建造战船，模仿蒺藜制造“铁蒺藜”障碍物，模仿螳螂制造“木螳螂”和“铁螳螂”，模仿鹰爪制造“鹰爪钩”，模仿兽皮和甲壳等制造“盔甲”和“头盔”，模仿羽毛和竹子制造火箭和火炮，模仿蜂巢、蛇、鸦和蒺藜的形状制成“一窝蜂”、“火龙”等仿生军事装备；根据动物自卫、捕食的种种行为，探究和运用各种各样的仿生策略和战术。到公元前 3000 年前后，希腊、埃及、中国等文明古国先后开始使用青铜器，木、竹、石、骨等兵器逐步被青铜兵器所代替。到公元前 1500 年时，铁器出现，铁制兵器又逐渐取代了青铜兵器。

可见，从人类出现到青铜器、铁器出现之前，根据自卫和狩猎的需要，人类模仿某些生物的特殊器官和捕食、自卫等行为，制造简单的工具、武器。战争出现后，又模仿生物制造各种各样实用的武器，并运用适用的策略与战术进行作战。青铜器、铁器出现后，人类开启了向生物界探求军事装备设计的蓝图，发展军事技术和战术，创造新式武器装备和战略战术。

2）近现代军事仿生

在近现代，军事仿生已是军事科学和技术的一个极具影响力和生命力的研究领域。飞机、潜艇、舰船、车辆、雷达，经纬仪、导弹、生物机器人等军事装备，以及夜视、隐身、减阻、降噪等军事技术多与仿生相关，是人类在探索生物奥秘中得到启迪而设计、发明的。无论是宏观还是微观、整体还是局部、结构还是功能，只要生物界具有的优异之处而军事装备上又是急需的，人类就会去揣摩、探索和模仿，创造功能完备、结构精巧、用材合理的军事装备。

美国塔夫茨大学的研究人员发现，毛虫具有一种能快速让自己卷曲成一个球体而后再弹射出去，从而让其从天敌旁边快速逃离的特殊能力，如图 3-10（a）、（b）所示。这种弹道式滚动是自然界中速率最快的滚动行为之一，研究者基于毛虫弹道式滚动形态学，以硅胶和嵌入式形状记忆合金驱动线圈制成一款名为 GoQBot 的软体机器人，其能在 100 ms 内快速改变体型，快速蜷缩成一个“Q”形，滚动速率可达 0.5 m/s，如图 3-10（c）所示[8]。这种机器人可通过滚动弹射的方式快速有效地部署到军事侦察区域，而后再通过爬行的方式接近侦察目标。

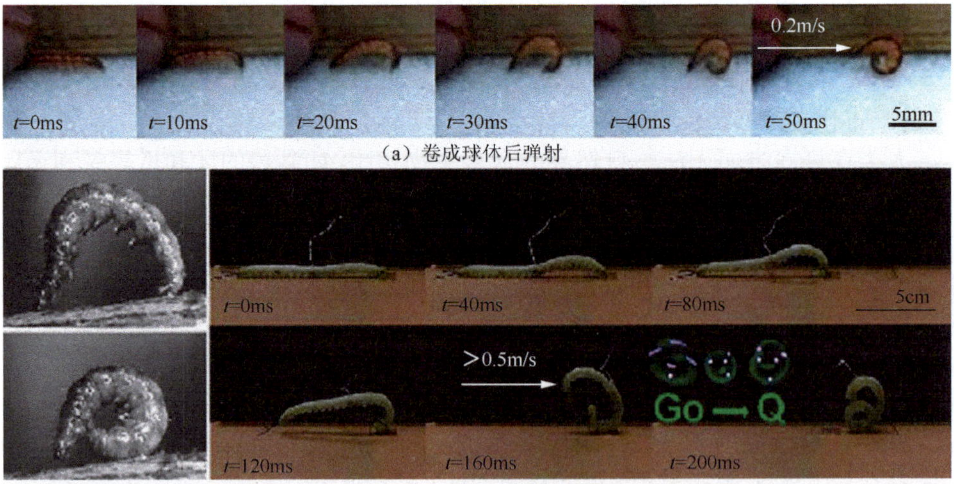

（a）卷成球体后弹射

（b）前足像锚一样钩地蜷缩

（c）软体机器人的运动方式

图 3-10　毛虫和软件机器人滚动弹射能力[8]

美国麻省理工学院的材料科学家发现，生活在印度洋深海海底热液喷口附近的海螺（*Crysomallon squamiferum*）可以忍受极大的温度波动和极高的酸性，并能抵御螃蟹等掠食者的攻击[9]。研究表明，这种海螺的壳有三层结构，如图 3-11 所示，最外层由粒状的硫化铁（Fe_3S_4）组成，厚度约为 30 μm，如图 3-12（a）、（b）所示；中间层由非常柔软的有机物组成，厚度约为 150 μm，如图 3-12（c）所示；随后过渡到高度钙化的内层，厚度约为 250 μm，其中，内层还分成三层结构，分别为梯度层、交叠棱柱层和薄片棱柱层，如图 3-12（d）～（f）所示。中间层是一个相容层，被两侧刚性的矿化层包围，从而具有形成刚性强化和柔性吸收的特性。在受到外力攻击时，中间层能够吸收大部分能量，防止壳破裂，同时，还有助于隔热和消除环境温度变化的影响。这项研究成果已得到美国国防部资助，用于研制士兵盔甲、防护盾、车辆防护壳等军用装甲。

（a）海螺

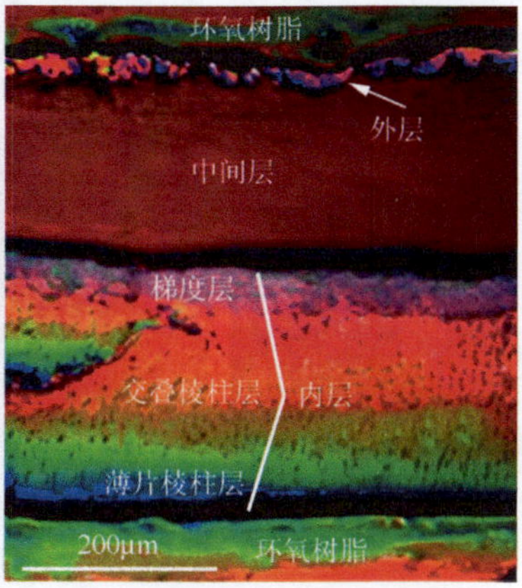

（b）海螺壳横断面多层结构

图 3-11　海螺壳及其断面结构[9]

自然界生物在漫长的进化过程中优胜劣汰，为了生存、自卫、竞争和发展等各种需求，强化出了许多优异的结构和特殊功能，值得人们在军事上借鉴。现今，军事技术仿生、军事战略战术仿生、军事指挥控制仿生、军事后勤保障仿生、军事航天仿生等，是军事科学和技术极具影响力和生命力的研究领域，其主要是模仿生物系统的原理和特异功能来发展军事高科技，提高武器装备的性能，发展军事战略技术，提高军队后勤保障的能力。人类受自然界生物优异功能特性的启发，研制的仿生军事装备举不胜举。例如，人们模仿海豚皮肤的构造，用橡胶和硅树脂制成了一种“人造海豚皮”，将它包在鱼雷表面，使鱼雷速率增加约 1 倍；模仿象鼻虫的眼睛，制成了“飞机对地速度指示器”，可以测量导弹攻击目标的相对速度；模仿苍蝇的翼翅（平衡棒），制成“振动陀螺仪”，这种仪器目前已经应用在火箭和高速飞机上，实现了自动驾驶；模仿尺蠖一屈一伸的运动方式，设计了一种新型的轻型坦克，它适应各种地形，能够越过较大的障碍物，隐蔽在掩体里仍能升起炮塔射击，射击后又会隐蔽起来；模拟猫眼视网膜上的圆锥细胞，研制出了大有用处的微光夜视仪；等等。

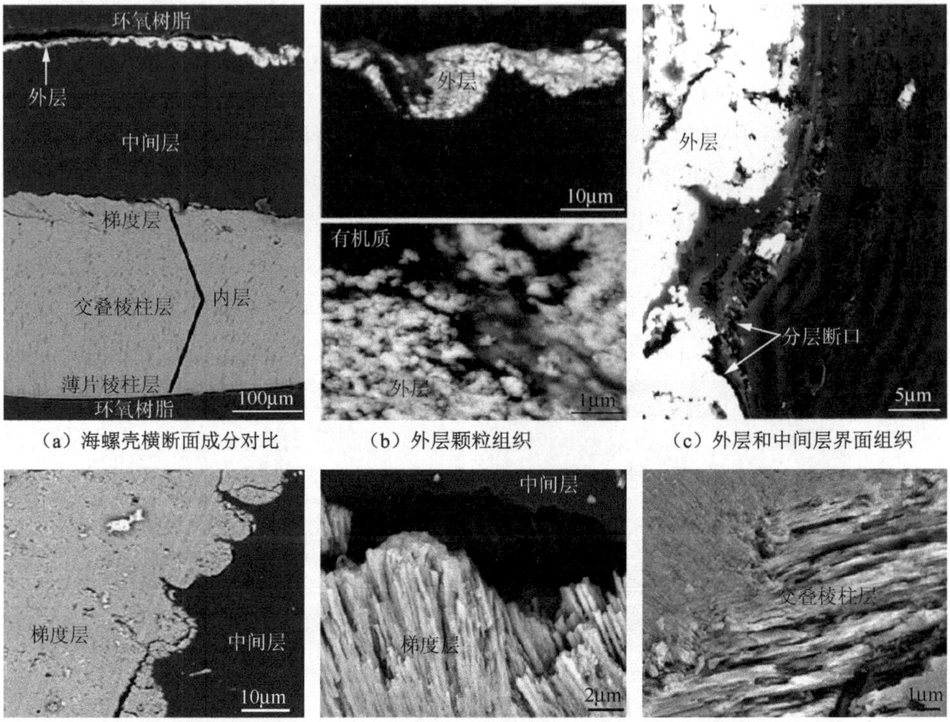

（a）海螺壳横断面成分对比　（b）外层颗粒组织　（c）外层和中间层界面组织

（d）中间层与内层中的梯度层界面　（e）梯度层微观组织　（f）交叠棱柱层组织

图 3-12　海螺壳断面微观组织[9]

人类在直接模仿生物特性的同时，还一直在深入探索一些生物功能的原理和规律，并不断加以系统化。例如，被人们视为尖端技术重要标志的火箭，之所以能发展到现今的高速度，一个重要的原因是其推进技术受到了乌贼鱼液体喷射原理的启示，如图 3-13 所示。各种“长眼睛”的炮弹、导弹，是从响尾蛇与田鼠的“决斗”中发现了蛇的“热眼”，由此受到深刻启发而问世的。美国海军研制的一种“皮动潜艇”，是模仿海洋中两种特殊的鱼——鳐鱼和电鳗运动规律的原理设计而成，这种潜艇没有推进器，也没有垂直舵和水平舵，而是靠全身的“皮”作规律性运动前进，在海水中很难分辨出它是鱼还是船，因此，它既可以突然地袭击敌人，又能巧妙地隐蔽自己。栖息于树上的变色龙，善于变换皮肤的颜色，能适应周围的环境，以保护自己或捕杀比它更弱的动物，它之所以能自动变色，是因为其多层皮的细胞内含的绿色素，绿色素在每一个细胞内可以移动，有时聚成一点，有时散开，这样便改变了体色。向自然界探究设计蓝图，可为现代军事技术系统提供最佳的设计原理，是实现军队高技术化的一个重要途径。

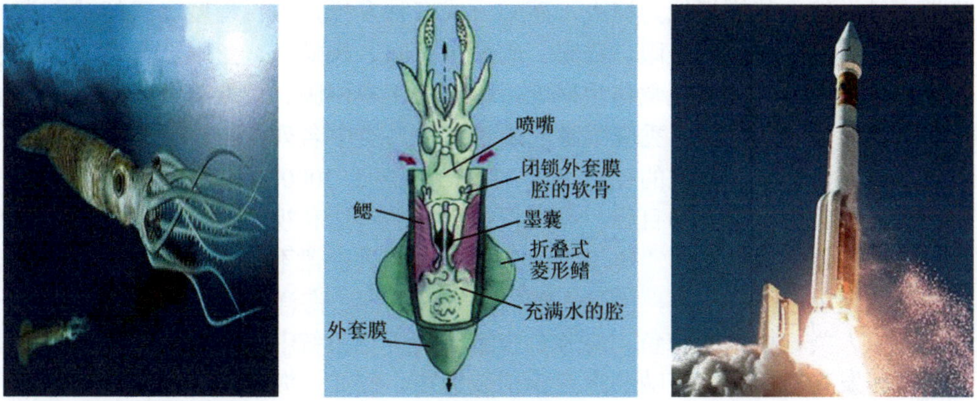

（a）乌贼　（b）乌贼推进系统　（c）火箭发射

图 3-13　乌贼推进系统与火箭发射

此外，在长期的战争实践中，人们不仅从动物身体构造上产生灵感，发明了各种武器装备，而且还根据各种动物的行动特点创造了许多形象逼真的战术，如狼群战术、麻雀战术、蛙跳战术、蚂蚁战术、小鱼吃大鱼战术、虎扑战术、鼹鼠战术、黄蜂战术、鸷鸟战术等。

随着军事需求的增长和人类科学技术的进步，军事仿生学研究的领域越来越广阔。例如，研究生物体智能、感觉、信息控制，以及细胞内和细胞间通信等进行军事信息仿生；研究生物的体内稳态、运动控制、定向和导航、生态系统涨落等开展军事指挥控制仿生；研究生物体内酶催化反应、生物膜、能量转换等开展军事生物武器仿生；研究生物体结构力学和流体力学等开展军事力学仿生；研究生态群落生存策略、生物进攻和防御策略等开展军事战略、战术仿生；等等。更多的仿生发明应用于军事科技领域，将使军事研究向着更为科学和精准的方向发展，为军事研究开辟新的发展空间。

3.1.1.4　发展需求

自然界的生物都是经历了由简单到复杂、由低级到高级的发展变化，只要是存活的个体或群体，总会千方百计持续发展下去。发展需求促使人类总是在不断地探索、认识、学习自然界，不断地发现、利用、改造自然界，不断地发明、创造、产生出各种不断供人类更好生存的资源，使人类能够在一个更安全、更便利、更舒适、更幸福的环境中生存。同时，也正是人类的发展需求，促使科学与技术向着生产、生活、生态的融合方向发展，创造出感知更强、功能更优、运动更好、能耗更低、能效更高的仿生技术与产品，实现自然界中资源合理配置，人类社会均衡有效运行，人与自然和谐发展。

1）感知更强的仿生技术发明与产品设计

与人类相比，自然界许多生物拥有独特、超强的感知系统，如视觉、听觉、味觉、触觉等，其辨识能力惊人，感知方式多种多样，敏锐程度远远超越人类。例如，人类模拟人眼、蛙眼、猫眼、鹰眼、蟹眼、蜘蛛眼、鱼眼、黄蜂眼等超强的视觉功能[10-13]，开展视觉仿生研究，研制人工视网膜、读取装置、夜视仪、检测仪、人造眼等。又如，秃鹰眼睛的敏锐度在鸟类中名列第一，是人眼的 8 倍，而且视野非常开阔，双视的视角可达 320°，翱翔于 2000 m 高空的秃鹰[14]，能发现地面上的黄鼠这样小的目标。人们根据鹰眼的构造和视觉原理，研制出类似鹰眼的搜索和探测系统，即“电子鹰眼”，这一先进仪器不仅能使飞行员的视觉得以扩大，视敏度得以提高，而且还能提高地质勘探、海洋救生等工作的效率。

模拟人类、蝙蝠、鲸鱼、海豚、夜蛾等的听觉系统[15,16]，开展听觉感知仿生研究，研发精密雷达、声呐和声音识别装置等。例如，海豚即使被蒙上眼睛也可以找到一个小如铅弹的目标，分辨出两块不同金属之间的差异。海豚发出数以千计的轻微的滴答声，连在一起，像是生锈的铰链发出的声音。这个声音从目标上反弹回到海豚处，它就可以知道目标离自己有多远，目标有多大，甚至目标“是什么”。在水里，人类无法分辨出声音发出的方向，但是海豚可以。海豚的耳朵是隔热的，头部的“声音窗口”就像立体声音响接收系统一样，距离无论长短都能使用。解密这种系统的神秘之处，有望提高现有的声呐系统。

模拟皮肤、毛发、触角、肌肉等的感知功能[17-20]，开展触觉感知仿生，开发出仿生皮肤触觉传感器、人工肌肉、电子假手、机械手等；模拟猫、狗、老鼠、鱼类、蚊子、细菌等的嗅觉系统[21-23]，开展嗅觉感知仿生，发明了许多仿生嗅觉传感器、电子鼻等[24]。例如，苍蝇有着惊人的嗅觉，它们能在很远的地方发现微乎其微的气味。苍蝇的嗅觉感受器分布在触角上，每个感受器是一个小腔，它与外界相通，含有感觉神经元的嗅觉杆突入其中。由于每个小腔内都有上百个神经元，所以这种感受器非常灵敏。用各种化学物质的蒸气作用于苍蝇的触角，从头部神经节引导生物电位时，可记录到不同气味物质产生的电信号，并能测量出神经脉冲的振幅和频率。认知了苍蝇嗅觉器官的奥秘，科学家们受到启发，利用苍蝇嗅觉灵敏、快速的特性，研制成了十分灵敏的小型气体分析仪，这种仪器现已装在航天飞船的座舱内。小型气体分析仪也可用来测量潜水艇和矿井里的有毒气体，以便及时发出警报。

2）功能更优的仿生技术发明与产品设计

生物可以被看成是具有生命特征的高度智能化的机械，在其与周围环境，特别是与环境介质（固体、气体、液体或其混合）相互作用过程中，呈现了多种功能特性，如减阻、脱附、自洁、耐磨、抗疲劳、消声降噪、隐身、变色、抗弯、抗压、增阻、增粘等。人类模仿生物优异的功能特性，设计和制造出许多新型的仿生高效机械装备、工具、部件和材料等。例如，模仿荷叶、芋叶等植物叶片自洁原理进行仿生自洁功能表面设计，如图 3-14（a）所示[25,26]；模仿贝壳、沙漠蜥蜴等耐磨生物进行仿生耐磨、抗疲劳功能表面设计，如图 3-14（b）所示[27]；模仿蝴蝶变色原理进行仿生隐身变色设计，如图 3-14（c）所示[28]；等等。

（a）仿荷叶自洁材料　（b）仿贝壳耐磨材料　（c）仿蝴蝶多层膜变色材料

图 3-14　仿生功能表面材料[25-28]

3）运动更好的仿生技术发明与产品设计

自然界中有许多生物能巧妙地通过运动，有目的地主动迅速改变其空间位置，造就了许多不同的运动本领，以提高其生命效能和生活质量。人类模仿生物行走、奔跑、跳跃、游泳、飞行、爬行等运动形式，不仅应用于体育运动，提高人类运动能力，做到以更高、更快、更强的水平竞技，还设计和制造了具有不同特色和应用范围的智能机器人（如智能行走器、智能潜行器、智能爬行器、智能飞行器等），以在特定环境下应用，实现特定目的[29]。同时，受生物运动力学原理启示，人类改善了机械装备运动力学特性，设计出新型仿生高效机械装备和部件等。例如，壁虎脚底刚毛与接触物体产生范德瓦耳斯力，从而使其具有超强吸附能力，能够在垂直的光滑墙面和天花板上自由行走[30]。南京航空航天大学的研究者根据壁虎爬行原理，设计出了行动迅捷灵活的仿壁虎机器人，能在垂直的墙面上下迅速攀爬，能在天花板、墙缝、玻璃等建筑物表面垂直或倒挂攀爬行走,能够自动辨识障碍物并规避绕行，如图 3-15（a）所示。欧洲科学家研制出了仿蟑螂机器人，在其外表敷了一层与真实蟑螂体表化学成分十分类似的涂层，成功混入蟑螂群体中，用于研究集群生物如何进行“群体决策”[31]，如图 3-15（b）所示。美国研究者发明了仿蚊子飞行侦察器，飞行灵活敏锐，可以翻转，避开障碍物，轻松转换方向，甚至可以不被察觉地飞进大楼里进行拍照、录音等，如图 3-15（c）所示。人类通过模仿生物行走、奔跑、跳跃、游泳、飞行、爬行等运动形式，发明了能上天入地、潜海，以及能在人类无法活动的地方畅行无阻的仿生机械和仿生机器人，大大拓展了人类在陆、海、空域的活动范围，大大提升了人类掌控多维时空的能力，从而大大地满足了人类发展的需求。

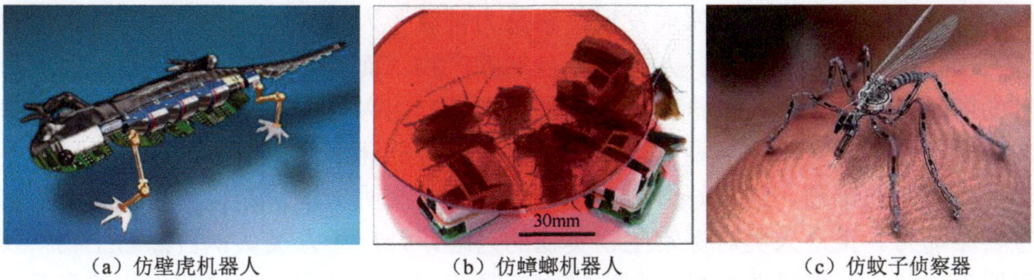

（a）仿壁虎机器人　（b）仿蟑螂机器人　（c）仿蚊子侦察器

图 3-15　仿生机器人[29-31]

3.1.1.5　精神需求

人的精神需求是极其复杂的，随着物质生活的不断改善，人类交织着理性、感性、情感等因素，对社会环境、生活、文化、艺术等向着更健康、更给力的方向发展产生了强烈需求。正因为人类对精神生活的更高需求与追求，对精妙绝伦的生命形态和绚丽悦人色彩的无限崇尚，促进了回归自然、与自然和谐统一的建筑仿生、服饰仿生、美学仿生、音乐仿生、舞蹈仿生等的产生与发展。例如，根据鸟巢形态与结构，设计与建造了具有大跨度曲线结构的奥运“鸟巢”体育馆，如图 3-16（a）所示；根据细胞排列形式和肥皂泡天然结构，设计并建造了“水立方”游泳中心，如图 3-16（b）所示；根据乌龟壳、鸡蛋壳原理构筑了人造薄壳结构建筑，如意大利罗马小体育馆、法国巴黎工业展览中心、中国国家大剧院[图 3-16（c）所示]等。

（a）“鸟巢”体育馆　　（b）“水立方”游泳中心　　（c）国家大剧院

图 3-16　中国仿生建筑作品

此外，人类还将生物的造型、轮廓、色彩直接或间接地应用到服装造型和色彩设计上，创制出许多仿生服装，如宽松的蝙蝠袖，端庄的燕尾服等；舞蹈文化的产生与发展更是离不开自然界的启示，人类通过自然的生物来刻画舞蹈情节，创造了许多富有动感的仿生舞蹈，如孔雀舞、天鹅湖、雀之灵等。

人类的精神需求依赖于物质基础，同时又影响物质需求的动向，因此，适时地引导精神需求动态地向着有利方向发展，将会促进人、自然、人造制品的和谐共生。对此，人文仿生起着重要的作用。

3.1.1.6　兴趣（爱好、好奇心）需求

好奇心孕育着未来的伟大发现，想象力铺就了人类进步的阶梯，洞察力开启了人类为万物之灵的航道。人类是大自然的产物，而大自然在赋予人类躯体、思维的同时，也赋予了人类一种探索未知的天性。由兴趣、爱好、好奇心等所产生的探索行为动力是不可估量的，是人类创新精神的渊源。渴望解开自然之谜、不断地求解新的难题，这种好奇心贯穿在整个人类文明史中，是科学和技术进步的重要驱动力。正是人类对探索生物奥秘的兴趣，开启了人类认识自然与生物—发现原理—解答工程难题—模仿制造技术产品等一系列过程；对自然生物的喜爱，

使自然万物成为人类的良师益友；对生物奇异功能的好奇和对生物特殊能力的向往，产生了对人类和社会具有巨大价值的仿生发明与创造。

显见，仿生学是科技可持续创新的重要途径，受人类实际需求的强力推动，仿生、科技与需求的有效互动，产生了许多卓著的创新效应，这种互动越强，创新成效越大。

3.1.2　科学推动

科学推动是仿生学发展的重要动力，仿生学的每一步前进，都离不开科学，特别是生物学、生命科学的贡献。生物学、生命科学的一些新发现、新原理，常常会直接推动仿生行为的发生，有时会产生不可估量的仿生成效。

例如，许多细菌能够转动自己的鞭毛游动，如图 3-17 所示[32]，而转动鞭毛的动力来自处于鞭毛根部的生物电机，其是利用细胞质膜上的质子电势差作为能源的，类似于人类制造的直流电机。随着显微技术的发展，人类对细菌纳米移动系统有了更深的认识。例如，大肠杆菌（*Esherichia coli*）为了游动，利用特殊的生物电机旋转自己的鞭毛，当鞭毛按逆时针开始同步旋转时，鞭毛会扭绞成一束，形成特殊的螺旋桨，如图 3-17（b）所示。螺旋桨旋转产生迫使细菌几乎沿直线运动的力，此后，鞭毛的旋转方向会变成相反方向，这时鞭毛束会散开，细菌便停下来，开始作不规则转动[33,34]。通常，细菌电机的旋转速率可达到 50～100 r/s，但有些种类细菌的旋转速率可以超过 1000 r/s。能使细菌鞭毛产生如此快速旋转的生物电机，本身却非常节省能量，它们消耗的能量不超过细菌细胞能源的 1%，但产生的功率却相当惊人。现在纳米系统的移动问题迫切需要解决，因为迄今为止，尚未找到一种简单安全可控的纳米机器激活方法。因此，受细菌鞭毛生物电机工作原理启示，人们研发了多种仿生纳米发动机驱动技术，这为解决纳米系统的移动问题提供了参考，同时也为建造微型发动机提供了技术原理支持。

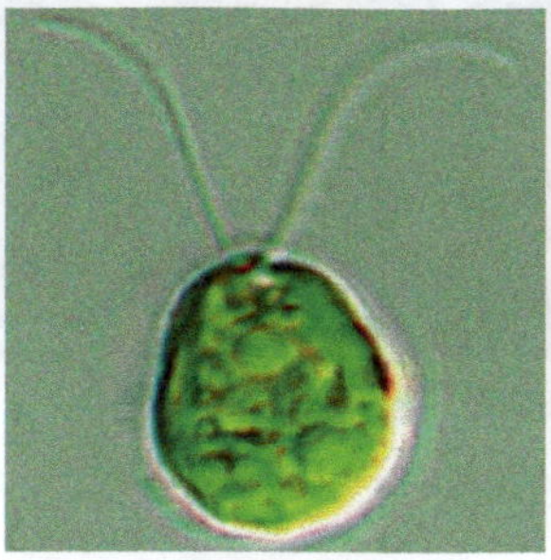
（a）衣滴虫两根鞭毛

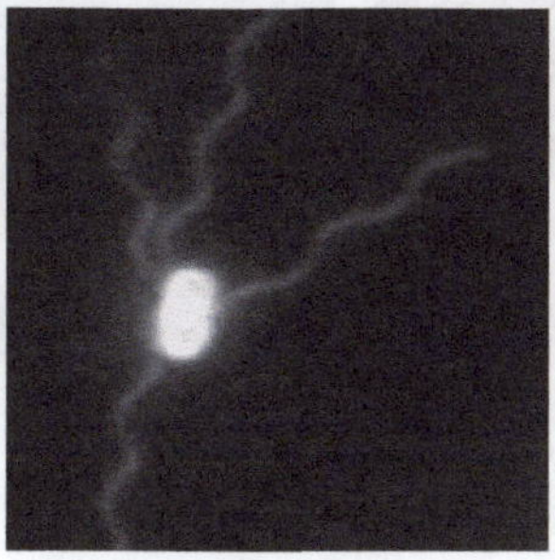
（b）大肠杆菌多根鞭毛

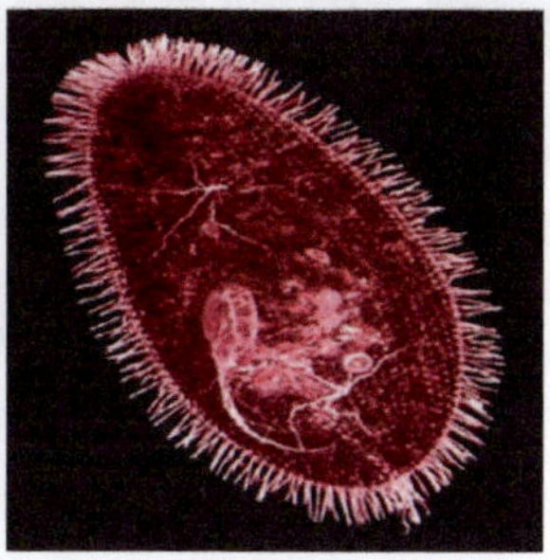
（c）草履虫数千鞭毛

图 3-17　细菌的鞭毛[32-34]

诚然，科学技术的重大突破、先进科学仪器装备的研制，不仅对科学技术自身发展起着促进作用，对经济与社会的发展作出贡献，而且对生物学、生命科学及仿生学也会起着重要的推动作用。

水的各种奇特物理性质和化学性质与水分子之间氢键的相互作用紧密相关，如何在分子水平上确定水的氢键网络构型是水科学领域的关键科学问题之一。北京大学的研究者经过仔细的论证和探索，成功地把亚分子级分辨成像和操控技术应用到水科学领域，开创性地把扫描隧道显微镜的针尖作为顶栅极（top gate），以皮米的精度控制针尖与水分子的距离和耦合强度，调控水分子的轨道态密度在费米能级附近的分布，从而在 NaCl（001）薄膜表面上获得了单个水分子和水团簇迄今为止最高分辨的轨道图像（图 3-18），在国际上首次实现了水分子的亚分子级分辨成像，使在实空间中直接解析水的氢键网络构型成为可能[35]。这使得研究人员可以在实验中直接识别水分子的空间取向和水团簇氢键的两种不同方向性。结合第一性原理计算，研究人员发现以往报道的盐表面的水分子团簇都不是最稳定的构型，并提出了一种全新的四聚体吸附结构。该项工作不仅为水-盐相互作用的微观机制提供了新的物理图像，而且为分子间氢键相互作用的研究开辟了新的途径。另外，该项工作所发展的实验技术还可进一步应用于原子尺度上的氢键动力学研究，如质子传输、氢键的形成和断裂、振动弛豫等，这将促进仿生学在水科学领域取得重大突破。同时，由于生物体离不开水，水对生物的生存和发展起着至关重要的作用。因此，这项技术也将会促进生物学、生命科学和仿生学的发展。

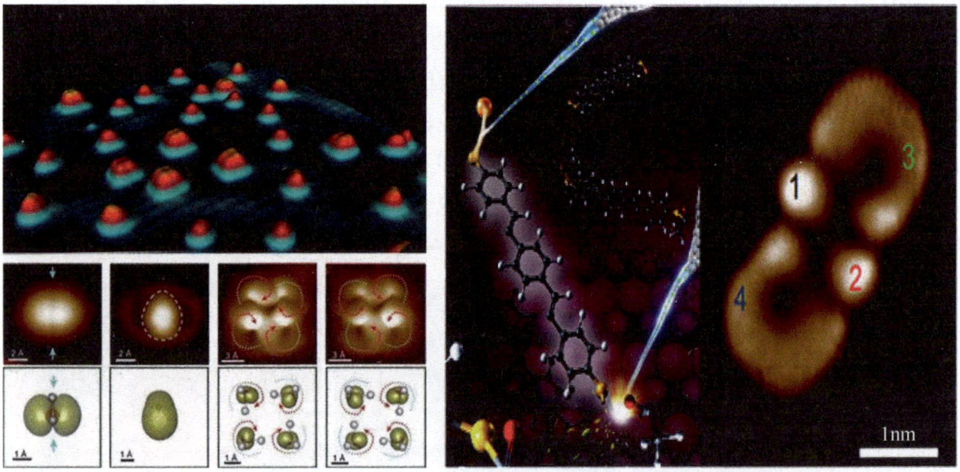

（a）单个水分子　　（b）四分子水团簇

图 3-18　单个水分子和四分子水团簇的空间姿态[35]

远古时代人类的祖先模仿蜘蛛织网编制渔网，受鱼类游动启示发明船等；工业时代，人们模仿植物和动物结构，创造新的建筑结构，模仿鸟的飞翔发明飞机，模仿人与动物发明机器人；信息时代，模仿人的运算发明计算机，模仿生物感应发明信息传感技术等；在当今科学技术飞速发展的时代，人们开始模仿生命的微观结构与功能、遗传与发展，模仿人脑的认知，模仿生命的协同进化，将会发明创造出前所未有的先进技术与装备。仿生学的前沿随着科学技术的发展而前伸，科学技术的进步和科学的新发现为仿生学的研究提供了新理念、新方法、新工具，也为仿生学研究开辟出了新领域，提出了新问题。

3.1.3 任务促动

一些不同层面、不同类型与仿生相关的特定任务，往往会有效促动仿生活动的开展，有时也会产生意想不到的仿生效果。例如，狼群战术、麻雀战术、蛙跳战术、蚂蚁战术、小鱼吃大鱼战术、虎扑战术、鼹鼠战术、黄蜂战术、鸷鸟战术等仿生军事战术的产生及一些先进的仿生武器装备的研发，都是在特定的、紧急的或一般的军事任务促动下萌发的。

美国海军对外国海军力量的增强抱有很强的危机意识，早在 1998 年，一位海军上将就说：“随着各国潜艇技术不断发展，美国潜艇的水下机动性与隐蔽性优势不断丧失，非常希望能有技术飞跃的新型潜艇出现，抢占 21 世纪水下战场的绝对优势”[36]。在这一军事任务促动下，美国开始寻找设计出路，并将仿生学作为新型潜艇技术飞跃的途径。在对比了上千种鱼类之后，美国海军最终锁定金枪鱼，因它具有平滑的线条、极快的游动速度，以及在水中的高度灵敏性，是设计新型潜艇理想的生物模型[37]。2004 年，美国制造出一艘长 2.5 m、重 2000 kg 仿金枪鱼潜艇（VCUUV），如图 3-19 所示，其在演习过程中，以一敌三，击沉了 3 艘先进的核潜艇。金枪鱼潜艇是迄今为止速度最快的水下运载器，最为重要的是，其还具有续航时间长、噪声小、运动灵活等近似于金枪鱼的优点，搭载武器或侦察器材后，适于远洋和近海作战。这次演习使人们意识到，仿生武器将是未来海洋战场的主宰。为此，美国海军开始着手制定仿生潜艇的编制特点、交战规则及未来的技术突破重点。美国海军作战部部长盖瑞·拉夫黑德上将说[36]：“仿生潜艇将是我们夺取未来海洋战争胜利的法宝，这不是押注，而是现实”。

（a）金枪鱼　　（b）仿金枪鱼潜艇

图 3-19 金枪鱼与潜艇

创新是推动民族进步和社会发展的不竭动力。一个民族要想走在时代前列，就一刻也不能没有创新，一刻也不能停止创新。不同民族发展的进程有快有慢，发展的阶段有先有后，发展的水平有高有低，究其原因，其创新能力的大小是一个重要因素。科技发展不能总是跟踪模仿，必须清醒地认识到原始创新是一个国家竞争力的源头，重大战略技术、核心技术是引不进、买不来的，必须自己研发、自己创新。在这些创新任务与提高核心技术任务的驱动下，仿生学理所当然成为科技可持续创新的一个重要途径。

3.2 仿生模本

自然界中可供人类模拟的仿生模本非常广泛，不仅可以对那些对人类有利的生物信息和生境进行模拟，还可以把人类生活中的生活现象、生活智慧、生活哲理，特别是作为生活智慧载体的人自身的行为作为仿生模本被模拟。因此，一切对人类需求有用的都可以作为模本用于仿生。

3.2.1 生物模本

可以作为生物模本的自然界中的生物资源很多，包括动物（150 多万种）、植物（40 多万种）、微生物（20 多万种）及其具有的不同形态、形状、结构、材料、功能特性和生活行为方式等。不仅如此，生物个体、生物组、生物群（落），或生物体的整体、部分，或是生物体的分子、细胞、组织、器官、系统等，大到由成千上万个个体组成的一个生物群，小到微观世界里十分微小的一个生物分子，只要是仿生学需要，皆可作为生物模本被模拟。

许多生物个体的个别部位也可作为生物模本。例如，鸣蝉（*Clanger cicada*）翅膀上整齐排布着鞋钉形纳米级的柱状物，如图 3-20（a）所示。研究发现，当细菌登陆到其上时，这种不锋利的“鞋钉”结构如同陷阱般将表皮有弹性的细菌捕获粘住，慢慢地将细菌拉伸，并分裂其细胞膜，拖其下陷至翼表面的“鞋钉”之间，从而将细菌杀死，如图 3-20（b）所示[38]。这类似于一个水气球落在充满钝钉的床上，这些钉子并不锋利，戳不破气球的外表。但随着时间的推移，气球里面水的重量会把气球的外表拖拽在钉子之间，使其伸展下陷，最终迸出的水导致气球放气。而对于落入蝉翅表面里的细菌，这就意味着死亡。蝉翼表面柱状纳米结构采用机械方式消灭细菌的原理，为人类制造新型抗菌功能表面提供了重要的生物学模本。

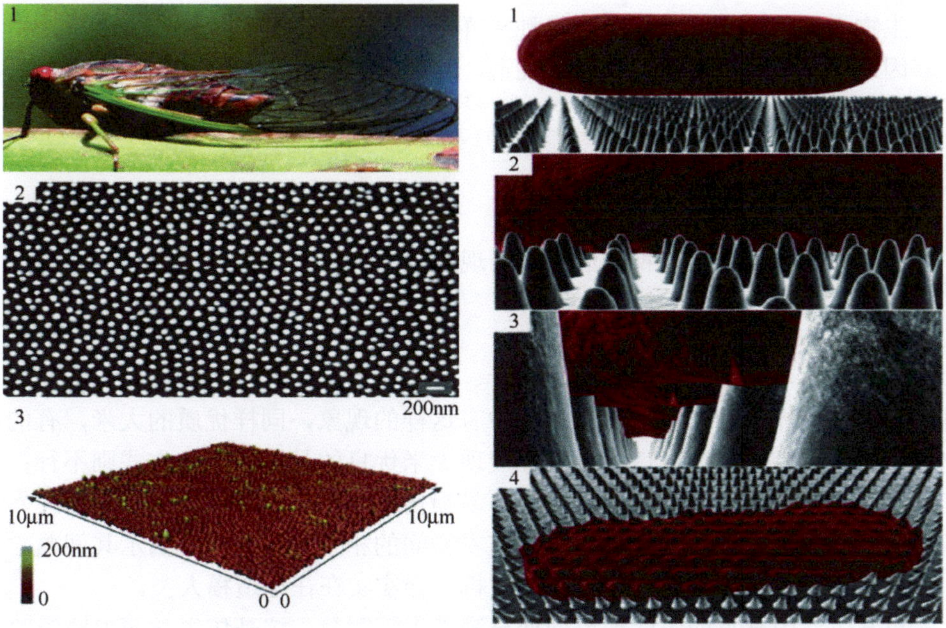

（a）蝉翼表面结构 （b）杀菌过程

图 3-20 蝉翼表面结构及杀菌过程[38]

又如，蝗虫能够长距离飞行，具备一次飞行几百英里①的潜质，具有很高的飞行效率，与人类制造的平滑且坚硬的钢铁飞机机翼相比，蝗虫翅膀在飞行效率上更胜一筹。蝗虫的翅膀不但柔韧，而且其表面还有许多纹路和突起，研究发现，蝗虫翅膀上的纹路和突起及其翅膀在扇动时出现的柔性变形，能使空气平滑地从翅膀表面流过，有助于高效飞行。同时，具有柔韧性的蝗虫翅膀在每次拍动过程中能够扭曲变形获得更多气流动力（图 3-21），从而能够有效地提供 10%的额外升力，在同样的动力水平条件下，真实蝗虫翅膀的飞行效率约是平滑坚硬“模拟”翅膀的 1.5 倍[39]。现今，微型飞行器正受到越来越多的关注，蝗虫柔韧且有纹路的翅膀为工程师设计出更好的仿生微型飞行器提供了借鉴。

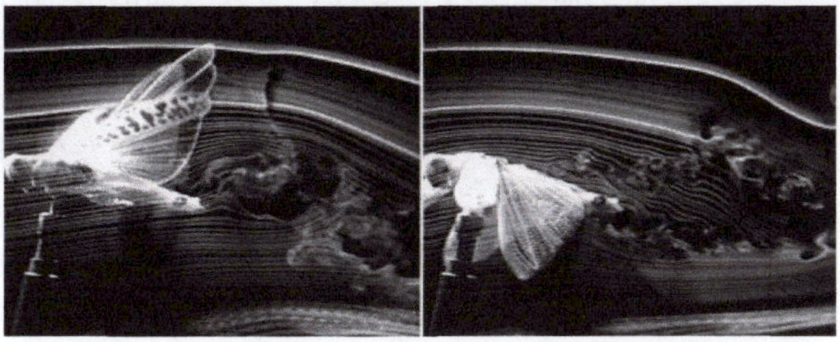

图 3-21 蝗虫翅膀柔性变形时气体流动方式[39]

① 1 英里=1.609344 千米

生物界可供选择的生物模本多种多样、丰富多彩，甚至可以说选不完、用不尽。因此，仿生设计时，模本必须优选，首要的是要选取符合仿生要求、与工程需求相似度高的生物模本。

3.2.2 生活模本

生活模本就是人类各种生活中所呈现的生活现象，主要有以下几种。

3.2.2.1 日常生活中的生活现象

日常生活，即人们吃、穿、住、行、劳等的活动与行为，如做饭、洗衣、各种手工劳动、体力劳作等。日常生活中有这样的现象，同样优质的大米，有的加热方式做出的米饭香浓可口，能充分展现大米优良的品质，有的方式则不行；手工搓洗衣物比传统洗衣机洗得干净且不易损伤衣物。将这些现象作为生活模本，探寻米饭质量与加热方式和手工搓洗与衣物间的相互作用规律，揭示其间蕴含的生活智慧，研制仿生电饭煲、仿生洗衣机，会实实在在地造福人类。

日常生活中常见的生活现象处处充满着生活智慧，这是仿生学的重要资源。

3.2.2.2 人文生活中的生活现象

人文生活，即人们在文化、艺术、体育等方面的活动与行为。人文生活是人类生活的有机组成部分。人人有人文生活，任何人也离不开人文生活，而且随着科学技术的进步、物质生活水平的提高，人们的人文生活会越来越多姿多彩。

人文生活中的生活现象常常隐含着意想不到、美不胜收的生活艺术，不仅给人感官享受，也给人精神享受。将之作为生活模本，进行具有历史与现代、传统与创新、自然与人工、意象与意蕴相结合的仿生设计，将创造出具有更多人文底蕴和意识境界的生活仿生作品，充分展现生活艺术的特殊魅力。

3.2.2.3 本体生活中的生活现象

本体生活，即人类自然生命在生理、心理、心灵层面的活动与行为。本体生活是人类日常生活和人文生活的基础与先导，是人类各种生活的根。仿生学发展至今，已越来越重视对人类自身的研究，越来越重视人类自然生命和精神生命的仿生。因为人类自身不仅是生活智慧、生活艺术的动力源和发生器，更应该是整个现代仿生学十分重要的仿生模本。

本体生活中的生活现象常常蕴含着深刻的生活哲理，甚至隐藏着自然生命与精神生命的生活密码。将之作为生活模本，就是要通过仿生研究，揭示生活哲理，解开生活密码，引导自然生命和精神生命运行更健康、行为更优化、决策更科学。

例如，一个人被亲朋好友或观众盯着看时，往往会犯一些他在独处时绝不会犯的错误。美国加利福尼亚大学的研究者在研究中发现，人在社会环境中，其大脑会比在独处时更加重视胜利，大脑中与报偿机制相关的区域，如内侧前额叶皮层，眶额皮质、颞上沟等，显出了更高的活跃性，如图 3-22 所示[40]，这与其独处时表现出的情况截然不同。这表明大脑具有察觉社会信号的能力，并能对这种信号给予编码，让其更加突出，然后使用这些信号指导下一步的行为，以达到未来行为最优化。通过对人类这一本体生活现象的生理基础研究，可以人为创造局域社会环境，制定出有针对性的仿生策略，影响人类决策行为。

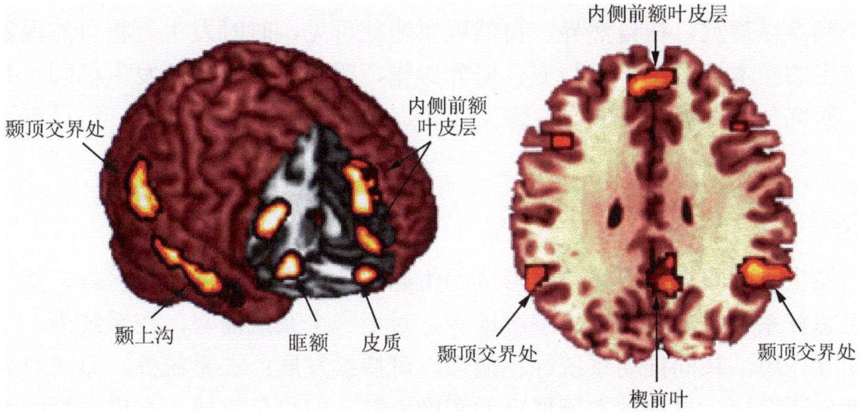

图 3-22　处于社会环境中的人类大脑活跃区[40]

3.2.3　生境模本

生境即人与生物的生存环境，这里主要指自然的生境，强调生境的天然、自然的本性，而非后天、人造的。作为仿生学的生境模本主要有以下几个。

3.2.3.1　自然环境

自然环境，主要包括人与生物生存的地理环境，如平原、丘陵、高原、山川、森林、草地、沙漠、湿地、湖泊、海洋等；物理环境，如热场、电场、磁场、力场，以及动态的运动学、动力学环境；气候环境，如热带、亚热带、大陆性、海洋性等。自然环境作为生境模本，就是要通过仿生学研究，揭示不同环境因子间的相互作用机制与变化规律，为自然环境和人文环境的绿色可持续发展，为生境仿生获取新技术、新装置和新系统，提供原理性资源。

例如，沙漠的地表在风的作用下是会变化和移动的，沙子会向前层层推移，“一盘散沙”的颗颗沙粒在风场作用下会呈现出形状相似但尺度相去甚远的沙波纹（厘米量级）、沙丘（数十米量级）、沙山和沙垅（数千米量级），而且这种沙漠地表形态在风力作用下总会重现。科学家们揭示和预测风沙运动这种复杂动力学系统的主要特征和行为，并利用计算机模拟技术再现沙波纹的形成和发展过程[41,42]。受沙漠地表形态稳定性启发，人们发明了沙丘驻涡火焰稳态动力系统[43]。

3.2.3.2 自然现象

自然现象，即在自然界由自然因素作用产生的种种现象。如云、雾、风、雨、雪、冰、台风、暴雨、响雷、闪电、洪涝、干旱、雪崩、泥石流、地震等。自然现象，对人类与生物，有的有利，有的有害，有的既有利又有害；有的有规律性，有的无规律性，有的偶发，有的随机；有的相当大，大到影响震惊世界，有的很小，小到难以察觉。在自然界，自然现象随处可见，时时发生。将自然现象作为生境仿生的模本目的在于，与专业研究协作，明晰自然现象的发生机制及其作用规律，研究与开发能因势利导、避险驱害、造福社会的仿生产品，这已有不少的例子。

3.2.3.3 自然生态

自然生态，即自然界里自然形成的生态位、生态系统或生态区域，如生态山谷、生态林系、生态草地、生态湿地等。对于一个系统而言，在系统内，各生态因子相互作用，共同推动系统绿色循环，可持续发展；在系统外，系统对外环境有高度自适应性。自然生态所展现的高度智能，即绿色可续、高度协控能力和自适应能力，正是生境仿生将其作为模本所要效仿的。

对于生态修复、生态恢复、生态再造、生态水平提升和生态效益扩大，以自然生态为模本的生境仿生应是不错的选择。世界不少国家和地区，包括一些国际组织，都在有组织地开展这一工作。

生存与发展的需求驱动人们千方百计寻求科学、高效的设计与制造之路时，自然界悄然为我们开启了一扇以最可靠、最高效、最经济的方法解决问题之门。自然界生物以最精妙的纹理形态、最精巧的复合结构、最经济的多相材料、最适宜的形成温度、最简单的合成过程与合理工艺等相互耦合、协同作用，形成了具有优异功能特性的生物材料，并以最低的物质和能量消耗获得了最大的功能时效。不仅如此，人类生活中处处充满着的生活智慧、生活艺术与生活哲理，以及生境中的自然景观、自然现象和自然生态蕴含的无穷的奥秘与优良的资源管理体系，都是人们研究仿生制品的灵感源头。模拟一切对人类有益的三生信息，进行仿生设计、模拟与制造，将会开发出更多可靠、灵活、高效、经济的仿生制品和仿生工程系统，不同程度地满足人类生产和生活的种种需求。

3.3 仿生模拟

仿生模拟是指根据特定需求，系统提取仿生模本信息，通过构思、分析、规划、决策和创造等，将其与具体研究对象结合，构建出一个具有自身能量消耗最低化、环境适应最佳化和功能展现最优化，并与模本具有高度相似性的人工系统的一系列实践过程，即把从自然界获得的仿生模本信息变成有望解决需求问题的具体方案的实践活动。仿生模拟是促进自然界进化的优异成果进行仿生转化与应用的关键，是仿生学研究的技术基础。

3.3.1　模拟内容

3.3.1.1　形似模拟

形似模拟是指模仿生物形态（形貌）、结构、材料、形体（形状、构形）等因素而开展的仿生设计，多以单元仿生为主。目前，在工程仿生领域，以形似模拟为主的单元仿生仍占主导地位，如形态仿生、结构仿生、材料仿生、构形仿生等。

1）形态模拟

形态一般是指生物体表的形貌，是生物最直接、最形象、最具体的外在表现，是其生境最直接的感受者，具有一定的功能性和环境适应性。例如，许多土壤动物（如蜣螂、蚯蚓、穿山甲、蝼蛄等）和水生动物（如鲨鱼、鲸鱼、海豚等）的体表普遍存在着宏观或微观非光滑形态特征，如凸包形、波纹形、鳞片形、凹坑形、网格形、刚毛形等，具有脱附减阻功能。吉林大学的研究者揭示了土壤动物体表非光滑形态脱附减阻机制和规律，针对地面机械脱附减阻的实际需求，运用非光滑仿生的理论与技术，结合地面机械的类型差异、触土部件作业规律和结构特点，制定了不同类型仿生非光滑产品开发的基本原则，研制多种仿生脱附减阻部件，已在农业、建筑、矿山和电力等多种机械上应用[44,45]。又如，许多植物叶片表面也具有凸包形、凹坑形、网格形、条纹形、波纹形、绒毛形等非光滑形态特征，也具有超疏水、自清洁等功能，如图 3-23～图 3-26 所示[46-48]。通过对植物叶片表面形态的模拟，可以发明和创造许多仿生超疏水制品。例如，模仿水稻叶表面乳突形态制备仿生碳纳米管膜，具有超疏水性，碳纳米管在两个方向上排列不同，水滴沿着箭头方向易于滚动[46]，如图 3-27（a）所示；仿芋叶表面凸包形态制备的聚苯乙烯薄膜[49]，与水的静态接触角达到（158±1.6）°，如图 3-27（b）、（c）所示；仿绒毛形态在工程材料铝及其合金表面上通过电化学反应与表面修饰相结合的方法制备的氧化铝纳米线，对水、食用油、原油、润滑油、离子液体等表现出超疏特性[50]，如图 3-27（d）、（e）所示；此外，仿生绒毛形态，以多孔氧化铝为模板，通过挤压使聚合物进入到模板的孔中，构建的聚丙烯腈纳米纤维阵列膜[51]，其表面与水的接触角高达（173.8±1.3）°，如图 3-27（f）所示。

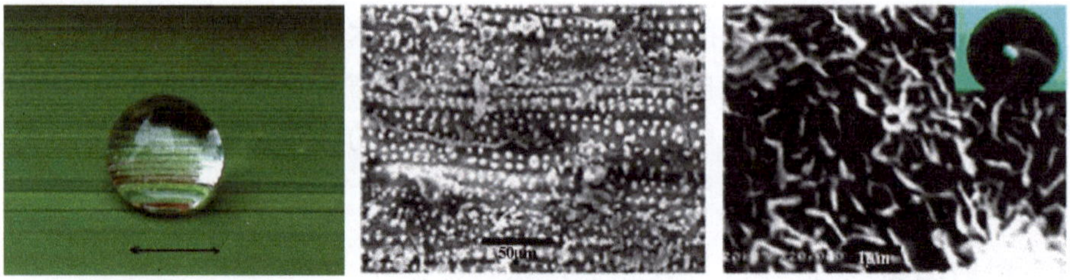

（a）水稻叶正面　（b）表面乳突形　（c）放大的（b）图

图 3-23　水稻叶表面形态[46]

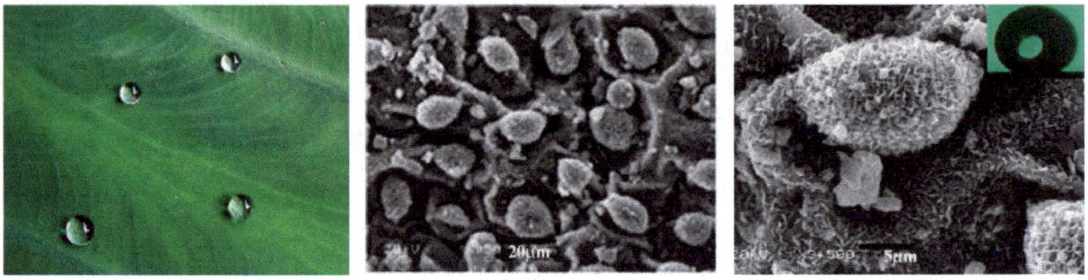

（a）芋头叶　（b）表面凸包形　（c）放大的（b）图

图 3-24　芋头叶表面形态[46]

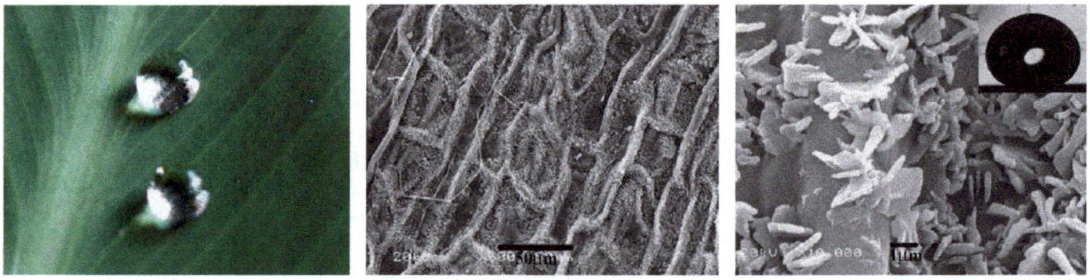

（a）美人蕉叶　（b）表面网格形　（c）放大的（b）图

图 3-25　美人蕉叶表面形态[47]

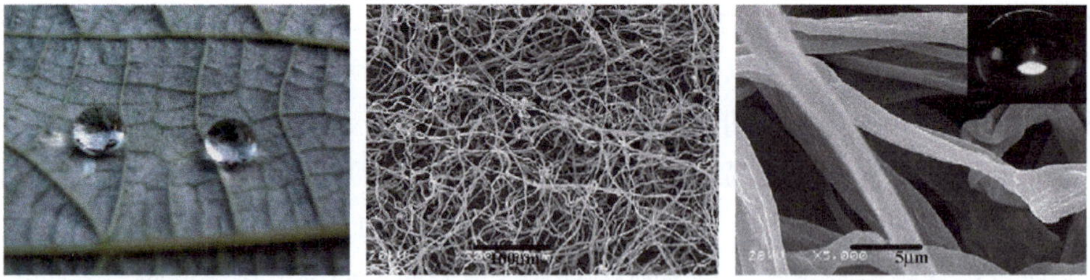

（a）苎麻叶背面　（b）表面绒毛形　（c）放大的（b）图

图 3-26　苎麻叶表面形态[48]

2）结构模拟

结构是生物体或其组成部分的构成模式，是生物行为、功能等有效展现的保证。自然界的生物，经过亿万年优胜劣汰、适者生存的进化，造就了许多优异的结构模式，如壳结构、多尺度结构、管状/多孔结构、薄膜结构、翅结构、砖泥结构、螺旋结构、梯度结构、蜂巢结构、拓扑结构、分形结构等，它们以最自然、最合理、最经济、最有效、最精细的结构形式在自然界中竞相媲美，为工程仿生提供了天然的生物模本。

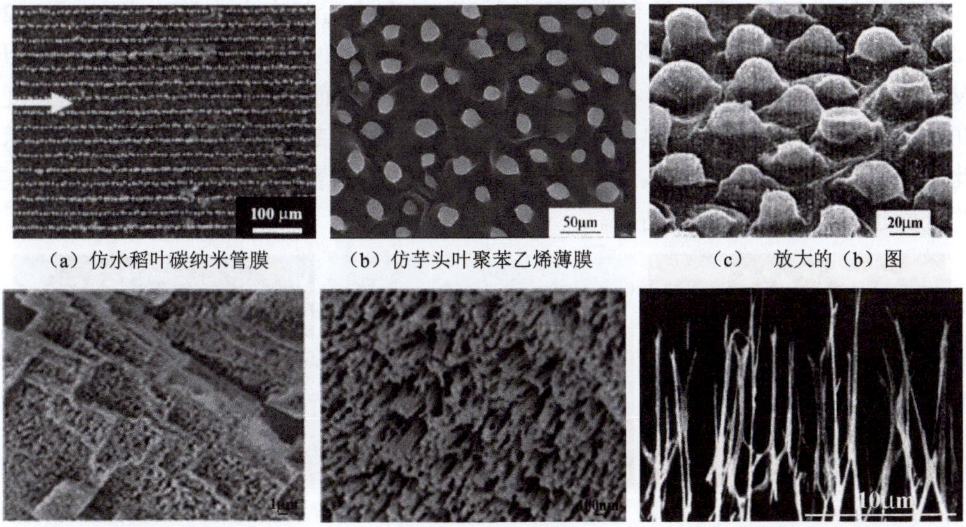

（a）仿水稻叶碳纳米管膜　（b）仿芋头叶聚苯乙烯薄膜　（c）　放大的（b）图

（d）仿绒毛氧化铝纳米线　（e）放大的（d）图　（f）仿绒毛纳米纤维陈列

图 3-27　仿植物叶片表面形态仿生制品[46,49-51]

例如，受闪蝶翅膀多层膜结构所展现的变色特性及这种结构对热量的吸收与辐射启示，研究者利用碳纳米管技术重构闪蝶翅膀结构[52]，如图 3-28 所示，设计出一种灵敏的红外热成像传感器，由于红外热成像可将物体自身散发的热能可视化，因而其在工业、军事和医学方面具有广泛应用。

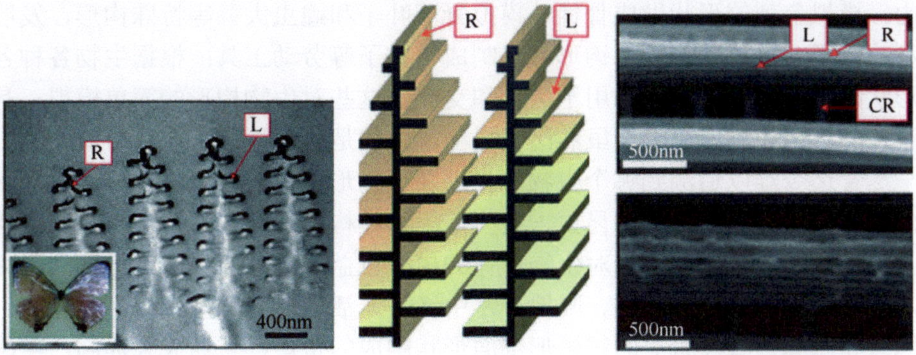

（a）蝴蝶翅膀截面　（b）结构示意　（c）碳纳米管重构闪蝶翅膀结构

图 3-28　蝴蝶翅膀结构与碳纳米管[52]

R: 脊；L: 薄板；CR: 交叉肋

蜂巢由一个个排列整齐的六棱柱形小蜂房组成，每个小蜂房的底部由 3 个相同的菱形组成，菱形的所有钝角都是 109°28′，所有的锐角都是 70°32′，这种结构，使其不仅容量大、强度高，而且最节省材料。受蜂巢结构启迪，人类发明了各种蜂巢结构制品。例如，将这种结构应用在汽车水箱面罩的进气口处，既能保证冷却发动机的进气量，又能具有非常高的强度，造型上看起来也非常动感，如图 3-29（a）和（b）所示。美国威斯康星州麦迪逊聚合物研究中心与固铂轮胎公司合力开发出新型蜂巢结构轮胎，其不仅保持一定减震性能，而且最大化地提高车轮强度，在噪声抑制和轮胎摩擦发热量上也比普通轮胎更为优越[53]，如图 3-29（c）所示。此外，现在的航天飞机、人造卫星、宇宙飞船在其内部大量采用蜂巢结构，卫星的外壳也几乎全部是蜂巢结构。

（a）蜂巢　　（b）汽车水箱　　（c）蜂巢轮胎

图 3-29　仿蜂巢结构产品[53]

3）构形（形状）模拟

自然界的生物经过亿万年的进化，形成了适应环境的多姿构形，吸引人类去模拟和创造。对生物构形的模拟古已有之，可追溯到上古时期。古人模拟动物巢穴的形状，建造房屋；通过对水中生活的鱼类形状的模仿，伐木凿船，用木材做成鱼形的船体，仿照鱼的胸鳍和尾鳍形状制成双桨和单橹，由此取得水上运输的自由；模拟鱼刺的形状做成骨针，模拟野草叶子和蝗虫大颚等特殊构形，发明了锋利的锯子；模拟动物的爪钩形状，制成了钩子等劳动工具；根据生物各种各样的形状，发明了象形文字，用于沟通和交流。这些对生物构形的简单模拟，是仿生设计的起源和雏形，它们虽然比较粗糙，但却是仿生学得以发展的基础。

尽管迄今难以追溯到哪个生物原型启发了构形仿生，但近代飞行器、潜艇等的外形设计均来自对鸟类、昆虫、鱼类等生物体构形的观察所产生的灵感。随着人类社会的不断发展，人们对生物形体的模拟愈益精湛。模拟各种生物的形体特征，研制出各种适宜在空中、陆地、水中（下）活动的机械技术产品。例如，模拟鲸鱼和海豚等海洋鱼类的纺锤形剖面形状制成的鱼雷，航速大大提高；美国模拟金枪鱼的体形建造的“飞鱼号”核潜艇，不仅航速大大提高，机动性也大大增强。德国费斯托公司根据大象鼻子的形状设计出的机器人手臂，每一节椎骨可以通过气囊的压缩和充气进行扩展及收缩，使机器人拥有灵活、柔韧的动作，可以平稳地搬动重载，如图 3-30 所示[54]。吉林大学模拟土壤动物爪趾的特殊构形及其高效松土原理，提出了包含松土部件楔形、楔角和特殊曲线形铲柄的系统仿生设计思路，研发了仿生松土部件结构参数与工作参量一体化设计及其优化技术，并实现了一体化成形制造[55]。

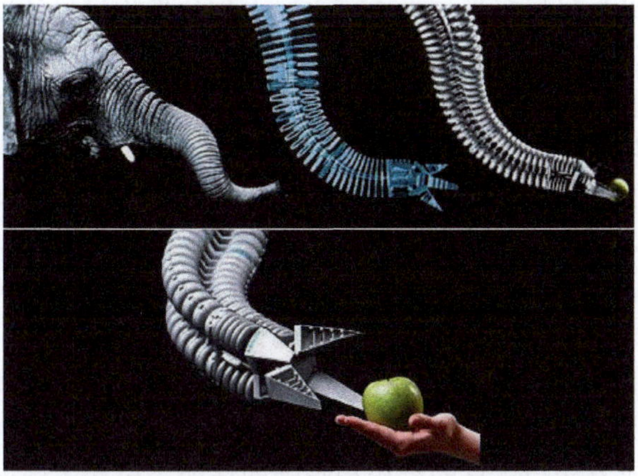

图 3-30　仿大象鼻子的机器人手臂[54]

企鹅在陆地上行走很笨拙，在水里却极为敏捷，研究发现，其运动与鱼类不同，几乎只靠鳍来推进自己，这说明企鹅的身体已经进化成了大体积小阻力的优化典范，如图 3-31（a）所示。宝马公司将企鹅的身体构形作为宝马 H2R 车身构形的设计方案，在设计上突出表现了其圆鼓的前脸，收起的尾部，如图 3-31（b）所示。这一形体特征，使整车具备了极小的锋面，风阻锐减为 0.21[56]。

（a）企鹅在水中穿行

（b）仿生宝马车

图 3-31　仿企鹅构形的宝马车[56]

4）材料模拟

生物材料是指构成生物体的所有材料，包括有机物与无机物，其既是生物体的自身本体，又是支撑生物各种行为、功能的物质基础。自然界在长期的进化演变过程中形成了组成（成分）、组织、结构（宏观、介观、微观）完美和性能优异的生物材料，如生物矿化材料、光晶体材料、超强韧材料、高粘附材料、耐磨抗疲劳材料、医用材料、复合材料等。

天然的生物材料大都具有微观复合、宏观完美的结构，并以最低的物质和能量消耗获得了最大的功能时效。在现代生活的各个领域，仿生材料发挥着巨大的作用，用于社会生产的工程材料的每一次重大革新和进步都使人类社会文明向前发展一步。仿生学与材料科学相融合，启迪人们从生物材料的视角开发新材料，以经过亿万年进化形成的生物材料为模本，在不同层次和水平上进行仿生模拟，为开发和制备性能最优化、环境适应最佳化、本身能量消耗最低化的新型材料提供新方法和新工艺。

在生物材料的仿生研究中，模拟生物矿化原理，是一种全新的材料设计与制造方式。国内外许多研究团队模拟蛋壳、贝壳、牙齿、骨骼、硅藻等材料的生物矿化原理，制造出了一系列宏观、微观、纳观尺度的仿生材料，如纳米材料、陶瓷薄膜材料、半导体材料、人体植入用人造骨材料等[57]。

在生物超强韧材料模拟中发现，蜘蛛丝具有超强的机械强度，其无论是在干燥状态或是在潮湿状态均具有良好的性能。蜘蛛丝作为优异的功能性结构材料，其独特的纤维组成方法与优良的结构和超强的性能，引起了国内外学者的广泛关注，已成为当今纤维材料领域的研究热点[58]。

在梯度复合材料的模拟中，研究发现，洪堡巨鱿（*Dosidicus gigas*）具有尖利如刀的喙状嘴，其既可以伤残猎物，又不损害喙状嘴所嵌入的肌肉组织，如图 3-32（a）所示[59]。鱿鱼喙状嘴所面临的设计上的难题与无柄刀相同，因为人们很难在不割伤自己的情况下使用无柄的刀。洪堡巨鱿用喙状嘴攻击猎物时，会将巨大的力量传导到其自身维系喙状嘴的软组织上，其之所以能够应付这些作用力，是因为切割端虽然坚硬，但是，它在越靠近喙状嘴附着的柔软肌肉组织时，变得越来越柔软且可弯曲性也越来越大。通过对喙状嘴的每一节段特定化学组成的测定，并在每一点上将其与喙状嘴的力学性质进行匹配，发现喙状嘴的坚硬程度是通过控制几丁质、水、富含组氨酸的蛋白质及一种称为多巴（dopa）的化合物的比例来实现的，如图 3-32（b）、（c）所示。通过模拟鱿鱼喙状嘴材料组成与梯度调控，将有助于开发性能优异的仿生梯度复合材料。

（a）喙状嘴　（b）切割端顶部氧化后组织　（c）切割端底部壳质纤维组织

图 3-32　洪堡巨鱿喙状嘴[59]

自然界的创造力总是令人惊奇，天然生物材料经过亿万年进化，利用最简单、最经济的多相材料，通过宏观、微观、纳观等最合理、最精细、最优化的复合结构合成了综合性能优异的生物材料，值得人类借鉴和模拟。现今，人类通过先进的检测、分析、试验手段深入研究各种生物材料成分、结构与功能间的关系，揭示其构成机理与功能展现模式，并采用仿生学原理，模拟、设计、合成、制备出许多性能优异的新型仿生材料。

5）行为模拟

行为即生物对内外环境变化所作出的有规律的、系统的外显适应性活动。例如，动物的捕食行为、防御行为、学习行为、领地行为、集群行为、互助利他行为、等级优势行为、通信行为、生物节律、迁徙和洄游、繁殖行为等；动物和植物的生长及睡眠行为等。

例如，多头绒泡菌（*Physarum polycephalum*）具有向食物聚集的网络生长行为，能够高效地连接不同的食物阵列。日本北海道大学和广岛大学的研究人员在一个 A4 纸大小、与日本关东地区形状相同的容器内培养多头绒泡菌，将其和最大块的食物放在容器内模拟东京中心的位置，其他一些小块食物被放置在容器内模拟关东地区 36 个主要车站的位置上[60]。研究结果表明，多头绒泡菌以最大块的食物为中心，迅速形成细密网络向四周扩散，常用的管道会越来越发达，不用的管道会逐渐消失，最终网络的总长度尽可能短，但能确保在某处中断时有其他路径可以绕行，如图 3-33 所示。1～2 天后，在容器内整个“关东地区”便呈现出清晰的“铁路网”。同时，由于多头绒泡菌不喜光，研究者还用光照射模拟一些在实际铁道施工困难的地方，结果多头绒泡菌生长都形成了最为经济的网络，如图 3-34 所示。可见，模拟多头绒泡菌网络生长行为，有助于人们建立最捷径、最有效的通道系统。

随着人类科学技术的进步和实际需求的驱动，行为模拟研究越来越活跃，如研究生物体通信、定向和导航、信息控制等行为进行信息仿生；研究生物的体内稳态、光合作用、新陈代谢、能量转换、酶催化反应等行为研发新燃料、新能源仿生；研究生物生存、捕食、进攻和防御等行为而开展军事战略、战术仿生等。现今，越来越多的行为模拟技术与产品应用于众多领域。

目前，在工程仿生领域，以单元仿生为主的形似模拟仍占主导地位，但随着对生物模本研究的深入，人们发现生物适应其生境所呈现的各种功能特性，不仅仅是单一因素的作用，而是互相依存、互相影响的多个因素通过适当的机制耦合作用的结果。因此，人类开始进行生物形态、构形、结构、材料等多因素协同、耦合作用的仿生设计，制造出的仿生制品与生物模本的仿生度越来越高，与单元仿生相比，产生了更高的仿生效能。虽然单元与多元形似模拟会产生很好的仿生效果，但是很难真正达到甚至超过生物模本，因此，人类开始了从形似向神似迈进的步伐，越来越注重进行生物模本多因素的功能原理研究和多元耦合模拟仿生。

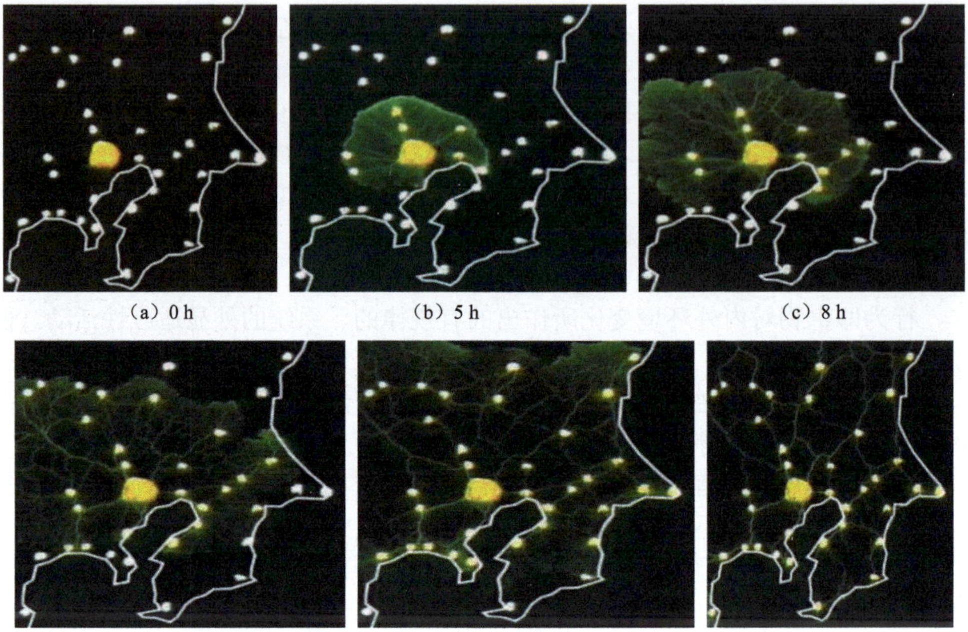

（a）0 h （b）5 h （c）8 h

（d）11 h （e）16 h （f）26 h

图 3-33　多头绒泡菌的网络生长[60]

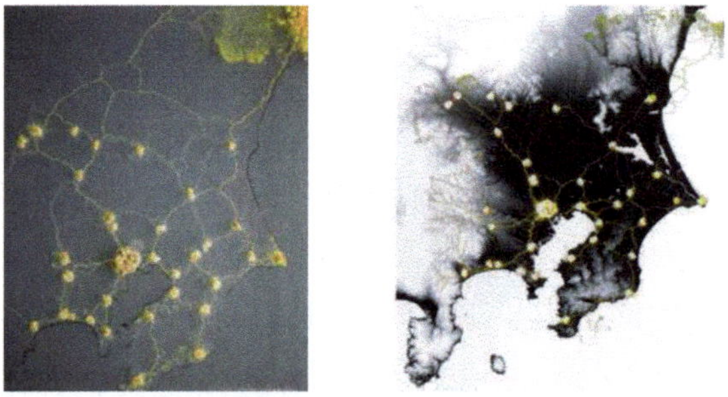

（a）缺乏光照下的生长 （b）光照下的生长

图 3-34　光照射对多头绒泡菌生长的影响[60]

3.3.1.2　功能模拟

功能模拟是指模仿生物功能特性开展的仿生研究。功能是指生物体、生物群（落）在生命过程中所呈现的某种（些）有利于其生存与发展的能力或作用[61,62]。生物功能是生物的属性，是生物与其生存环境在相互作用过程中所表现出的本领，是生存与适应能力的具体表现。生物功能的类别多种多样，可分为生物学功能、工程学功能、特殊功能等，其中，生物学功能是指具有生物学意义的功能，如植物的光合作用，动物的新陈代谢，生物的自组织、自学习、自适应、自愈合、自修复和自繁殖，生物感应、生物调节、生物智能，等等；工程学功能是指具有工程学意义的功能，如自洁、脱附、减阻、耐磨、耐腐蚀、抗疲劳、消声降噪、增阻、抓取、导向等；特殊功能是指具有特殊意义的功能，如植物的向光、向地、向水、向化、向触性等向性功能，鳐、电鲶、电鳗、萤火虫等特殊的电现象，微生物的固氮功能，等等。

蝾螈具有断肢再生的能力，在肩与手之间任何部位进行的截肢，都能再生缺失的部分。研究发现，蝾螈断肢后，创口周围的皮肤、肌肉、骨骼等各种细胞会聚集到一起，从成体细胞反向变为“幼年”细胞，形成具有再生能力的芽基细胞群。尽管这些芽基细胞看起来都差不多，但它们都能记住各自的来源，从肌肉细胞而来的仍再生为肌肉细胞，从神经鞘细胞而来的仍再生为神经鞘细胞，可良好地“专业分工”，帮助断肢再生，如图 3-35 所示[63]。更令人惊奇的是，从蝾螈肢体末端取下的软骨细胞，将其移植到上臂部位后，居然会慢慢移到与其原有位置相对应的地方，说明这种细胞具有记忆位置的功能。通过模拟生物再生功能与细胞记忆功能等，人们研发出了许多器官修复技术与克隆技术，如利用人体脂肪干细胞实现骨骼再生[64]，这为有效治疗先天性骨骼障碍、骨肿瘤、脏器缺损等多种疾病提供了可能性。

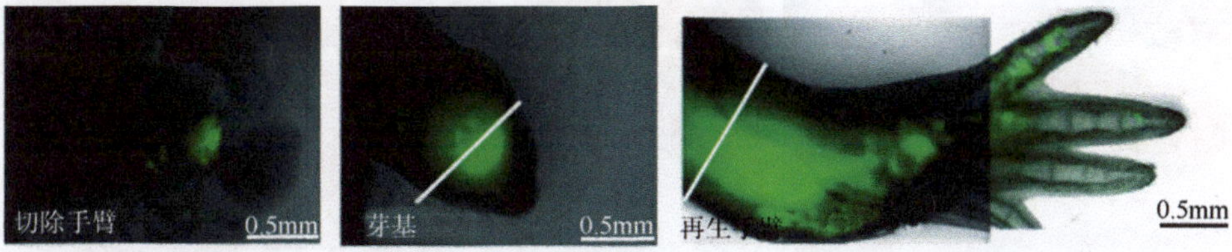

（a）近端骨骼细胞植入

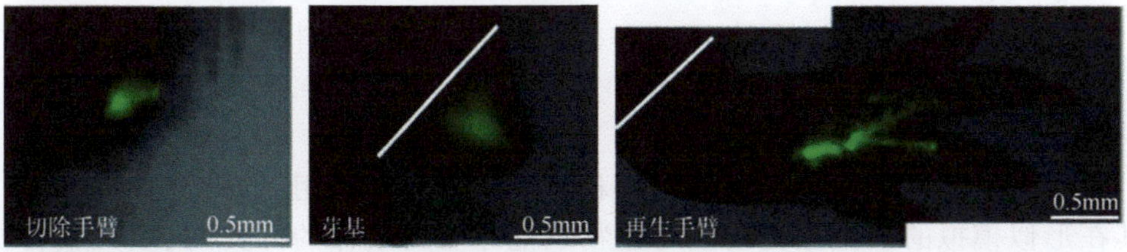

（b）末梢骨骼细胞植入

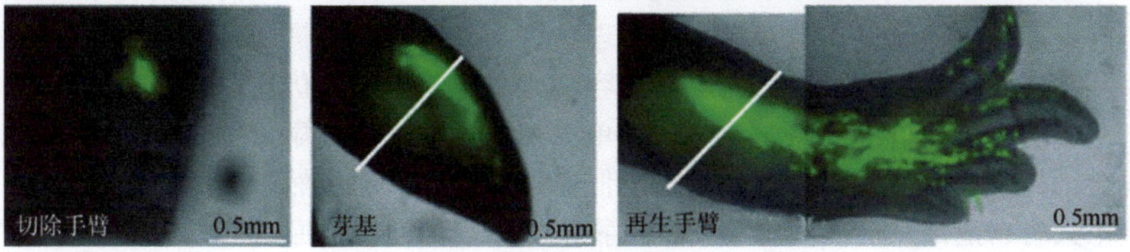

（c）末梢施旺细胞植入

图 3-35　蝾螈手臂细胞植入式再生过程[63]

海参通常柔软而富有弹性，呈柔软的凝胶状，但是当它受到威胁或刺激时，能够使自己的身体在很短时间内变硬，如图 3-36（a）、（b）所示[65]。研究发现，这种特殊的“转换效果”是由于海参表皮层含有易变胶原纤维组织，其表皮硬度可以通过控制相邻胶原纤维间的应力传递实现软、硬调控[66-68]。模拟此功能，通过对聚合物进行设计，可以实现聚合物在接触特定化学物质时，以指定的方式改变其机械性能，特别是聚合物的硬度和强度。美国西储大学的 J.R.Capadona 教授等在环氧乙烷和环氧氯丙烷共聚混合物中加入纤维素纳米纤维材料，制备了仿海参材料调控特征的纳米复合材料，该材料可以像海参一样在几秒钟内实现僵硬与松软状态之间的转换，如图 3-36（c）所示。当加入引起氢键结合的溶剂后，该溶剂打断了纳米纤维（晶须）之间的键合，因而使材料变软；当溶剂挥发后，晶须之间的网络结构会重新形成，使该材料变硬。值得一提的是，制备材料过程中所用的纤维素纳米纤维材料是从海洋被囊动物套膜中获取的纤维素晶须，也可以从可再生性物质（如木材、棉花等）中获取类似的纳米纤维。通过模拟生物调控功能，人们可以制造出许多具有自适应、自愈合、自修复功能的仿生材料。

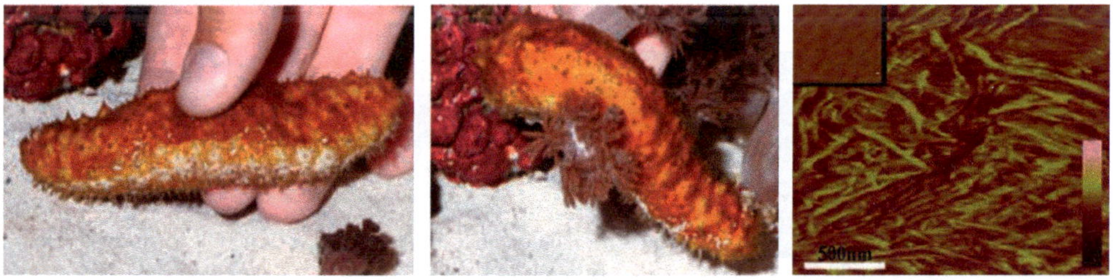

（a）僵硬的海参　（b）松软的海参　（c）纳米复合材料

图 3-36　海参及仿海参软硬调控纳米复合材料[65]

3.3.1.3　耦合模拟

耦合模拟是指模仿生物多因素相互耦合、协同作用而开展的理论仿生，其在形似模拟的基础上更注重对生物功能原理与规律的探究，为多元耦合仿生。耦合模拟的关键不在于直接复制生物模本的每一个细节，而是要明晰三生模本的原理与规律，以实现特定功能原理仿生为中心目的。耦合模拟是更近于生物实际功能原理的仿生，是从概念、内容到方法上的全新的仿生理念，有望解决传统形似仿生难以解决的问题。例如，单独模拟植物叶片和昆虫翅膀的表面形态、复合结构或表面低能化材料，进行形似模拟，仿生表面虽然皆具有一定疏水性，但不具有自清洁功能。因此，揭示生物模本自清洁功能的原理与规律，分析各个影响因素（耦元）在功能实际展现过程中的相互关系及其所占的权重，可根据影响因素（耦元）的重要性次序，进行统筹设计与优化。例如，基于生物模本自清洁原理进行仿生设计时，先设计优化非光滑形态，再设计微-纳复合结构，最后进行表面低能化处理，通过耦合模拟设计出的功能表面，则具有显著的自清洁功能，还有望解决高能表面的自清洁问题。

现今，随着分析、测试、设计、制造技术的飞速发展，人类越来越注重神似模拟仿生，其在生物功能的仿生实现中正发挥着越来越重要的作用，将引领仿生学从单元向多元、静态向动态，单场单相向几何、物理、化学、生物等多场多相优质交融的方向发展。在此基础上进行的多元耦合仿生设计与制造，将向着多因素优质集成化、结构智能化、材料多样性、功能系统化的现代仿生设计制造的前沿水平发展，展现功能时，将具更佳的环境适应性。同时，在人类需求、科学推动与任务促动的驱动下，神形兼具的仿生模拟也正在形成新的研究趋势，其与生物模本相比，无论是在仿形还是功能原理上，都具有极高的相似度，甚至展现出一定的仿生功能超越生物模本的能效。

3.3.2　模拟方法

仿生模拟把人类与生物及其生境经过长期进化与演化所具有的最佳适应性系统与原理移植到人工系统中，设计出满足人类需求的仿生方案和技术系统，实现了具有绿色、环保、功能性、创新性、高技术性、可持续性的仿生目标。仿生模拟方法多种多样，包括直接模拟、间接模拟、多步（多级）模拟、复合/组合/多元耦合模拟、整体模拟、局部（部分）模拟、静态模拟、动态模拟、逆向/正向模拟、数字/虚拟模拟、试验模拟等。根据不同的需求和具体的问题，可选择相应的模拟方法。由于影响生物功能特性因素的多样性、机制与规律的复杂性、功能实现的多元交融性等，使仿生模拟的任务相当艰巨，选择适当的模拟方法与技术至关重要。但是，无论采用哪种模拟方法，都要把生物功能原理的有效实现放在模拟的核心地位，即模拟设计出的仿生人工系统必须有效实现生物所具有的功能原理。

3.4　仿 生 制 品

仿生学的核心就是将仿生研究中的科学发现、技术发明或工程创造有机地融入仿生制品，即创新性地设计和制造仿生制品，设计和营造仿生系统与工程，这也是仿生学的终端目标。而仿生制品的关键是仿生制造，是基于仿生模本和仿生模拟的原理与方法，制造出满足人类需要的各种制品。现今，仿生制品含义更广，种类繁多，主要有三大类，即非生命（传统）的、包含生命组件的和具有完整生命的三类仿生制品。

3.4.1　非生命仿生制品

非生命仿生制品是指应用于工程领域的传统仿生产品，是纯人工技术制品，在各行各业、众多领域，非生命仿生制品比比皆是，如仿生装备、仿生运动系统

（飞、跑、跳、爬、走、游等）、仿生材料（复合、梯度、智能、自修复等）、仿生能源（生物对各种能源的利用，常温、常压下能源的转化等）、海量信息高效处理与控制的仿生、仿生智能（生物计算机等），以及生活仿生、生境仿生、人文社会仿生的成果等。

例如，美国得克萨斯大学的研究者根据人类和动物肌肉结构产生力的原理，使用碳纳米管纤维与石蜡制造出仿生超强壮人造肌肉，它可以模仿肌肉收缩产生力量，可驱动超过自身体重 10 万倍的重物，并提供超过天然骨骼肌 85 倍以上的机械功率。研究者将石蜡嵌入经过编织形成一种特殊结构的碳纳米管纤维中，通过直接加热、电加热，或者使用一道闪光，石蜡就会发生体积膨胀，使整个肌肉膨胀。但由于碳纳米管纤维特殊的结构，肌肉的长度会同时发生收缩，就产生了力量。随着通电和断电，肌肉丝扭曲和恢复所产生的扭力足以为微型弹射器提供动力，这种肌肉的举重能力是同等尺寸天然肌肉的 200 倍。新型人造肌肉可编、可织、可打结，因此，可用于制造智能自驱动材料和布料等，如图 3-37 所示[69,70]。

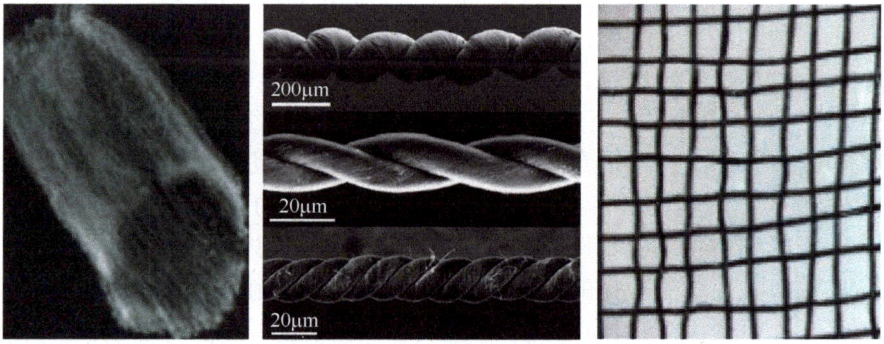

（a）碳纳米管　　（b）人造肌肉编织　　（c）人造肌肉制成的布

图 3-37　仿生人造肌肉[69,70]

目前，非生命仿生制品研究异常活跃，取得了突破性进展和高水平的研究成果，许多研究成果已被转化为生产力，解决了人类科学与技术发展所面临的诸多问题。

3.4.2 包含生命组件的仿生制品

随着仿生学与生命科学、医学、药学等交叉渗透愈益深入，包含生命组件的仿生制品在此基础上发展起来。基于人类与生物的感觉器官，人类开展各种有关视觉、听觉、嗅觉、味觉，以及包括冷热、酸痛、振动和平衡等感觉方面的新颖的生物传感器和仿生感觉器官的研制。基于人与生物控制器官、自组织系统、神经元等，研制出仿生自动控制系统、仿生人（生物）机电一体化系统。基于人类与生物的器官与组织，制造出具有一定生命特征的仿生人造器官，如仿生人造心脏、肝脏、肾脏、眼睛、鼻、舌，皮肤、肌肉、血管、骨骼、关节、假肢等。这些具有一定生命活性的仿生制品在选择性、适应性、灵活性、灵敏度、抗干扰性、微型化等方面，与目前各种同类传统制品相比较存在着较大的优越性。

美国西北大学的研究人员制造了一个具有一定生命特征的仿生神经假体装置，取代了丧失或损伤的神经系统功能，成功地使瘫痪猴子恢复了复杂的手部运动能力。该装置由两部分组成：一是可直接植入大脑的多电极芯片，作为脑机接口，利用该芯片可以检测大脑 100 个脑细胞的活性，解码生成肌肉和手部运动的信号；二是一个功能性电刺激设备，可将电流传送至瘫痪肌肉，引起肌肉收缩。大脑芯片直接触发电刺激设备，绕过脊髓，实现了有意图的、大脑控制的肌肉收缩，恢复了运动[71]。这项研究有望用于帮助因脊髓损伤导致的瘫痪患者完成日常活动，获取更大的独立性。

美国普渡大学的工程师将谷物中可降解的高分子材料涂在棉花糖丝上，之后将此棉花糖丝溶解于水中，只剩下一根根的聚合物空心管支架，其结构酷似纵横交错的神经的结构，如图 3-38 所示[72]。该仿生支架能扮演受伤神经端和微型人造管之间的桥梁，可用于修复因意外事故造成的神经损伤、动脉粥样硬化或糖尿病等疾病导致的血管破损。

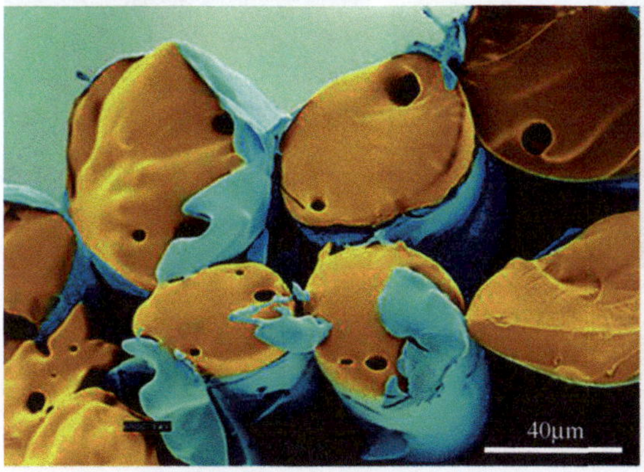

（a）棉花糖丝未溶解前的仿生聚合物管

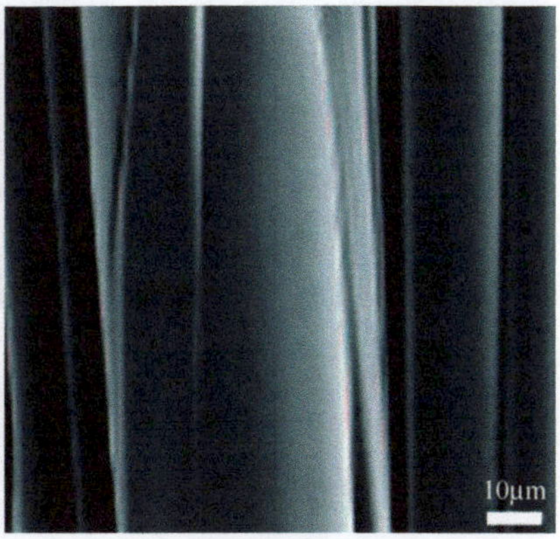

（b）管与管空腔结构

图 3-38　仿生聚合物空心管支架[72]

来自美国的研究人员成功使用大鼠心肌细胞在塑料聚合物衬底上制造出了多种肌肉修补薄膜，其具有广泛的马达功能。研究人员首先在载玻片上设置一薄层热敏聚合物材料，然后在其上添加一层具有很强活性的含有高乙烯基硅橡胶（PDMS）。利用微通道板（μCP）工艺，研究人员在这两层衬底上“印”下了已成型的纤连蛋白（fibronectin）层，最后让小鼠的心肌细胞紧密附在该蛋白质薄层之上。培育数日之后，这些心肌细胞会生长、扩散并产生新的连接，此时降低温度，热敏聚合物及其上面的部分就会从载玻片上脱离下来，如图 3-39 所示。通过控制纤连蛋白层的结构及整个装配过程，研究人员已经能够制造出多种多样的薄膜材料，它们能够实现卷、跳、抓、游动等多种功能[73]，这项仿生技术的开发，有望为心脏和其他肌肉组织损伤的患者带来福音。

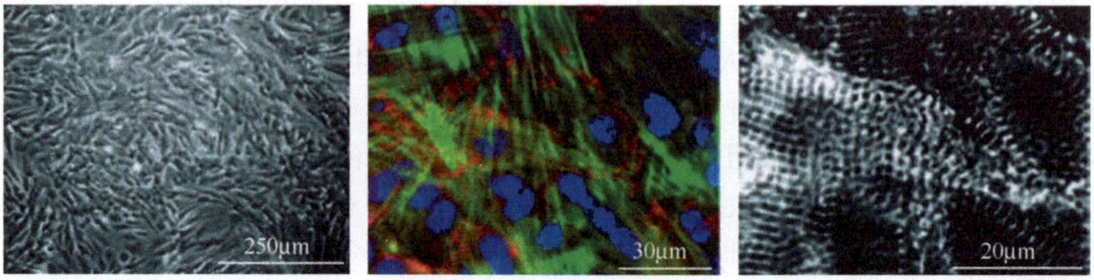

（a）使用纤连蛋白涂层制备的各向同性心肌

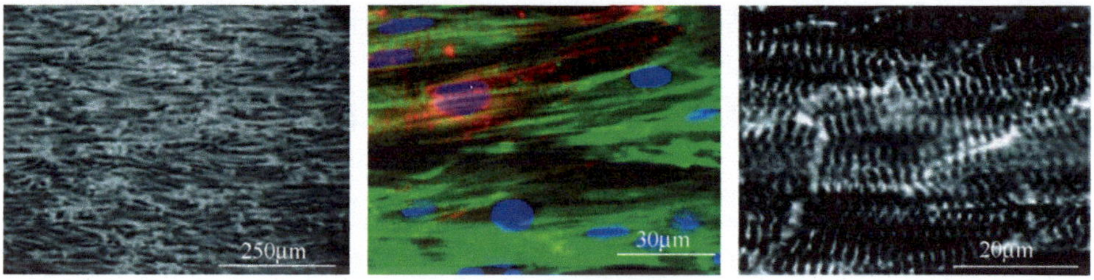

（b）使用纤连蛋白线制备的各向异性心肌

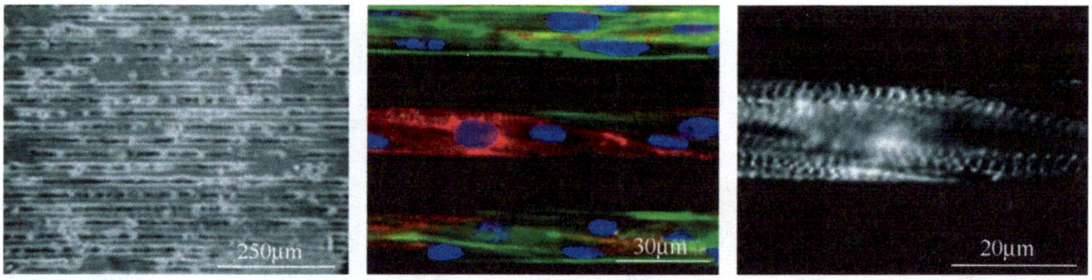

（c）使用高密度纤连蛋白线制备的离散阵列心肌

图 3-39　使用纤连蛋白制备不同的心肌[73]

3.4.3　具有完整生命的仿生制品

具有完整生命的仿生制品是指具有与模本高度相似的生命特征，且与人类或生物具有极佳的相容性，能够替代模本去执行相应功能的仿生制品，如仿生人造分子、人造细胞、合成生命、数字生命等。随着医学与生命科学的飞速发展，人类采用遗传工程、基因工程、细胞工程和克隆技术等手段，合成了许多具有完整生命的仿生制品。例如，人类利用有机物合成新的基因，并将其加入现有生物中，制造出对人类有益的仿生人工生命等；基于遗传与细胞工程，人们改变细胞内的遗传物质，获得新型组织与细胞制品，用于组织与细胞替代疗法等。

间充质干细胞数量占皮下脂肪细胞总量的 10%左右，具备分化为各种脏器和组织细胞的可能性。日本研究者从 7 名普通志愿者身上各提取 5 g 皮下脂肪，分离脂肪中的间充质干细胞，之后添加 3 种促进这些干细胞成长的蛋白质。经过约 40 天培养，这些干细胞全部分化成肝脏细胞[74]。研究者将这些培育得到的肝脏细胞通过注射方式移植到肝功能衰竭的实验鼠体内，1 天后病鼠体内的氨浓度下降到了正常值。

血小板是大量存在于血液中的无核盘状小细胞，可在止血、伤口愈合、炎症反应和血栓形成等过程中发挥重要作用。血小板具有特定的形态结构和生物化学组成，直径为 2～4 μm，比红细胞小得多，在正常血液中具有较稳定的数量。美国加利福尼亚大学的研究者模拟天然血小板的大小、形状及其表面功能，以聚合物为模板，将在活化的天然血小板或受损的血管表面发现的蛋白质，通过沉积、分层、交联等方式涂于聚合物表层，随后，坚硬的聚合物核心将溶解并赋予人造血小板所需要的弹性或柔韧性，如图 3-40 所示[75]。这种人造血小板不仅可执行典型的天然血小板功能，同时也可应用于携带显像剂以确认受损的血管或传送药物来实现血栓的溶解。

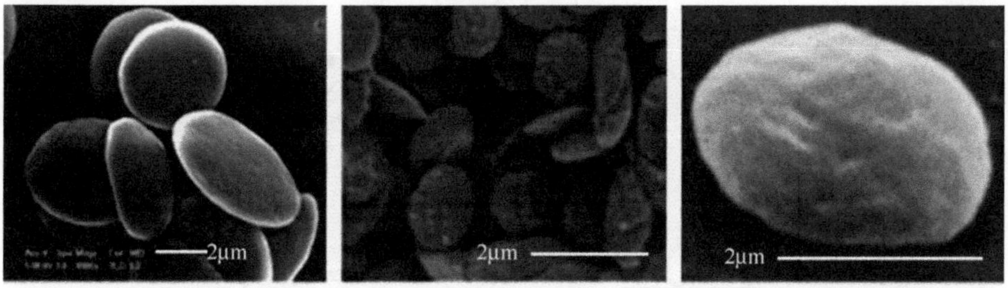

（a）聚合物模板　　（b）人造血小板　　（c）天然血小板

图 3-40　人造血小板与天然血小板[75]

近年来，随着医学与生命科学的飞速发展，人类健康需求的不断增加及先进制造技术（如 3D 打印技术等）的不断涌现，具有完整生命的仿生制品层出不穷。美国生物学家吉尔伯特认为：“用不了 50 年，人类将能用生物工程的方法培育出人体的所有器官”。现今，更多的具有完整生命的仿生制品，如仿生人造细胞或器官[76]等被移植到人与动物的体内，代替发生病变或衰竭器官去完成各种各样的任务，以延长人与动物的生命。

尚需指出，仿生制品的上述三个层面的蕴义还在于，现代仿生制品不仅存在于科学、技术、工程以及人文与社会等领域，而且通过仿生活动还可以产生仿生思想、理论、方法、技术、产品、装备和工程；从人类、生物与自然互动的视角可见，仿生发展理念与发展模式是推动人类社会经济建设、社会进步及人类自身发展的动力。这就是仿生学的本质需求及仿生研究的根本目的。

3.5 仿生学基本要素间的关系

纵观人类仿生活动初始、仿生思想萌发、仿生学诞生、仿生学发展这一漫长的历史进程，不难发现，在不同的历史时期，不同的发展阶段，仿生需求、仿生模本、仿生模拟与仿生制品及其相互作用，尽管在形式、内容、层次和发展程度上有所不同，但它们都是仿生研究不可或缺的关键环节，它们的有机链接是仿生学的核心与灵魂，也是创新科学与技术发展的新路径，如图 3-41 和表 3-1 所示。

在仿生基本要素中，仿生需求（包括科学推动与任务促动）是仿生学不断推陈出新的源头，是仿生学产生与发展的主要动力，人类所进行的许许多多仿生活动大多是受人类各种需求所驱动。仿生需求不断，仿生动力不竭，从而引领人类以更宽广、更深远的视角向自然界学习。

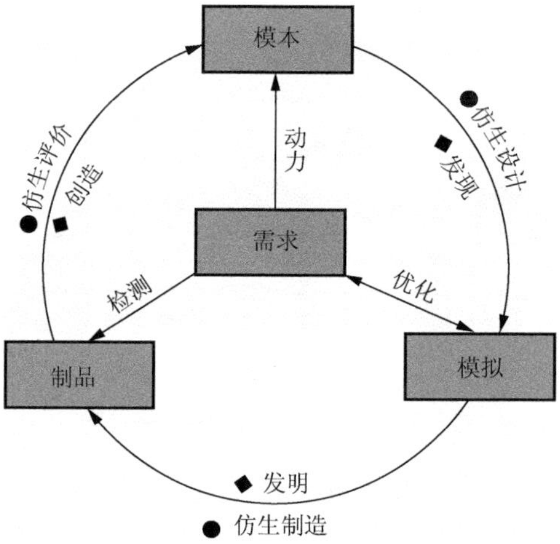

图 3-41 仿生要素间的相互作用关系

表 3-1 仿生要素的特征

仿生要素	本质体现	关键作用	核心目的
仿生需求	源头	动力	引领
仿生模本	自然	基础	发现
仿生模拟	相似	转化	发明
仿生制品	人工	目标	创造

仿生模本是自然界提供给人类的宝贵资源，是仿生学研究的基础。人类不断发现自然界生物、生境及人类自身生活所蕴含的原理与奥秘，并对其进行蓄积与凝炼，形成满足人类需求、解决人类面临难题的方法。仿生模本取之不尽、用之不竭；任一模本奥秘的发现，可能预示着一种新的仿生设计的诞生。

仿生模拟是对自然界优异成果进行仿生转化，是研发仿生制品的必由路径，是仿生学研究的技术基础。从古至今，仿生模拟是艰难而充满创新的过程，但仿生需求不断，仿生模拟就会活力无限。

仿生制品是通过仿生途径研制的纯人工制品和含有生命及其组件的人工制品，是仿生学研究的主要目标。仿生制品的核心是仿生制造，人类依据从仿生模本获得的启示，采用一定的模拟方式，创新地制造出具有各种特性的人工制品，以满足人类生存与生活的种种需求。现今，仿生制品在各个领域的应用成效日益彰显，创新成果频出。

显见，在需求驱动、科学推动与任务促动下，仿生学飞速发展，在仿生意识与思维、仿生活动与行为、仿生设计思路与创新模式、仿生新型产品与工程化应用等方面取得了巨大的成就。也正因如此，在人类与自然界的进化中，人类才由一个微不足道的普通物种，崛起成为万物之灵，拥有智慧的创新思维、多彩的文化艺术和先进的科学技术。

综上所述，从人类潜意识的仿生活动开始，到现代工程中的重大仿生设计，大量的史实和工程实践表明，仿生的意识、理念和实践开辟了人类进步、社会发展和科技创新的独特道路。人类的实际需求是仿生学产生和发展的动力；仿生模本是仿生学研究的理论基础，是技术发明和工程创造的源泉；仿生模拟是仿生学研究的技术基础，是生物功能仿生转化与应用的关键；创新地设计和制造仿生制品是仿生学的核心，也是仿生学研究的主要目标。现今，优化生物学研究成果，深化生物奥秘的探索，发展先进制造技术与装备，从而带动仿生制造的集成创新，正成为仿生研究新的突破点。对仿生学基本要素及其相互作用的深刻认识、自觉掌控及有效链接，是仿生学快速发展，取得新的重大突破的关键。

参 考 文 献

[1] Ren L Q, Liang Y H. Preliminary studies on the basic factors of bionics. Sciencein China Series E: Technological Sciences, 2014, 57: 520-530.

[2] Wang Y N, Pan Y X, Parsons S, et al. Bats respond to polarity of a magnetic field. Proceedings of the Royal Society B: Biological Sciences, 2007, 274: 2901-2905.

[3] Li X J, Zhang Z H, Liang Y H, et al. Antifatigue properties of dragonfly pantala flavescenswings. Microscopy Research and Technique, 2014, 77: 356-362.

[4] Kuiken T A, Li G L, Lock B A, et al. Targeted muscle reinnervation for real-time myoelectric control of multifunction artificial arms FREE. The Journal of the American Medical Association, 2009, 301: 619-628.

[5] Tai K S, Dao M, Suresh S, et al. Nanoscale heterogeneity promotes energy dissipation in bone. Nature Materials, 2007, 6: 454-462.

[6] Tanaka Y, Hipolito C J, Maturana A D, et al. Structural basis for the drug extrusion mechanism by a MATE multidrug transporter. Nature, 2013, 496: 247-251.

[7] Wang B, Liu P, Jiang W G, et al. Yeast cells with an artificial mineral shell: protection and

modification of living cells by biomimetic mineralization. Angewandte Chemie International Edition, 2008, 47: 3560-3564.

[8] Lin H T, Leisk G G, Trimmer B. GoQBot: a caterpillar-inspired soft-bodied rolling robot. Bioinspiration & Biomimetics, 2011, 6: 026007.

[9] Yao H, Dao M, Imholt T, et al. Protection mechanisms of the iron-plated armor of a deep-sea hydrothermal vent gastropod. Proceedings of the National Academy of Sciences, 2010, 107: 987-992.

[10] Skorupski P, Chittka L. Differences in photoreceptor processing speed for chromatic and achromatic vision in the bumblebee, bombus terrestris. Journal of Neuroscience, 2010, 30: 3896-3903.

[11] Wagner H J, Douglas R H, Frank T M, et al. A novel vertebrate eye using both refractive and reflective optics. Current Biology, 2008, 19: 108-114.

[12] Xue T, Do M T H, Riccio A, et al. Melanopsin signalling in mammalian iris and retina. Nature, 2011, 479: 67-73.

[13] Roberts N W, Chiou T H, Marshall N J, et al. A biological quarter-wave retarder with excellent achromaticity in the visible wavelength region. Nature Photonics, 2009, 3: 641-644.

[14] Martin G R, Portugal S J, Murn C P. Visual fields, foraging and collision vulnerability in gyps vultures. IBIS: International Journal of Avian Science, 2012, 154: 626-631.

[15] Corcoran A J, Barber J R, Conner W E, et al. Tiger moths jam bats' sonar like a helicopter in enemy territory. Science, 2009, 325: 325-327.

[16] Liu Y, Rossiter S J, Han X Q, et al. Cetaceans on a molecular fast track to ultrasonic hearing. Current Biology, 2010, 20: 1834-1839.

[17] Maheshwari V, Saraf R F. High-resolution thin-film device to sense texture by touch. Science, 2006, 312: 1501-1504.

[18] Skedung L, Arvidsson M, Chung J Y, et al. Feeling small: exploring the tactile perception limits. Scientific Reports, 2013, 3: 2617.

[19] Kjellerup S, Kirboe T. Prey detection in a cruising copepod. Biology Letter, 2012, 8: 438-441.

[20] Schaber C F, Gorb S N, Barth F G. Force transformation in spider strain sensors: white light interferometry. Journal of the Royal Society Interface, 2012, 9: 1254-1264.

[21] Brechbühl J, Klaey M, Broillet M C. Grueneberg ganglion cells mediate alarm pheromone detection in mice. Science, 2008, 321: 1092-1095.

[22] Rivière S, Challet L, Fluegge D, et al. Formyl peptide receptor-like proteins are a novel family of vomeronasal chemosensors. Nature, 2009, 459: 574-577.

[23] Girón C P S, Molina T J, Heil M. Volatile dose and exposure time impact perception in neighboring plants. Journal of Chemical Ecology, 2012, 38: 226-228.

[24] Wang P, Liu Q J, Wu C S, et al. Bioinspired smell and taste sensors. New York: Springer Dordrecht Heidelberg New York London, 2015.

[25] Barthlott W, Neinhuis C. Purity of the sacred lotus, or escape from contamination in biological surfaces. Planta, 1997, 202: 1-8.

[26] Li J, Du F, Liu X L, et al. Superhydrophobicity of bionic alumina surfaces fabricated by hard

anodizing. Journal of Bionic Engineering, 2011, 8: 369-374.
[27] Tian X M, Han Z W, Li X J, et al. Biological coupling anti-wear properties of three typical molluscan shells-scapharca subcrenata, Rapana venosa and acanthochiton rubrolineatus. Sciencein China Series E: Technological Sciences, 2010, 53: 2905-2913.
[28] Han Z W, Niu S C, Shang C H, et al. Light trapping structures in wing scales of butterfly trogonoptera brookiana. Nanoscale, 2012, 4: 2879-2883.
[29] Qu L, Dai L, Stone M, et al. Carbon nanotube arrays with strong shear binding-on and easy normal lifting-off. Science, 2008, 322: 238-242.
[30] Huber G, Gorb S N, Spolenak R, et al. Resolving the nanoscale adhesion of individual gecko spatulae by atomic force microscopy. Biology Letters, 2005, 1: 2-4.
[31] Halloy J, Sempo G, Caprari G, et al. Social integration of robots into groups of cockroaches to control self-organized choices. Science, 2007, 318: 1155-1158.
[32] Stocker R, Durham W M. Tumbling for stealth. Science, 2009, 325: 400-402.
[33] Blair K M, Turner L, Winkelman J T, et al. A molecular clutch disables flagella in the bacillus subtilis biofilm. Science, 2008, 320: 1636-1638.
[34] Lee L K, Ginsburg M A, Crovace C, et al. Structure of the torque ring of the flagellar motor and the molecular basis for rotational switching. Nature, 2010, 466: 996-1000.
[35] Guo J, Meng X Z, Chen J, et al. Real-space imaging of interfacial water with submolecular resolution. Nature Materials, 2014, 13: 184-189.
[36] 张竹力. 仿生潜艇横空出世——金枪鱼潜艇以一敌三. 中国民航报, 2008, 8: 6.
[37] Anderson J M, Chhabra N K. Maneuvering and stability performance of a robotic tunal. Integrative and Comparative Biology, 2002, 42: 118-126.
[38] Pogodin S, Hasan J, Baulin V A, et al. Biophysical model of bacterial cell interactions with nanopatterned cicada wing surfaces. Biophysical Journal, 2013, 104: 835-840.
[39] Young J, Walker S M, Bomphrey R J, et al. Details of insect wing design and deformation enhance aerodynamic function and flight efficiency. Science, 2009, 325: 1549-1552.
[40] Nadège B, Mateus J, Aldo R, et al. Medial prefrontal cortex and striatum mediate the influence of social comparison on the decision process. Proceedings of the National Academy of Sciences, 2011, 108: 16044-16053.
[41] 郑晓静，薄天利，谢莉．风成沙波纹的离散粒子追踪法模拟．中国科学 G 辑，2007，37: 527-534.
[42] 郑晓静，薄天利．风成沙波纹和沙丘的动力行为分析．科学通报, 2009, 54: 1488-1495.
[43] 高歌，宁榥．沙丘驻涡火焰稳定性的理论及实验研究．工程热物理学报, 1982, 1: 89-96.
[44] 任露泉，梁云虹．耦合仿生学．北京：科学出版社, 2012.
[45] 任露泉，佟金，李建桥，等．松软地面机械仿生理论与技术．农业机械学报, 2000, 31: 5-9.
[46] Feng L, Li S H, Li Y S, et al. Super-hydrophobic surfaces: from natural to artificial. Advanced Materials, 2002, 14: 1857-1860.
[47] Guo Z G, Liu W M. Biomimic from the superhydrophobic plant leaves in nature: binary structure and unitary structure. Plant Science, 2007, 172: 1103-1112.
[48] 王淑杰，任露泉，韩志武，等．植物叶表面非光滑形态及其疏水特性的研究．科技通报，

2005, 5: 553-556.

[49] Yuan Z Q, Chen H, Tang J X, et al. A novel preparation of polystyrene film with a superhydrophobie surface using a template method. Joumal of Physics D: Applied Physics, 2007, 40: 3485-3489.

[50] Wu W C, Wang X L, Wang D A, et al. Alumina nanowire forests via unconventional anodization and super-repellency plus low adhesion to diverse liquids. Chemical Communications, 2009, 9: 1043-1045.

[51] Feng L, Li S, Li H, et al. Super-hydrophobic surface of aligned polyacrylonitrile nanofibers. Angewandte Chemie International Edition, 2002, 41: 1221-1223.

[52] Pris A D, Utturkar Y, Surman C, et al. Towards high-speed imaging of infrared photons with bio-inspired nanoarchitectures. Nature Photonics, 2012, 6: 195-200.

[53] Ju J, Ananthasayanam B, Summers J D, et al. Design of cellular shear bands of a non-pneumatic tire-investigation of contact pressure. Hundred Schools in Arts, 2010, 3: 598-606.

[54] Kier W M. The diversity of hydrostatic skeletons. Journal of Experimental Biology, 2012, 215: 1247-1257.

[55] Ren L Q. Progress in the bionic study on anti-adhesion and resistance reduction of terrain machines. Sciencein China Series E: Technological Sciences, 2009, 52: 273-284.

[56] 邵景峰. 仿生设计在汽车造型设计中应用的研究. 上海: 上海交通大学硕士学位论文, 2007.

[57] 江雷, 冯琳. 仿生智能纳米界面材料. 北京: 化学工业出版社, 2007.

[58] Rousseau M E, Cruz D H, West M M, et al. Nephila clavipes spider dragline silk microstructure studied by scanning transmission X-ray microscopy. Journal of the American Chemical Society, 2007, 129: 3897-3905.

[59] Miserez A, Schneberk T, Sun C J, et al. The transition from stiff to compliant materials in squid beaks. Science, 2008, 319: 1816-1819.

[60] Tero A, Saigusa T, Takagi S, et al. Rules for biologically inspired adaptive network design. Science, 2010, 327: 439-442.

[61] Ren L Q, Liang Y H. Biological couplings: classification and characteristic rules. Sciencein China Series E: Technological Sciences, 2009, 52: 2791-2800.

[62] Ren L Q, Liang Y H. Biological couplings: function, characteristics and implementation mode. Sciencein China Series E: Technological Sciences, 2010, 53: 1-9.

[63] Kragl M, Knapp D, Nacu E, et al. Cells keep a memory of their tissue origin during axolotl limb regeneration. Nature, 2009, 460: 60-65.

[64] Yoon E, Dhar S, Chun D E, et al. In vivo osteogenic potential of human adipose-derived stem cells/poly lactide-co-glycolic acid constructs for bone regeneration in a rat critical-sized calvarial defect model. Tissue Engineering, 2007, 13: 619-627.

[65] Capadona J R, Shanmuganathan K, Tyler D J, et al. Stimuli-responsive polymer nanocomposites inspired by the sea cucumber dermis. Science, 2008, 319: 1370-1374.

[66] Szulgit G K, Shadwick R E. Dynamic mechanical characterization of a mutable collagenous tissue: Response of sea cucumber dermis to cell lysis and dermal extracts. Journal of

Experimental Biology, 2000, 203: 1539-1550.

[67] Trotter J A, Lyons-Levy G, Chino K, et al. Collagen fibril aggregation-inhibitor from sea cucumber dermis. Matrix Biology, 1999, 18: 569-578.

[68] Wilkie I C. Is muscle involved in the mechanical adaptability of echinoderm mutable collagenous tissue. Journal of Experimental Biology, 2002, 205: 159-165.

[69] Lima M D, Li N, Andrade M J, et al. Electrically, chemically, and photonically powered torsional and tensile actuation of hybrid carbon nanotube yarn muscles. Science, 2012, 338: 928-932.

[70] Schulz M. Speeding up artifi cial muscles. Science, 2012, 338: 893-894.

[71] Ethier C, Oby E R, Bauman M J, et al. Restoration of grasp following paralysis through brain-controlled stimulation of muscles. Nature, 2012, 485: 368-371.

[72] Li J M, Rickett T A, Shi R Y. Biomimetic nerve scaffolds with aligned intraluminal microchannels: a “Sweet” approach to tissue engineering. Langmuir, 2009, 25: 1813-1817.

[73] Feinberg A W, Feige A, Shevkoplyas S S, et al. Muscular thin films for building actuators and powering devices. Science, 2007, 317: 1366-1370.

[74] Hay D C, Zhao D B, Fletcher J, et al. Efficient differentiation of hepatocytes from human embryonic stem cells exhibiting markers recapitulating liver development *in vivo*. Stem Cells, 2008, 26: 894-902.

[75] Doshi N, Orje J N, Molins B, et al. Platelet mimetic particles for targeting thrombi in flowing blood. Advanced Materials, 2012, 24: 3864-3869.

[76] Bertassoni L E, Cecconi M, Manoharan V, et al. Hydrogel bioprinted microchannel networks for vascularization of tissue engineering constructs. Lab on a Chip, 2014, 14: 2202-2211.

第 4 章　人类与生物的进化

研究人类与生物的进化历程和规律、地球物种及其分布和生存空间，特别是与极端条件的相互影响，对于全面而深入地认知作为仿生学最基本的模本资源的生物，以及既作为仿生主体，又作为重要仿生资源的人类，是一个十分重要的环节。仿生的资源不应仅限于当代，还要溯源到古代，探索古代至今生命演化的轨迹与奥秘。正如 Haman[1,2]所指出的，即使是已经灭绝的生物的遗体也能为我们提供一些信息。现存的几百万物种和过去的几百亿个生命形态中，每类的独特之处，都能为我们所用。下面几章重点进行人类与生物的比较研究，旨在回答以下两个问题，人类为什么要向生物学习？人类向生物学习，能学好吗？

4.1　进 化 历 程

4.1.1　人类进化历程

4.1.1.1　类人猿

约 6500 万年前，一颗宽度约 16 km 的陨石撞击到了墨西哥的尤卡坦半岛上，造成巨大灾难。当时，地球上包括恐龙在内的 2/3 的动物物种消亡灭绝，爬行动物的黄金时代结束，而原始哺乳动物却逃过劫难存活下来，经过漫长岁月继续生长进化。约 5000 多万年前，灵长类动物呈辐射状演化，从低等灵长类动物猿猴类中又分化出高等灵长类动物（猿猴类，如猕猴、金丝猴、狒狒和猿）。埃及发现的最早的古猿原上猿（3000 万年以前）、埃及猿（2600 万～2800 万年以前）化石已经具有类人猿的一些性状。

人与人猿存在亲缘关系，具有共同的祖先。考古学家在德国梅塞尔化石遗址挖掘出一个 4700 万年前类似狐猴的原始灵长类骨骼化石被称为“艾达”。“艾达”是一个非常完整的灵长类化石标本，肠胃中吃过的食物还保存着，包括果子、种子和树叶，甚至还能清晰地在岩石中看到它身体上的软毛纹理。“艾达”具有与其他脚趾相对的大脚趾，手指尖和脚趾尖有指甲，并且其脚上有一块距骨，如图 4-1 所示[3]，这表明“艾达”和人类有直接联系。“艾达”向前突出的眼睛也与人类一样，这使视场能够重叠，有立体感和距离感。科学家据此推测，“艾达”时期的原始灵长类是人与猿共同的祖先。

（a）“艾达”化石

（b）局部放大的（a）图

图 4-1　4700 万年前原始灵长类“艾达”骨骼化石[3]

类人猿的日常生活很简单，如饮水、摄食、排泄、睡眠、歇息，交配、生育、哺喂、带养，四肢攀爬行走（偶尔直立身躯四顾），寻找适宜的居栖地，做些简单的面部表情，喊叫呼应、嬉戏、跑跳，简单地应用树棍和石块（大都在觅食时使用），恐吓、抓挠同类，等等。类人猿头脑中已经朦朦胧胧地产生了一些初步的认知[4]，但这些初步的意识，大多数都是一闪而逝的，基本不具指导性，也没有记忆的存留反应。

4.1.1.2　南方古猿

500 万～800 万年前，有些类似黑猩猩的猿类物种，在非洲大裂谷东部的雨林周围与大草原连接地带成功建立了奠基者群体，并成功地进化成南方古猿，人科动物的历史从此开始。因此，南方古猿被称为“正在形成中的人”。

南方古猿没有改变它们祖先的多数性状，如个头较小、明显的性别二形性（雄性体型比雌性平均大 50%）、不大的脑、长臂和短腿等。为了适应新环境，南方古猿不得不开始双足行走，但是它们基本还保持着树栖的习惯。“露西”是被发现生活在距今约 320 万年以前南方古猿女性的骨骼化石，其足部骨骼具有第四跖骨和足弓，如图 4-2 所示，足弓能够吸收行走时的震动，提供一个不易弯曲的足部支撑平台，使其能够向前行走，这说明人类在 320 万年前已经开始依靠两条腿直立行走或奔跑[5]。

此外，与类人猿相比，南方古猿进化的又一大特征是，会制造并使用简单的工具。例如，在非洲埃塞俄比亚阿瓦什河谷发现两块距今大约 340 万年前的大型有蹄动物的骨头化石，上面有多处切痕，这说明在 340 万年前，南方古猿已经会利用石质工具或是其他的工具，从骨头上剔肉和从骨头里取骨髓，如图 4-3 所示[6]。

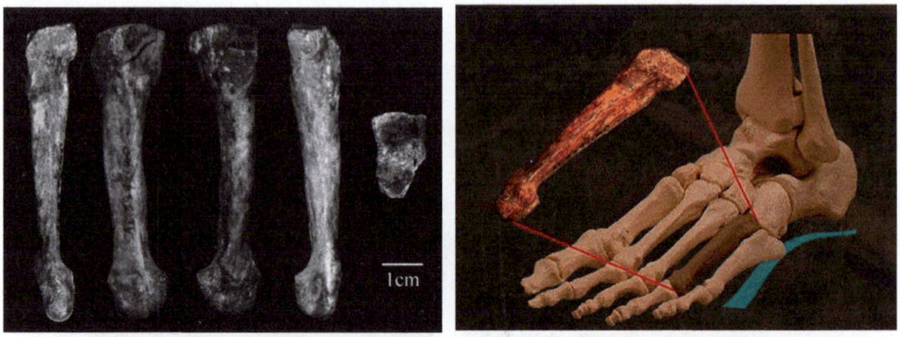

（a）南方古猿足部第四跖骨　　（b）第四跖骨证实足弓的存在

图 4-2　南方古猿足部第四跖骨[5]

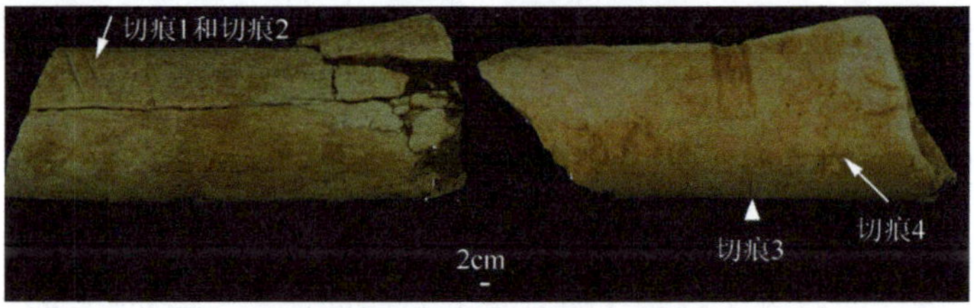

（a）有蹄动物骨头化石上的切痕

（b）切痕处放大

图 4-3　340 万年前的两块大型有蹄动物骨头化石上的切痕[6]

4.1.1.3　能人

能人出现于 150 万～300 万年前，是南方古猿的其中一支进化而来，最早在非洲东部和南部出现。能人的含义是指“手巧的人”，是最早的人属动物。1960 年，考古学者在坦桑尼亚西北部的奥杜韦峡谷发现了能人的化石。研究发现，他们的脑子要比南方古猿大 50%，男性脑容量平均为 700～800 ml，女性脑容量平均为 500～600 ml，头骨壁薄，尾嵴不明显，下肢直立行走，手指能对握，等等[7,8]。同时，在他们的遗址中发现大量的石器，包括可以割破兽皮的石片，带刃的砍砸器和可以敲碎骨骼的石锤等。可见，与南方古猿相比，能人脑容量扩大并能够制造工具，这是人属的重要特征，是人类家族诞生以后第一次进化上的飞跃。

4.1.1.4　直立人

直立人出现在 20 万～200 万年前，最早在非洲出现，他们能像现代人一样进行奔跑，肢骨与现代人差别不大，但仍带有猿类特征，如头盖骨低平，眉骨粗壮，吻部前伸等[9]。当直立人出现时，人类历史已经经历了漫长的岁月，他们继承了其先驱的技能，并加以改良。从最丰富的北京直立人遗址中发现近 10 万件石器制品和用火痕迹说明，他们懂得用火，并可以依照自己的心思制作精致的工具。考古发现，东非肯尼亚地区的直立人在 176 万年前就已经有较先进的工具制造技术，制造出了石制手斧、铲、锄等高级工具，如图 4-4（a）所示，这些工具属于欧洲旧石器时代早期的“阿舍利文化”的标志[10]。早期的手斧打制较粗糙，到晚期，打制技术有了很大的进步，开始采用双面打制的技术，器形较为规整，加工精湛，如图 4-4（b）、（c）所示。

（a）176 万年前的最早石斧　　（b）薄刃斧　　（c）石铲

图 4-4　直立人制造的石器[10]

直立人的脑子已经明显增大，早期成员的脑容量就已经达到 800 ml 左右，晚期成员则上升为 1200 ml 左右[11]。而且，脑子不仅仅是体积增大了，其结构也变得更加复杂并进行了重新改组，显示出直立人已经有了相当复杂的文化行为。大脑左右两半球出现了不对称性，显示出直立人已经有了掌握有声语言的能力，开始使用符号与基本的语言。同时，对 180 万年前直立人幼儿（约 12 个月大）头骨化石所做的 CT 研究显示，直立人的大脑发育与现代人相比要早熟得多（直立人 14 岁成熟，现代人 18 岁成熟），幼儿直立人颅腔容量已有成人的 80%，如图 4-5 所示[12]，这说明 180 万年前的直立人虽然有了认知能力，但认知水平还是比较低下，远不及现代人。

直立人能够制造并使用工具、用火（火种来源于闪电、雷击等造成的自然火），甚至狩猎，创造了旧石器时代早期文化。从各地直立人遗址中发现了数百种动物烧焦的肢骨，这说明直立人已有熟食的习惯。同时，狩猎说明此时人类已有很大的肉食倾向，这使得人类大脑能摄取更多营养，脑容量增大，从而促进发育，能更为有效地支配肢体的活动，战胜自然灾害。这个时期，人类在动物界基本上获得了绝对的优势。

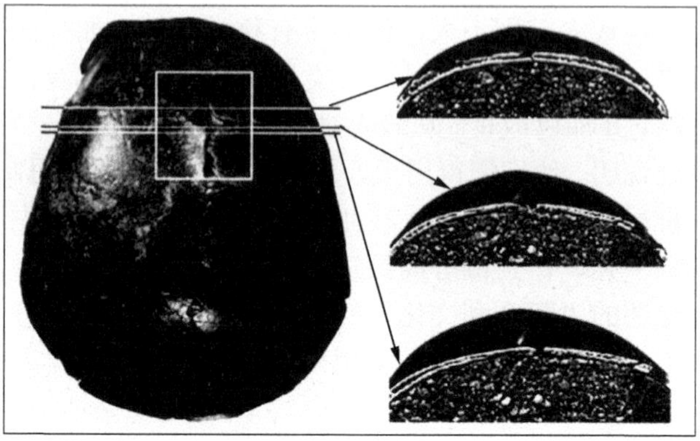

图 4-5 180 万年前直立人幼儿化石脑部 CT[12]

4.1.1.5 智人

在直立人之后，现代人的直系祖先——智人出现了。早期智人（3 万～25 万年前）为尼安德特人 （尼人），因 1856 年最早发现于德国的尼安德特河流域的一个山洞而得名。从头骨可以看出，他们仍有很多原始人的特征，如眉脊发达、前额较为倾斜、枕部突出、鼻部宽大、颌骨前突等。就脑容量而言，已经达到了现代人的水平，有的甚至超越 1300 ml，大于现代人，其他骨骼与现代人已经十分相似。智人多在洞穴中被发现，并伴有大量的精巧的石器制品、薄石片、骨针 、动物化石和用火痕迹等，可见，他们是穴居或半穴居生活，已经学会了自己生火（如钻木取火）和保存火种，以火取暖和以火驱逐野兽，制造精致的工具（被称为“莫斯特文化”），同时，还可以狩猎巨大的野兽，用野兽的毛皮制造衣服来遮挡身体[13,14]，还会以贝壳等为原料雕琢饰品[15]，如图 4-6 所示。智人还发明了葬仪，这可能是人类对死亡产生某种认识和感情反应的最早例证，而其他动物很少会有这样的复杂行为，从此，人类的文明开始萌生。

4.1.1.6 现代人

早期智人于旧石器中期起源于非洲，后向欧洲、亚洲、非洲各低中纬度区扩张（除了美洲），这是人类第 2 次走出非洲。随着第 3 次走出非洲，晚期智人到来，使早期智人（包括第 2 次走出非洲的早期智人和独立演化成为早期智人的尼安德特人）在生存竞争中失败。之后，约 6 万年前，随着冰河期的到来，生存环境愈发困难，终于在约 3 万年前，所有早期智人被淘汰灭绝，最终被晚期智人完全取代。晚期智人距今 1 万～5 万年，也就是所谓现代人的祖先。这个时期，是艺术出现、制造高级工具、母系氏族公社、旧石器晚期，也是当今世界白、黄、棕、黑四大人种孕育与形成的阶段。

图 4-6　贝壳制成的饰品（1～27 为智人制造，28～31 为现代人制造）[15]

4.1.2　生物进化时间

4.1.2.1　生命的起源

大约在 46 亿年前地球形成了，初期的地球呈熔融状态。大约在 38 亿年前，地球出现了原始地壳，形成了稳定的陆块，但各种证据表明，此时液态的水圈是热的，甚至是沸腾的。在地球表面还处在云海翻腾，气浪冲天的时候，生命就开始出现了，并由此走上了与地球协同发展的漫长而传奇的旅程。直至今天，地球上已经产生了无数纷繁复杂的生命形式。但是，地球上的生命是怎样形成的，这个关于生命起源的问题一直是学术界研究的热点和争论的焦点，目前形成了几种关于生命起源的学说。

1）宇宙起源说

这一学说认为，地球上最初的生命来自宇宙间的其他星球或星际尘埃，即宇宙太空中的“生命胚种”可以随着陨石或其他途径跌落在地球表面，成为最初的生命起点。现代科学研究表明，在已发现的星球上，自然状况下是没有保存生命的条件的，因为没有氧气，温度接近绝对零度，又充满具有强大杀伤力的紫外线、X 射线和宇宙射线等，因此，任何类似于地球上生物的“生命胚体”是不可能保存的。但是，认为生命起源于宇宙的学者也找到了许多的证据，证明构成生命的有机物有可能来自宇宙空间。

早在 19 世纪初，研究者就在陨石上找到了有机分子，它们是有机合成物诞生的重要因素。1940 年以来，科学家利用天体物理手段，在月球表面和火星火山口等地方探测到了近百种有机分子。1969 年，科学家发现，坠落在澳大利亚麦启逊镇的一颗炭质陨石中含有 18 种氨基酸，其中 6 种是构成生物蛋白质所必需的。研究表明，一些有机分子，如氨基酸、嘌呤、嘧啶等可以在星际尘埃的表面产生，这些有机分子可能由彗星或其陨石带到地球上，并在地球上演变为原始的生命[16]。

美国宇航局的“凤凰号”火星探测器发回的信息表明，约 40 亿年前在火星的马沃斯山谷（Mawrth Vallis）和尼利-福萨（Nili Fossae）这两个地区形成了大量的黏土矿物，如图 4-7（a）所示，上面有突出的层状硅酸盐，这些黏土只能在有水的环境下才能形成，表明水曾经普遍存在于这些区域[17]。由图 4-7（b）可知，火星杰泽罗（Jezero）陨石坑内的三角洲曾是一个湖泊，火星远古时代的河流携带着黏土物质（绿色部分）流进这个湖泊，从而形成了这个三角洲。同时，在火星陨石坑底部盆地发现许多巨大多边形裂纹，这是由远古湖泊干涸蒸发所致，如图 4-7（c）所示。这些证据表明，距今 46 亿～38 亿年，火星表面曾覆盖大量的液态水，可能有生命存在。

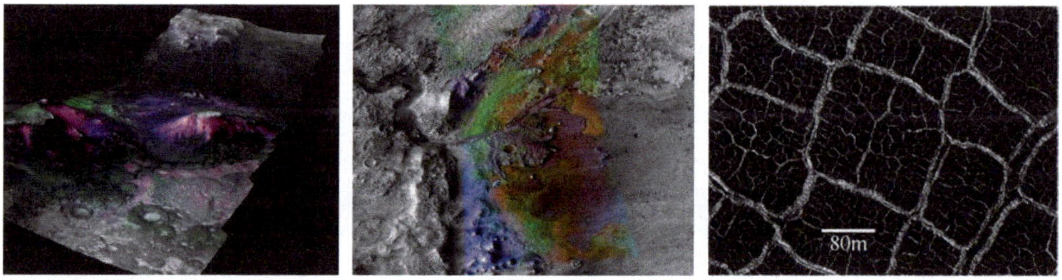

（a）尼利-福萨地区的三维图　（b）杰泽罗陨石坑　（c）陨石坑地面龟裂

图 4-7　火星表面地貌[17]

1984 年美国科研小组在南极大陆发现一块火星陨石，被命名为“艾伦希尔斯 84001”（ALH84001），其大约是 45 亿年前在火星表面形成的。研究发现，该陨石内含有许多直径为 50～200 nm 的极小的蛋白球和一些管状结构，被称为“超微生物”，如图 4-8 所示，科学家们普遍认为它们是微生物的遗迹。宇宙起源学说者认为，这些陨石坠落到地球上，为地球上的生命起源提供了条件。

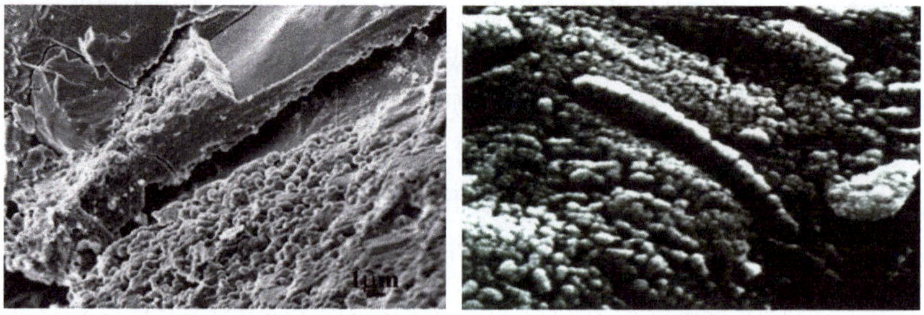

（a）蛋白球结构　（b）管状结构

图 4-8　ALH84001 火星陨石结构

http://news.youth.cn/jsxw/201311/t20131107_4161482.htm

2001 年，美国宇航局艾姆斯研究中心的研究人员又在陨石中发现了人类生命不可缺少的糖化合物，并确定它来自于太空。2002 年，科学家通过射电望远镜观测，在银河系中心地带的气尘云团中首次发现了脱氢乙二醇这种可参与构成生物体的糖分子，发现的糖分子巨型气团与地球相距约 26 000 光年，如图 4-9（a）所示。在这个星际云层中包含着 120 多种化学分子，其中，少数是由 8 个或 8 个以上原子构成的复杂分子。糖分子能在这里被发现，说明有机分子可以在极度恶劣的环境中合成。糖分能够维持生命，当糖类物质和氨基酸等有机物随着天体撞击，大量来到地球并富集起来之后，就为生命的出现提供了化学基础。

（a）距离地球约 26 000 光年的银河的核心部位

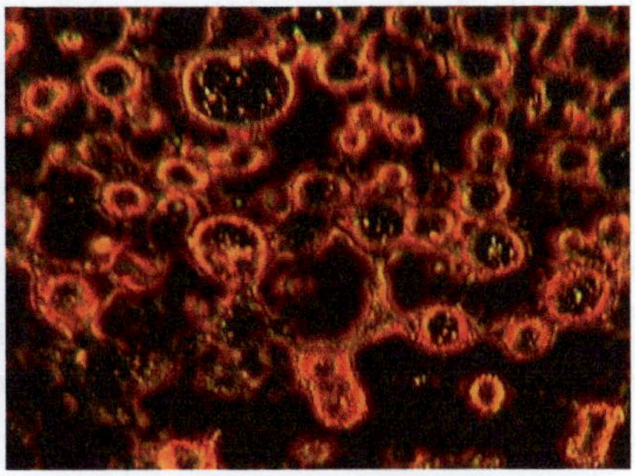

（b）水泡状的太空原始生命体

图 4-9　银河的核心部位和太空原始生命体

http://blog.donews.com/IceGrace/archive/2004/08/18/71543.aspx

一些学者认为，生命起源自宇宙深处。宇宙间的物质，在没有空气、寒冷的温度和充满辐射的太空环境下，可以产生细小的细胞膜，这些薄膜便是生命起源的“种子”。美国太空总署和加利福尼亚大学的科学家复制了一个这样的太空环境，然后将在太空中找到的冰粒子放在这个环境中，这些冰粒子是由水和一些 NH_3、CO、CO_2 及甲醇组成。研究发现，这些简单的粒子慢慢地转变成为复杂的化合物，并形成像泡沫的小液滴，小液滴的薄膜是半透性的，水和氧气可以容易地透过这些薄膜，这些小液滴和有生命的细胞很相似，如图 4-9（b）所示。科学家从降落到地球的陨石上也发现了这些小液滴，因此，科学家认为，地球上生命的起源是由陨石带来的小液滴产生的，这些小液滴可以利用太阳的紫外线的能量，变成更复杂的水泡状的低级生命体。

此外，一般的化学反应会产生等量的左手型和右手型分子，但地球生命体中的分子却出人意料地例外，其中的糖分子以右手型为主，而蛋白质的基本单元氨基酸则以左手型为主[18]。科学家在一块发现于 1969 年、有着 45 亿年历史的陨石中曾经发现有异缬氨酸存在。这块陨石中所含的异缬氨酸，左手型的比右手型的要多，这个结果与地球生命的结构正好相吻合[19]。科学家利用异缬氨酸与两种原始地球上可能广泛存在的有机物发生反应后，产生了一种称为苏糖的糖类，其中右手型的苏糖比左手型的苏糖要多。科学家认为，生命体糖类的“右倾”特性有可能就是这样开始的。这些都从不同侧面论证了地球生命的构成物质可能源自太空的观点。

2）化学起源说

化学起源说是被广大学者普遍接受的生命起源假说，其认为，约 46 亿年前地球诞生初期只存在无机物，地球上的生命是在地球温度逐步下降以后，在极其漫长的时间内，由非生命物质经过极其复杂的化学过程，一步一步地演变而成的[20]。1953 年，美国芝加哥大学研究生米勒在其导师尤利的指导下，模拟在原始地球还原性大气（只含有氢气、氨气、甲烷和水蒸气等，没有氧气）中通电引爆后，发现其中产生了有机物，以论证生命起源的化学进化过程，这是生命起源研究的一次重大突破。随后，科学家们仿效米勒的模拟实验，合成出大量与生命有关的有机分子。

2009 年，日本茨城县筑波物质材料研究所和日本东北大学的研究小组在实验中模拟地球诞生初期陨石飞速坠入海中时，发现了由无机物产生氨基酸等有机物分子的现象。Furukawa 等[21]将固体的碳及铁、水、氮气等无机物填入长 3 cm 的不锈钢胶囊中，使其与外部贴有不锈钢板的、与胶囊大致同样大小的塑料块以每秒 1 km 左右的高速发生撞击之后分析发现，胶囊内合成了名为“甘氨酸”的氨基酸、羧酸和胺，共计三种有机分子。因此，研究者认为，38 亿～40 亿年前，地球表面被海洋覆盖，含有固体碳和铁的陨石频繁坠落撞击海面，其间与大气中的氮元素一起发生了化学反应，从而产生了有机分子，而这样产生的有机分子很有可能就是生命的起源。

俄罗斯科学院普通物理研究所、德国马普地外物理研究所及澳大利亚悉尼大学的科学家通过研究等离子体中复杂的无机原料混合物发现，只要有合适的条件，无机粒子能够变成有组织的螺旋结构[22]。这些由固体粒子所形成的螺旋结构自身都带有电荷，因而彼此间会相互吸引。同时，这些螺旋结构还会经历一些通常与生物分子（如 DNA 和蛋白质）相关的变化，如螺旋结构会断开、分叉，进而形成两个原始结构的副本。此外，这些螺旋结构间的相互作用还会促使它们中的不稳定结构分解，进化成更多的稳定结构留存于等离子体中。这些复杂的等离子体结构所表现出的自治、复制和进化的性质，使它们满足了一种无机生命候选物质的所有必需条件。研究人员表示，形成螺旋结构等离子体条件在外太空广泛存在，即使是在地球上，雷击也会产生等离子体。因此，有可能原始地球上最先出现的是无机生命形式，而有机分子以它们作为模板，演化成为今天的生物群体。

此外，许多学者认为，钻石是地球早期生命分子形成的“工作台”，能够使分子借助其表面组装形成生命体。天体生物学者指出，在地球形成不久，地球表面淹没于原始态的液体环境中，该环境中包含着生命未完全发育进化的成分。但是这些小的分子结构需要外界的帮助才能形成复杂的生物分子，从而构成有机生命。

德国乌尔姆大学的 Sommer 等[23]在研究中发现，氢化钻（外表覆盖氢原子的钻石）表面具有完全的生物适应性，非常适合于孕育地球早期生命形式。在地球早期处于火山活跃阶段，火山附近会喷射出包括氢气在内的大量热气体，氢化钻很可能出现在火山喷发地点附近。氢化钻非常“厌水”，不易被水沾湿，但当氢化钻沾水潮湿后，水分子在氢化钻的表面排列起来，就好像水分子被冷冻成一个晶体层。令人惊奇的是，当氢化钻完全浸入水中时，晶体水层并未消失。地球早期附在氢化钻表面的原始态液体包含的小型有机分子，在氢化钻所独有的晶体水层环境下能够孕育形成蛋白质和 DNA 分子。同时，由于氢化钻表面的晶体层并不是静态的，而是随着温度和光线强度的变化而变化的，所形成的波动变化将帮助原始态液体环境形成多样性分子结构。显见，其是地球早期生命分子形成的最佳平台。

3）海洋起源说

在化学起源论的基础上，一些学者提出了海洋起源论，即热泉生态系统论。有些学者认为，热泉喷口附近的环境不仅可以为生命的出现及其后的生命延续提供所需的能量和物质，而且还可以避免地外物体撞击地球时所造成的有害影响，因此，热泉生态系统是孕育生命的理想场所。也有一些学者认为，生命可能是从地球表面产生的，随后就蔓延到深海热泉喷口周围，而后来的撞击毁灭了地球表面的生命。只有隐藏在深海喷口附近的生物得以生存并繁衍后代，即热泉生态系统是现存所有生物的共同祖先。

1967 年，美国学者布莱克在黄石公园的热泉中发现了大量嗜热生物。1977 年，科学家克里斯在太平洋底的热泉中同样也发现了大量的嗜热微生物。科学研究表明，热泉中含有大量的一氧化碳、硫化氢和硫化金属矿物，有作为新陈代谢重要催化剂的黄铁矿物和硫的出现，还有遗传物质，如核糖核酸的出现。

1979 年，美国“阿尔文”号潜水器在东太平洋中脊约 2500 m 深的加拉帕格斯海底发现数十个形似烟囱、高 2～5 m 的柱状物从海底拔地而起，正向海水中喷着黑色烟雾，温度高达 400℃。海底黑烟的形成与大洋地壳内热循环有关，海水进入深达两三千米深的地壳裂缝，冰冷的海水与滚热的熔岩接触后升温，溶解了周围岩石中多种金属元素后，又沿着裂隙对流上升并喷发在海底。强酸性的矿液刚喷出时为澄清溶液，与周围的冰冷海水混合后，很快产生沉淀，形成浓密的黑烟，因此，被称为海底“黑烟囱”，如图 4-10 所示。“黑烟囱”附近通常有大规模的沉淀物堆积丘体，其中包括铁、铜、锌、铅、汞、钡、锰、银等金属硫化物矿产，甚至还有原生的自然金颗粒和天然水银。在没有阳光和缺乏氧气的海底“黑烟囱”周围还生活着大量奇形怪状的生物，它们构成了一个庞大而有序的生物群落，其生物多样性和生物密度甚至可以与陆地上的热带雨林相媲美。生活在“黑烟囱”周围的生物所需的能源是硫化物，这些生物不但可以耐高温、高压，同时，在没有阳光和缺乏氧气的极端环境下，它们还能将有毒气体转化为养分[24]。科学家还发现，“黑烟囱”周围的生态系统主要受三个因素影响，即温度、压力和营养浓度，不同的生物群落分布在不同的小环境中。在水温为 60～110℃的区域分布着多种“古细菌”；在 20～40℃区域生活着大量的蠕虫动物，这些蠕虫有心脏，但是没有嘴巴和肛门，其依靠体内的某种细菌吸收热液中的化学成分，为其提供维持生命所需的能量，如图 4-11（a）所示；在 2～15℃区域，生物种类繁多，如蛤类、螃蟹和虾类等共生，如图 4-11（b）所示。研究指出，“黑烟囱”的“古细菌”在现在海底生存的环境类似于地球早期环境的极端高温环境，基因组测序发现，这些“古细菌”处于生命树源头的位置上，最接近于地球最古老的生命形式，代表着所有生命的共同祖先。

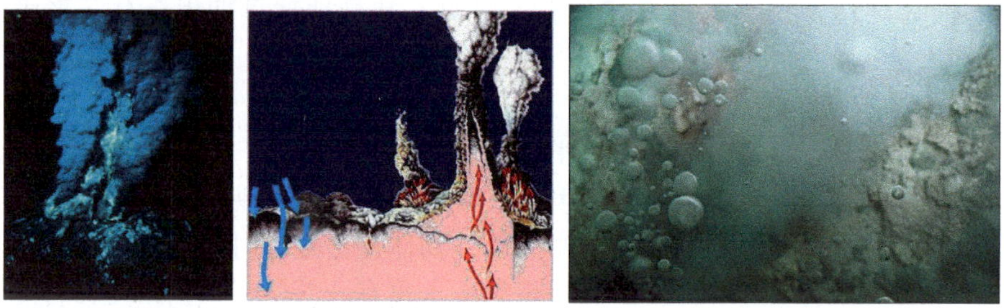

（a）“黑烟囱”　（b）“黑烟囱”切面图　（c）400℃的海水喷射而出

图 4-10　海底“黑烟囱”

http://baike.baidu.com/link?url=bQI4NaamcgNlk_RGIhmJzfocquP0-4bYUTjNwov0n3Jqp2utiKh8oH-BdhUyAmFuAFt-ffJZFhJ2yXT8g9-9Uq

（a）管虫　（b）管虫、蛤类和盲虾等共生

图 4-11　海底“黑烟囱”周围的生物[24]

此外，2000 年，美国华盛顿大学的研究者在大西洋中部洋脊附近的海底发现一片热流喷发区域，热流温度为 65～80℃，海水接触后形成的环境是强碱性的，形成了白色烟囱状的矿物堆积体，因此，被称为海底“白烟囱”。2009 年，中国“大洋一号”科考小组在西南印度洋中脊东段海域约 2700 m 深度的海底首次发现“白烟囱”。在“白烟囱”喷发口附近发现了白色海葵、白色螃蟹、贻贝、鱼等大量的热液生物。研究发现，在“黑烟囱”喷发口处的热液生物是依靠二氧化碳和氢化硫生存的，还有大量的金属；而“白烟囱”喷发口处几乎没有二氧化碳和氢化硫，也只有少量的金属[25]，这里的热液生物是靠大量的沼气和氢气为生的。

因此，许多学者认为，地球早期大气圈中二氧化碳含量高（比现在高 100 倍），地表火山活动强烈，并有强烈紫外线辐射，使地表不适合生物生存，而海底隐蔽环境是早期生命躲避陨石撞击及强烈紫外线辐射的理想场所。早期海水中的氧含量较少，非常类似于现代海底“黑烟囱”和“白烟囱”周围的环境。地球最早期的生命可能就是现在“黑烟囱”和“白烟囱”周围的“古细菌”。随后，生命从深海向浅海扩展，随着环境的改变才转移到地球荒凉的表面，逐渐形成了现在我们所熟悉的各种生命形态。

综上所述，生命起源是一个非常艰难的、复杂的、漫长的过程。距离揭开这一亘古之谜还有一段遥远的科学研究历程。伴随着科技的发展，人们对事物的认识也会不断地提高和升华。人类社会正是在这种不断假说、否定、再假说、再否定的认识过程中逐步走向现代文明的。

4.1.2.2　生物的进化历程

不管生命起源于何处，但是形成的生物，为了适应环境，在进化过程中，它必须经历从简单到复杂、从低级到高级长期而有序的演化。而一个简单的分子，在演化过程中是无法把其他物质聚集在自己周围的，它必须形成具有一定结构的复杂形态的实体。随着时间的推移，自然合成的生物大分子浓度越来越高，最终形成了具有一定结构的分子实体，并最终在地球上形成了最原始的生物系统。地球上的第一批生物诞生于 38.5 亿年前的原始海洋中[26]，自此开始了生物的进化。与原始生命起源一样，生物进化的历程也是极其漫长的过程，现在地球上丰富多彩的生物界是经过漫长的历程逐渐进化形成的。

1）单细胞生物进化历程

按照现有的生物进化理论，地球上所有现存的生命都可以追溯到大约 35 亿年之前最古老的一批单细胞生物。在生命发展的最初 10 多亿年中，地球上的栖居者主要是大量的单细胞生物，最典型的就是单细胞原核生物和真核生物。

（1）原核生物。原核生物是由原核细胞组成的单细胞生物，它的细胞结构比较简单，没有储存遗传物质的细胞核，处于整个进化阶梯的底部。由于原核细胞自身的局限性，决定了原核生物的体积不可能很大地扩张。此时，原核生物是地球上唯一的生命形式，最典型的代表就是细菌，它们独占地球长达 10 多亿年以上。

由美国、挪威、加拿大、南非科学家组成的研究小组，在南非巴伯顿绿岩带距今 35 亿年的枕状熔岩中发现了一些微小的管道，研究者认为，这些管道是某种微生物侵蚀而成，因为在其管道的内壁发现了碳，如图 4-12 所示[27]。科学家得出这一推测的原因是，在地球近代火山岩中曾经发现过类似的由微生物侵蚀所形成的管道结构，其内甚至含有遗传物质，如图 4-13 所示。科学家认为，上述 35 亿年前的熔岩内微管中含有碳痕迹，这可能是原始生物留下的有机物，而这种原始生物依靠吃岩石维持生命。这就意味着在地球上 35 亿年前生命就开始繁衍。

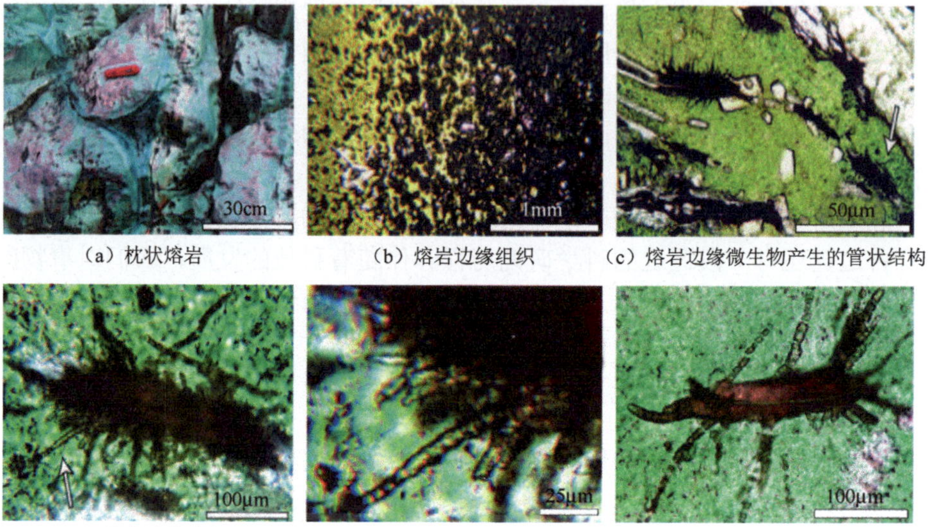

（a）枕状熔岩 （b）熔岩边缘组织 （c）熔岩边缘微生物产生的管状结构

（d）管状结构放大 （e）局部放大的（d）图 （f）微管中含有亚氯酸盐

图 4-12 距今 35 亿年的枕状熔岩和其微生物纹理[27]

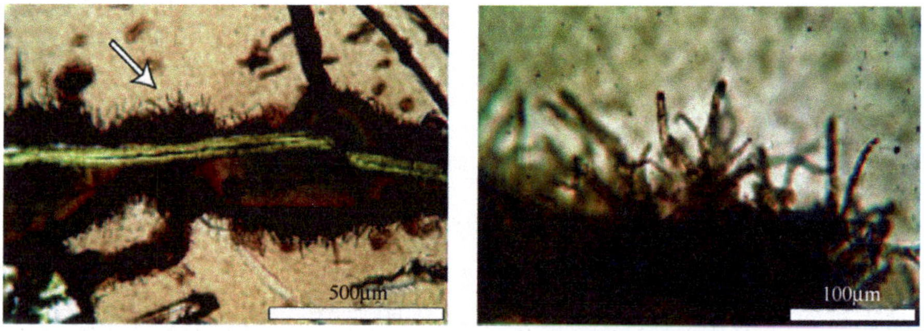

（a）管状结构 （b）管状结构局部放大

图 4-13 近代火山岩中的管状结构[27]

澳大利亚悉尼麦考瑞大学的研究者对西澳大利亚皮尔巴拉地区具有 34 亿年的太古代形成的“叠层石”进行分析发现[28,29]，“叠层石”是由当时的单细胞微生物形成的，而所谓的“叠层”，是由无机沉积物、矿物质、水和微生物排出的二氧化碳混合在一起，又被这些微生物的黏液粘合，经过数万年的沉降和分离，再一层一层地构建出来的，如图 4-14（a）所示。对“叠层石”内部结构的分析表明，其呈球形或管状，其中，微生物的大小为 10～20 μm，与现代微生物极为类似，如图 4-14（b）所示。此外，其细胞壁中具有碳和氮，这也是现今地球上所有生命体的主要特征。有些化石中还保留着这些早期微生物生长和分裂所形成的精细结构。研究人员称，其中一些微生物可能以一种富含硫和铁的黄铁矿为食，并排泄出硫酸盐；而另一些微生物则能将硫酸盐转化为硫化氢。“叠层石”不同斑纹的多样性表明，许多不同类型的微生物当时生活在那里，可见，单细胞微生物在 34 亿年前已经十分繁荣，而且生物多样性出现的速度也非常快。

(a) 叠层石

(b) 内部结构

图 4-14　距今 34 亿年的“叠层石”[28]

随后，在距今 27 亿～24 亿年前，一种在进化史上具有重大意义的单细胞原核生物——蓝细菌（蓝绿藻）诞生了，从此，以蓝细菌为主体的单细胞原核生物很快便开始了生命的第一次生态系统的构建和扩张[30]，成为当时生物界的主宰。蓝细菌通过光合作用，能够吸收二氧化碳，并释放出氧气。在远古时期，地球上的氧气非常稀薄，大部分氧元素都被固定在其他物质中，如水和岩石中。而随着蓝细菌在远古海洋中的繁盛，越来越多的氧气被排放出来。氧气逐渐增加，使地球变得更有活力，因为更多的氧气意味着生物可以通过氧化过程获得更多的能量[31]。地球大气中的大量氧气约形成于 23 亿年前，那时冰河期结束，地球逐渐变暖，光合生物大量繁殖，最终形成含氧的大气[32]。正是在这种有利条件下，真核细胞出现了，从此，真核生物登上了进化的舞台。

（2）真核生物。真核生物的出现标志着生命细胞结构的完善，虽然仍然是单细胞生命体，但与原核生物不同的是，在氧气的辅佐下，它已经进化出了更加复杂和完善的细胞结构，如已具有由染色体、核仁、核液等构成的细胞核，且细胞内部也逐步分化出了各种机能。这种细胞结构的复杂化，直接导致了生物体积的变化[33]。在大约 2 亿年的时间内，真核生物从肉眼不可见的尺寸进化成了硬币大小。由于原核细胞自身的局限性，即使到了现在，原核生物仍长不大，也还是像几十亿年前一样的微小，肉眼不可见。化石研究记录表明，由原核细胞向真核细胞的进化，是生命体积扩大的第一次革命的关键。

真核生物由于环境因素的驱动，从一开始就表现出比原核生物明显突出的多样化趋势，从此，真核生物走向进化的兴盛和繁荣，形成了以真核生物为主的海水表层浮游生态系统和海底底栖生态系统，出现了生物进化历史上的第二次生态扩张。

在加拿大安大略省的地层中发现了距今19.5亿年前的微体化石群，被称为冈弗林微体化石群。其分布广泛，种类丰富，形态多样，有球状、丝状、星伞状和星状等。特别引人瞩目的是，冈弗林微化石群中的丝状体已呈现出异形细胞，大小细胞之间清楚地显示出细胞壁分开，这表明原核细胞正向真核细胞过渡。

单细胞真核生物，如绿藻、红藻等的出现，预示着一个熙熙攘攘的生命大繁荣时期即将到来。藻类进行光合作用，释放大量氧气，地面上形成臭氧层，减弱了日光中紫外线对生物的威胁力，使水生生物有可能发展到陆地上来，也为低等动物的兴起提供了食物。有的有鞭毛的单细胞真核生物，如裸藻，能利用鞭毛不停地转动而在水中运动，其还有个能感光的眼点，因此，裸藻又被称为眼虫。其具有既像动物又像植物的双重性的现象，充分证明了动物和植物有共同祖先。此外，一部分原始有鞭毛生物，后来逐渐失去光合作用的能力，增强了运动和摄食的本领，于是就产生了最早的原生动物（最低等的单细胞真核动物）。此后，地球上的生命以单细胞形式为主，静静地度过了几亿年，随着大气层中氧气浓度的提高，为多细胞生物的产生提供了先决条件。

2）多细胞生物进化历程

生物从单细胞向多细胞进化是地球生物进化史上极为重要的革命性事件。生物多细胞化以后，才有细胞的分化，进一步实现器官的分化，以及各种功能和形态的出现。在现今生物圈中，包括我们人类在内的所有肉眼可见的生命，几乎都是多细胞生物。多细胞生物的出现带来了地球生命的巨大进步，单细胞生物在生物界的主角地位很快就被多细胞生物所取代。多细胞生物的进化，不仅促使生物个体结构与功能的一系列进化革新，而且也致使大量新的生物物种形成，生态系统迅速扩张并最终覆盖全球。

2008年，由法国普瓦捷大学领导的多国科学家组成的研究小组在加蓬的弗朗斯维尔发现了距今21亿年前的250多个保存完好的生物化石，对其中100多个化石进行的研究发现，这些生物化石长度为10～12 cm，被称为“大化石”[34]。在进一步的分析中，研究人员利用离子探测器对化石中硫同位素的成分进行了测定，并以CT结果为基础绘制了标本的3D图像，结果显示，这些最早的多细胞生命体化石呈扁圆盘状，有扇贝状外缘和辐射状条纹，且由多种组织的结合体生物组成，是迄今为止发现的最古老的多细胞真核生物，如图4-15所示。在此之前，科学界发现的中元古代（距今16亿～10亿年前）之前的多细胞生物证据很少，在中国安徽省淮南八公山发现的距今约7.4亿年的“淮南虫”被认为是最早的多细胞生物化石。

多细胞生物在新陈代谢过程中需要吸收周围的氧气以获取能量。而在氧气相对充足的环境中，正好能够支持更多数量细胞的存活，从而促进了体积庞大的多细胞生物的出现。因此，生物从单细胞向多细胞的进化，是生命体积扩大的第二次飞跃。例如，在中国安徽省休宁县蓝田镇附近发现的距今6.35亿～5.8亿年前的“蓝田生物群”，是迄今发现最古老的宏体多细胞真核生物群，如图 4-16 所示[35]，为早期生物体积扩大演化提供了最古老的化石证据。

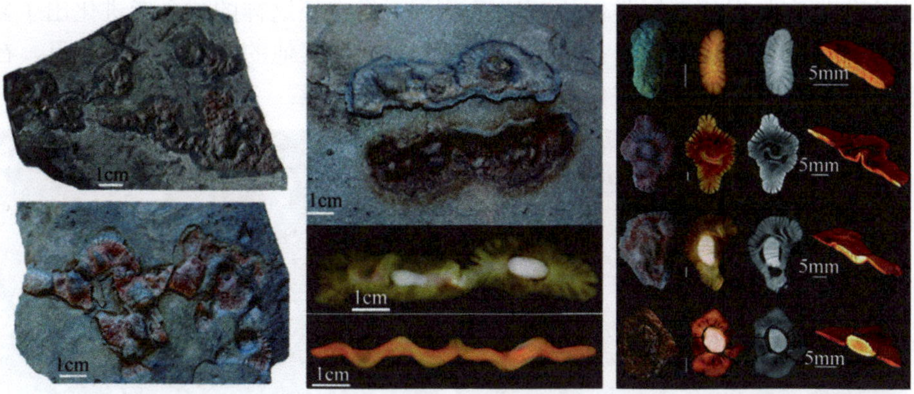

（a）大化石标本　（b）大化石标本复原重构　（c）几种小化石标本复原重构

图 4-15　微生物化石标本及复原重构[34]

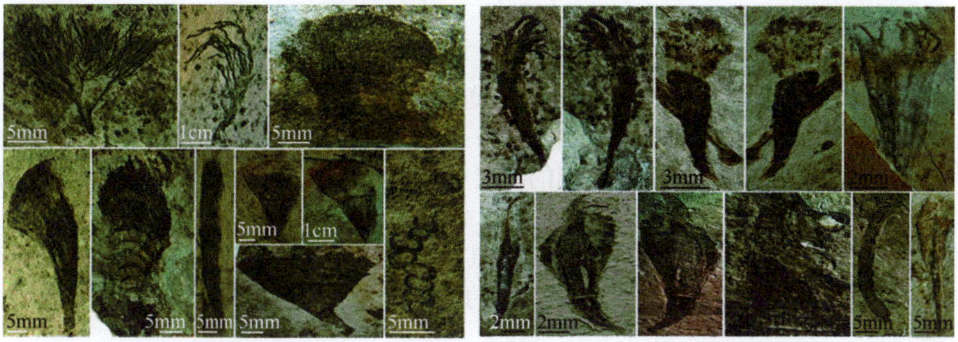

（a）宏体海藻化石　（b）宏体动物化石

图 4-16　“蓝田生物群”化石标本[35]

细胞结构的不断分化，导致了生物营养方式上的一分为二，一支发展自己具有制造养料的器官（如叶绿体），朝着完全“自养”方向发展，成了植物；另一支则增强运动、摄食本领以及消化机能，朝着“异养”方向发展，成了动物。动植物分家是生物进化史上的一次大分化，这预示着地球上出现了绰约多姿的微生物界、郁郁葱葱的植物界和千姿百态的动物界三大系统。

而当地球正式步入寒武纪时，地球生物进化历程上演出最新的、最繁荣的一幕，包括现有生物几乎所有类群祖先在内的大量多细胞生物突然出现，这一爆发式的生物演化事件被称为“寒武纪生命大爆炸”（cambrian explosion）。此时，带壳、具骨骼的海洋无脊椎动物趋向繁荣，它们在海洋中栖息生活，以微小的海藻和有机质颗粒为食物，其中，最繁盛的是节肢动物三叶虫，故寒武纪又称为“三叶虫时代”。在这一时期，许多生物的器官已经进化得非常完善。例如，在澳大利亚南部发现的 5 亿年前奇虾（*Anomalocaris*）眼睛的化石标本，研究发现，其每个眼睛大约 3 cm 长，每个眼睛至少含有 16 000 个六角形水晶体，如图 4-17 所示，使得它们拥有与现代蜻蜓类似的高清视觉[36]。像奇虾这样的捕食者进化出了良好的视觉，它们的猎物则也必须进化出更好的护甲或其他的防御措施。可见，在寒武纪，生物在竞争中不断进化，从而使其更适应环境。

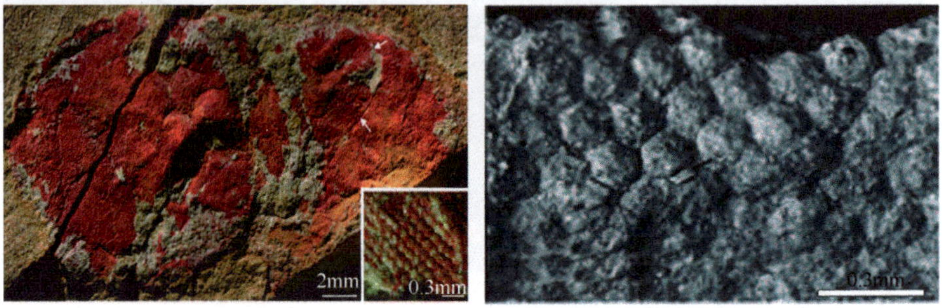

（a）奇虾眼睛化石　　（b）眼睛化石扫描电子显微镜图

图 4-17　5 亿年前奇虾眼睛化石标本[36]

随后，这些种类繁多的多细胞生物，在接下来的进化中逐渐进化成体积越来越惊人的个体，而其中最为庞大的一支莫过于奥陶纪（地质年代中古生代的第二纪，距今 5 亿～4.4 亿年）的海中霸王——巨大的头足类动物，包括鹦鹉螺、角石和菊石等。古生物学家曾在奥陶纪的地层中发现过长达 11 m 的鹦鹉螺，在奥地利的戈纳盆地挖掘出直径超过 2 m 的菊石。这些巨型的多细胞生物与单细胞真核生物相比，体积又扩大了不下百万倍，但其所花费的时间却还不到第一次体积飞跃的一半。而现在所看到的整个体积多变的现代生物世界也都是这次生命大爆发的“遗产”。

月亮的吸引力作用，引起海洋潮汐现象。涨潮时，海水拍击海岸；退潮时，把大片浅滩暴露在阳光下。原先栖息在海洋中的许多生物，在海陆交界的潮间带经受了锻炼；同时，臭氧层的形成，可以防止紫外线的伤害，使许多海洋生物登陆成为可能，有些生物就在陆地生存下来。最新的考古发现表明，有些生物在寒武纪之前就已经登陆。例如，在对来自苏格兰高地西北“托里东组”的距今 10 亿年的前寒武纪岩石中所获得的生物化石标本研究发现[37]，这些微化石团块沉积在以前的湖床上和硅化的微生物垫中，代表着一个多样化的长达 1 mm 的多细胞生物类群中的成员，它们似乎曾是生活在淡水中的简单真核生物，而且有时会部分暴露于空气中，陆续适应陆地环境，如图 4-18 所示。而在此之前，认为生物在寒武纪生命大爆发之后，由于环境的因素，一部分生物开始登陆生活。

留在陆地上的生命经受了严酷的考验，适应环境，逐步得到发展。大约在 2 亿年前，爬行类、两栖类、鸟类出现了。而所有的哺乳动物也都在陆地上诞生，它们的一部分又回到海洋中。大约在 300 万年前出现了具有高度智慧的人类（能人），从此，地球上呈现出前所未有的一派生机盎然的景象。

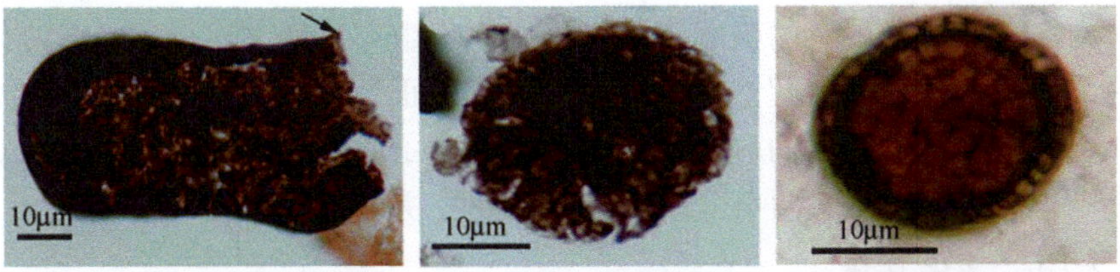

（a）带有粒状结构的椭圆孢囊　（b）带有内含物的泡状体　（c）带有复合壁的球形细胞

图 4-18　距今 10 亿年前的“托里东组”微化石[37]

综上所述，纵观人类与生物的进化时间历程发现，猿类物种成功地进化成南方古猿（发生在 500 万～800 万年前），人科动物的进化历程才从此开始，可见，人类进化时间不超过 1000 万年，而生物的进化时间已超过 35 亿年。时至今日，人类和生物的进化也从未停止，都处在不断地进化之中，不断地产生着新的状态和特征。

4.2　生 存 空 间

4.2.1　人类生存空间

人类的生存空间非常局限，仅能生活在陆地上，只有一小部分爱斯基摩人在北极圈极端的环境中生活，住冰屋或雪屋，穿行于冰面上。人类不仅生存空间局限，且还要生活在常温、常压的环境下，温度、压力过高或过低都会对其造成严重的影响。

为了满足身体对温度的本能需求，人类从诞生之日起就在全球范围内追逐适宜温度的生存环境。从现代人类祖先——晚期智人的迁徙历程，就可以清晰地感受到温度对人类的影响。自 12 万年前一次冰河时代结束后，晚期智人就走出了发源地赤道附近的东非大裂谷，开始向温暖宜人的温带地区转移，在到达非洲南端、中东之后，以中东地区为中心向欧亚大陆扩散。从这种扩散很容易看出晚期智人的移民倾向，即首先占据了较为温暖湿润的东亚地区，然后，向同为温带的欧洲大陆挺进，之后，避开北方广袤的寒冷大地，从东亚再向南迁徙到澳洲和太平洋岛屿，最后，晚期智人才走向欧亚大陆北部。

人类是典型的恒温动物，人体内部正常体温维持在 37℃左右，这个温度使人类机体和各器官系统的机能活动能够持续稳定地保持在较高的水平上。一旦内部体温高于 41℃或低于 25℃时，人类各系统（特别是神经系统）的机能活动将受到严重影响，甚至生命也有可能受到严重危害。

4.2.2　生物生存空间

生物的生存空间非常广泛，陆地、水中、空中、深海等都有生物生存的痕迹，而且在许多人类无法生存的极端环境中也有生物生存，如高温、高压、高辐射、高酸性、高碱性、高盐、超低温、无氧等环境。正是这些生存于人类难以想象的极端环境中的生命，让我们对生命的生存形式有了新的认识。本节不再赘述普通生境中生存的生物，主要简单介绍几种在极端环境下生存的生命形态。

4.2.2.1　高温环境

自然界中，有许多生物以其超强的环境适应能力，生存于人类难以存活的高温环境中。例如，生活在希腊维库热拉温泉中的烫鼠，能忍受近 100℃的沸水温度；澳洲合家欢树种子在沸水中煮 1 h，发芽更快；蛋白质一般在 50℃时就要凝固，但一些含有蛋白质的细菌却能忍受 300℃的高温不死。在海底以下约 1600 m 的沉积物（沉积物年龄有 1.11 亿年之久，含有高浓度的甲烷和碳氢化合物等）中存在着一种原核生物种群，生活环境的温度为 60～100℃，其能够在灼热的沉积物环境中旺盛生长[38]。

在南非姆波内格金矿地下 2800 m 充满液体的裂沟内生存着一群微生物（被命名为 *Candidatus desulforudis audaxviator*），如图 4-19（a）所示，它们的生存环境极端恶劣，温度高达 60℃，没有光线和氧气。这种奇特的微生物从周围岩石中的铀放射衰变中获取能量，其体内的碳元素来自于可溶解性二氧化碳，氮元素来自于周围的岩石物质。众所周知，碳和氮是构筑生命的基本元素，同时可用于构筑蛋白质和氨基酸。研究发现，这种微生物身体内有的基因从溶解的二氧化碳中提取碳，有的基因固氮，也有的基因生产自己所必需的氨基酸。它们还具有很强的自我保护能力，利用自身长有的鞭毛游动和探测方向，通过形成坚硬的孢子内壁避免受到周围环境的污染，同时，坚硬的孢子内壁还可以保护其 DNA 和 RNA 不被干燥、不受有毒化学侵袭和避免死亡[39]。另外，在南非深达 3000 m 的比阿特丽克斯金矿中发现了一种多细胞生物——线虫，如图 4-19（b）所示，这些线虫身长最长约 0.5 mm，能忍受矿井里高达 75℃高温。这些线虫顽强的生命力和创造性的生存方式完全超乎想象，在高温、没有光和氧气的恶劣条件下，它们赖以生存的资源仅仅是水、金属矿石等无机物，其通过类似电离的生化过程从水中获取能量，同时消耗氢，并且进行分裂生殖[40]。

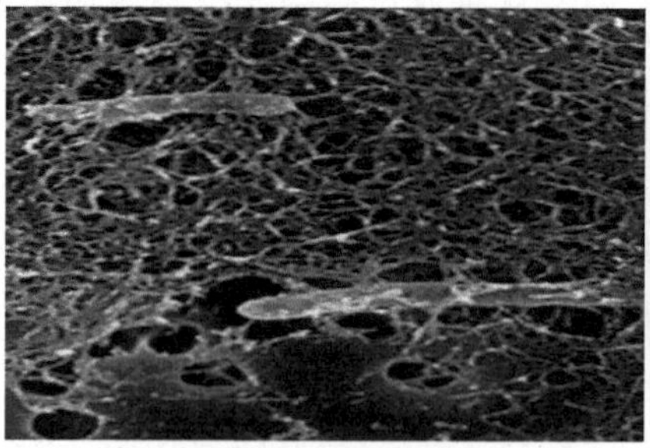

（a）姆波内格金矿中的微生物

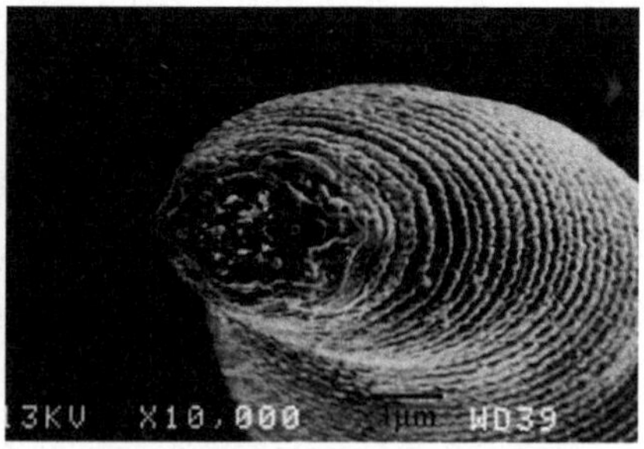

（b）比阿特丽克斯金矿中的多细胞线虫

图 4-19　南非地下金矿中的耐高温生物[39,40]

近 30 年来，生存在高温环境中的嗜热生物引起了科学界的重视和兴趣，特别是在水沸点和沸点以上温度条件下能生活的嗜热细菌被发现后，更促进了对嗜热生物的研究和应用，如嗜热菌可用于基因工程、发酵工业，也可用于细菌浸矿、石油及煤炭的脱硫，还可以用来对废水、废料进行厌氧处理，等等[41]。

4.2.2.2　高压环境

在高压环境下，人类细胞的细胞膜会受到挤压，从而使其无法正常工作维持生命状态，然而，有许多生物却可以完全适应高压环境。例如，在马里亚纳海沟 10 000 m 深处，没有阳光，生存环境甚至比金星表面更恶劣，海水压力是地表大气压的 1000 多倍，然而，在这样极端高压环境下却有许多生命存在，如鱼类、虾类等。为了能在深海的高压环境下生存，这些深海生物都具有更加柔韧的细胞膜，并且它们的饱和脂肪也被多种不饱和脂肪取代。

Sharma 等[42]以大肠杆菌和欧奈达希瓦菌为研究对象，用金刚石制成一个类似砧板的工具，砧板中间有一个凹槽，将这些细菌同水和一种甲酸盐混合，注入凹槽，当砧板合拢，压力便会直接施加到细菌混合液上，当压力达到 78.3 t / 6.5 cm^2 时，混合液中的水转化为晶体，最终砧板压力达到 121.05 t / 6.5 cm^2，并维持这一状态。在接受压力实验的 100 万个细菌中，有 1%存活下来，其仍然能够完成正常的代谢功能，将甲酸盐转化为二氧化碳和氢气。此外，日本海洋与地球科学技术研究所 Deguchia 等[43]研究发现，在比地球重力大 40 万倍的超重环境下，多种不同种类的细菌仍然可以存活和繁殖，如脱氮副球菌、大肠杆菌等。这些研究结果使人类认识到生命的极限已经被延伸，许多有机体能够在压强达上百吨的环境下生存，同时，这也预示了像木星或其他重力巨大的行星上可能有生命存在，提示人类在外太空寻找生命时，应当重新考虑那些从前因为处于高压环境而被忽略的地方。

4.2.2.3　高辐射环境

通常情况下，人在 5 Gy（戈瑞，辐射强度的计量单位）的辐射下只能存活 1 h（日本广岛和长崎原子弹爆炸的辐射剂量相当于 10 Gy），然而，许多生物却可以在高强度辐射下生存。例如，早在 1956 年，美国科学家在经辐照灭菌的肉制罐头中发现了能在 5000～25 000 Gy 辐射下存活的细菌，并将其命名为耐辐射球菌（*Deinococcus radiodurans*），如图 4-20（a）所示。耐辐射球菌是迄今为止发现的对电离辐射、紫外线、过氧化氢等一些 DNA 损伤剂都具有极强抗性的微小球菌，其有 3 种 DNA 修复方式：碱基切除修复、核苷酸切除修复和重组修复。在 DNA 修复过程中，有互补序列区域的 DNA 片段会彼此找到对方，由一种 DNA 聚合酶引发一个合成过程，在 DNA 片段上形成长的单链；然后，互补单链尾部配对，再生成长链 DNA 分子，后者被处理成原始的环状基因组。美国康内尔大学 Patel

等[44]研究发现，在接触紫外线照射后，耐辐射球菌能增强它的一氧化氮合酶的产量，这种酶负责制造一氧化氮。值得一提的是，在动物机体中，一氧化氮扮演了一个重要角色，包括防止病原体、调控血管张力、激素释放及神经元信号传导等。研究者将耐辐射球菌的一氧化氮合酶去除，结果其在接触辐射之后生存不良，因此，一氧化氮也可能是该细菌具有耐受超剂量辐射能力的一个关键原因。

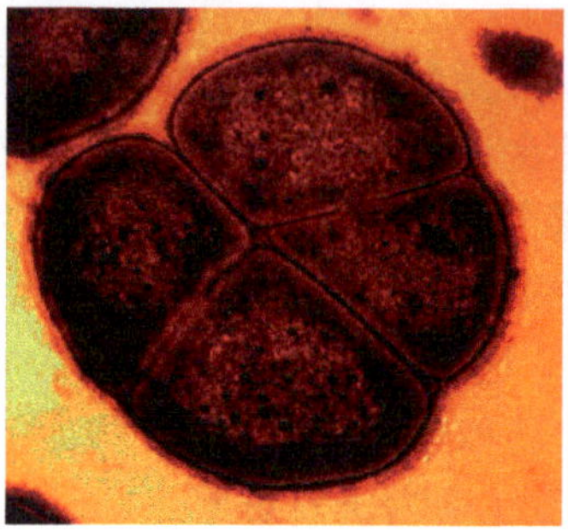

（a）耐辐射球菌

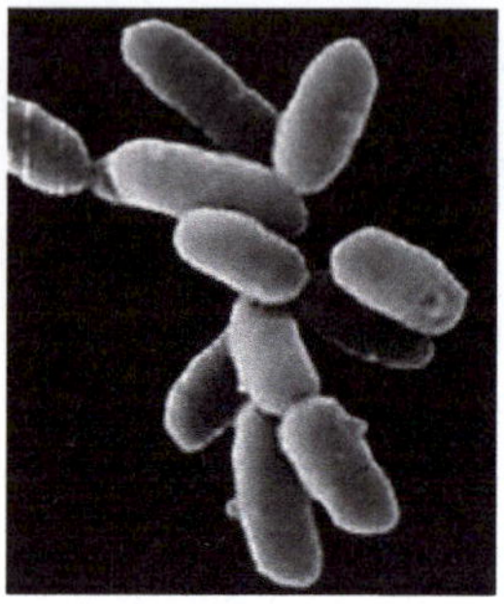

（b）极端嗜盐古菌

图 4-20　耐辐射细菌与极端嗜盐古菌
http://blog.sina.com.cn/s/blog_6708c2210100i2j8.html

极端嗜盐古菌（*Halobacterium* NRC-1）不仅可以在高盐环境下生存，而且也是地球上抗辐射能力比较强的生物，能在 18 000 Gy 辐射下存活，如图 4-20（b）所示。Mao 等[45]对中国新疆高放射性污染土壤进行了耐辐射微生物研究，分离出了能耐 10 000～30 000 Gy 辐射的各类细菌、放线菌、真菌（含酵母菌）等，如图 4-21 所示，实现了耐辐射微生物从原核向真核的跨越。此外，除微生物外，部分缓步类（水熊虫）、轮虫类、线虫类（蛔虫）、甲壳类（盐水虾）、可抗干燥的昆虫幼虫、地衣类植物等也可以在太空高辐射环境中生存[46]。

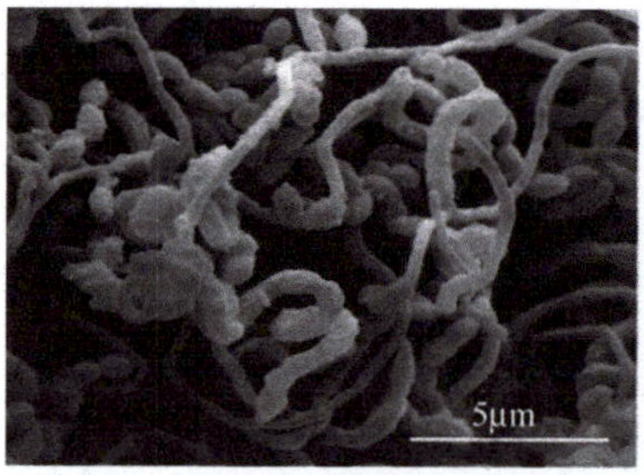

（a）放线菌

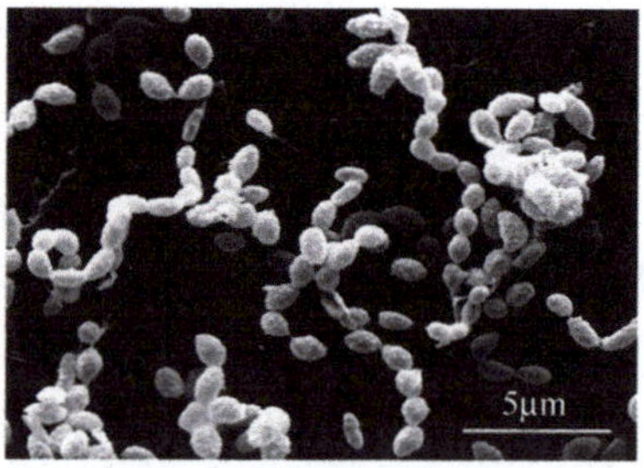

（b）真菌

图 4-21　新分离出耐高强辐射的菌株[45]

因此，揭示生物独特的耐辐射机理，有望用于消除环境中的重金属和毒物污染，为实现放射性污染生物修复和核废料安全处理提供技术支持。

4.2.2.4　高盐环境

地球上有许多水域具有高的含盐量，大多数生物在这种水域中根本无法生存。例如，死海是地球上含盐量最高的水域，是普通海水含盐量的 8 倍，且越到海底部，含盐量越高，然而，在死海中仍然有一些微生物存在，如细菌和盐藻等。科学家对死海中一种细菌——嗜盐杆菌（*Halobacterium*）进行研究发现，其机体内可产生一种蛋白质，保护机体免受盐水侵扰。通常情况下，高盐含量会对生物细胞，特别是细胞中的 DNA 造成破坏。大多数海洋生物无法在死海中生存，这是因为 DNA 分子通常被水分子簇团团包围着，它依靠这些水分子维持双螺旋结构的完整性，免遭损坏。而在高盐含量的死海中，海水中的盐分将水分子挡住，使生物无法获得所需水分，这样，DNA 就会断裂，细胞会相继失活或死亡。而嗜盐杆菌机体内具有一种修复酶蛋白质，能够很快地对 DNA 进行抢救性修复，从而使其能在高盐环境下生存。在死海中还具有一种神奇生命——盐藻，其可以在 53℃酷暑中存活，在−27℃严寒中繁殖，在饱和的盐水中生生不息。研究发现，盐藻机体内具有一种耐盐性蛋白酶，其是一种碳脱水酶，与已知动物机体内的碳脱水酶（表面运动着正、负和中性三种电荷）相比，其表面电荷均为负电荷。盐藻这种独特结构的碳脱水酶对一端带正电荷而另一端带负电荷的水分子具有特殊的吸引力，能够从盐分很高的海水中夺走水分子[47]，从而使其在高盐的海水中生存。

此外，在盐湖、盐矿、盐田和盐腌制物等高盐环境中广泛存在着一种高度嗜盐的生物——嗜盐古菌 *Halophilic archaea*，如图 4-22 所示，其对 NaCl 具有特殊的适应性和需要性。嗜盐古菌通常生活在 10%～30%的盐液中，其机体内具有一种嗜盐酶，只有在高盐浓度下嗜盐酶才具有活性，盐去除后，嗜盐酶失活；在低盐浓度下，大多数嗜盐酶变性失活；将盐再缓慢加回时，嗜盐酶活性可以恢复。

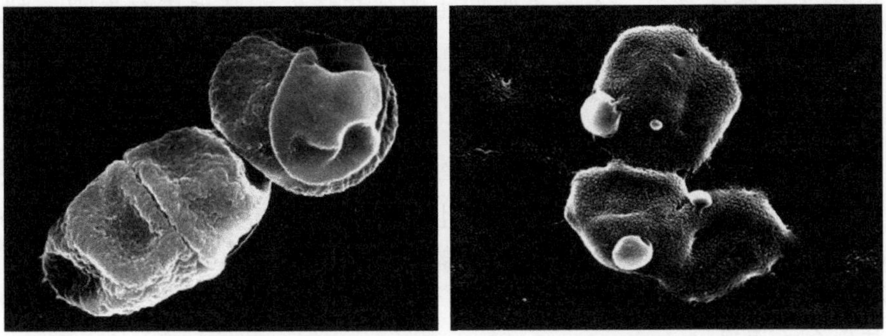

（a）嗜盐古菌 1 号　　（b）嗜盐古菌 2 号

图 4-22　中国东部沿海盐田内的两种嗜盐古菌
http://spswxy.ujs.edu.cn/news_view.asp?ID=1269

值得一提的是，美国夏威夷大学微生物学家 Schubert 等[48]在一块盐晶中发现了存活约 3 万年的太古细菌。盐晶内还存在多个死亡的藻类细胞，细胞内含有高浓度丙三醇，其营养极为丰富，太古菌以此为食，以致它们可以存活长达 3 万多年，如图 4-23 所示。生物学家推测，如果有用之不竭的食物，细菌便可以在盐晶内存活数亿年。

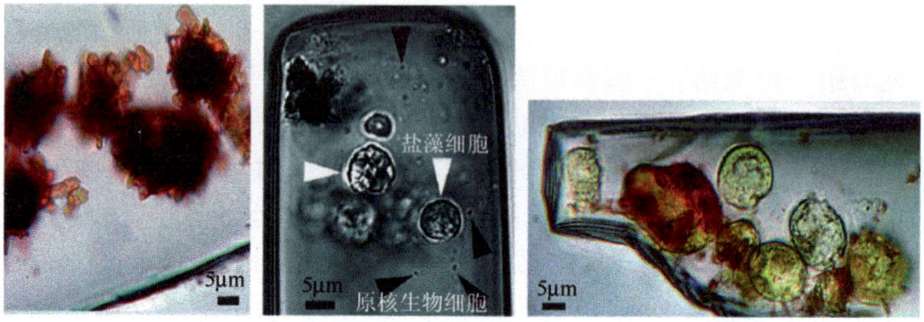

（a）盐晶 （b）盐晶内的原核生物细胞和盐藻细胞 （c）盐藻细胞

图 4-23 盐晶内存活的 3 万年细菌和死亡藻类细胞[48]

4.2.2.5 低温环境

尽管地球上许多地区的气温都在 5℃以下，然而在任何最寒冷的地方都可能找到生命存在的奇迹。目前，很难推断生命存在所需最低温度的极限，某些细菌甚至可以抵抗-250℃的低温；北尼日利亚有一种蝇的幼虫，在-190℃低温中生存 47 天，不停止发育，即使在-270℃液态氧中 5 min 还能存活。酵母菌、无孢子细菌、干燥的线虫等，在热力学温度（-273.16℃）的条件下也可以生活很长时间。耐寒生物一般都有一种特殊的细胞膜，其可以产生一种蛋白质防冻剂，保证自身在极端寒冷的环境下不会硬化。例如，极地冰虫终年生活在寒冷的冰川中，它们体形非常小，在雪地里就像一丝细细的小黑线[49]。冰虫不仅抗冻，而且耐饿，将其放在冰箱冷藏室里，不吃不喝两年的冰虫依然顽强地生存着[50]。研究发现，冰虫的细胞膜和细胞酶在低温下正常新陈代谢，细胞膜保持固有的弹性。但是，冰虫抵御高温的能力异常脆弱，只要温度高于 4℃，冰虫细胞膜就会溶化，细胞内的酶也会化成黏稠物。

美国宾夕法尼亚州立大学的 Curtze 等[51]在格陵兰岛一条冰川下方约 3 km 处的冰层中发现了一群体积微小的耐寒微生物，被命名为 *Herminiimonas glaciei*，其生有类似尾巴的超长鞭毛，可以在冰层微小的纹理中移动，如图 4-24 所示。这些耐寒微生物处于假死状态估计已有 12 万年，研究者在实验室中已成功让其苏醒，可见其生命的顽强。

一些生活在低温环境中的昆虫在进化过程中产生了各种防冰冻物质，采取各种方式以避免结冰。低温天气对生命的真正威胁并不是寒冷，而是结冰。由于身体和细胞主要是由水组成的，结冰可能是致命的，因为结冰会破坏细胞内液体和细胞外液体的平衡，导致细胞萎缩，并对组织造成不可逆转的破坏。昆虫能够忍耐冰冻的关键是它们能够将冰冻（和解冻）通常会产生的损害减少到最小。当冬天即将到来时，许多耐冰冻昆虫会产生高浓度的丙三醇和其他种类的乙醇分子。这些物质并不能阻止结冰，但能使结冰的速度变慢，从而使细胞周围的液体以一种更可控的方式结冰，而细胞内的物质不会结冰。例如，雪跳蚤（一种原始的无翅昆虫）可以在-7℃环境生活，其体内有一种防冻蛋白可以与冰晶结合，防止冰晶膨胀。而阿拉斯加甲虫能够在气温为-70℃的环境中存活下来，其体内有一种被称为“xylomannan”的多糖防冻蛋白，在抑制冰晶膨胀上可以与活性最高的昆虫防冻蛋白相媲美。

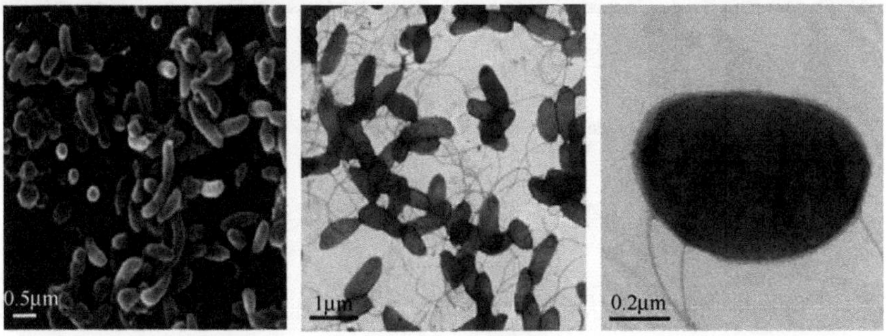

（a）扫描电子显微镜图　（b）透射电子显微镜图　（c）微生物单体放大

图 4-24　格陵兰岛冰川下的耐寒微生物[51]

此外，许多不能通过自身新陈代谢系统产生体温的动物仍然能够在极端寒冷的环境中生存。例如，两种节肢动物——北极棘跳虫和南极隐跳虫，其中，北极棘跳虫主要是依靠保护性脱水本领在北冰洋寒冷的冬天里存活下来。保护性脱水是指水分通过动物超级冷却的体液与周围的冰雪环境之间的散热渐变层流失掉。在保护性脱水过程中，它们失去体内全部的水分，最后除头部外，其他部位成干瘪状，但只要一滴水，它们就又恢复常态，如图 4-25 所示。而南极隐跳虫却采用一套完全不同的方法度过严冬，它们会在体内积聚防冻复合成分，大大降低体内液体结冰的温度，这样它们就可以抵御-30℃的严寒。一些动物甚至能在冻僵的情况下存活，如刚孵化不久的西部锦龟、北美林蛙等，在极端寒冷的环境中，它们能够产生抗冻剂来保护身体最重要的部分。加拿大埃尔斯米尔岛的灯蛾毛虫堪称是地球上最极端环境中的耐寒动物之一，它能在-70℃的低温状态下冬眠，即使血液和细胞外液体都处于结冰状态，它仍能存活下来。

生存在极端环境中的生物作为生态系统的积极参与者，对环境修复和维持生态系统平衡起着不可替代的重要作用。随着科技不断发展进步，生存在极端环境中的生物逐渐被发现，其特殊生命现象、生理特征、代谢机制和超强的环境适应性正在逐渐被揭示，其巨大的仿生潜力和开发价值备受瞩目。

（a）正常态

（b）脱水后

图 4-25　北极棘跳虫

http://www.chinabaike.com/z/shenghuo/kp/2016/0520/5082476.html

4.3　物种分类

五彩斑斓的生命世界是大自然独具匠心、精雕细刻的不朽佳作。大约 38.5 亿年前，在地球原始海洋中诞生第一批原始生命以来，生物进化的历程极其复杂，产生了数以万计的物种。目前，地球生命体中仅有的一个人类物种和 200 多万个生物（动物、植物、微生物）物种，构成了多姿多彩、千变万化，充满勃勃生机的生命世界。

4.3.1　人类

人具有自然和社会双重属性，既是自然人，又是社会人；既属于自然界、生物界，又属于一定社会，一定文化系统。作为自然人、生物人，人类是一个生物物种，与其他生物物种并没有本质区别。人类属于哺乳动物纲灵长目人猿超科人科人属智人种，智人种即现代人类，是人科中唯一现存的物种。作为社会人，人的本质是社会关系的总和。人与动物本质上的区别在于人类能够创造文化，建立文化系统。人种是具有共同遗传体质特征的人类群体，是地球上分布较广泛的生物。

在生物学上，人类各种族都同属于一个物种，不同的人类种族相当于在一个物种下的若干变种，他们都起源于一共同祖先，即智人。人类的各种性状一方面受到遗传因素的影响，另一方面又受到环境因素的作用，因此，世界上不同的人群由于各自在一定地域内长期适应当地自然环境，又经长期隔离，从而产生了人种的差别，即肤色、眼色、发色、面形、头形、鼻形、身高等。世界上对人类种族有多种划分方式，国际通行三分法，即把人类分为三大人种，即蒙古人种（黄种人）、欧罗巴人种（白种人）、尼格罗和澳大利亚人种（黑种人）。

人类进化史只有几百万年，人类文明史只有几千年。关于生命、生物和人类的知识，我们已知的远远小于未知的，人类未来要走的路要比已走的路长很多很多。目前，人类总数有 70 多亿，对于人类的未来，研究者们持不同的观点[52]。一些学者认为，随着起改善作用的自然选择不再发挥作用，人类可能也就没有机会再进化出一种更优越的人类物种。还有些学者认为，可以通过遗传工程，将人类基因重新设计，创造改良的人种，这还有待于进一步研究。

4.3.2　生物

在地球上曾经生存过的生物物种至少有 99%已经灭绝了，而现存的，通常认为，除人类外，尚有 200 多万种，千姿百态，各不相同。传统上分为动物、植物、微生物三大类，而现代生物学则多分为 5 界，即原核生物界、原生生物界、真菌界、植物界和动物界。多种多样的生物不仅维持了自然界的持续发展，而且为人类解决生存与发展的许多难题提供了重要的启示，成为仿生学天然蓝本。地球上到底有多少种生物一直是科学家争论不休的话题。有人估计，现存生物的实际物种尚有 200 万～450 万。2011 年，美国和加拿大科学家联合发布研究成果，地球上物种约为 870 万种，最高不超过 1000 万种。2016 年，美国印第安纳大学研究人员认为，地球上的物种数量高达万亿，是以前估计数值的 10 万倍[53]。换言之，当前人们对地球上物种的认知只有十万分之一。随着人们对自然界生物研究的不断深入与拓展，不仅有许多新的古生物和现代生物的奥秘被揭示，而且有许多新的物种被发现，这也为仿生学研究注入了新的活力。

4.3.2.1　*动物*

动物是多细胞真核生物中种类最多的类群，靠食用植物、捕食其他动物和微生物获取营养，具有多种运动机能，大多营有位移运动性生活，是生物界中具有神经系统的类群。

图 4-26 是地球已知现存动物的分类图，亦即其进化树、系统树，由该图能清晰地看出现存动物的类群、进化历程及其亲缘关系[54]。图中各分支末端的门类，就是现存的主要的类群。同时，从图 4-26 中还可以看出，动物进化遵循辐射规律，既沿着从简单到复杂、从低等到高等的路径发展，同时又呈多歧式曲折进化。

目前，地球上现存的有记载的动物种类 150 多万种，还有许许多多种动物没有被发现。近年来，随着科学技术的不断发展，许多动物新种被发现、揭示。例如，秘鲁的科学家在海拔 1600～2100 m 的厄瓜多尔的比尔卡班巴地区山脉和秘鲁中东部的阿普里马克的溪谷中发现了许多色彩斑斓的蜥蜴新种，命名为 *Potamites montanicola*，如图 4-27（a）所示[55]。它们是生活在高海拔的罕见物种之一，有些个体还会在溪流中游泳，这对于蜥蜴物种是不常见的现象。科学家在阿拉伯海索科特拉岛也发现了一种粉红褐色的蜥蜴新种，命名为 Gekkonidae

Hemidactylus initellectus，与其他蜥蜴种类相比，其背部突起的结较大，如图 4-27（b）所示[56]。值得一提的是，科学家预测，如果无法减缓全球变暖的速度，到 2050 年，大约 6%的蜥蜴种群将从地球上消亡；到 2080 年，20%的蜥蜴种群将从地球上消亡[57]。

图 4-26　动物主要类群分类图[54]

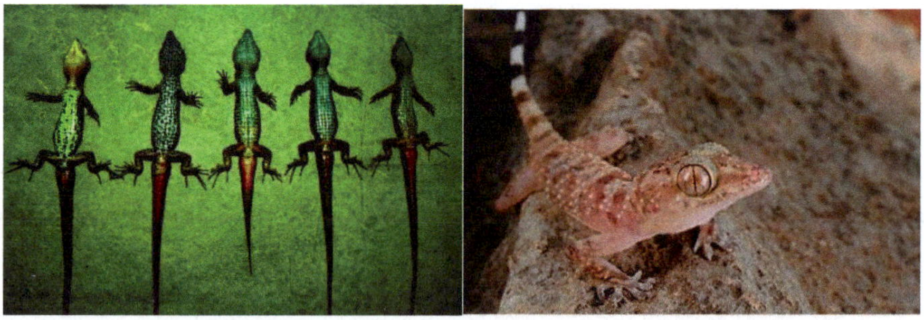

（a）色彩斑斓的蜥蜴新种　（b）粉红褐色的蜥蜴新种

图 4-27　蜥蜴新种[55, 56]

科学家在北非西海岸加纳利群岛兰扎罗特岛世界上最长的海底熔岩隧道里发现了一种甲壳纲动物新种，命名为 *Speleonectes atlantida*，长 10～20 mm，没有眼睛，靠头部伸出的长触角和身上的许多感应绒毛辨别方向，如图 4-28 所示[58]。它们有着强大的头部肢体，可用来捕猎和抓住体长是自己 2 倍的其他生物。在哥斯达黎加的高海拔的慕耶德山上发现了食竹植物虱子新物种，如图 4-29 所示，其食物仅为一种竹子 *Chusquea tomentosa*[59]。

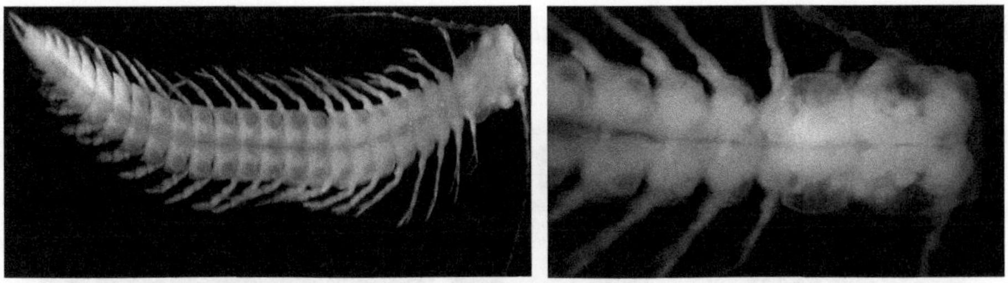

（a）甲壳纲动物新种标本（17 mm）　　（b）头部放大

图 4-28　甲壳纲动物新种[58]

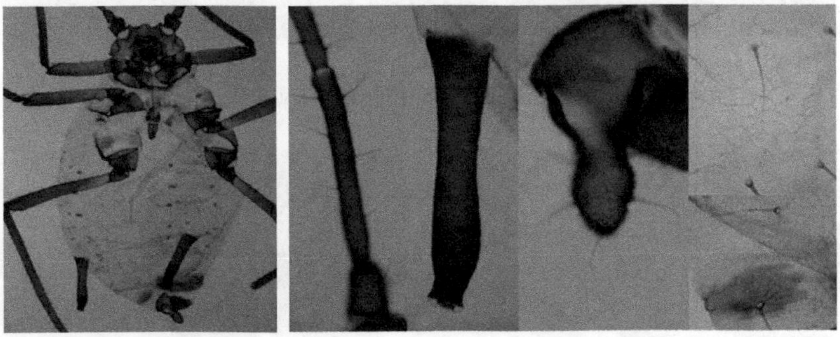

（a）食竹植物虱子新种标本　　（b）肢体局部放大

图 4-29　食竹植物虱子新物种[59]

在特殊的环境中发现新的动物物种，具有特异的结构和新的功能，这会对仿生学和仿生研究者具有新的更大的吸引力。

4.3.2.2　植物

植物是多细胞真核生物中的一大类群，主要有藻类植物、苔藓植物、蕨类植物和种子植物 4 个类群，大多营自养固定生活，其每个细胞都有坚韧的纤维素构成的细胞壁，高等植物大多数体内都有维管束。植物具有光合作用的能力，这是其重要特征。

植物主要由根、茎、叶构成，呈以根系中轴线和茎秆之髓为轴心向四方辐射主根、分枝的辐射对称体制，以及以根尖、茎尖分生组织为主节枝体、不断生长的枝体外延生长模式。辐射对称体制和枝体外延生长是植物构成的基本规律。

目前，地球上现存的有记载的植物种类有 30 多万种。然而，每年都有许多新的植物种类被发现，不胜枚举。例如，美国旧金山大学的 Desjardin 等[60]在雨林环境中发现了 7 种持续释放荧光的新种蘑菇，如图 4-30 所示，它们在夜晚释放荧光吸引夜间活动的昆虫，通过这种方法可将蘑菇的孢子由昆虫进行传播扩散，这是它们在雨林环境中的生存之道。又如，中国科考人员在丽江地区发现了一种天南星科植物新种[61]，该种的叶片非常狭长，长约 11 cm，宽仅为 2 mm，故将其命名为线叶南星（*Arisaema linearifolium*），如图 4-31 所示。新种线叶南星附属器的顶端为紫色，附属器基部为不育花，花粉为粉红色。

（a）荧光蘑菇新种标本　　（b）夜间发荧光

图 4-30　生长在日本小笠原群岛的荧光蘑菇新种[60]

（a）雌花序　　（b）雄花序　　（c）植株花序

图 4-31　线叶南星[61]

2016 年，日本神户大学的科研人员在日本屋久岛低地月桂森林发现一种奇特的寄生植物，被命名为 *Sciaphila yakushimensis*，其不采用光合作用，而是像寄生虫一样，从真菌获得营养物质，而真菌则从周围环境中获取营养物质[62]。

结合比较生物学、系统生物学和进化生物学的原理与知识，通过对植物学新发现的现存生物的研究，将会获得意想不到的新的仿生灵感。

4.3.2.3　微生物

微生物主要包括原核生物、病毒、原生生物和真菌，它不是生物分类学的一个自然类群，而是一个人为组合的生物类群，亦可认为，它是一切肉眼看不见或看不清的低等生物的统称。例如，细菌个体一般为 3～5 μm，最小为 0.25 μm，它是人眼看不见而只能在显微镜下才能看清的微生物。微生物具有个体微小、结构简单、生长旺盛、繁殖迅速、吸收多、转化快、易变异等特点，是生物界中个体数量最多、适应性最强、分布最广的生物类群。目前，被发现的微生物有 20 多万种，其无处不在，即使在强射线的高空、重度污染的土壤、资源匮乏的深海、2000 m 以下无氧的地层、温度在 100～300℃的热泉、−250℃的超低温等极端环境中均有微生物存在。

尚需指出，人们已知的微生物物种与未被认知的微生物物种比较还是少数。有人估计，自然界还有 90%以上的细菌菌种有待我们去认识[63]。因此，人们不仅要深入研究已知的微生物物种，也要探究与揭示未知物种，特别是新的物种对其特殊生境的高度适应性及其自动调控机制。

现今，随着实验条件与分离技术的提高，许多新种的微生物被发现和分离出来。例如，日本海洋研究机构在日本青森县八户市近海海底约 200 m、距今约 46 万年前的地层中发现每立方厘米含有超过 1000 万个活的单细胞微生物，大小只有 0.5～1 μm，其中大多数都是未知的新种类[64]。研究人员向这些微生物提供养分后，发现约 80%的养分被吸收，如果向这些微生物提供葡萄糖等高营养物质，细胞还会分裂并增殖。但是，这些微生物吸收养分的速度不到大肠杆菌的十万分之一，极为缓慢，根据其吸收和消耗能量的速度估算，这些微生物可能已经存活了数百至数千年。

美国天体生物学研究所的科研人员在加利福尼亚州有毒而且多盐的莫诺湖中发现了一种可以完全依靠砷生活、生长和新陈代谢的细菌。通常，砷对活体生物具有高度的毒性，因为它会破坏生物的代谢通路，但在化学上，其与磷酸盐类似。在实验室中，研究人员逐步用砷来取代磷酸（磷酸是所有细胞中各种大分子的构建单元），直到该种细菌可在不需要磷酸的情况下生长，研究发现，砷被该细菌摄取并结合到不同的细胞成分中，完全取代了其 DNA 分子中的磷酸，如图 4-32 所示[65]。

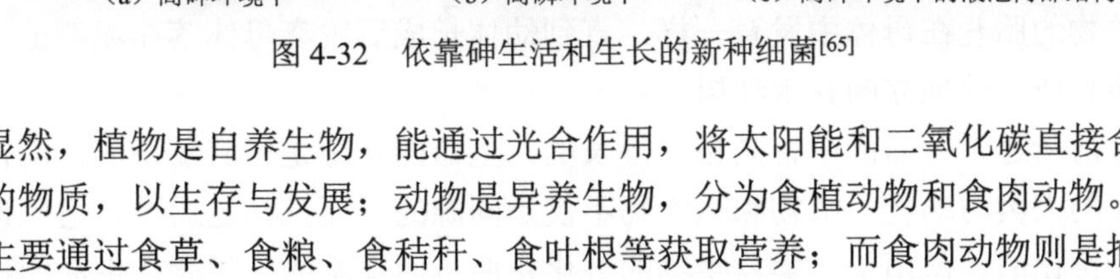

（a）高砷环境下　（b）高磷环境下　（c）高砷环境下的液泡内部结构

图 4-32　依靠砷生活和生长的新种细菌[65]

显然，植物是自养生物，能通过光合作用，将太阳能和二氧化碳直接合成为自身的物质，以生存与发展；动物是异养生物，分为食植动物和食肉动物。食植动物主要通过食草、食粮、食秸秆、食叶根等获取营养；而食肉动物则是捕食其他 动物，通过摄食运动间接或直接从自养生物获取营养。微生物既有自养，如紫色细菌、绿藻、红藻等；亦有异养，如大肠杆菌等。它们能分解动物和植物的尸体，将无机物释放到自然环境中供植物再利用。事实上，植物似生产者，动物似消费者，而微生物则是还原者，三者组成生物界生态系统的基本结构，使自然界中的物质与能量有效转化与不断循环，使自然生态动态平衡和持续发展。

还应当指出，动物、植物和微生物间未有严格而明晰的界线，它们具有的功能特性也并不是各自专有的，如生物的食性、运动性、光合作用等。

大家知道，细胞是生物的基本生命单元，而病毒则是没有完整结构的细胞，故其不能完全划入生物的范畴，但它却载有与生物一致的遗传密码，即细胞的一部分遗传物质，具有生物的一些基本属性。可见，病毒是介于生物与非生物之间一种极其简单的生命形式。

有些生物同时具有动物与真菌的基本特性。例如，黏菌，有时好像巨大的变形虫动物，有时可以产生具有细胞壁的孢子，又像真菌。有些生物同时具有动物与植物的某些特性。例如，眼虫、裸藻像动物一样，有鞭毛、可以运动，能吞食细菌等，营异养生活；有时亦像植物，有叶绿体，可进行光合作用。有些动物却像植物一样，只能营固定生活，如海绵、珊瑚等；而有些植物却像动物一样运动，如卷柏、风滚草。卷柏可根据地上水分的多少异地迁移。当地上水分充足时，卷柏固定生长，十分茂盛；一旦水分缺乏时，卷柏就会把根从地上拔出，卷成一个球状体，在地上随风滚动，直到有水的地方，再扎根地上，继续生长。

在生物界中，已发现约 500 种食虫植物，它们能像动物一样捕食虫子，有的甚至能捕食小鸟、小鼠等，如猪笼草、捕蝇草、毛毡苔、茅膏菜、狸藻等。食虫植物一般都有引诱昆虫的香味、伪装，捕食昆虫的陷阱和溶化昆虫的消化液，而且它们捕食虫子的方式也是各种各样，如猪笼草用带盖的类似笼子的“小瓶子”，捕蝇草用类似两片可开合蚌壳的叶子，毛毡苔用类似能伸握的手掌、长满绒毛的叶子，狸藻用由其上带盖的小口袋组成的“陷阱网”，等等。不仅如此，猪笼草口缘区在润滑条件下还具有自动连续搬运流体的能力，使该区湿滑，致使昆虫无法驻足而不得不滑落入笼[66]。更有趣的是，毛毡苔能辨认出捕食的是不是真正的猎物，它只捕食含蛋白质的昆虫，不捕食小砂粒之类不能消化的东西。

植物界中还有胎生植物，像哺乳动物一样是胎生的，如常绿乔木红杉。它的果实成熟后不离开母体，种子并不掉落，而是在果实内直接发芽，长成幼苗，像哺乳动物的胎儿在母体中发育一样，直到幼体长成后脱离母体落在泥滩上，几小时就能长成一株独立的乔木红树。

综前所述，生命的孕育是极其漫长的，生命的起源是极其复杂的，而作为生命载体的人类与动物、植物和微生物不仅是同源的，而且都是通过自适应调控原理不断进化的。但由于人类与生物的进化是曲折而艰难的，因此，生命的形态和生物物种是极其多样的，而且地球上已消亡的和现存未知（迄今尚未有统一准确的统计）的比已知的要多得多。人类的一个重要任务就是，阐释极其多样的生物的功能结构特性及其运行机制，为人类与生物的共赢发展助力。

参 考 文 献

[1] Haman J.创新启示：大自然激发的灵感与创意. 王佩，郭燕杰，译. 北京：中信出版社，2015.

[2] Haman J. The shark's paintbrush: biomimicry and how nature is inspiring innovation. United States, Nicholas Brealey, 2013.

[3] Franzen J L, Gingerich P D, Habersetzer J, et al. Complete primate skeleton from the middle eocene of messel in germany: morphology and paleobiology. PloS One, 2009, 4: e5723.

[4] Call J. Do apes know that they could be wrong. Animal Cognition, 2010, 13: 689-700.

[5] Ward C V, Kimbel W H, Johanson D C. Complete fourth metatarsal and arches in the foot of australopithecus afarensis. Science, 2011, 331: 750-753.

[6] Mcpherron S P, Alemseged Z, Marean C W, et al. Evidence for stone-tool-assisted consumption of animal tissues before 3.39 million years ago at dikika, ethiopia. Nature, 2010, 466: 857-860.

[7] Tobias P V. The brain of homo habilis: a new level of organization in cerebral evolution. Journal of Human Evolution, 1987, 16: 741-761.

[8] Spoor F, Leakey M G, Gathogo P N, et al. Implications of new early *Homo* fossils from Ileret, east of lake turkana, kenya. Nature, 2007, 448: 688-691.

[9] Kennedy G E. On the autapomorphic traits of *Homo erectus*. Journal of Human Evolution, 1991, 20: 375-412.

[10] Lepre C J, Roche H, Kent D V, et al. An earlier origin for the acheulian. Nature, 2011, 477: 82-85.

[11] Simpson S W, Quade J, Levin N E, et al. A female *Homo erectus* helvis from gona, ethiopia. Science, 2008, 322: 1089-1092.

[12] Coqueugniot H, Hublin J J, Veillon F, et al. Early brain growth in *Homo erectus* and implications for cognitive ability. Nature, 2004, 431: 299-302.

[13] Magori C C, Day M H. Laetoli hominid 18: an early *Homo sapiens* Skull. Journal of Human Evolution, 1983, 12: 747-753.

[14] Shea J J. The middle stone age archaeology of the lower omo valley kibish Formation: excavations, lithic assemblages, and inferred patterns of early *Homo sapiens* behavior. Journal of Human Evolution, 2008, 55: 448-485.

[15] Errico F, Vanhaeren M, Barton N, et al. Additional evidence on the use of personal ornaments in the middle paleolithic of north africa. Proceedings of the National Academy of Sciences, 2009, 106: 16051-16056.

[16] Michael C, Karen S, James C, et al. Carbonaceous meteorites contain a wide range of extraterrestrial nucleobases. Proceedings of the National Academy of Sciences, 2011, 108: 13995-13998.

[17] Mustard J F, Murchie S L, Pelkey S M, et al. Hydrated silicate minerals on mars observed by

the mars reconnaissance orbiter CRISM instrument. Nature, 2008, 454: 305-309.
[18] Lee T, Lin Y K. The origin of life and the crystallization of aspartic acid in water. Crystal Growth Design, 2010, 10: 1652-1660.
[19] Glavin D P, Dworkin J P. Enrichment of the amino acid l-isovaline by aqueous alteration on CI and CM meteorite parent bodies. Proceedings of the National Academy of Sciences, 2009, 106: 5487-5492.
[20] Bradford J A, Dill K A. Stochastic innovation as a mechanism by which catalysts might self-assemble into chemical reaction networks. Proceedings of the National Academy of Sciences, 2007, 104: 10098-10103.
[21] Furukawa Y, Sekine T, Oba M, et al. Biomolecule formation by oceanic impacts on early earth. Nature Geoscience, 2009, 2: 62-66.
[22] Tsytovich V N, Morfill G, Konopka U, et al. Collision-dominated dust sheaths and voids-observations in micro-gravity experiments and numerical investigation of the force balance relations. New Journal of Physics, 2003, 5: 2209-2219.
[23] Sommer A P, Zhu D, Fecht H J. Genesis on diamonds. Crystal Growth Design, 2008, 8: 2628-2629.
[24] Kim Y J, Lee H S, Kim E S, et al. Formate-driven growth coupled with H_2 production. Nature, 2010, 467: 352-355.
[25] Brazelton W J, Ludwig K A, Sogin M L, et al. Archaea and bacteria with surprising microdiversity show shifts in dominance over 1000-year time scales in hydrothermal chimneys. Proceedings of the National Academy of Sciences, 2010, 11: 1-6.
[26] 刘广发. 现代生命科学概论. 北京: 科学出版社, 2001.
[27] Furnes H, Banerjee N R, Muehlenbachs A, et al. Early life recorded in rchean pillow lavas. Science, 2004, 304: 578-581.
[28] Tice M M, Lowe D R. Photosynthetic microbial mats in the 3416-myr-old ocean. Nature, 2004, 431: 549-552.
[29] Desnues C, Brito B R, Rayhawk S, et al. Biodiversity and biogeography of phages in modern stromatolites and thrombolitcs. Nature, 2008, 452: 340-345.
[30] Rasmussen B, Fletcher I R, Brocks J J, et al. Reassessing the first appearance of eukaryotes and cyanobacteria. Nature, 2008, 455: 1101-1104.
[31] Watanabe Y, Farquhar J, Ohmoto H. Anomalous fractionations of sulfur isotopes during thermochemical sulfate reduction. Science, 2009, 324: 370-372.
[32] Sekine Y, Suzuki K, Senda R, et al. Osmium evidence for synchronicity between a rise in atmospheric oxygen and palaeoproterozoic deglaciation. Nature Communications, 2011, 2: 487-502.
[33] Payne J L, Boyer A G, Brown J H, et al. Two-phase increase in the maximum size of life over 3.5 billion years reflects biological innovation and environmental opportunity. Proceedings of the National Academy of Sciences, 2009, 106: 24-27.
[34] Albani A E, Bengtson S, Canfield D E, et al. Large colonial organisms with coordinated growth in oxygenated environments 2.1 Gyr ago. Nature, 2010, 466: 100-104.

[35] Yuan X L, Chen Z, Xiao S H, et al. An early ediacaran assemblage of macroscopic and morphologically differentiated eukaryotes. Nature, 2011, 470: 390-393.

[36] Paterson J R, Bellido D C G, Lee M S Y, et al. Acute vision in the giant cambrian predator Anomalocaris and the origin of compound eyes. Nature, 2011, 480: 237-240.

[37] Strother P K, Battison L, Brasier M D, et al. Earth's earliest non-marine eukaryotes. Nature, 2011, 473: 505-509.

[38] Roussel E G, Bonavita M A C, Querellou J, et al. Extending the sub-sea-floor biosphere. Science, 2008, 320: 1046.

[39] Chivian D, Brodie E L, Alm E J, et al. Environmental genomics reveals a single-species ecosystem deep within earth. Science, 2008, 322: 275-278.

[40] Borgonie G, Moyano A G, Litthauer D, et al. Nematoda from the terrestrial deep subsurface of south africa. Nature, 2011, 474: 79-82.

[41] Berka R M, Grigoriev I V, Otillar R, et al. Comparative genomic analysis of the thermophilic biomass-degrading fungi myceliophthora thermophila and thielavia terrestris. Nature Biotechnology, 2011, 29: 922-927.

[42] Sharma A, Scott J H, Cody G D, et al. Microbial activity at gigapascal pressures. Science, 2002, 295: 1514-1516.

[43] Deguchia S, Shimoshigea H, Tsudomea M, et al. Microbial growth at hyperaccelerations up to 403,627×g. Proceedings of the National Academy of Sciences, 2011, 108: 7997-8002.

[44] Patel B A, Moreau M, Widoma J, et al. Endogenous nitric oxide regulates the recovery of the radiation-resistant bacterium deinococcus radiodurans from exposure to UV light. Proceedings of the National Academy of Sciences, 2009, 106: 18183-18188.

[45] Mao J, Tang Q Y, Zhang Z D, et al. Streptomyces radiopugnans sp. nov., a radiation-resistant actinomycete isolated from radiation-polluted soil in china. International Journal of Systematic and Evolutionary Microbiology, 2007, 57: 2578-2582.

[46] Jönsson K I, Rabbow E, Schill R O, et al. Tardigrades survive exposure to space in low earth orbit. Current Biology, 2008, 18: 729-731.

[47] Premkumar L, Greenblatt H M, Bageshwar U K, et al. Three-dimensional structure of a halotolerant algal carbonic anhydrase predicts halotolerance of a mammalian homolog. Proceedings of the National Academy of Sciences, 2005, 102: 7493-7498.

[48] Schubert B A, Lowenstein T K , Timofeeff M N, et al. How do prokaryotes survive in fluid inclusions in halite for 30 ky? Geology, 2009, 37: 1059-1062.

[49] Hartzell P L, Nghiem J V, Richio K J, et al. Distribution and phylogeny of glacier ice worms (mesenchytraeus solifugus and mesenchytraeus solifugus rainierensis). Canadian Journal of Zoology, 2005, 83: 1206-1213.

[50] Vincent W F, Mueller D, Hove R V, et al. Glacial Periods on Early Earth and Implications for the Evolution of Life. In:Seckbach J. Netherlands: Kluwer Academic Publishers, 2004, 481-501.

[51] Curtze J L, Miteva V I, Brenchley J E. *Herminiimonas glaciei* sp. nov., a novel ultramicrobacterium from 3042 m deep greenland glacial ice. International Journal of Systematic and Evolutionary Microbiology, 2009, 59: 1272-1277.

[52] 任文伟. 人类生态学. 北京: 中国环境科学出版社, 2004.

[53] Muscarella M E, Jones S E, Lennon J T. Species sorting along a subsidy gradient alters bacterial community stability. Ecology, 2016, in press.

[54] 谢强, 卜文俊, 于昕, 等. 现代动物分类学导论. 北京: 科学出版社, 2012.

[55] Chávez G, Vásquez D. A new species of andean semiaquatic lizard of the genus potamites (sauria, gymnophtalmidae)from southern peru. ZooKeys, 2012, 168: 31-44.

[56] Cristina G, Ugo Z, Roberto S, et al. A misunderstood new gecko of the genus hemidactylus from socotra island, yemen (reptilia: squamata: gekkonidae). Acta Herpetologica, 2009, 4: 83-98.

[57] Sinervo B, Cruz F M, Miles D B, et al. Erosion of lizard diversity by climate change and altered thermal niches. Science, 2010, 328: 894-899.

[58] Koenemann S, Bloechl A, Martínez A, et al. A new, disjunct species of speleonectes (remipedia, crustacea)from the canary islands. Marine Biodiversity, 2009, 39: 215-225.

[59] Hidalgo N P, Torres D M, Alegre J M C, et al. A new species of rhopalosiphum (hemiptera, aphididae)on chusquea tomentosa (poaceae, bambusoideae)from costa rica. ZooKeys, 2012, 166: 59-73.

[60] Desjardin D E, Perry B A, Lodge J, et al. Luminescent mycena: new and noteworthy species. Mycologia, 2010, 102: 459-477.

[61] Yin J T, Gusman G. Arisaema linearifolium (araceae), a new species from northern yunnan, China. Annales Botanici Fennici, 2010, 47: 76-78.

[62] Kenji S. New parasitic plant species Sciaphila yakushimensis discovered in Japan. 2016.02, http://www.iran-daily.com/News/137142.html.

[63] 罗桂环. 中国近代生物学的发展. 北京:中国科学技术出版社, 2014.

[64] Lipp J S, Morono Y , Inagaki F, et al. Significant contribution of archaea to extant biomass in marine subsurface sediments. Nature, 2008, 454: 991-994.

[65] Simon F W, Blum J S, Kulp T R, et al. A bacterium that can grow by using arsenic instead of phosphorus. Science, 2010, 332: 1163-1166.

[66] Chen H W, Zhang P F, Zhang L W, et al. Continuous directional water transport on the peristome surface of Nepenthes alata. Nature, 2016, 532: 85-89.

第 5 章 人类与生物的感知

综前所述，生命的起源与人和生物的进化史实表明，地球诞生了生命，自然界又将生命进化成现代的人类与各种各样的生物，大自然的鬼斧神工使现今生命体的功能、结构完美到令人惊异的程度。虽然人类与生物千差万别，但由于都与生存的外环境和内环境有着必然的内在联系，因此，都具有一个极相似的输入—控制—输出的信息控制系统，即人类与生物都有由感知（激励）—控制（决策）—反应（运动、执行）三部分组成的生命自动控制系统。尽管人与生物的感知控制和反应的载体有所不同，但其功能原理与运行规律则是相通的。显然，研究、分析和阐释人类与生物的感知、控制与反应等特性，将有助深化对人类与生物及其关系的认识，有助于对仿生学深奥内涵的认知。

人类与生物的感知包括内部感知和外部感知，内部感知包括生理、心理与思维等，其中，生理是指机体生命活动和各个器官的机能，在生理方面，人与生物基本相同，都是饿了需要进食、渴了需要喝水、困了需要睡觉等。心理是指生物对客观物质世界的主观反应，都有一个发生、发展和消失的过程。生物（特别是动物）在活动的时候，利用各种感官认识外部世界事物，通过头脑的活动思考事物的因果关系，并伴随着喜、怒、哀、乐等情感体验等。与动物相比，人心理活动的量与质要远远高于动物，并且随着人类社会的演进，生活与文化水平的不断提高，人类的心理活动也日益丰富多彩。外部感知主要有点、线、面、体及其关系的几何性感知，声、光、电、磁、温、力的物理性感知，香、臭气味感知，甜、酸、苦、辣，咸、鲜的化学性感知，以及痛、麻、酸、胀的生理性感知。动物通过其视觉、听觉、嗅觉、味觉、触觉和能动的器官即可充分展现上述 5 个方面的感知能力，大多植物通过其根、茎、叶的相应器官和细胞能实现某些物理性感知，而微生物中既有动物也有植物，还有既非动物亦非植物的简单生命形式，它们也有一定的几何、物理和化学的感知能力。与人类相比，许多生物的外部感知相当敏锐和精准，值得人类去学习与仿效。本章重点探讨人类与动物的感知。

5.1 视　　觉

人眼所能看到的光谱只是光波范围的很小一部分，其波长范围为 380～780 nm，不同波长的光给人以不同的色彩感觉，不同强度的光及不同强度分布的光刺激人眼，在人脑中将产生不同的光强、颜色、形状等视觉信息。但是，人类视觉系统只有 3 种视锥细胞，而许多动物却有多种视锥细胞[1]。因此，在缤纷繁荣的自然界中，人类对某些色彩是无法辨别的。

与人类相比，自然界许多生物拥有独特的视觉系统，如远视、夜视、昼夜视、水陆两用视、多视眼、复眼等，这些生物不仅能辨别出更多色彩，而且视觉能力远远超越了人类。

跳蛛是一类主要以苍蝇为食的蜘蛛，它的捕食方式十分独特，首先逐步靠近猎物，当到达合适的位置时，再跃跳过去捕获。研究发现，跳蛛这种“稳”、“准”的捕食方法归因于其拥有的一套独特的视觉系统[2]。大多数动物或是通过调节眼睛中晶状体的焦距视物（如人类的双目立体视觉系统），或是靠移动头部制造一种“运动视差”来评估与某个物体的距离。跳蛛有 8 只眼，其中有 4 只眼在头部上方密集排列，包括两只大的主眼和两只较小的侧眼，如图 5-1（a）所示，但其无法通过调节眼睛中晶状体的焦距视物，也不具备制造“运动视差”的本领。跳蛛的视觉系统能很好地利用光线中的绿光，形成独特的图像散焦机制。跳蛛主眼的视网膜有 4 个感光细胞层，其中，下面两层含有对绿光敏感的色素，如图 5-1（b）所示。由于各个感光细胞层与晶状体之间的距离不同，入射光线中的绿光只能在最下面一层聚焦，倒数第二层虽然也对绿光敏感，但不能清晰聚焦，只能形成模糊的图像，如图 5-1（c）所示。跳蛛通过对比这两层图像，并根据模糊图像的散焦程度推算出与猎物之间的真实距离。

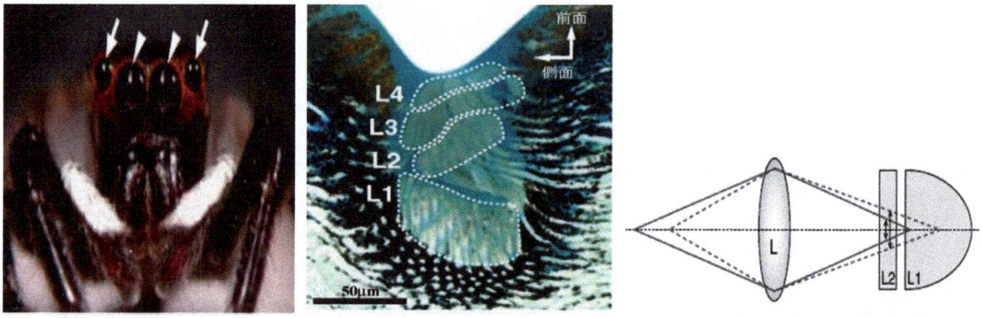

（a）跳蛛　　（b）视网膜　　（c）绿光通过路径

图 5-1　跳蛛及其视觉系统[2]

L 为镜头，L1，L2，L3，L4 分别为 4 个感光细胞层

大黄蜂可以在万花丛中穿梭，并能快速地在不同的花朵上移动。研究发现，大黄蜂的视觉速度是人类的 5 倍，这也就意味着这种昆虫的色彩视觉是所有动物中速度最快的[3]。生物的视觉速度取决于它们眼中的感光细胞捕获周围世界快照的速度，以及将这些快照传送回大脑所需的时间。根据在经冷冻而麻痹的大黄蜂的视网膜细胞中植入电极所记录的数据，研究人员发现，大黄蜂完成这一系列过程所需的时间比其他任何动物都要短。大黄蜂的快速视觉能力使得它们可以在斑驳的光线下迅速移动，能够识别出不同的形状，发现那些富含花蜜的色彩鲜艳的花朵，等等。

英国布里斯托尔大学的 Wagner 等[4]发现了一种神奇四眼鱼，如图 5-2 所示，它的其中一对眼睛中含有晶状体，另一对朝下的眼睛中含有一种与反射镜功能相同的物质。光线进入这对眼睛后会被反射到视网膜上，帮助四眼鱼看清它下方的物体。通常，在黑暗中，带有“射镜”的眼睛看东西更有效率，因为当光线经过时，含有晶状体的眼睛吸收的光线有限，而“反射镜”能够把更多的光线反射到视网膜上。这样，当海中天敌在黑暗中经过时，带有“反射镜”的眼睛能更有效地预警四眼鱼。值得一提的是，四眼鱼是迄今唯一一种眼睛中带有“反射镜”的脊椎动物，其为人类创造先进的视觉系统提供了重要的仿生启示。

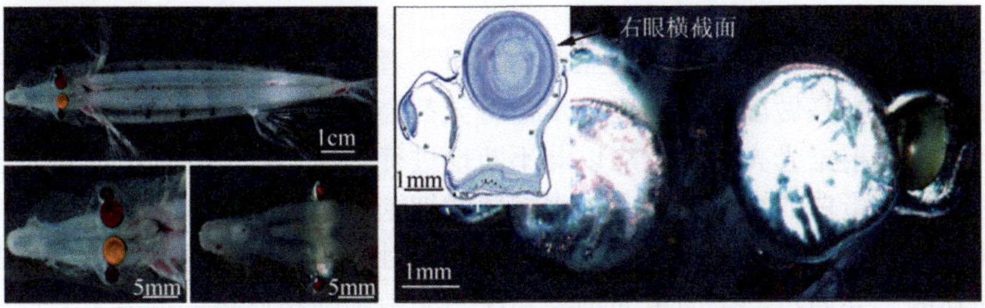

（a）四眼鱼　　（b）去除头部的四只眼睛

图 5-2　四眼鱼及其眼睛[4]

美国约翰霍普金斯大学的 Xue 等[5]发现，许多动物，如猫、狗、仓鼠等，不仅可以昼视，而且其眼球在夜间、黄昏、黎明等时刻也特别活跃。研究发现，这些动物眼睛虹膜肌的运动不需要通过大脑神经信号来控制，其虹膜肌中有一种黑视素，这是一种对光特别敏感的色素。这些动物通过黑视素来调整瞳孔的大小和控制到达视网膜的光量，从而使其不仅在强光下不会眼花（昼视），而且还可以看清黑暗环境中的物体（夜视）。这一研究发现为眼盲患者提供了一种新疗法，眼盲患者因为缺乏对光敏感的视网膜杆和视锥细胞而无法看见物体，但是，可以通过使用黑视素，使视网膜对光产生敏感反应，从而达到治愈眼盲的效果。

英国布里斯托尔大学的研究者发现，螳螂虾拥有非同寻常的视觉系统，它能够分辨出 12 种颜色和多种形式的偏振光。螳螂虾眼睛中具有特殊的光感细胞[6]，如图 5-3 所示，其作用类似于光学试验中的 1/4 波片，当光波通过该细胞时就会发生偏振现象。这一功能使螳螂虾的眼睛能将线偏振光和圆偏振光相互转换。人造 1/4 波片在 DVD 和 CD 等播放器，以及数码相机和摄像机中所起的作用也是如此。两者不同之处在于，这些人造设备只对一种波长的光敏感，而螳螂虾的眼睛则几乎完美支持从近紫外线到红外线之间的整个可见光光谱。因此，螳螂虾的视觉系统可能成为下一代 DVD 和 CD 播放器的仿生学模本。

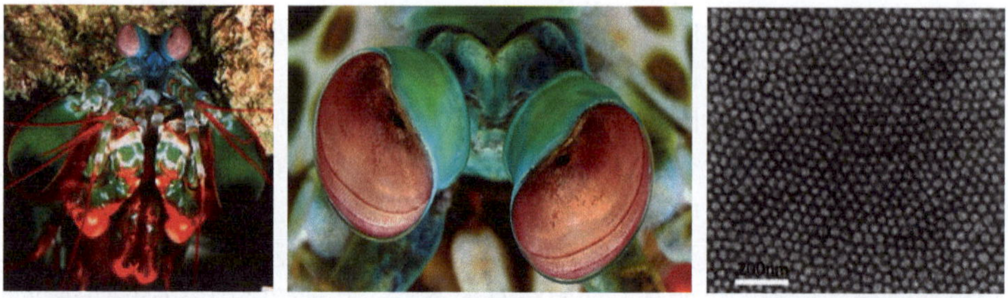

（a）螳螂虾　　（b）眼睛放大图　　（c）视网膜光感细胞

图 5-3　螳螂虾眼睛[6]

更神奇的是，美国加利福尼亚大学的研究者发现，一种天生缺失眼睛的淡水大头水螅能对光亮做出反应，这种水螅每天都会出来活动和寻找食物，处于不停运动之中，并根据光亮做出反应以此不断地进行生理与行为循环。研究发现，一种被称为光敏蛋白的视蛋白存在于水螅感觉细胞中，可控制调节鱼叉状的刺囊细胞在捕食的时候向四周做伸缩等动作。水螅的触须刺囊细胞具有自我保护及捕获猎物的功能，并通过一个简单的神经系统与光敏细胞相连接，形成了光反应与猎取食物的反射弧，共同控制着水螅的猎食行为，如图 5-4 所示[7]。研究还发现，这些对光亮敏感的神经元集中在水螅所有的“捕猎工具”中，其中包括刺囊细胞、卷刺丝囊细胞，水螅通过这些细胞演化形成了“捕食工具”，在抓住猎物的同时还可以粘住猎物。

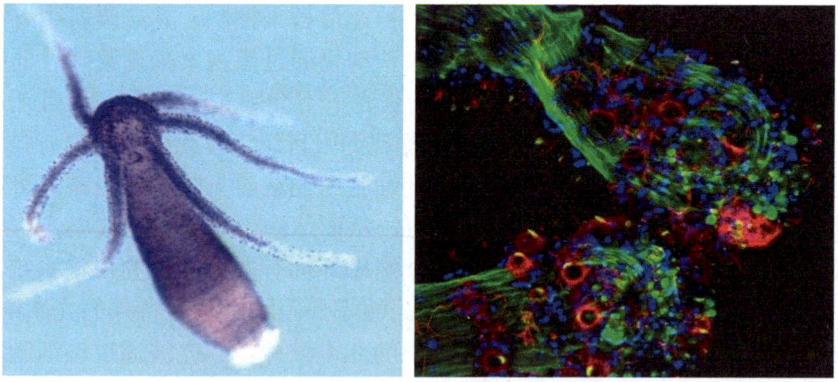

（a）无眼水螅　　（b）水螅视觉蛋白与神经元细胞

图 5-4　无眼水螅视觉蛋白与神经元细胞[7]

象鼻鱼生活在光照度较低的浑水中，却能发现隐生在污泥中的捕食者，其独特的眼睛能在黑暗中看清东西。美国威斯康星州大学的研究者最近研究发现，象鼻鱼的视网膜由一系列深杯状结构组成，杯壁能反射光线，有助于聚光，增强了它们暗中视物所需的特定波长的光[8]。

5.2 听　　觉

人类的听觉器官是人耳，由外耳、中耳与内耳三部分组成，听力范围为 20 Hz～20 kHz。声音通过外耳传到鼓膜，再通过中耳传递到充满液体的内耳，最后，通过螺旋状的耳蜗得到转换。耳蜗里有基底膜，其上约有 24 000 根听觉神经纤维，如图 5-5 所示[9]。神经纤维上附载许多听觉细胞，基底膜接收到来自中耳的声波振动后，便把这种机械振动传给听觉细胞，产生神经冲动，再由听觉细胞传给大脑，形成听觉，从而使人能够听到来自外界的各种声音。在哺乳动物中人类听觉神经非常灵敏，大脑中一单个的听觉神经元对应一个非常窄的声音频率范围（一个音阶的 1/10），能够辨别极其细微的频率差异，具有惊人的选择性[10]。

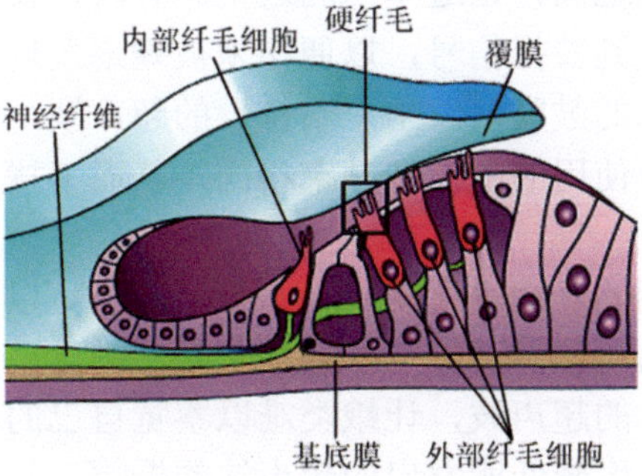

（a）声音引起基底膜的振动

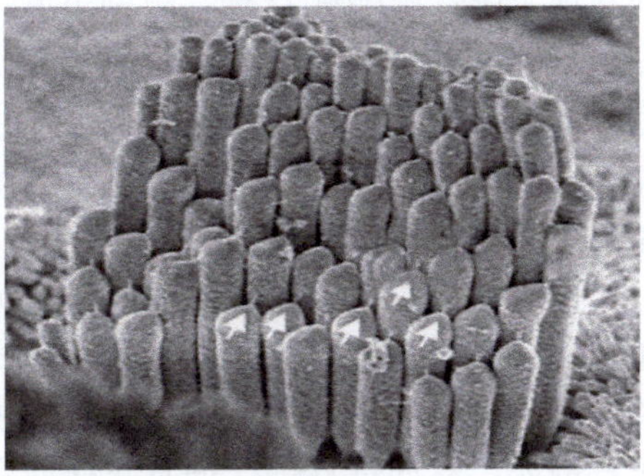

（b）神经纤维

图 5-5　人类听觉产生机理[9]

与人类相比，生物采用的听觉方式多种多样。例如，水母是一种古老的腔肠动物，早在 5 亿年前它就漂浮在海洋里，这种低等动物有预测风暴的本能。研究发现，在海洋上，空气和波浪摩擦会产生次声波（频率为 8～13 Hz），这是风暴来临的前奏曲。这种次声波人耳无法听到，水母却有敏锐的听觉系统，在水母耳朵的共振腔里长着一个细柄，柄上有个小球，球内有块小小的听石。当风暴前的次声波冲击水母耳中的听石时，听石就刺激球壁上的神经感受器，于是，水母就听到了正在来临的风暴的隆隆声，从而提前游向大海深处避难。

自然界中的许多动物，如蝙蝠、鲸、海豚等，在辨别方向和追捕猎物时依靠的是敏锐的听觉而不是视力，其采用特殊的听觉系统回声定位。例如，蝙蝠喉头能产生很强的超声波，通过嘴巴和鼻孔向外发射，当遇到食物或障碍物时，超声波就会反射回来，蝙蝠用耳朵接收这些回声，以此分辨出前方的物体究竟是天敌、食物还是障碍物，同时，还可以据此确定物体的位置、远近、形状和性质等[11]。一些食虫蝙蝠能在 1 s 内发出约 250 组超声波，还能准确地接收和分辨同等数目的回声，可以避开 0.5 mm 直径的细丝，分辨 0.1 mm 丝织成的网。它们凭借这个声呐系统，从发现到捕获昆虫只需几分之一秒，1 min 能捕获几只昆虫。有些以果实和花粉为食的蝙蝠还能根据植物特有的声呐回声判定植物的种类，从而在茂密的丛林中直接找到自己可口的果实[12]。

为了应对蝙蝠的超声波追捕，许多动物进化出了反声呐系统，如夜蛾、虎蛾等，其中，夜蛾腹间的凹处有一种鼓膜器，能够接听到蝙蝠发出的超声波。当蝙蝠距离夜蛾约 6 m 高、30 m 远时，夜蛾的鼓膜器会得到警报。当蝙蝠发现夜蛾发出更高频率的尖叫声时，夜蛾会启动足部关节上的振动器，发出一连串的“咔嚓”声，干扰迷惑蝙蝠，使它在干扰中失去定位能力。同时，夜蛾身上的绒毛也能吸收蝙蝠发来的超声波，以减少回声，使蝙蝠声呐系统的探测作用减小。当蝙蝠紧盯着夜蛾不放时，夜蛾也会立即察觉，因为此时它的鼓膜神经脉冲已经达到饱和点，这时夜蛾会立即改用另一种战术，不断改变飞行方向、翻筋斗、兜圈子、螺旋式地下降，或缩起双翼，急剧下降，落到地面，钻进草丛间逃走。有时，夜蛾为了争取主动，会主动发射超声波，及早收到警报信号，以便在未被蝙蝠发现前跑掉。在被蝙蝠追捕时，虎蛾也会利用腹部的鼓膜器发出“滴答”的超声波，这种“滴答”的超声波频率范围正好与蝙蝠所使用的超声波频率相同，从而干扰了蝙蝠的回声定位系统，伺机逃脱[13]。

值得一提的是，在蝙蝠与蛾类之间长期的互动进化中，一些蛾类已经可以感知到蝙蝠发出的超声波，从而躲避蝙蝠的捕食。然而，一些蝙蝠又因此进化出了类似“隐形声波”的功能，可以改变所发出的超声波，让蛾类难以察觉自己的存在。例如，欧洲宽耳蝠在捕食飞蛾时会大幅度降低所发出的超声波的振幅，与其他蝙蝠发出的高振幅超声波相比，其“安静”程度可提高约百倍，从而使其在逼近蛾类到 3.5 m 时还不易被其察觉[14]。

此外，美国加利福尼亚大学的学者在婆罗洲岛发现了一种奇特的凹耳胡蛙（*Huia cavitympanum*），可以通过超声波来互相交流，其不仅可以用低频和高频声音与较远处的青蛙进行交流，还能在嘈杂的噪声环境下辨别出同伴的声波。超频率音响的频率一般都超过 20 kHz，这种频率已超出了人类所能够听到的声音频率上限，而且也远远高于大多数两栖动物、爬行动物和鸟类等动物所能够听到或发出的 5～8 kHz 的声音频率。然而，凹耳胡蛙能够听到的声音频率最高可达 38 kHz，这是两栖动物能够听到的最高频率。研究发现，全球 5000 多个青蛙种属中，大多数青蛙位于头部的耳膜都是平整的，然而，凹耳胡蛙的耳膜却凹陷于头骨之中[15]，同时，连接耳膜和耳朵处理声音的部分很短，从而使其更容易将超声波振动传到内耳中。

5.3 嗅　觉

人类具有敏锐的嗅觉感应，且具有高度“专业化”的特征，其嗅觉的产生是基于生物分子对外界刺激产生的应激变化，使人类能够辨别和记忆约 10 000 种不同气味。研究发现，有气味的物质会首先与气味受体结合，这些气味受体位于鼻子上皮的嗅觉受体细胞中，每个气味受体细胞仅表达一种气味受体基因。气味受体被气味分子激活后，气味受体细胞就会产生神经信号，这些信号随后被传输到大脑嗅球中被称为“嗅小球”的微小结构中。人的大脑中约有 2000 个“嗅小球”，数量是气味受体细胞种类的 2 倍。“嗅小球”非常“专业化”，携带相同受体气味的受体细胞会将神经信号传递到相应的“嗅小球”中，即来自具有相同受体的细胞的信息会在相同的“嗅小球”中集中。“嗅小球”随后又会激活被称为僧帽细胞的神经细胞，每个“嗅小球”只激活一个僧帽细胞，使人嗅觉系统中信息传输的“专业性”得到保持。然后僧帽细胞将信息传输到大脑其他部分，最终，来自不同类型气味受体的信息组合成与特定气味相对应的模式，大脑最终有意识地感知到特定的气味，如图 5-6 所示[16]。美国芝加哥医疗中心的科研人员发现，可以通过测试嗅觉预测人类的寿命，人到老年时嗅觉能够分辨相似气味的多少，与他们剩余寿命的长短有联系[17]。能够分辨气味种类越多的人，其寿命可能就越长，这也说明，人类嗅觉退化可能是某些神经退化疾病的先兆。

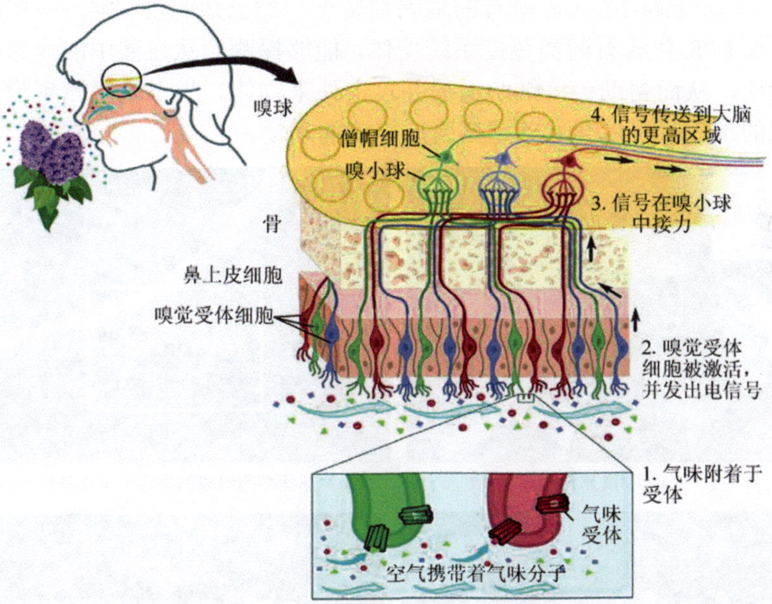

图 5-6　人类嗅觉产生机理[16]

自然界中存在成千上万种气味分子，与人类一样，生物对这些气味分子有着惊人的识别能力，而且敏锐程度远远超越人类。自然界中的许多生物利用敏锐的嗅觉觅食、定位、识别敌友等。例如，海獭能嗅到 10 km 以外的人吸烟的烟味，且在有人走过的海岸，海獭不会再次上岸，除非潮水把人类气味冲洗掉。牧羊犬拥有 22 000 万个嗅觉细胞，能辨别 200 多万种气味，嗅觉灵敏度是人类的百万倍。企鹅等一些海鸟具有超强的嗅觉能力，它们会花费很长时间在海里寻找食物，回到聚集地时，数千只企鹅在一起，它们利用气味识别可以迅速找到自己的筑巢和亲属，同时，可以利用气味来区分亲属和非亲属，以防止近亲婚配[18]。

许多动物依靠嗅觉系统能够准确地察觉出由同伴动物发出的化学示警信号，如鱼类、昆虫、哺乳动物等。例如，小鼠鼻翼具有一种感受器，被称为格吕内贝格神经节（Grueneberg ganglion），由 300～500 个球状细胞组成，细胞表面光滑，但有纤毛，如图 5-7 所示[19]。格吕内贝格神经节如同探测器一样，可以捕捉到由相同种系的其他成员在处于危难时所产生的警示性的信息素，然后神经节的神经元细胞可将危险信号传输到大脑，从而使小鼠能够准确地提前获知周围存在的危险。虽然小鼠的两个鼻孔间的距离只有 3 cm，但两个鼻孔各自工作互不干扰，并构建了有效的“立体”嗅觉。小鼠的大脑会分别接收到两个鼻孔发出的嗅觉信号。当小鼠的一个鼻孔被塞住后，小鼠将失去这个能力，因此，小鼠的两个鼻孔虽然独立工作，但缺一不可。小鼠嗅觉系统不仅能感知危险，还具有“嗅出疾病”的能力，这种能力能够帮助其远离种群中生病的成员。研究人员在小鼠大脑基部的嗅觉系统中发现了 5 个新受体的基因，所有的基因都属于一类已知的蛋白质——甲酰肽受体（FPR）[20]。FPR 包含有两类免疫系统受体，能够探测到从血液中的病原体内散发的化学物质，从而帮助免疫细胞追捕并攻击外来物体。当小鼠探测到附近动物有某种形式的疾病时，就会主动远离附近患病的动物。

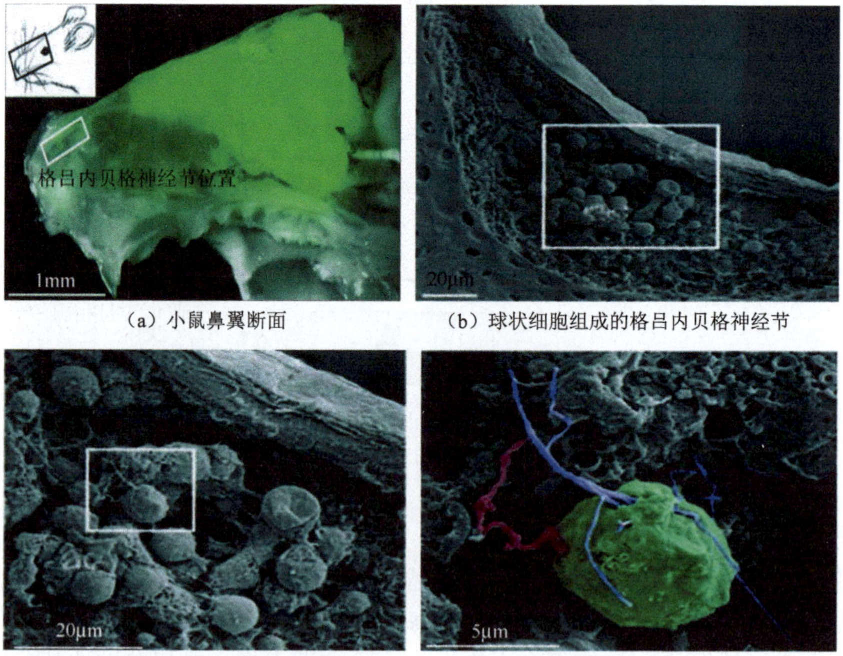

（a）小鼠鼻翼断面　（b）球状细胞组成的格吕内贝格神经节

（c）神经节细胞表面网络状纤毛　（d）单个神经节细胞放大

图 5-7　小鼠格吕内贝格神经节[19]

例如，美国耶鲁大学的研究者发现，蚊子靠嗅觉寻找猎物，其触角上有 72 种“气味感受器”，有 27 种感受器会对人体气味产生强烈反应[21]，能够辨别不同人体气味。释放这种气味的化学物质多存在于人体糖分中，往往通过汗液排出。因此，那些最容易被蚊虫叮咬的人很可能体内糖分较高。又如，鲨鱼的嗅觉器官非常敏锐，可以探测到 100 万滴海水中的 1 滴血液，海水中即使含有只为八百亿分之一的一种人体分泌物——左旋羟基丙氨酸的气味，鲨鱼也可嗅出来。研究发现，其鼻子上有“立体嗅觉”装置，可以在半秒钟以内探测到极其微弱的气味，同时，也可以比较来自两个鼻孔所接受到的不同气味[22]，然后朝着气味来源的方向游去。

与动物一样，许多植物与细菌也具有敏锐的嗅觉。例如，菟丝子是一种寄生植物，其不能进行光合作用，只能依靠其他植物生存，它寻找寄主的方法就是依靠嗅觉。一株菟丝子可以检测到由邻近的植物释放在空气中的微量的化学物质，并且挑选感觉最合口味的寄主寄生。许多植物受到害虫的攻击时，就能分泌出一种气味来提醒其他植物，使其开始产生害虫讨厌的气味。健康的植物在“闻到”警告后，也随之产生出抵抗物质，增强自身对害虫和疾病的抵抗力[23]。但是，植物感知气味的方式与动物不同，动物在接触到气味后，1 s 内就能做出反应，植物却需要更多时间。此外，英国纽卡斯尔大学的研究者发现，细菌这种单细胞生物也有类似的“嗅觉”，它可以感知空气中的气味，并由此对周边环境做出判断。例如，土壤中常见的地衣杆菌和枯草杆菌都能“嗅出”空气中氨气的气味，并集体做出向气味来源方向扩张的反应[24]。氨气是细菌消耗食物时常释放的副产品，对其他细菌而言，这意味着气味来源方向有食物，以及已有细菌竞争者。地衣杆菌和枯草杆菌“嗅到”氨气气味，集体结成一种生物膜，既便于向食物靠近，也有助于和其他细菌竞争。实际上，细菌作为单细胞生物，并没有“鼻子”这样的嗅觉器官，而是细菌体内某些分子承担了“嗅觉”工作。如果能够揭示细菌体内哪些分子承担了“嗅觉”工作，由此找到抑制细菌形成生物膜的方法，将有助于在食品、医疗等领域阻止细菌在器械上形成有破坏性的生物膜。

5.4　味　　觉

人类味觉感受器是味蕾，正常成年人有 10 000 多个味蕾，绝大多数分布在舌头背面，尤其是舌尖部分和舌侧面，在口腔的腭、咽等部位也有少量的味蕾。味蕾是一种椭圆形的结构，外面有一层盖细胞，里面是细长的味觉细胞，每个味蕾大约有 50 个味觉细胞，味觉细胞的末端有味毛。支配味蕾的感觉神经末梢细支包围在味觉细胞上，人类在进食时，通过咀嚼及舌、唾液的搅拌，味蕾受到不同味物质的刺激，把味觉细胞的兴奋冲动传递到大脑的味觉中枢，便产生了味觉，如图 5-8 所示。人类舌头味蕾所感受的味觉可分为甜、酸、苦、辣、咸、鲜（谷氨酸单钠的一种味道，它广泛存在于日本的食物中）[25]、脂肪味等，能够辨别 500

多种不同的味道。人类味觉是由温度来调控的，舌头最佳味觉温度为 8～15℃，约 2/3 的人在舌头温度变化时，会产生味觉变化，即当舌头的温度升到 20～35℃时，会有甜的感觉；当舌头的温度降到 20℃以下时，又会有咸味或酸味的感觉[26]。此外，人类的胃肠与舌头一样，也能尝出食物的味道，研究发现，胃肠上的味觉细胞与舌头上的非常相似[27]，对味道作出反应的机制也很相似。

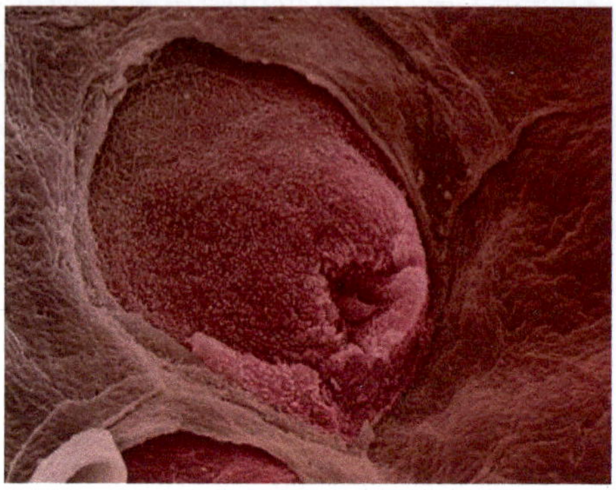

（a）味蕾

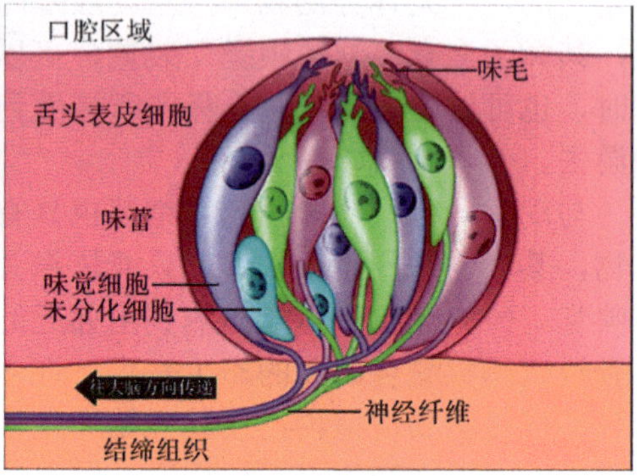

（b）味蕾结构示意

图 5-8　舌头上的味蕾

http://www.kuqin.com/shuoit/20090316/40343.html

与人类相比，动物的味觉系统不仅更加敏锐，而且味觉器官多种多样，如脊椎动物是舌头，昆虫为口器、足或触角等，鱼类几乎全身都有味觉细胞。例如，鸽子舌头上的味蕾有 27～59 个，但仅凭这么少的味蕾就能分辨淀粉质和蛋白质。苍蝇和蝴蝶的前足具有味觉器官，它们的前足一踏在食物上，便能迅速地区分甜、酸、苦等，灵敏度远远高于人类。果蝇口器中的味觉细胞可以更加精确地分辨甜味或苦味，可以在受到不同细菌腐蚀的水果中选择较不会导致伤害的果肉食入，因此，它们总能选择最合适的食物食用。果蝇吻部有一组特殊的神经元，可以“尝”到以碳酸水形式存在的二氧化碳，而二氧化碳正是果蝇在野外可能会遇到的正发酵的水果的一种标记物，这一味觉模式可以帮助果蝇获得由微生物所产生的营养物质[28]。同时，抑制果蝇品尝食物和水的能力，能够显著影响它们的寿命，而且这种影响与果蝇的实际食量无关。研究发现，苦味会对果蝇的寿命产生负面作用，而甜味有助于延长果蝇的寿命。通常，在动物以为水资源匮乏的时候，机体也会做出补偿性的应答，如储存更多的脂肪，并随后利用这些脂肪在内部产生水。品尝水的能力对果蝇寿命的影响最为显著，与其他果蝇相比，无法品尝水的果蝇寿命延长了 43%。这说明，果蝇的味觉丧失会引起生理性变化，帮助果蝇在以为营养不足的情况下进行适应。这些发现有助于人们更好地理解味觉感知的作用，这些感知信号不仅调节着生物对环境的适应，也能够通过改变生理机能，影响机体的健康和寿命。在此基础上，人们可以寻找延年益寿的新方法。例如，制定偏向特定味觉的食谱。

5.5 触　　觉

人类的触觉器官主要是皮肤、毛发等，其中，皮肤是人类最大的触觉器官，遍布人类全身。人类通过与外部环境直接接触的方式，依靠皮肤表皮的游离神经末梢能感受温度、湿度、疼痛、压力、振动等多种感觉。对人类与生物而言，触觉的产生是生命进化过程中至关重要的事件。在生命进化过程中，当多细胞的生命体变得越来越复杂时，生命体表面的一些细胞便开始进化出了一些特殊的功能。当外界的物体触及这些细胞时，它们就会立刻产生应激反应。然后，在细胞体内，一个分子将信号传递给另一个分子，依次传递下去，这样一些特定的分子便产生了特定的反应链，由此，才形成了生物特定的触觉反应。

生物的触觉器官与触觉方式多种多样。例如，星鼻鼹鼠具有敏锐的触觉系统，在 1 s 内，其鼻子可以碰触超过 12 个地方，找到并吃掉 5 个不同的猎物。研究发现，它的鼻腔周围有 22 条肉质的附器环绕成一圈，如图 5-9（a）所示，鼻子并不是其嗅觉系统的一部分，而是一个无比敏感的触觉器官。鼻腔周围的 22 条肉质附器表面由名为艾玛氏器的微小隆起物聚集而成[29]，每个艾玛氏器又由一套完整的能传递各类触觉信号的神经系统构成，如图 5-9（b ）所示。艾玛氏器包含三种不同的感觉受器，最底部是一个由许多同心圆薄层组织包围的神经末梢[图 5-9（b）中的 a 区域]，这些薄层组织由特化的支持细胞——许旺氏细胞（Schwann cell）构成，其传递信息较为单纯，如震动或与物体一开始碰触时的信号。在同心圆薄层组织上方是另一条神经纤维，与特化的梅克尔氏细胞（Merkel cell）相接[图 5-9（b）中的 b 区域]，梅克尔氏细胞与神经纤维的复合体只传送持续的受压信号。在艾玛氏器顶端则是鼹鼠特有的感受器，其是由一连串的神经末梢以轮毂与辐条的排列方式形成的环状神经隆起[图 5-9（b）中的 c 区域]，这部分感受器能提供外界不同接触表面细微质地的触觉信息。鼹鼠鼻子表面虽然不到一平方公分②，但却拥有 25 000 个以上的艾玛氏器，约有 10 万条以上的神经纤维连接这些感受器，把触觉信息传到中枢神经系统，从而使鼹鼠能以惊人的速度进行感觉的辨识。

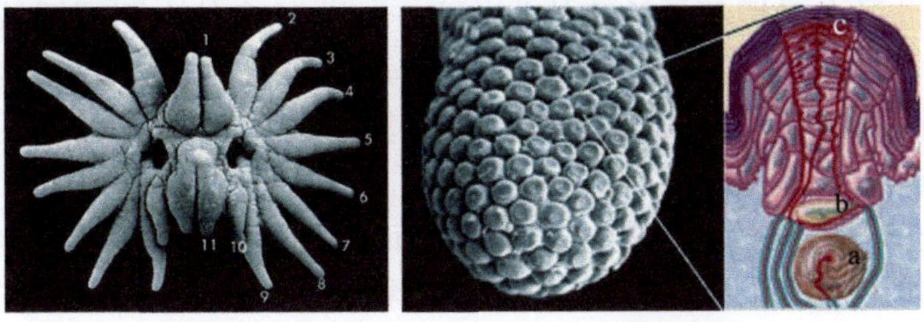

（a）鼻子　　　　　（b）艾玛氏器

图 5-9　星鼻鼹鼠触觉系统[29]

② 1 平方公尺=1m²，下同

须海雀（*Whiskered auklets*）的羽毛具有触觉功能，它们以头部的羽毛当“盲杖”，并通过敲击它来感触黑暗中的环境。水面活动的豉虫触角上的微小刚毛，在表面波的压力下产生偏斜十亿分之一厘米的位移时，其神经系统就能将这一信息传递给大脑。老鼠胡须感知物体的能力比人手更精确，当一根柔韧的胡须划过物体表面时，老鼠马上就能识别即便是人类的手指也会发生混淆的物体的结构，并能够确定物体存在的具体方位。研究发现，老鼠的胡须能够像拨动的竖琴琴弦一样产生共振，当老鼠的胡须划过物体表面时，就足以使其产生振动[30]。老鼠的大脑内有一大部分区域专门用于处理胡须所受的刺激，神经细胞在每根胡须的共振频率下都会产生特殊的电脉冲，帮助老鼠感知与辨识物体，从而使其能在黑暗而危险的环境中觅食。桡足类的微小海洋甲壳动物能通过长长的触角感知食物，当其触角侦测到猎物时，触角就会作出一种“攻击响应”，产生一种吸力来引诱与捕获猎物，如图 5-10 所示[31]。

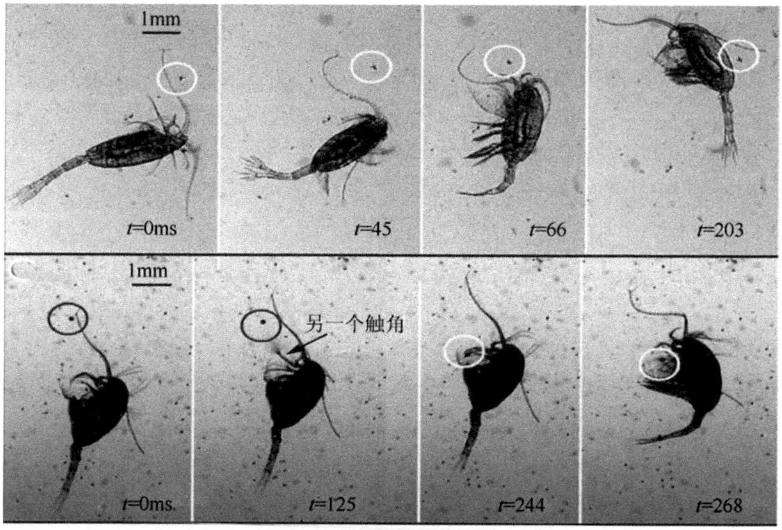

图 5-10　桡足类动物触角感知与捕获猎物过程[31]

蜘蛛是世界上对振动最敏感的生物之一。蜘蛛身体上不同区域内嵌着超过 3000 个应变传感器，其多数位于腿部和复合器官上[32]。蜘蛛的整个身体是一个敏感体，可以探测到所在路径上的任何事物，甚至可以探察到最安静的移动和气流变化，以及近乎无法探测到的振动。此外，在蜘蛛触须上存在一种类似“须肢”的微型化学感应传感器，其可感知气体，从而使蜘蛛具有敏感的探测能力。

从本章前述可以看出，生物，特别是动物，在视觉、听觉、嗅觉、味觉、触觉方面展现了比人类更优异的感知能力。在结构上，动物有更小型、更轻巧的感知器官，更多的感知细胞。在模式上，动物有多种多样的感知途径和方法，即使对于同一类感知，因物种不同、生境条件各异，也会进化出专向同一类感知的种种模式。例如，除前述的昼视、昼夜视、远视、水陆两视、多向视、复眼视外，还有多种专视模式，如感知固定方向运动物体的鸽子眼；感知不同形状运动物体的蛙眼；能突出形廓、略去细部，提升模糊物体清晰度的马蹄蟹特殊视觉感知；等等。在功能上，动物感知的范围更广，感知的种类更多，感知能力更强。例如，视觉感知，人类仅能感知可见光范围，而动物不仅能感知可见光，还能感知红外线和紫外线，如图 5-11（a）所示；听觉感知，人类仅能感知 20～20 000 Hz，而动物在此基础上，还能感知次声和超声，如图 5-11（b）所示；味觉感知能力与灵敏度和味蕾数量密切相关，如图 5-11（c）所示，许多动物味觉感知能力比人类强许多，鱼类味觉灵敏度是人类的 500 倍。在成效上，不仅感知时间更短、更高效，而且感知更精准。人视觉感知一个物体最快需 0.05 s，而苍蝇、蜜蜂则仅需 0.01 s；蝙蝠可在 1 s 内接收和感知 250 组回声信号，可见其效率之高；狗、鳗鲡、蛾等动物嗅觉感知可达到单个分子水平。

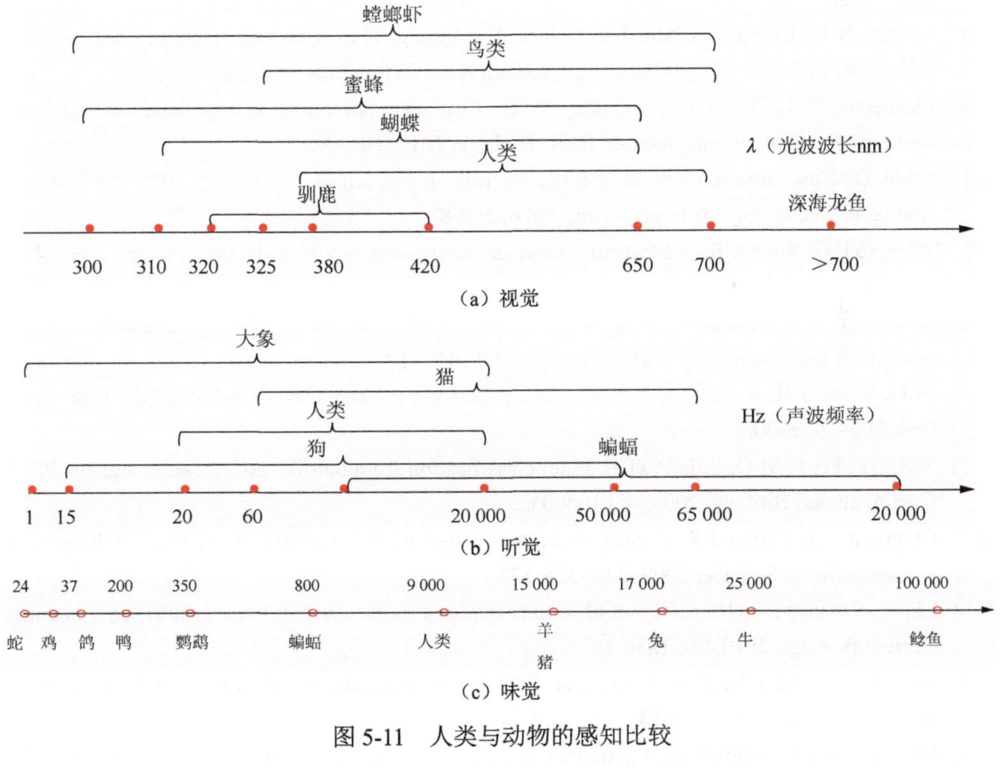

图 5-11　人类与动物的感知比较

可见，动物奇异的感知能力，是人类望尘莫及的，有些是人类自身根本做不到的。然而，仿生学则有望使人类的感知能力达到甚至超过生物的水平。

参 考 文 献

[1] Tolhurst D J. Sustained and transient channels in human vision. Vision Research, 1975, 15: 1151-1155.

[2] Nagata T, Koyanagi M, Tsukamoto H, et al. Depth perception from image defocus in a jumping spider. Science, 2012, 335: 469-471.

[3] Skorupski P, Chittka L. Differences in photoreceptor processing speed for chromatic and achromatic vision in the bumblebee, bombus terrestris. Journal of Neuroscience, 2010, 30: 3896-3903.

[4] Wagner H J, Douglas R H, Frank T M, et al. A novel vertebrate eye using both refractive and reflective optics. Current Biology, 2008, 19: 108-114.

[5] Xue T, Do M T H, Riccio A, et al. Melanopsin signalling in mammalian iris and retina. Nature, 2011, 479: 67-73.

[6] Roberts N W, Chiou T H, Marshall N J, et al. A biological quarter-wave retarder with excellent achromaticity in the visible wavelength region. Nature Photonics, 2009, 3: 641-644.

[7] Plachetzki D C, Fong C R, Oakley T H. Cnidocyte discharge is regulated by light and opsin-mediated phototransduction. BMC Biology, 2012, 10: 1-9.

[8] Sahai D. How bio-organism is playing its role in the lenses technology. IRA-International Journal of Technology & Engineering, 2016, 2: 5-8.

[9] Gillespie P G, Walker R G. Molecular basis of mechanosensory transduction. Nature, 2001, 413: 194-202.

[10] Bitterman Y, Mukamel R, Malach R, et al. Ultra-fine frequency tuning revealed in single neurons of human auditory cortex. Nature, 2008, 451: 197-201.

[11] Li G, Wang J H, Rossiter S J, et al. Accelerated fox P2 evolution in echolocating bats. PLoS One, 2009, 9: e900.

[12] Yovel Y, Franz M O, Stilz P, et al. Plant classification from bat-like echolocation signals. PLoS Computational Biology, 2008, 4: e1000032.

[13] Corcoran A J, Barber J R, Conner W E, et al. Tiger moths jam bats' sonar like a helicopter in enemy territory. Science, 2009, 325: 325-327.

[14] Liu Y, Rossiter S J, Han X Q, et al. Cetaceans on a molecular fast track to ultrasonic hearing. Current Biology, 2010, 20: 1834-1839.

[15] Arch V S, Grafe T U, Papp M G, et al. Pure ultrasonic communication in an endemic bornean frog. PloS One, 2009, 4: e5413.

[16] Buck L, Axel R. A novel multigene family may encode odorant receptors: a molecular basis for odor recognition. Cell, 1991, 65: 175-187.

[17] Wilson R S, Yu L, Bennett D A. Odor identification and mortality in old age. Chemical Senses, 2011, 36: 63-67.

[18] Coffin H R, Watters J V, Mateo J M. Odor-based recognition of familiar and related conspecifics: a first test conducted on captive humboldt penguins （spheniscus humboldti）. PLoS One, 2011, 6: e25002.

[19] Brechbühl J, Klaey M, Broillet M C. Grueneberg ganglion cells mediate alarm pheromone detection in mice. Science, 2008, 321: 1092-1095.
[20] Rivière S, Challet L, Fluegge D, et al. Formyl peptide receptor-like proteins are a novel family of vomeronasal chemosensors. Nature, 2009, 459: 574-577.
[21] Carey A F, Wang G R, Su C Y, et al. Odorant reception in the malaria mosquito Anopheles gambiae. Nature, 2010, 464: 66-71.
[22] Gardiner J M, Atema J. The function of bilateral odor arrival time differences in olfactory orientation of sharks. Current Biology, 2010, 20:1187-1191.
[23] Girón C P S, Molina T J, Heil M. Volatile dose and exposure time impact perception in neighboring plants. Journal of Chemical Ecology, 2012, 38: 226-228.
[24] Nijland R, Professor J G B. Bacterial olfaction. Biotechnology Journal, 2010, 5: 974-977.
[25] Zhang F, Klebansky B, Fine R M, et al. Molecular mechanism for the umami taste synergism. Proceedings of the National Academy of Sciences, 2008, 105: 20930-20934.
[26] Talavera K, Yasumatsu K, Voets T, et al. Heat activation of TRPM5 underlies thermal sensitivity of sweet taste. Nature, 2005, 438: 1022-1025.
[27] Jang H J, Kokrashvili Z, Theodorakis M J, et al. Gut-expressed gustducin and taste receptors regulate secretion of glucagon-like peptide-1. Proceedings of the National Academy of Sciences, 2007, 104: 15069-15074.
[28] Fischler W, Kong P, Marella S, et al. The detection of carbonation by the Drosophila gustatory system. Nature, 2007, 448: 1054-1057.
[29] Maheshwari V, Saraf R F. High-resolution thin-film device to sense texture by touch. Science, 2006, 312: 1501-1504.
[30] Skedung L, Arvidsson M, Chung J Y, et al. Feeling small: exploring the tactile perception limits. Scientific Reports, 2013, 3: 2617.
[31] Kjellerup S, Kirboe T. Prey detection in a cruising copepod. Biology Letters, 2012, 8: 438-441.
[32] Schaber C F, Gorb S N, Barth F G. Force transformation in spider strain sensors: white light interferometry. Journal of the Royal Society Interface, 2012, 9: 1254-1264.

第6章 人类与生物的控制

人类与生物具有无意识和有意识地控制自身输入与输出的功能特性。事实上，任何生命体都是一个自动控制系统，尤其是人与动物，不仅是由不同类型细胞、组织、器官有机相联的一个自控系统，而且其控制效果甚至比工程控制更灵活，能很好地应答瞬息万变的生境中的种种刺激和干扰，更好地适应环境。基于生物控制现象与控制规律研究成果提出的生物控制论，不仅深化了生命动态过程的量化研究，而且有力促进了仿生学的发展。本章简要阐释人类与生物的控制系统、控制原理和控制成效。

6.1 控 制 系 统

人类与生物的控制系统主要包括控制单元和受控对象两部分。控制单元主要由控制器、感受器和效应/执行器组成，核心是控制器；受控对象即为生命体或其不同的生理和代谢过程等。

6.1.1 控制器

对于人类和动物而言，控制器即为人类脑神经、颈神经、胸神经、腰神经、骶神经和尾神经等神经系统，如图6-1所示[1]，它是人类和动物体中最复杂的系统，在生命历程的种种调节控制中发挥着主导作用。

大自然进化的最高产物是人类的脑和神经系统。人类的脑包括大脑（含端脑、间脑）、脑干（含中脑、脑桥、延髓）和小脑，其中，端脑由左、右两半球组成，是人脑高级神经系统的主要部分，由约1000亿个细胞构成，重约1400 g，大脑皮层的厚度为2～3 mm，总面积约为2200 cm^2，据估计脑细胞每天要死亡约10万个（越不用脑，脑细胞死亡越多）。端脑半球表面布满脑沟，沟与沟之间所夹细长的部分称为脑回，脑沟并非是在脑成长过程中随意形成的，什么形态出现在何处都是完全有规律的（其深度和弯曲度因人稍有差异）[2]。人类大脑的最大部分是控制运动、产生感觉及实现高级脑功能的高级神经中枢。大脑的各部分通过不同的脑神经相连，从脑发出左右成对的神经共有12对，依次为嗅神经、视神经、动眼神经、滑车神经、三叉神经、展神经、面神经、位听神经、舌咽神经、迷走神经、副神经和舌下神经，这些神经系统各尽其能，有条不紊地工作，如图6-2所示。

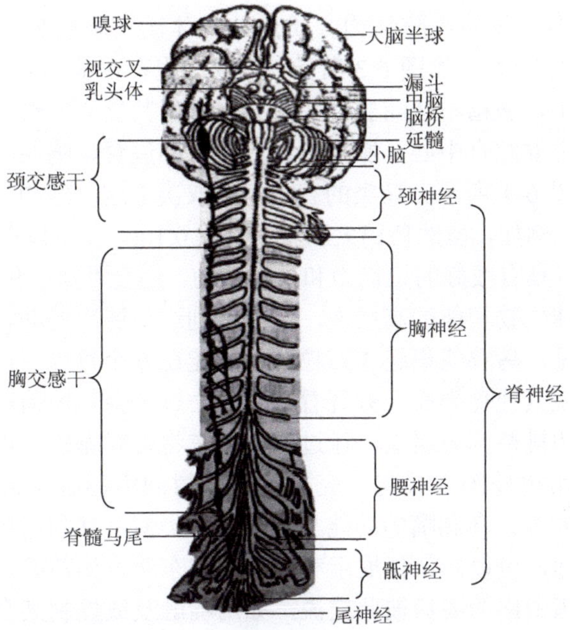

图 6-1　脊椎动物神经系统[1]

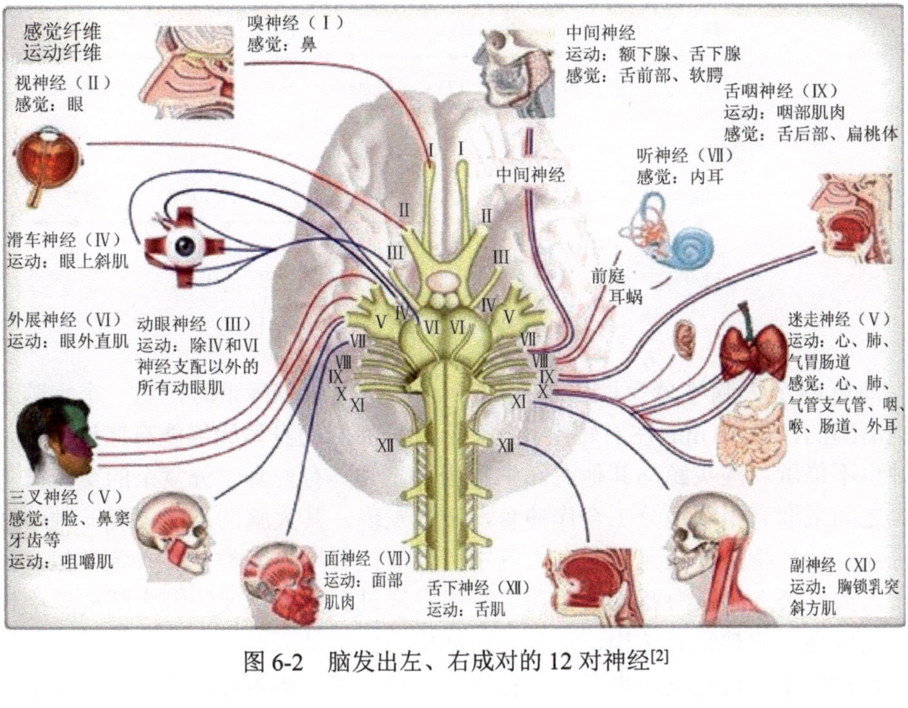

图 6-2　脑发出左、右成对的 12 对神经[2]

自然界中许多动物的大脑结构、质量、脑体比（脑质量与身体质量之比）等虽然与人类相异较大，如图 6-3 所示，但其却也存在很高的智能。例如，鸟类大脑虽然容层较小，皱褶不像哺乳动物那么多，但其核心的纹状体十分发达。该结构构成鸟脑的主要综合中心，操纵各种活动，如进食、鸣叫、飞行和所有复杂的本能活动，如图 6-4 所示。鸟类的智力主要取决于这一结构的发达程度，而非大脑体积的大小。例如，虽然乌鸦大脑较小（重 0.1 g，仅占体重 0.16%），但其聪明出乎人的预料，具有很好的记忆力和推理能力，还会“制造和使用工具”，而这种能力应该是地球生物智能的高层次，能够达到这个层次的动物，目前在地球生物圈里也十分罕见。乌鸦能藏起 3 万粒种子，能在 6 个月以后再找回来；当其藏食物时，如果发现其他鸟类在一旁观看，它们会过一会儿悄悄地回来将食物重新藏匿。乌鸦会把胡桃衔到公路上，让过往的汽车将硬壳碾碎，以便其轻松享用胡桃仁。乌鸦还会用树枝等工具将甲壳虫幼虫从树洞中驱赶出来，进而捕食，如图 6-5 所示[3]。此外，乌鸦嘴的功能与人类的手类似，其利用嘴做出的姿势引导伙伴去看某个目标，可以向伙伴展示和提供某些东西，如苔藓、石头和小树枝。乌鸦之间还通过嘴做出的姿势彼此交流，如用嘴触及或控制某个物体，然后观察伙伴的反应，衡量对方对于该物体的兴趣，或者与对方嬉闹增强已存在的关系[4]。

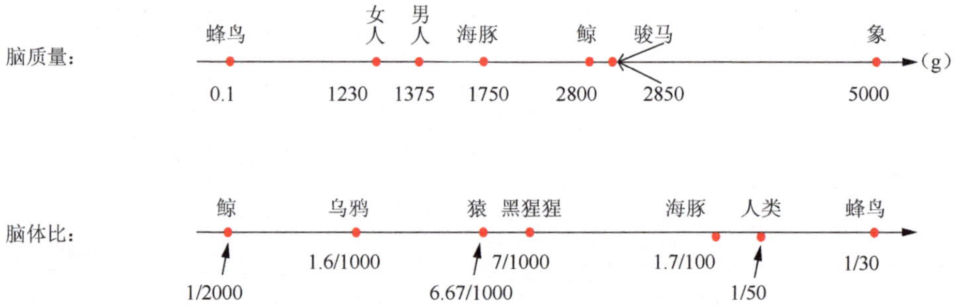

图 6-3　人类与动物的脑质量以及脑体比

海豚两个大脑半球采取“轮体制”，一个大脑半球睡眠时，另一个大脑半球却是清醒的，每 10 min 左右转换一次，因此，海豚的身体始终能有序地游动，一分钟也不停歇。座头鲸与其他海洋生物相比，其具有一套十分复杂的交流技巧，同类之间采取有组织地分工合作捕食，研究发现，其大脑的皮质中有一种纺锤体神经元，这种特殊神经元及其在大脑中所处的位置均与人类及类人猿类似，目前只在人类、类人猿及海豚等的聪明大脑中发现过。另外，座头鲸大脑皮质中也有一种类似岛状的神经元结构，这些岛状结构的作用是可以促进脑部神经元之间快速、有效交流。这些发现也在一定程度上解释了鲸类诸多有别于普通海洋生物的聪明举止。

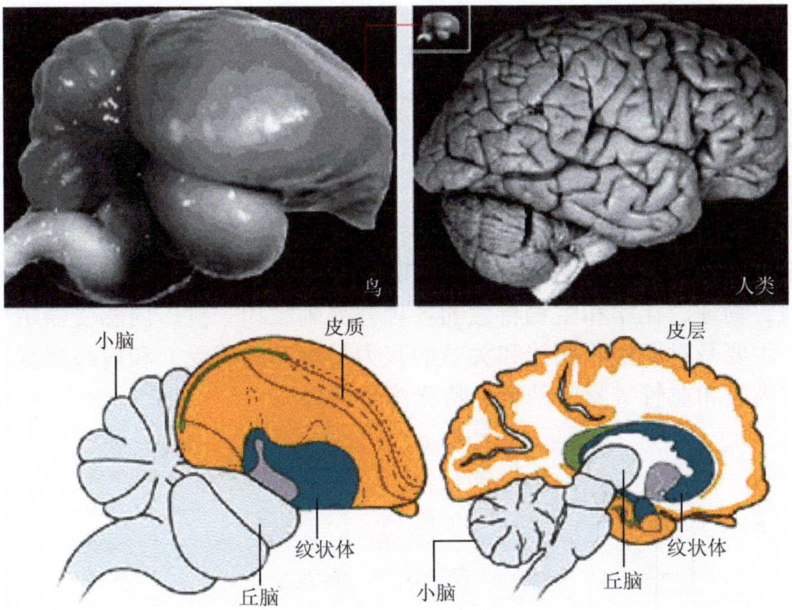

图 6-4 人类与鸟类的大脑结构

http://tech.163.com/06/0718/10/2MACO2A100091Q4E.html

(a) 用树枝在树洞中驱赶甲壳虫幼虫　　(b) 被驱赶的甲壳虫幼虫被捕食

图 6-5 喀里多尼亚乌鸦利用工具获取食物[3]

对于植物而言，其没有神经系统，控制器一是靠植物激素，如生长素、赤霉素、细胞分裂素、脱落酸和乙烯，以及淀粉体、气敏素、控制素等，调节各种代谢系统，调控植物的生长发育；二是靠植物需要的大量水、无机盐和有机物，分别由木质部的导管与管胞，以及韧皮部的筛管和筛胞输导，导管输导的动力是根压和叶蒸腾拉力，筛管内输导的动力是渗透压产生的压力梯度[5]。

对于微生物而言，其中许多与外界环境的相互作用以及身体内各部分的协调关系是靠体液联系的，它们所具有的感应性的低等形式是靠酶等化学产物实现的。

6.1.2 感受器

控制首要的是信息的输入，信息的来源是内外环境条件的种种刺激和干扰。人类和所有生物都具有感受和辨识这些信息的能力，无论这些信息是几何的、物理的、化学的，还是生物的。

人类与动物的感受器主要包括外感受器和内感受器，如图 6-6 所示。由该图可以看出，动物外感受器主要有视觉、听觉、味觉、嗅觉和触觉等器官，可感知具有几何、物理、化学和生物特性的各种外界刺激和干扰。内感受器主要有本体感受器（主要是对肌梭、脂梭和关节的张力与运动的感受）和内脏感受器（主要是一些与内脏和血管等紧密结合的特化感觉神经）。

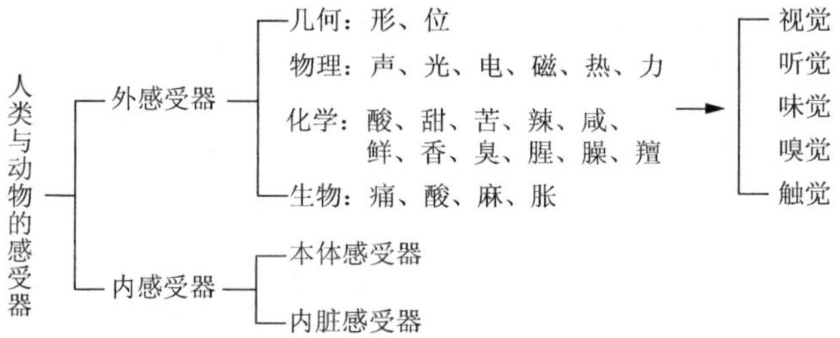

图 6-6 人类与动物的内外感受器

植物没有动物那样专门的感觉器官，但全身分布着具有相应敏感度的感受细胞和组织，能感知形、位的几何刺激，声、光、电、磁、热、力的物理刺激，以及一些化学气味，植物体内的淀粉体是其向/背地性的感受中心，指引植物向性生长。

微生物更没有动物那样专门的感受器官，但在其体内外或细胞内外分布有若干具有相应敏感性的区域点。例如，利用多种小分子进行细胞外与细胞内传递，以感知外界环境刺激。

6.1.3 效应器

生物感受器接受到的刺激或干扰，作为输入信息传输到控制器，经控制器加工处理后，变为输出信息，再作为指令使效应器执行既定动作。动物的效应器主要包括其相应的组织、器官、系统和各种单元。例如，人体四肢既是效应器也是触觉感受器。植物的效应器是其根、茎、叶或局部细胞、组织、器官等，即植物各种物理运动和生理活动的载体。

输出信号是控制信号，是感受器将接受到的刺激信号加工处理后所作出的应对反馈，主要包括神经信号、生物电信号、化学信号等。

6.2　控 制 原 理

生物控制系统是由反馈原理所支配的。由图 6-7 可以看出，控制器接收由感受器感知的内外界信息后，即输入控制器，然后由控制器输出到效应器，使受控对象动作；而其执行的实际状态还会通过反馈器再汇报给控制器；控制器对输送来的信息经过比较分析、判断处理后，即按实际效应与预期目标间偏差，指令效应器采取进一步调整措施，以对外来干扰给予正确反应。这是一种负反馈控制调节过程。

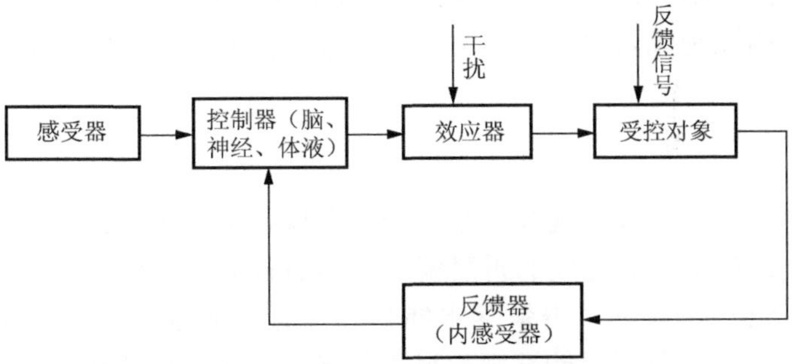

图 6-7　人类与生物控制反馈原理

人与生物体内存在着各种负反馈控制，以维持其生理功能和代谢作用的顺利进行[6]。细胞是生物的基本单元，而在细胞内，各种活性物质的生化合成受酶的调节。负反馈作用的实质就在于合成过程的终端产物对合成酶的抑制作用，这是因为负反馈控制会使各种活性物质都能保持在正常水平上，以保持生物体对内外环境的自标定或自适应。

事实上，人类与生物控制系统是一种闭环系统，即由控制器→效应器→被控对象→反馈器→控制器形成的封闭的控制系统。反馈闭环是人类与生物各种控制系统的基本特征，而所有负反馈都是闭环的。

在人类与生物体内，不论是在分子、细胞和组织水平，还是在器官、系统和整体水平，普遍存在各种各样的反馈控制调节。例如，分子水平主要以基因调控为主。细胞水平主要以酶调控为主，个体水平主要以神经系统和体液系统调控为主。因此，人类与生物控制系统是一个分层次的多级控制系统，即存在不同水平的控制中心，高级控制中心可控制和修正低级控制中心的活动。

人类与生物控制系统不仅是多输入、多输出、多反馈回路的系统，而且具有非线性和时变性。生物与其生境紧密相系，不仅离不开它，而且一定要适应它。生境是复杂的、多变的，因此，生物控制系统也是复杂的、多参量的控制系统，而且要时时刻刻进行自控调节，以应答生境中多变的刺激与干扰，才能保持自身内部条件的平衡和对生境的高度协调。

显然，不论是动物、植物、微生物，还是人类，都具有负反馈自动调控能力，这种能力使其不但在与生境总体适应的范围内，对外部干扰适当调节，正确反应，健康生存，而且在与生境严重不适应条件下，也能通过多次自动调控，促使遗传性改变，以适应新的环境。

6.3 控制成效

人类大脑在信息接收、加工、存储和传递等方面的能力非常强大，自然界中许多动物大脑的控制成效也非常快速、精确、高效、可靠，不仅毫不逊色于人类，有的还比人类的控制成效更高，下文所述大量实例就是最好的明证。

6.3.1 快速

生活在海里的射水鱼，窥视天空，一旦发现蚊蝇一类飞虫，立即摆好姿势，快速校准好光线被水界面造成的折射偏移，然后将嘴巴对准目标，发射“水弹”，将距水面 4～5 m 高的飞虫击晕落水捕食之，有时射水鱼也会跃出水面捕食，如图 6-8 所示。射水鱼不仅能够观察昆虫的飞行状况并迅速获得它们的轨迹，而且能够追踪那些遥远或与它们的视线具有一定角度的昆虫。无论情况多么复杂，射水鱼从发现、瞄准到击中目标，反应非常迅速，有时只需 40 ms。研究发现，昆虫的活动刺激了射水鱼大脑中的 6 条神经回路，鱼眼接收的有关昆虫运动速度、方向及高度的信息，通过最短的路径被传递到运动神经元，从而指导射水鱼的反应。与此同时，鱼的后脑会将这些信息与其他因素，如鱼与昆虫轨迹之间的相对位置进行结合，从而精准地确定猎物的位置[7]。

（a）射水捕食

（b）跃出水面捕食

图 6-8　射水鱼捕食过程[7]

变色龙的舌头可以伸长到其体长的 2 倍，舌尖可加速到 5 倍重力加速度，能以出其不意的速度探出捕获猎物。研究发现，在变色龙舌头的中间有一块软骨，周围裹着一层具有加速性能的肌肉，当这种肌肉压紧软骨时，它就会伸长。此外，在其加速肌肉和软骨中间至少有 10 套至今人们还不很了解的鞘，这些鞘紧贴在靠近嘴端的舌骨上，鞘含有螺旋形蛋白质纤维，当它与加速肌肉相连被挤压变形时，就储存了能量，能像橡皮筋一样被迅速伸长，所以，它弹出时就产生了巨大的力量，使舌头能快速伸缩捕食，如图 6-9 所示[8]。

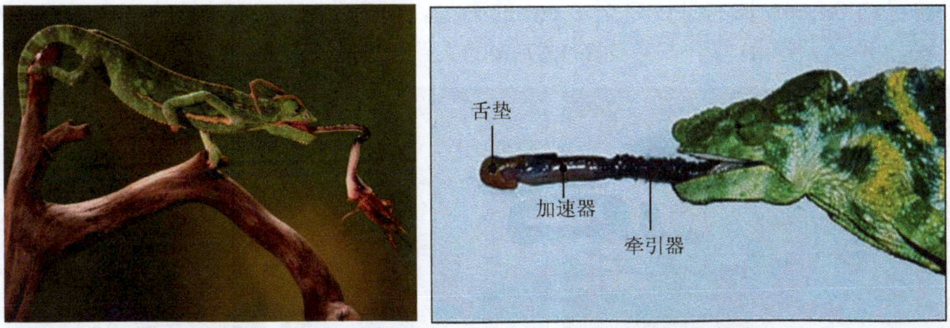

（a）变色龙捕食　　（b）变色龙舌头的结构

图 6-9　变色龙利用舌头捕食的过程[8]

辟鱼捕食时嘴能膨胀 12 倍，形成的真空瞬间便把猎物吸进去，吞食猎物的速度其快无比。辟鱼利用与大腿功能相似的鳍，在水里四处游动，发现猎物时瞬间就会逮住，整个过程只需要 1/6000 s，超过了任何一种生物的反应速度。乌贼利用两根可以快速伸缩的触手长距离快速捕捉猎物。乌贼触手的末端有很多吸盘，每个吸盘都有一圈细小的齿状物，这有利于“咬住”猎物并增加抓着力。乌贼的触手伸缩可以达到 25 倍的重力加速度，令人惊奇的是，这样快的速度是在有较大阻力的水中实现的。

螳螂捕食也具有惊人的速度，一旦有飞虫从其眼前掠过，它就迅猛跃起，前足拼命一击，将飞虫一举捕获，前后不到 0.05 s，如图 6-10（a）所示。青蛙捕食速度亦然，其通常对静止的昆虫“熟视无睹”，但昆虫一旦展翅飞起，青蛙便迅速向上跃起，动作敏捷，张开大口，翻出舌尖，一下子粘住空中飞行的昆虫，放进嘴里，如图 6-10（b）、（c）所示。

尽管昆虫的体形小，但大部分昆虫的进攻速度都远远高于人类。对于体形较小的昆虫来说，要想一次积聚足够大的力量来发动进攻是非常困难的，因此，昆虫往往是以提高进攻速度来增大其进攻力量的。例如，白蚁在进攻过程中，其上、下颌的运动速度高达 70 m/s，成为世界上进攻速度最快的昆虫之一。蚁巢的通道狭窄，进攻过程中，白蚁双颌的运动距离非常短，进攻速度快，才能使其进攻效率极高，只要对入侵蚁巢的“敌人”进行一次头部攻击，就足以消灭入侵者。白蚁大脑是如何运转的，是什么样的控制使白蚁的进攻速度如此之快，并能在如此短的时间内积聚并释放进攻的力量，还在进一步研究中。又如，哥斯达黎加大齿猛蚁（*Odontomachus bauri*）体重只有 12.1～14.9 mg，其不仅攻击速度极快，合嘴时还十分有力，上、下颌的咬合力能达到其体重的 300 倍，能在 0.13 ms 内合嘴咬中猎物，比人类眨眼速度快 2300 倍，其速度相当于 125～233 km/h，如图 6-11 所示[9]。大齿猛蚁的嘴不仅是捕猎工具，还可以帮助其脱离危险。当其遇到敌人，如蜘蛛等时，大齿猛蚁会用嘴巴直接对着地面合拢以此撞击地面，产生的力量能把自己约 0.8 cm 长的身体带至 8 cm 的高处，并落在 40 cm 以外的安全地带，如图 6-12 所示。这相当于一个身高 1.67 m 的人跳起 13 m 高度，然后在 40 m 外落地。

（a）螳螂捕食　（b）青蛙捕食蛾类　（c）青蛙捕食蜻蜓

图 6-10　螳螂和青蛙的捕食过程

http://www.baol8.com/a/2232.html

（a）大齿猛蚁　（b）上、下颌　（c）颌咬住猎物

图 6-11　大齿猛蚁的颌[9]

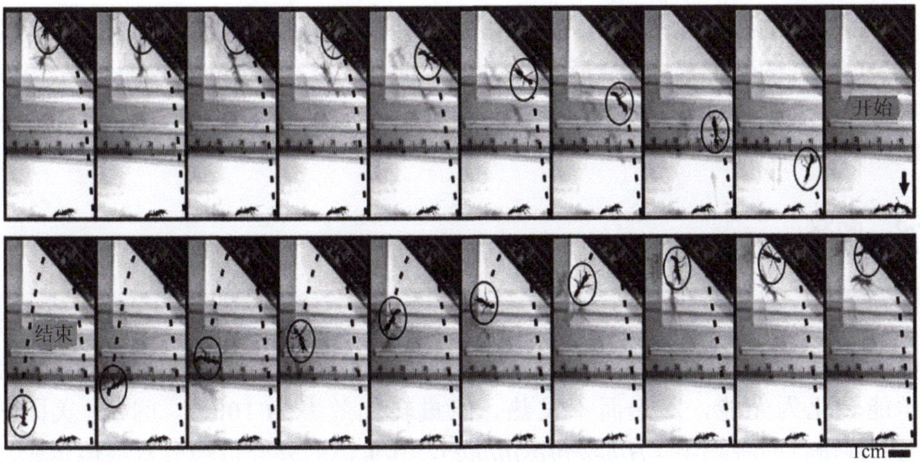

图 6-12　大齿猛蚁的跳跃过程[9]

6.3.2　精确

植物的叶子千姿百态，随种而异，但它在茎上的排列顺序（叶序）却是非常有规律的。从植物茎的顶端向下看，上、下层中相邻的两片叶子之间约呈 137.5°角。如果每层叶子只画一片来代表，第一层和第二层相邻两片叶子之间的角度差约是 137.5°，以后二层到三层、三层到四层、四层到五层，依次下去，两片叶子之间都呈这个角度，非常精确地遵循着黄金分割率。研究发现，这个角度对叶子的采光、通风都是最佳的。同时，在每一片叶子中也精确地遵循着黄金分割率，主叶脉与其长度和叶柄的长度之和的比值约为 0.618。向日葵花盘果实的排列也精确地遵循着黄金分割率，果实按照 137.5°角这个恒定的发散角排列，果实在花盘上彼此紧密镶合，形成没有缝隙的两组反向螺旋线，最终得到了最多最饱满的果实，如图 6-13 所示。

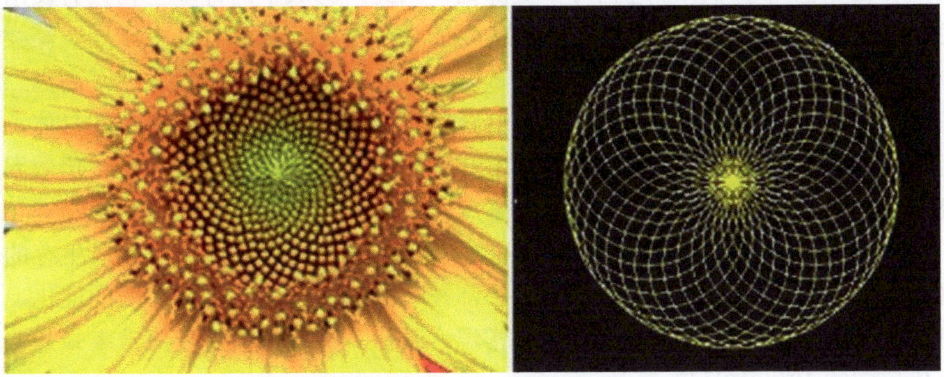

图 6-13　向日葵花盘果实排列

蜜蜂构筑的蜂巢由一个个排列整齐的六棱柱形小蜂房组成，每个小蜂房的底部由 3 个相同的菱形组成，菱形的所有钝角都是 109°28′，所有的锐角都是 70°32′，非常精巧，这种结构使其不仅容量大、强度高，而且最节省材料，这些足以显示生物控制的精确性。

6.3.3 高效

6.3.3.1 能量转化高效

自然界许多生物，如萤火虫、海萤、水母、海鞘、珊瑚和一些菌类等能把化学能转化为光能，发光而不发热，能量转化效率为 100%。例如，美国学者发现一种奇特的海蜗牛（*Hinea brasiliana*），其黄色的外壳可释放蓝绿色荧光，研究表明，其外壳含有微量荧光物质，是一种非常直接有效的“发光器”，能放大蓝绿色光线，其放大的光线照亮了整个身体外壳表面，如图 6-14 所示[10]，其放大光线的效果超过了现有最好的相关发光商品。

（a）去掉壳的发荧光的表皮　　（b）黄色外壳　　（c）外壳发蓝绿色荧光

图 6-14 海蜗牛发光的表皮及外壳[10]

根据阳光波长对海水的渗透性，海水面上能够直接吸收阳光中的红色波长，而只有蓝绿色光才可以渗透至海下更深处，因此，海域中的许多生物具有发出蓝色和绿色荧光的能力。但德国图宾根大学的学者发现，深海有许多珊瑚、藻类和一些鱼类能够发出红色的荧光，如图 6-15 和图 6-16 所示。研究发现，高冠三鳍鱼（Highcrest triplefin fish）能够发出红色的荧光，红色荧光是来自鱼的身体，其能吸收光线中的蓝绿色波长，再释放出红色波长[11]。高冠三鳍鱼荧光转化效率极高，只需眼圈周围一点点红色的荧光斑点，它的身体就能被完全照亮。

此外，生物体能够产生各种具有催化功能的催化酶，它是细胞赖以生存的基础，细胞新陈代谢及所有化学反应几乎都在酶的催化作用下进行。酶的催化反应是非常高效的[12]，催化反应虽然是在常温、常压下进行，但是反应效率却是非酶催化反应的 10^{7}～10^{17} 倍。

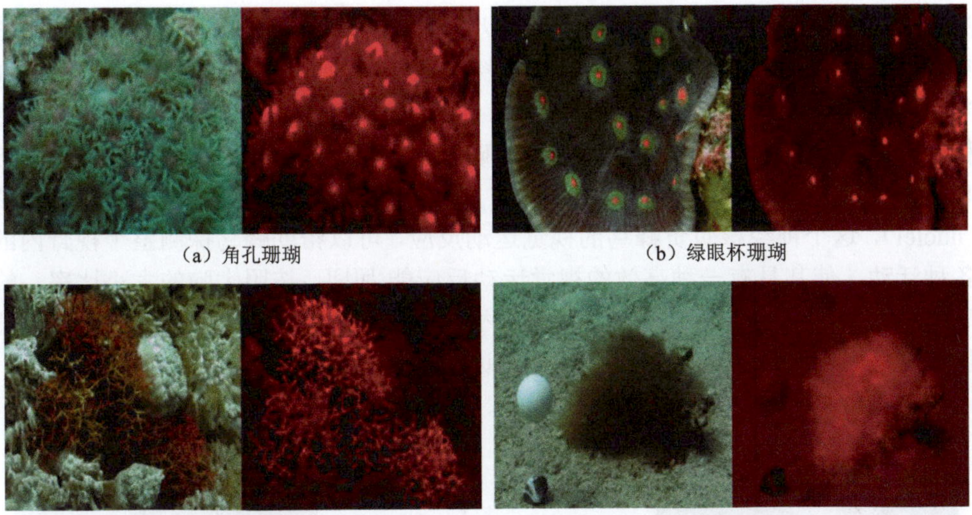

（a）角孔珊瑚　（b）绿眼杯珊瑚

（c）石灰藻　（d）海藻

图 6-15　发红色荧光的海洋珊瑚与藻类[11]

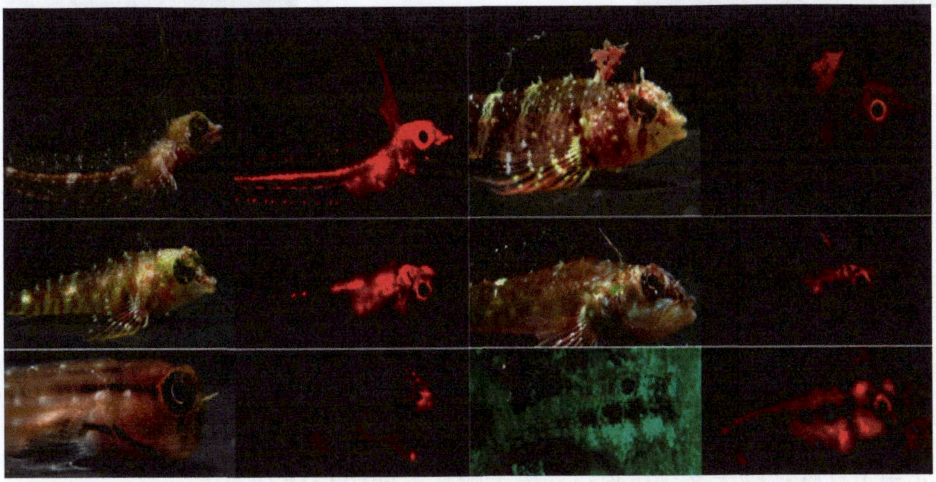

图 6-16　发红色荧光的高冠三鳍鱼[11]

6.3.3.2　行为高效

动物的许多行为常常是非常高效的，不仅高效率，而且高效能，有时甚至会收获高效益。例如，墨西哥、巴西等地的一种采食花蜜的蜂鸟，不仅是世界上飞行速度最快的脊椎动物，每秒能飞行 385 个身长，相当于 27.3 m/s，而且蜂鸟飞行效能特别高，翅膀拍打速度极快，飞行时可上下、前后、左右随意改变方向，一瞬间可拔高到 2000 m 高空，又可突然俯冲下来，如图 6-17 所示，而且其飞行的精准度甚至超过了直升机，还能够承受相当于其身体 9 倍重力的负荷，而驾驶战斗机的飞行员在承受相当于其身体重力 7 倍的负荷时，会短暂性眼前发黑。蜂鸟觅食时，它的嘴尖能以极高的精确性探取花朵里的食物，而此时它的身体却在半空中保持完美的静止状态，凌空悬停，即使有狂风的干扰，蜂鸟仍然可以保持稳定的空间位置，如图 6-17（c）所示。研究发现，蜂鸟除了具有可扩的心脏、极高的新陈代谢能力和特殊的翅膀运动方式外，其大脑内还有一种特殊的神经核（nuclei），这个神经核负责蜂鸟的视觉运动反应，可以帮助蜂鸟探测整个视野内的各种活动，使其具有一种高效的视觉运动反应能力[13]。按照大脑的大小比率，蜂鸟大脑内的这种神经核比其他鸟类大脑内的这种神经核大 2～5 倍。专家推断，即使在蜂鸟飞行时，这个神经核也可以帮助蜂鸟在空中保持静止状态。

（a）蜂鸟俯冲　　（b）快速俯冲与拔高　　（c）悬停

图 6-17　蜂鸟的俯冲与悬停[13]

跳蚤的外壳对其生命有超强的保护能力，可以承受比体重大 90 倍的重量，同时，它还有两条强壮的后腿，因而善于跳跃，每 4 s 跳一次，一次可以跳过它们身长 350 倍的距离，相当于一个人跳过一个足球场，且可连续跳 78 h，加速度可达 36 km/h^2，具有高效的跳跃行为。跳蚤如何将身体内积蓄的能量转移到地面起跳，以获得高效的跳跃行为呢？研究发现，跳蚤的后腿由髋、大腿骨、胫骨、跗骨和关节等构成，如图 6-18 所示。跳跃过程开始时，跳蚤将一个关节卡在身体和两条后腿之间，然后收缩两块肌肉，压缩含有节肢弹性蛋白的一部分身体，从而有效产生一种生物弹力。当跳蚤释放这种弹力时，能量通过其腿部传导，它的腿部充当了杠杆，脚尖受到压迫，靠脚尖跳跃，如图 6-19 所示[14]。

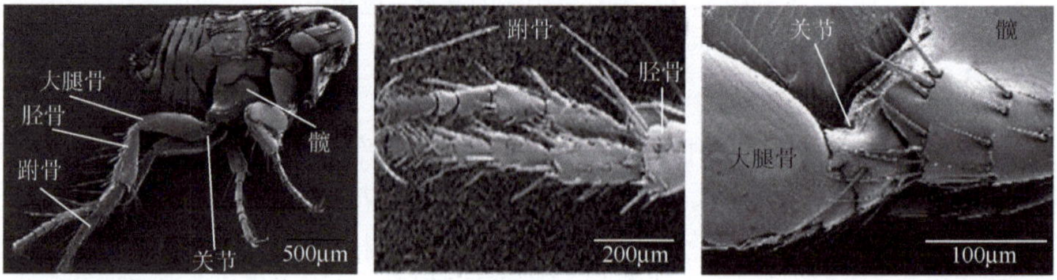

（a）后腿组成　　（b）跗骨　　（c）关节

图 6-18　跳蚤后腿[14]

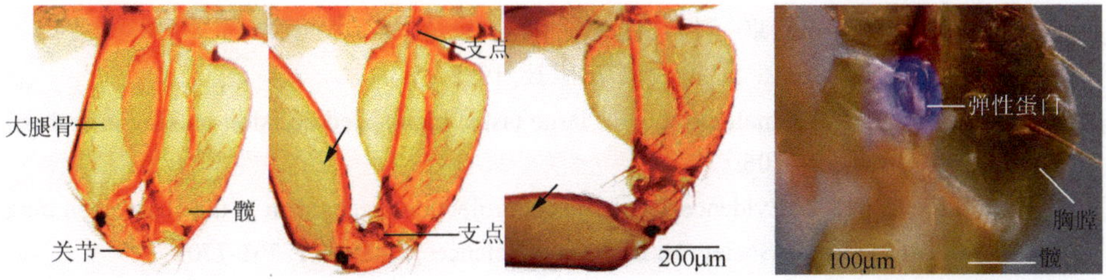

（a）后腿运动　　（b）弹性蛋白

图 6-19　跳蚤后腿运动与弹性蛋白[14]

6.3.4　可靠

人类大脑中约有 1000 亿个神经细胞，仅大脑皮层就有 140 亿～160 亿个神经细胞，约占脑细胞的 10%，每个神经细胞起着继电器的作用，在处理、加工、传输、储藏各种信息的过程中，虽然每小时都会有 1000 个左右的神经细胞衰亡，（如果一个人活到 100 岁，则其损失的神经细胞将达 10 亿多个），但整个工作仍然能十分可靠地进行[15]。每秒内，人的大脑中进行着 10 万种不同的化学反应，每天可处理 8600 万条信息。

青蛙大脑中由 50 万根神经纤维组成的神经全部被切断后，经过 3 个月的自我修复，这 50 万根神经能够全部自己接通，维持青蛙各种功能的可靠进行。火蜥蜴的四肢由一层皮肤及其包裹下的骨架、肌肉、韧带、筋腱、神经和血管构成，成纤维细胞将这些组织松散地结合在一起。不论被截断过多少次，它在一生中可以精确、可靠地让残端多次重复地再生出新肢来。研究发现，火蜥蜴在成年后仍然保留着调节胚胎发育的 *Hox* 基因“记忆”，并能够在断肢再生过程中重新启用 *Hox* 基因编码的方位信息。当火蜥蜴肢体受到伤害时，再生反应被启动，成纤维细胞携带着这些信息“迁移”到创口部位，待芽基形成后，芽基中的细胞会彼此“交谈”，对受伤轻重程度进行评估。重生的肢体首先会确定自己的“外形界限”，包括手或足的大概轮廓，然后细胞根据自己的方位信息，对残肢失去的部分进行“填充”，可靠地进行修复与再生。

参 考 文 献

[1]　刘广发. 现代生命科学概论. 北京：科学出版社, 2002.

[2]　Chen C H, Gutierrez E D, Thompson W, et al. Hierarchical genetic organization of human cortical surface area. Science, 2012, 335: 1634-1636.

[3]　Rutz C, Bluff L A, Reed N, et al. The ecological significance of tool use in new caledonian crows. Science, 2010, 329: 1523-1526.

[4]　Pika S, Bugnyar T. The use of referential gestures in ravens （corvus corax）in the wild. Nature Communications, 2011, 2: 560.

[5] 杨世杰. 植物生物学. 北京: 科学出版社, 2006.

[6] 裴新澍. 生物进化控制论. 北京: 科学出版社, 1998.

[7] Schlegel T, Schuster S. Small circuits for large tasks: high-speed decision-making in archerfish. Science, 2008, 319: 104-106.

[8] Groot J H, Leeuwen J L. Evidence for an elastic projection mechanism in the chameleon tongue. Proceedings of the Royal Society B: Biological Sciences, 2004, 271: 761-770.

[9] Patek S N, Baio J E, Fisher B L, et al. Multifunctionality and mechanical origins: ballistic jaw propulsion in trap-jaw ants. Proceedings of the National Academy of Sciences, 2006, 103: 12787-12792.

[10] Deheyn D D, Wilson N G. Bioluminescent signals spatially amplified by wavelength-specific diffusion through the shell of a marine snail. Proceedings of the Royal Society B: Biological Sciences, 2011, 278: 2112-2121.

[11] Michiels N K, Anthes N, Hart N S, et al. Red fluorescence in reef fish: a novel signalling mechanism. BMC Ecology, 2008, 8: 1-14.

[12] Fraser J S, Clarkson M W, Degnan S C, et al. Hidden alternative structures of proline isomerase essential for catalysis. Nature, 2009, 462: 669-673.

[13] Clark C J. Courtship dives of anna's hummingbird offer insights into flight performance limits. Proceedings of the Royal Society B: Biological Sciences 2009, 276: 3047-3052.

[14] Sutton G P, Burrows M. Biomechanics of jumping in the flea. Journal of Experimental Biology, 2011, 214: 836-847.

[15] Cingolani R. Bioinspired approaches for human-centric technologies. New York: Springer Cham Heidelberg New York Dordrecht London, 2014.

第 7 章　人类与生物的反应

人类与生物的反应是其与自然环境相互作用的一种表现，常常通过各种运动、适应行为与功能行为等来反映这种作用关系。本章研究人类与生物对周围环境变化给以正确反应的能力，从而在比较中更好地了解人类与生物的反应特性。

7.1　运　　动

运动是人与生物对生境刺激最基础、最经常的反应，是生命的基本属性之一。无论是人类还是动物、植物和微生物，运动形式均多种多样，但都可以归为 5 类，即生长运动、膨压运动、变形运动、纤毛运动和肌肉运动。植物主要有生长运动，即向性运动（如向光、向地、向水、向化、向能等）；膨压运动，即感触运动（如感震、感夜等）。多细胞动物中虽然有变形运动、纤毛运动，但占首要地位的则是复杂的肌肉运动。微生物主要有变形运动、纤毛运动和正负趋性运动等，如趋光、趋热、趋化、趋磁、趋水等。通常，也可将上述运动简便地分为有位移运动（包括变形运动、纤毛运动、肌肉运动和趋性运动）和无位移运动（包括生长运动和膨压运动）。

有位移运动是指人类与生物在一维、二维或多维空间内生命体移动距离不为零的运动，如许多动物的行走、奔跑、游泳、飞翔等；而生命体移动距离为零，即为无位移运动，如一些植物的向光、向地、向水、向触性等向性运动，某些植物叶片及花朵昼开夜合的感夜运动等。运动是生物最为突出的显性行为特性，生物的各种行为与功能都是以运动为基本特征的，不同的生物为适应各自的生存环境具有不同的运动特性，其是生物在长期进化的过程中逐步适应生存环境的结果。

7.1.1　有位移运动

人类与生物都能进行有位移的运动，但人类自身只能在陆上和水中运动，运动方式没有其他生物多，运动的动力主要来自肌肉的力量，如走和跑等主要来自腿部肌肉力量。

生物典型的有位移运动，在陆地上包括走、跑、跳、爬、蠕、挖、刨、抓、搓、打、踢、扯、拧、滑等，在空中包括飞行、滑翔、俯冲等，在水中包括行走、爬行、游泳、漂浮等，这些有位移的运动是生物行为与功能特性展现过程中的基本活动。

在陆地上人类正常行走速度约为 5 km/h，一般不超过 12 km/h，快跑通常也很难超过 10 m/s；鸵鸟行走速度约为 90 km/h，狗类跑动速度约为 110 km/h，蛇类爬行速度为 6～24 km/h，等等。在空中，人类自身无法飞行；雨燕飞行速度约为 320 km/h，大隼俯冲速度约为 360 km/h，蜻蜓飞行速度为 4～20 m/s，蜜蜂飞行速度为 2.5～6 m/s，苍蝇飞行速度约为 2 m/s，等等。在水中，人类自由泳速度最快，但其速度和耐力远远赶不上动物，如剑鱼游动平均速度约为 90 km/h，海豚、鲸鱼平均游动速度约为 70 km/h，乌贼喷水运动速度可达 150 km/h，等等，而且它们都可以长时间游动。

生物有位移运动的方式与机理是多种多样的。例如，壁虎不仅能在沙漠、丛林中穿行，而且能在直立的光滑墙面和倒悬在天花板上自由行走。研究发现，壁虎高超的行走技能与其足部结构密切相关，其每只脚底长着大约 50 万根极细的刚毛，每根刚毛约有 100 μm 长，刚毛端部又有 400～1000 根更细小的分支，呈抹刀形，如图 7-1 所示[1]。刚毛与足趾平面呈一定角度分布，刚毛末端纤细的抹刀形结构可以伸展到被附着物的细微结构中，从而产生范德华力，若脚底刚毛产生的范德华力累积起来便能产生极强的附着能力。当刚毛末端的抹刀形表面与被附着表面呈 30°时，界面的附着关系开始分离[2,3]，实现脱附。壁虎通过足部附着与脱附过程来实现在多种环境中行走。

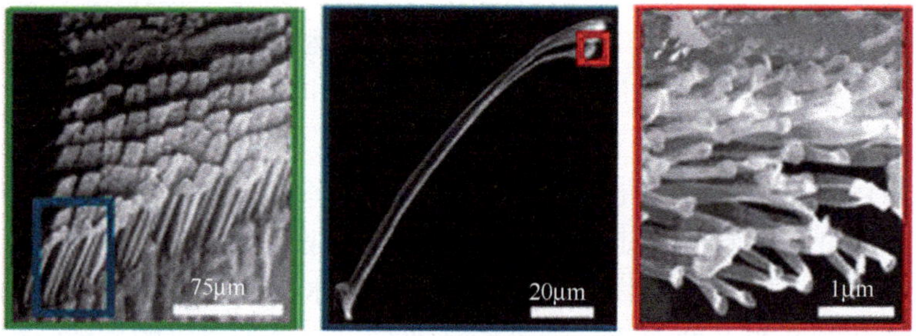

（a）微米级阵列刚毛　（b）单根刚毛　（c）单根刚毛末端细小分支

图 7-1　壁虎脚趾的刚毛形貌[1]

果蝇在飞行运动上有着过人的天赋，它的翅膀每 4 ms 就能拍动一次，80 ms 就能实现 120° 的转向，这甚至超过了其神经元传递神经信号的速度。研究发现，果蝇对飞行的控制其实很简单，要实现空中悬停、急速转向等高难度飞行动作，果蝇仅需在保证肌肉机械运动的同时改变翅膀倾斜的角度（只要翅膀间有 9° 差异就足以让果蝇轻松转向）即可。果蝇通常凭借翅膀中两层肌肉的交替收缩和拉伸产生的机械力拍动翅膀，由于交替速度非常快，所以不受神经脉冲信号控制，只能依赖于肌肉自身储存的能量完成，如图 7-2 所示[4]。这一能量来自于肌肉中的肌球蛋白，其能够储存弹性势能用于下一次收缩，就像被拉伸的弹簧能够储存能量在回弹时释放一样，从而产生机械力，快速拍动翅膀。

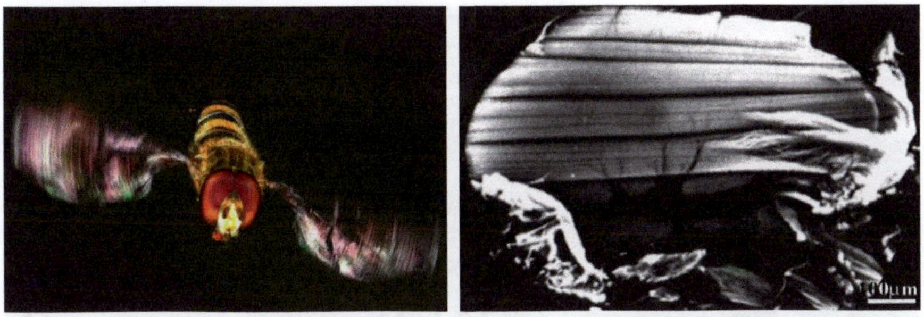

（a）飞行中的果蝇　　　　（b）翅膀中的肌肉

图 7-2　果蝇与其翅膀中的肌肉[4]

蚊子常常在多雨地区繁殖，在雨中飞行时，会频繁与雨滴相撞，但蚊子不仅能存活下来，而且能完好地飞行，如图 7-3 所示。雨滴的尺寸与蚊子类似，但雨滴远远比蚊子更重。在雨中飞行时，蚊子的轻量级身体帮助它们从碰撞中幸存下来，导致雨滴几乎没有损失动量，并且在撞击的时候传递了较低的力量，如图 7-4 所示。此外，蚊子强壮的外骨骼帮助抵消了撞击的部分力量。然而，靠近地面飞行的蚊子可能面临威胁生命的撞击，这在很大程度上是由于它们倾向于以降落的雨滴的速度撞击地面或淹死在水滩里，如图 7-5 所示[5]。

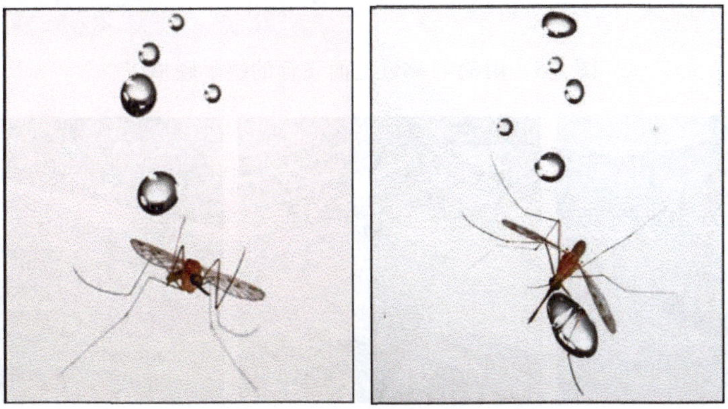

图 7-3　蚊子在雨中飞行[5]

水黾可以在水面上快速行走、滑移、跳跃和稳定站立，如图 7-6（a）所示。研究发现，水黾腿部有数千根按同一方向排列的多层微米尺寸的刚毛，这些刚毛表面形成螺旋状的纳米沟槽结构[6]，如图 7-6（b）、（c）所示。沟槽结构产生空隙，当刚毛压在水面上时，水分子不能浸到空隙里面，而缝隙就形成了空气压力腔，从而使水黾腿在水面上具有较大的浮力。水黾的腿一次能够在水面上划出 4 mm 长的波纹，能排开 300 倍于其身体体积的水量，一条腿能在水面支撑起 15 倍于身体的重量，正是这种超强的浮力与负载能力使得水黾在水面上行动自如，即使在狂风暴雨和急速流动的水流中也不会沉没。

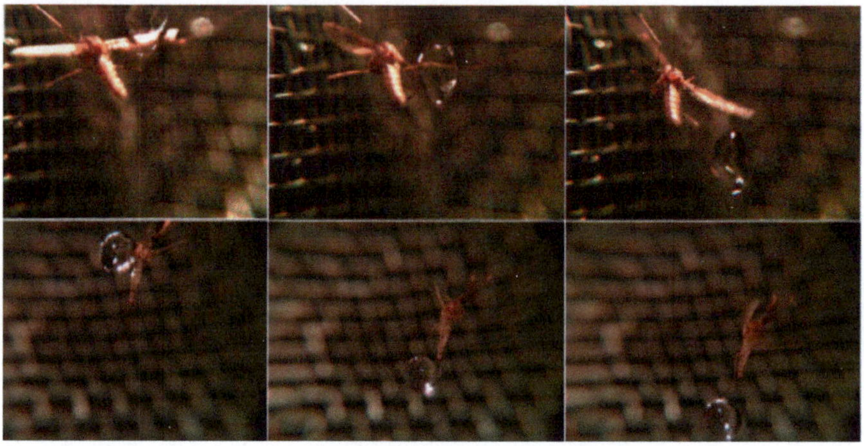

图 7-4　雨滴与飞行的蚊子碰撞[5]

图 7-5　雨滴与靠近地面飞行的蚊子碰撞[5]

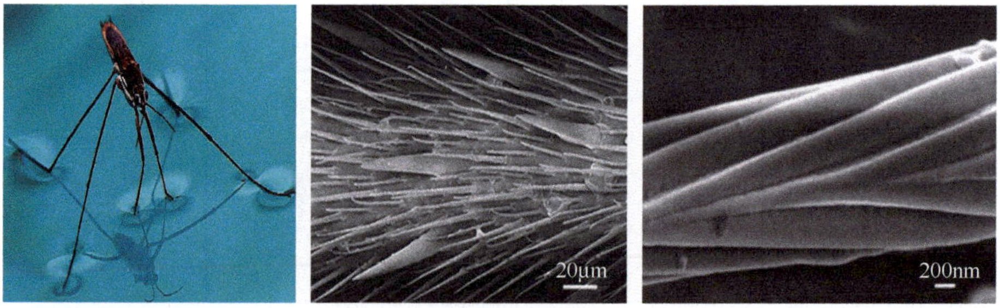

（a）水面上站立的水黾　（b）腿部刚毛　（c）刚毛沟槽结构

图 7-6　水黾腿结构[6]

7.1.2　无位移运动

生物典型的无位移运动包括站、立、趴、躺、伏、坐、悬停、啄等，无位移运动也是人类及生物在行为和功能特性展现过程中的基本活动，但人类不如生物运动形式多，如不能像蜂鸟一样悬停、没有植物根的向地性和茎的背地性等。

红隼可利用海岸的上升气流悬停搜寻猎物；翠鸟在水面上依靠快速振翅悬停，然后俯冲入水捕鱼，如图 7-7 所示；鲸鱼在海洋中能纹丝不动地竖立许久；穿山甲找到蚁穴后，有时会张开鳞片一动不动趴在地上，用身上发出的腥膻味引诱蚂蚁爬到它身上，等爬上许多蚂蚁后，它合拢鳞片，将蚂蚁夹住。然后，跑到池塘边跳下水，松开鳞片，让蚂蚁浮在水面上，它就伸出长舌头，将蚂蚁吃掉。

图 7-7　翠鸟快速振翅悬停

http://www.birdnet.cn/thread-372018-1-1.html

啄木鸟较长时间在树上寻食时，其头能以 6 m/s 的速度啄击树干觅食，在快速啄击运动中，其头部承受着超过千倍自身重力的加速度，但其头部却不会被震伤。研究发现，首先，啄木鸟具有一种称为舌骨的成熟骨骼，舌骨从鸟嘴下面开始一直延续到鼻孔，分布于头骨的下面和四周，越过头骨顶部最终在前额处汇合，环绕整个头骨的舌骨结构在最初的冲击中扮演着安全带的作用。其次，啄木鸟大脑上下尺寸长于前后尺寸，上下部位不均等，当撞击力从鸟嘴尖传递到头骨时，这种结构削弱冲击力并使它远离了大脑。此外，啄木鸟头骨不同部位呈“海绵”构造的层状骨骼能够帮助分散冲击力，如图 7-8 所示[7]。啄木鸟通过上述多个因素的协同作用，使其在频繁、快速的撞击力下，大脑不受到伤害。

（a）啄木鸟　　（b）头骨结构

图 7-8　啄木鸟头骨结构[7]

7.2　生物自适应特性

任何一种生物都具有能对它周围变化的环境条件给以正确反应的能力，亦即与其生境条件相协调的自适应特性。生命系统是一个非常复杂的分层结构系统，是具有自适应、自学习、自组织、自繁殖、生物感应、生物智能等功能特性的自动调节系统，在群体水平、个体水平、细胞水平和分子水平上都表现出一定的既严格又灵活的自动调节和自适应特征。人类与生物都具有较强的对环境的自适应能力。人类在有些方面比生物强，如自医、互医与保健等；但在许多方面不如生物，如定位、导航等，在一些极端条件下，一些生物能存活，而人类则无法适应；而有些能力人类根本就不具备，如天然变色、伪装、拟态等。

7.2.1 自医、互医与自我保健

生命自救是地球上生物的一种本能，许多生物生病后出于本能的需要，不仅会求医问药，而且还会巧妙地利用一些植物的药用功能为自己治病或保健。生物的医疗和自我保健是适应环境的一个重要能力，只有这样它们才能生存。事实上，人类的医学与保健有许多就是从生物那里不断学来的。

7.2.1.1 自医

自然界生物受伤后会像人类一样积极采用各种办法进行类似外科的医治，不仅会适当处理伤处，如包扎、止血、敷药等，还会内服治疗。例如，雉鸡的腿骨折断后，就会飞到河边或水沟边，用嘴啄湿泥涂在骨折处，然后用细草及黏泥把受伤的腿固定起来，不久骨折就会愈合。印度的长臂猿在受伤后，就采摘一些香树的叶子放在嘴里咀嚼，嚼碎后敷在伤口上以达到治疗的目的。一条蝮蛇被另一条蛇咬伤后肿胀，它会拼命喝水，据统计，受伤的蛇在 14 min 内竟能连续喝 216 口水，过了 2 h 后，受伤蝮蛇头部的肿胀就渐渐消失了。野兔一旦遭受外伤流血不止时，便会想方设法找到蜘蛛网，并将蜘蛛网丝缠绕在伤口上，这样血就会立即止住，疼痛也会慢慢消失，经研究证实，黏性蜘蛛网具有镇痛、止血、消炎的作用。西伯利亚的狼受伤后会跑到咸水湖边，用前爪给自己的伤口泼上湖中的咸水，尽管疼痛不已，但其还是泼水不止，盐水有很强的杀菌消毒作用，能促进伤口的愈合。肥大的熊和细小的麝鼠受外伤后都会用松脂涂抹伤口。受伤的大象会寻找含碱的沙子给自己的伤口消毒。非洲的黑猩猩和大猩猩受了伤，会把止血的树叶贴在自己的伤口上。受伤的海豹会觅食一种有愈合作用的海藻敷贴伤口。角质虫一旦遭受细菌感染，就会咬食烟叶，以吸收尼古丁，这不仅可以防止细菌扩散，而且还能改善健康状况。

许多生物生了病也会像人类一样进行类似内科、消化科、牙科的医治。野猪为了驱除肠道寄生虫，专吃带籽的南瓜，南瓜籽自古以来就被人们用作驱虫药。西非的黑猩猩经常寻找一种向日葵科植物的嫩叶吞食，这种植物的叶子又苦又涩，研究发现，这种叶子富含一种黑色油状物质，具有驱除肠道寄生虫、抑制病毒的神效。乌干达的黑猩猩为了治疗或防治疟疾，会将淡红唐松草叶（*Thalictrum rubescens*）与脏土混在一起食用，土壤中含有多种稀有矿物质，可以抵御痢疾、吸收毒素，以及促进消化等，而淡红唐松草叶片中也含有抗疟疾化合物。研究发现，只有土壤与淡红唐松草叶片的混合物才有明显的抗疟疾活性，因此，黑猩猩经常在食用淡红唐松草叶之前或之后便会吃土，以激发叶片与土壤中的抗疟疾物质[8]。热带森林中的猴子一旦得了疟疾，就会去啃咬金鸡纳树的树皮，因金鸡纳树的树皮里含有奎宁成分，是治疗疟疾的特效良药。野牛身上长了癣，奇痒难忍，它会长途跋涉来到湖边，在湖滩的泥地上打滚，弄得浑身上下沾满了泥浆，然后起来把泥浆晾干，隔几天，再洗一次泥浆浴，一直到把癣治好为止。猩猩得了牙髓炎以后，会用手抓些湿泥涂在脸上和牙龈上，待炎症消失后，还可以将坏牙拔掉。

此外，美国卫斯理大学的研究者发现，灯蛾毛虫（*Grammia incorrupta*）在患病的时候也知道“自行服药”[9]。灯蛾毛虫经常会被寄生蝇的幼虫所寄生，它们会吃亚利桑那爆玉米花（*Plagiobothrys arizonicus*）和其他一些带毒的含有吡咯里西啶类生物碱的食物，抑制寄生蝇生长。因此，当生活在野外的灯蛾毛虫以爆玉米花和其他有毒的植物为食时，它们实际上正在进行自我治疗。有一种微小的寄生蜂（*Leptopilina heterotoma*）会将它的卵安置进果蝇幼虫里，然后它的卵会在果蝇的血液中发育成熟。果蝇被寄生蜂感染后会寻找酒精饮食，由于寄生蜂幼虫不能处理它们宿主血液中的酒精，因而会死掉，从而，果蝇利用饮食酒精或能转化为乙醇的食物，以此消灭身体内的寄生蜂[10]。

生物为人类之师，师法自然，目前，人类服用的许多药品是从生物自医行为中受到启迪研制的，同时，还开创出了许多新的医疗方法等。

7.2.1.2　互医

生物在生病或受伤时不仅能自医，而且有时还会寻求同类或异类帮助进行互医。例如，黑猩猩堪称动物世界的“医学家”，如果哪只黑猩猩肚子痛，其同类就会替它寻找一种叫 *Aspilia* 的植物，虽然其叶子又苦又硬，但黑猩猩知道，吃了它就会减轻痛苦。研究表明，这种植物的叶子含有抗病毒、驱虫和抗霉菌的物质。生活在小山泉边上的成年獾，当发现小獾患皮肤病时，便每天带小獾到矿泉里浸泡，消炎解毒，直至康复为止。椋鸟一旦患上关节炎，为了注射“蚁酸针剂”治疗关节炎，就会到蚂蚁堆中，并频频振动羽翼，吸引蚂蚁到它身上来叮咬，向它身上喷射蚁酸，椋鸟的关节炎慢慢就会被蚂蚁们治好。狗獾也会躺在蚁穴旁边，巧妙利用蚂蚁叮咬时分泌的蚁酸来医治其风湿病或寄生虫病。乌鸦会利用“洗蚁浴”消除体外寄生虫，其会趴在蚂蚁窝上，不停翻动身体，让蚂蚁沾满全身，有时还用嘴衔起蚂蚁，塞到翅膀底下去，这样身上的寄生虫就被蚂蚁吃掉。

鱼类和人类也有某些共同之处，它们也经常遭到微生物、细菌和寄生虫的伤害。这些寄生虫往往寄生在鱼鳞、鱼鳍、鱼鳃、牙缝间等。海里有一种鱼，是有名的鱼医生，又被称为“清洁鱼”，专门给一些大鱼治病，吃掉大鱼身上或嘴里的寄生虫，这样大鱼免除了病痛，“清洁鱼”也获得了食物，如图 7-9（a）所示。有时，一条鱼被另一条鱼咬伤后伤口感染化脓，“清洁鱼”就会用尖尖的嘴来清除伤鱼伤口的坏死部分，几天后，被咬伤的鱼就会痊愈。在广阔的海域里至今已发现有近 50 种这样的小鱼，它们在日夜不停地进行着“医疗”工作。研究发现，如果把“清洁鱼”从某个地方清除掉，两周后，发现这个地方的其他鱼类在鱼鳃、鱼鳞、鱼鳍上均不同程度地出现了脓肿，患了轻重不同的皮肤病。值得一提的是，“清洁鱼”会用自身颜色和形状来使食鱼型“客户”识别自己的身份，它们会经常炫耀自己身上间杂蓝色、黄色或绿色等的暗色边纹，如图 7-9（b）所示，这种行为既向“客户”表明了身份，又容易被“客户”接待[11]。“清洁鱼”在给“客户鱼”清洁时，如果咬食“客户”鱼的黏液，就会激怒“客户”鱼而停止清洁；为防止之，其他的“清洁鱼”就会对咬食“客户”鱼黏液的“清洁鱼”施以“惩罚”，从而使它们能够获得更多的食物[12]。然而，某些“清洁鱼”非常聪明，它们雌雄成对为“客户”鱼清洁，如图 7-9（c）所示，它们相互配合，当一条“清洁鱼”从其“客户鱼”身上吃掉皮外寄生虫时，另一条“清洁鱼”进行其所喜欢的欺骗行为，即吃其“客户鱼”的黏液，与此同时仍可保证“客户鱼”满意[13]。

（a）清洁鱼为大鱼清洁口腔　（b）清洁鱼的标志性暗纹　（c）清洁鱼成对清洁

图 7-9　清洁鱼[11-13]

7.2.1.3　自我保健

棕鸟总是爱用一种野草和野花筑巢，在这些鸟巢里生长的小鸟比在别的鸟巢里生长的小鸟更健康。研究发现，这种野草和野花能分泌出一种散发芳香的油，可以驱除虱子和螨虫，还能抑制吸血寄生虫的生长，从而减少棕鸟患病的可能性。燕雀经常会在巢中放置木炭，利用木炭具有杀菌的功能来保护自己。牛经常会掘土，舔吃泥土，意在寻找补充自己体内缺少的某种矿物。绵羊会吃燕鸥的骨头，意在补充矿物质。牝鹿每逢中午便带着小牝鹿去树林中咀嚼一种高等菌类——蕈，研究发现，蕈具有健胃功能，能帮助牝鹿消化食物。即将生产的大象会长途跋涉寻找具有催产功能的紫草科树木的叶子食用，以帮助其顺利生产。狗和猫有时会像食草动物一样吃草，研究发现，狗和猫吃草是为了驱除体内的寄生虫，或是由于体内缺少某种物质，如维生素、纤维等，其目的在于防病或保健。黑猩猩每天会消耗大量的食物，但这些食物并非完全出于营养摄入，而是通过食物进行自我治疗与保健。黑猩猩的食物摄入量是大猩猩的 2 倍，大猩猩拥有特殊的肠胃系统，能够更好地化解体内有害成分，从而使它们与黑猩猩相比，需要很少保健与自我治疗的药物。由于黑猩猩肠胃本身不具有强大的免疫系统，在享用营养美味食物时，它们还会食用一些非营养食物和轻微有毒食物，如箭毒树叶（抗肿瘤）、破布木芯（抗疟疾和抗病菌）、无花果（抗病毒）、无花果树皮（抗腹泻、去蠕虫药剂）等，以便自我保健[14]。

自然界中的生物虽然自身有强大的免疫系统，但它们并不仅仅是靠自身的免疫系统来防病、抗病和保持健康。各种生物为了具有最强的生存能力，为了能够以强健的生命系统抗击天敌，它们都在孜孜不倦地以各种方式保护和维护自己的健康。人类相当多的医疗方法、治病药物、保健方法等是从生物那里学来的。1994 年，人们在对动物自疗、互疗和保健认识的基础上，创建了一门年轻的学科，即动物生药学（zoopharmacognosy），并且召开了第一次国际学术会议，以交流对动物自疗研究的知识和经验。

7.2.2　伪装

自然界的生物在进化过程中为了生存必须造就适应环境、延续生命的本领。它们都有自己独特的生存“绝技”，其中，伪装就是许多生物非常擅长的一种策略。生物利用其自身结构及生理特性“隐真示假”，技艺精巧，多种多样，有些还获得了天然“伪装大师”的美誉，赢得了更多的生存机会。

7.2.2.1　保护色

保护色是指生物身体的颜色与其栖息环境相似，以此避敌求生。自然界中的许多生物就是靠保护色避开敌人，在生存竞争中保存自己的。生物通过保护色与周围的环境融合在一起，实现“隐身”效果。例如，北极熊周身覆盖着厚厚的看起来是白色的，实际上是透明的长毛，使其体色从外表上呈现白色，在冰天雪地的生存环境中展现出了极佳的保护色，如图 7-10（a）所示。研究发现，北极熊毛具有无色透明的空心管状结构，其直径从毛的根部到尖部逐渐变小，且管状结构的内表面呈现粗糙的形态[15,16]，如图 7-10（b）、（c）所示。这种中空的结构与粗糙的形态相结合，能够吸收照在身上的绝大部分具有较高能量的太阳紫外线，引起光的漫反射，从而使其毛发呈现出白色；同时，中空的结构还有利于保温，能有效地保持体内热量，防止散失，以便增加自身的体温。北极熊毛发所展现出的白色保护色及保温御寒功能，使其能够在严寒的环境中生存。

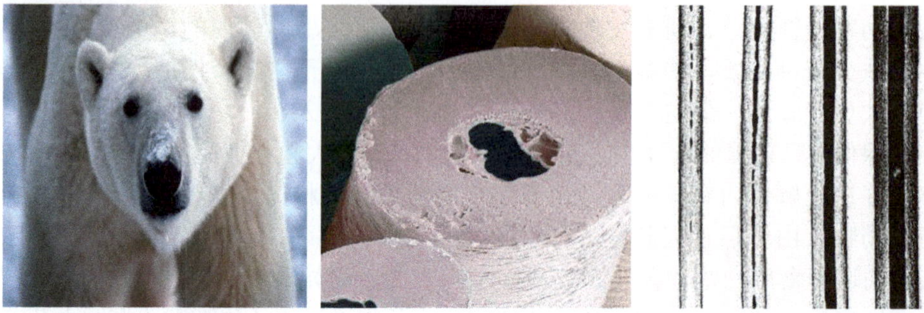

（a）自然光下的北极熊　（b）毛发横断面　（c）毛根部到尖部纵向断面

图 7-10　北极熊及其毛发断面结构[15, 16]

沙漠里的动物大多数都以微黄的“沙漠色”作为它们的特征；生活在树皮上的蝶蛾和毛虫等的颜色都非常接近树皮的颜色；生活在绿色草丛中的蚱蜢，体色为草绿色，与草丛的颜色非常相似；生活在花丛中和树枝上的螳螂与花色或树枝融为一体，如恩浦萨螳螂和兰花螳螂等，它们的步肢和体色与栖息物的构造和颜色极为相似，从而很难被猎物察觉，如图 7-11 所示。内布拉斯加鹿鼠（deer mice）通过其浅色毛皮以适应多尘且色浅的周围环境，研究发现，这种特征来自某一基因突变，这也证明，一种生物对某一新环境的快速适应并不总是依赖于在它们群体中的现有的基因变异[17]。生活在丛林环境中的斑马、老虎、猎豹等动物的身体上都具有竖立的黑色或黑白相间的条纹，在草木环境中活动时，身体的轮廓变化模糊不清，便于隐藏捕食。同时，这些黑白相间的条纹还有利于驱赶蚊蝇。例如，对于给斑马日常生活带来最多困扰的马蝇来说，不同颜色的目标对它们的吸引力不同，这与光线的一种偏振性质有关，黑色表面和白色表面所反射出的光线在偏振性质上有区别，而马蝇能够感受到这种区别。研究人员制作了几个与斑马大小相似的模型，其中有全黑的、全白的，也有棕色的，还有像斑马那样具有黑白相间条纹的。这些模型表面都涂上了黏性物质，然后放到马蝇成群的野外。结果发现，马蝇最不喜欢的就是具有黑白相间条纹的模型，上面的马蝇数量最少。这一实验结果有力地支持了动物黑白相间的斑纹不仅有助于避免猛兽的袭击，而且还有助于驱赶蚊蝇[18]。

（a）恩浦萨螳螂在花枝上　（b）兰花螳螂在兰花上　（c）恩浦萨螳螂幼虫在树枝上

图 7-11　不同栖息环境中的螳螂

http://kid.qq.com/a/20100909/000004.htm

许多水生生物也具有保护色。例如，生活在海草中的尖嘴鱼的色彩和形态与水草几乎一模一样，它甚至还会随着水流左右摇摆，并与水草自然摆动的模式一致，如图 7-12（a）所示；鲉鱼与其藏身的礁石的色彩非常相似，将其完美地融合进栖息环境中，如图 7-12（b）所示；异铠虾与其栖息的海百合的色彩惊人地相似，很难被捕食者发现，如图 7-12（c）所示。许多鱼类具有银色的鱼鳞，它能够保护鱼类不受空中和水下大鱼的袭击，因为水面从上往下看和从下往上看都像面镜子（全反射的结果），而银色的鱼鳞刚好与这种发亮的银色背景融合成一片。许多水生生物采用完全无色或透明作为其保护色，如某些水母、蠕虫、虾类、软体动物等，这使得捕食者在无色透明的水中很难发现它们的存在。

（a）海草中的尖嘴鱼　（b）鲉鱼藏身礁石　（c）异铠虾栖息海百合中

图 7-12　不同栖息环境中的水生动物

此外，许多生物利用体表醒目的色泽或斑纹，向天敌暗示自己有毒或不可食用，降低被天敌捕食的风险。例如，毒蛾的幼虫多数都具有鲜艳的色彩和花纹，如果被鸟类吞食，其毒毛会刺伤鸟类的口腔黏膜，这种毒蛾幼虫的色彩就成为鸟类的警戒色。这些生物对捕食者构成了威胁或伤害，其艳丽夺目的体色成为捕食者终生难忘的预警信号，使其通常不会被捕食。又如，蝴蝶、蛾子和鱼类等拥有两对甚至多对“眼点”（eye spot），如图 7-13 所示，许多色彩十分艳丽的眼点能够吓退掠食者，可以十分有效地防止天敌的攻击[19]。值得一提的是，虎蛾的警告信号不仅会随着一年中时间的不同而变化，而且也随着它们最有可能碰到的捕食者的类型而变化。在春天出现的蛾子物种往往用视觉信号，如鲜艳的色彩来警告捕食者，自己有毒不能吃，因为在春天鸟类是其最大的威胁。在夏天出现的蛾子物种更多地依靠超声来赶走能够进行回声定位的蝙蝠，后者在夏季对其构成主要威胁。这项研究说明，来自两种截然不同捕食者的选择压力能够引导昆虫警告系统中不同组成部分的演化，从而导致同一物种内拥有多样化的对抗捕食者的防卫体系[20]。

大部分生物在漫长的进化过程中获得了这样的能力，它们与栖息环境融为一体，或者具有能够警示捕食者的鲜明色彩，这些体色增加了它们躲过捕食者的概率，从而提高了其生存的机会。

（a）蝴蝶　　（b）蛾类　　（c）鱼类

图 7-13　不同生物的眼点[19]

7.2.2.2　变色

自然界中许多生物能随着阳光、季节、环境、生理机能的变化而变色，如蝴蝶、章鱼、乌贼、鳌虾、比目鱼、变色龙、甲虫等，这些生物可以随周围环境及条件的变化而改变自身颜色，将其更好地伪装起来。例如，凤蝶幼虫最初身披黑白相间斑纹，全身遍布瘤一样的凸起，它们以此色彩和形态伪装成鸟类的粪便，躲避天敌，如图 7-14（a）所示。而幼虫第 4 次蜕皮后却变成可以融入周围草木的鲜艳的绿色，身上的凸起也消失了，如图 7-14（b）所示。因为长大后的幼虫如果依然是鸟类粪便的样子，反而比较显眼，容易被天敌发现。研究发现，保幼激素的浓度是凤蝶幼虫变色的关键，保幼激素量的变化改变了基因的作用方式，从而促使幼虫变色[21]。

（a）黑白相间斑纹　　（b）融入草木的绿色

图 7-14　凤蝶幼虫变色[21]

有些生物能够随着环境温度和光线强度的不同而迅速变换肤色，有的甚至会随着背景的颜色与图案以及季节更替而变化。研究发现，变色龙由于皮肤细胞的一个特殊内层直接与大脑相连，从而使这种蜥蜴能够迅速将身体变换为其他的颜色，包括明绿色、黄色，甚至粉色。比目鱼、海蝎鱼等不仅可以依照背景颜色变化，还可以依照背景的图案变化，若将其放在有条纹或斑点图案的环境里，它的身体则会出现条纹或斑点。雷鸟和银鼠等会随着季节更替而改变自己毛皮的颜色，冬季时毛皮呈现出白色，与雪的背景融为一体；春天时毛皮呈现出红褐色，使自己的颜色与从雪里裸露出来的土壤的颜色一致。

栖息在海洋中的章鱼（*Japetella heathi*）和鱿鱼（*Onychoteuthis banksii*）通过变色来伪装自己，用以逃生和捕食。这种章鱼和鱿鱼的身体能够在透明和不透明之间切换。正常情况下，这种章鱼呈透明状，当某些食肉动物来到它们身边时，为防止自己透明的身体像镜子一样出现亮光，它们会立即收缩肌肉，从而拉伸其含有色素的细胞，并将皮肤变为红色，因为红色的物体在蓝色的海域中几乎是感觉不到的，从而让潜在的捕食者很难发现它们的存在，如图 7-15 所示[22]。

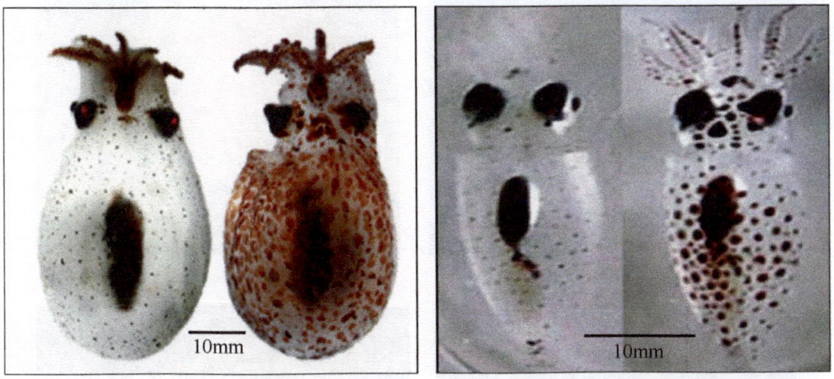

（a）章鱼　　（b）鱿鱼

图 7-15　变色章鱼和鱿鱼[22]

生活在雨林环境中的独角仙，其外壳在白天被光线照射时会呈现出绿色，与绿色的丛林色彩一致，但其还能随着夜晚丛林空气变潮湿而改变颜色，借以欺骗敌人，保护自己不被捕食，如图 7-16（a）、（b）所示[23]。研究发现，独角仙的外壳由蜡质层（蜡质层上布有裂纹）和多孔层叠加构成，如图 7-16（c）所示，在夜晚雨林中湿度变大时，水通过蜡质层裂纹渗透到多孔层结构中，消除了多孔层间的折射率差异（不再有光干涉），导致外壳变成黑色，这不仅能使独角仙身体变暖和，还能与夜晚的黑色融为一体，避免被掠食动物发现。

（a）干燥环境下呈绿色　　（b）潮湿环境下呈黑色　　（c）外壳结构

图 7-16　独角仙外壳从干燥到潮湿环境下的颜色变换及外壳结构[23]

美国缅因州大学的研究者发现，一种奇特的海蜗牛（*Elysia chlorotica*）在生命初期以海藻为食，但却并不完全消化海藻，而是将其中的绿色素吸收进自己的细胞，如图 7-17（a）～（c）所示。它们吃的海藻越多，其自身颜色就变得越绿，如图 7-17（d）所示，海蜗牛能借此进行伪装，融入海藻环境中。更惊奇的是，海蜗牛进食海藻变绿后，就会从一种活性生命状态过渡到一种植物状态，能像植物一样进行光合作用以获取能量。它们只靠水和自身体内绿色素通过光合作用制造的能量生存，在没有任何食物的情况下能生存数月之久[24]。

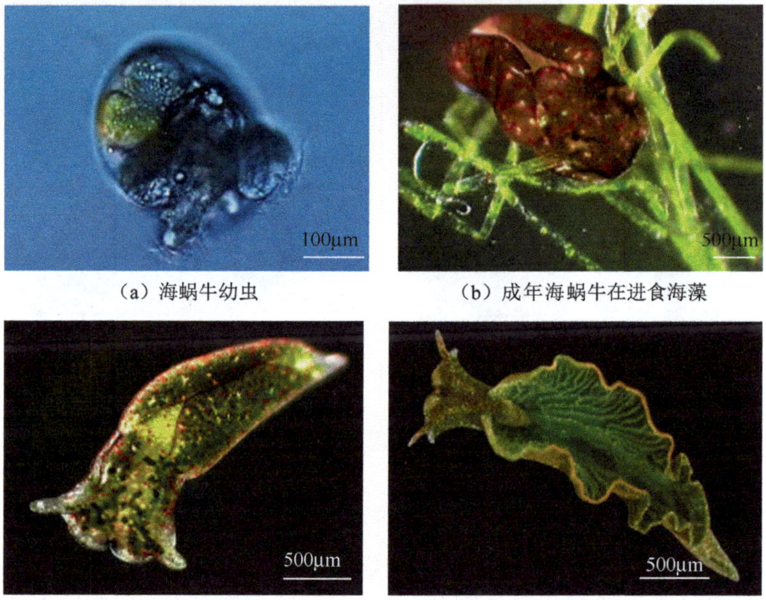

（a）海蜗牛幼虫　　（b）成年海蜗牛在进食海藻

（c）海蜗牛细胞内的绿色素　　（d）海蜗牛变成绿色

图 7-17　海蜗牛进食海藻变色[24]

变色伪装不仅是动物的生存策略，许多植物也具有这一技巧。例如，每到秋季，绿油油的树叶都会变成深红色，研究发现，红色素不仅能够帮助树叶免受太阳光的伤害，同时，也是树叶为躲避害虫的一种手段。树叶中的红色素能够警告昆虫，眼前的这棵树并不适于食用或筑巢，因为对于昆虫而言，红色的树叶不是含有有毒的化学物质，就是携带了更少的养分[25]。又如，新西兰的五加科树树叶从萌芽到成熟要经历几种颜色的变化，这些颜色的变化被认为是它们的一种伪装策略[26]，用于防御天敌恐鸟。小树苗长出的叶子小而窄，颜色斑驳，像日光照射下的森林地面，同时，这种色彩还能降低树叶轮廓显示，这让恐鸟很难分辨，如图 7-18（a）所示。小树会长出更大、更长的叶子，带有刺齿，如图 7-18（b）所示。恐鸟没有牙齿，它们是把树叶含在嘴里使用头部力量折断树叶而吞食树叶的。此时，五加科小树长出的这种长而硬的树叶让恐鸟很难下咽。最大的恐鸟约高 300 cm，五加科树一旦超过这个高度它们就会长出大小、形状和颜色正常的树叶，不再伪装，如图 7-18（c）所示。

（a）树苗期　（b）小树期　（c）成熟期

图 7-18　五加科树树叶不同时期的变化[26]

7.2.2.3　拟态

生物伪装的最高境界是拟态，可在颜色、形态、行为等多个方面同时模拟另一种生物，从中受益。例如，蝴蝶是自然界拟态的高手，如枯叶蝶可以模仿枯叶栖息在树叶上，很难被分辨出来；釉蛱蝶能够通过改变翅膀花纹，模仿多达 7 个不同翅膀模式，拟态成那些味道不佳或有毒的蝴蝶，从而躲过鸟类的捕食。研究发现，釉蛱蝶高超的拟态本领是由于其染色体内部存在多种变异，各变异组合形成了“超级基因簇”，可以通过基因重排与切换组合，实现拟态的花纹[27]。丹麦地区一种蓝色蝴蝶 *Maculinea alcon* 的幼虫进化出了一种模仿蚂蚁幼虫的外形，模拟得越接近，吸引蚂蚁的成功率越高，借以靠蚂蚁喂养。蝴蝶的幼虫先在沼泽植物上生长，由于其表皮与蚂蚁幼虫非常相似，蚂蚁就会将其搬到自己的窝里，进行喂养和照顾，如图 7-19 所示[28]。

（a）蝴蝶幼虫　（b）蚂蚁将蝴蝶幼虫搬到自己的窝里

图 7-19　蝴蝶幼虫拟态欺骗蚂蚁[28]

章鱼有着特殊善变的本领，它们不仅可以改变身体的颜色，而且还能改变身体形状，模仿许多海洋动物的外形，以此伪装觅食或躲避天敌攻击。章鱼能够用两只触手的尖端奔跑，另外六只触手伸展开来伪装成海藻，如图 7-20（a）所示，而且章鱼在这种伪装模式下的运动速度比用多个触手爬行的速度稍快[29]。章鱼经常模仿的动物包括鞋底鱼、鱼狮和海蛇等。它可以喷气使自己达到一定的速度，然后收紧全部触角使身体变成一片树叶的形状，就像一条随波逐流的鞋底鱼。当章鱼伸直特有的触角模仿海狮鱼和其有毒的鳍时，再加上身体颜色的变化，能以假乱真。章鱼还能通过改变身体颜色，模仿海蛇身上的黄色斑纹，同时收紧 6 条触角，保留剩下的 2 条触角在水中挥舞，如图 7-20（b）所示。更惊奇的是，章鱼可以根据潜伏在附近的敌人来决定模仿哪种动物。例如，当其被小热带鱼袭击时，它就会模仿带条纹的有毒的海蛇来吓攻击者。章鱼甚至可以拟态出头顶重物走路的人的模样。

（a）模仿海藻

（b）模仿海蛇

图 7-20　章鱼拟态[29]

自然界中有一百多种蜘蛛善于拟态，它们伪装成不好吃或不能吃的东西，借以避敌。例如，大部分动物不喜欢吃蚂蚁，因为它们不仅味道不好，还有可能遭到蚁群的集体进攻。黑脚蚂蚁蜘蛛为了避免被吃掉，会把自己伪装成一种蚂蚁，其体型和颜色与蚂蚁非常相似，跟着蚂蚁走路，甚至举起两条前腿假装蚂蚁的触角，如图 7-21（a）所示，在捕食这些伪装成蚂蚁的蜘蛛时，平均成功率不足 1/5。由于瓢虫对捕食者来说口味太差，因此，许多蜘蛛伪装成瓢虫来躲避捕食者的威胁，如图 7-21（b）所示。有些蜘蛛伪装成不能吃的树桩，借以欺敌，如图 7-21（c）所示。此外，许多蜘蛛还能制作自身模型拟态，如二角尘蜘蛛（*Cyclosa mulmeinensis*）喜欢用碎屑、植物机体和捕食后的动物残余等制作与自身大小一样的模型，用来装饰自己的蛛网[30]，如图 7-22（a）所示。有的二角尘蜘蛛甚至将这些制作的自身模型成串排放，以增加天敌辨认的难度，如图 7-22（b）所示。由于这些装饰物的颜色、形状、大小与蜘蛛非常相似，因此，能够减少被天敌攻击的概率，实现保护自己的目的。

（a）模仿蚂蚁　　（b）模仿瓢虫　　（c）模仿树桩

图 7-21　蜘蛛拟态

http://tieba.baidu.com/p/1995284351

（a）用自身模型伪装蛛网　　（b）将自身模型排成串

图 7-22　蜘蛛制作自身模型拟态[30]

美国科学家发现，当有捕食者靠近时，海胆幼虫会采用一种奇特的伪装策略，即一分为二，拟态成微小个体，通常情况下，如果温度适宜，食物充足，它们的幼虫就会分裂克隆自身，创造出一大群新的全等双生体，从而利用有利的生长条件大量繁殖。而当海胆幼虫在侦测到附近有捕食鱼类存在时，也会马上开始分裂，将身体尺寸二等分变成微小个体，以有效地避免被捕食者发现，如图 7-23 所示[31]。海胆幼虫一旦侦测到鱼黏液立即就开始分裂，虽然克隆过程需要几个小时，但它却可能是一种有效的防御策略。

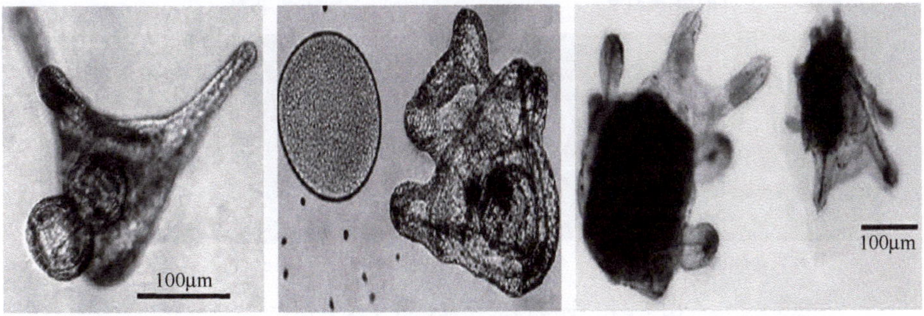

（a）开始分裂　　（b）分裂后　　（c）分裂后成长

图 7-23　海胆幼虫分裂过程[31]

许多生物还能利用气味和声音拟态。例如，燕灰蝶的幼虫能够爬进蚁穴中，通过分泌化学物质模拟高级成年雄蚁的气味，从而诱骗工蚁喂养它们[32]。蓝蝶幼虫不仅能分泌类似蚂蚁幼虫那样气味的化学物质，而且还能模仿蚁后的声音来哄骗工蚁给予它们“皇室”般的待遇。在蚁群中，蓝蝶幼虫可以生活得很舒适，它们会像蚂蚁幼虫那样乞食，工蚁们会像对待幼蚁那样给蓝蝶幼虫喂食。在蚁群遭到侵扰后进行的救援行动中或当食物变得稀少时，蓝蝶幼虫可以获得比幼蚁更好的待遇。在极端缺乏食物的情况下，工蚁甚至杀死幼蚁来喂养蓝蝶幼虫，这主要是因为它们发出的声音与蚁后的声音很相像[33]。

最新的研究表明，许多花卉不为传粉昆虫提供任何形式的报酬，而通过精巧的花部结构设计和花气味等拟态出昆虫喜好的花、雌性昆虫、昆虫栖息地、产卵地和大型真菌等作为报酬，从而诱骗昆虫为其传粉。例如，毛瓣杓兰（*Cypripedium fargesii*）利用气味与形态模仿枝孢菌，吸引扁足蝇为其授粉。通常，扁足蝇卵和幼虫在大型真菌的子实体上发育，幼虫以子实体为食，成虫以真菌孢子为食。毛瓣杓兰的花瓣发出类似腐败叶子的气味，其中的异戊醇、2-乙基己醇和正己醇普遍存在于枝孢菌的挥发物成分中，从而在气味上模仿枝孢菌，如图 7-24（a）、（b）所示。同时，毛瓣杓兰叶片表面具有深褐色斑点，形似受真菌感染的霉斑，斑点中央的毛状体由多细胞组成，与枝孢菌串珠状的孢子相似，从而在形态上吸引扁足蝇的访问，如图 7-24（c）～（e）所示[34]。事实上，近 1/3 的兰科植物都依赖于这种拟态进行传粉。

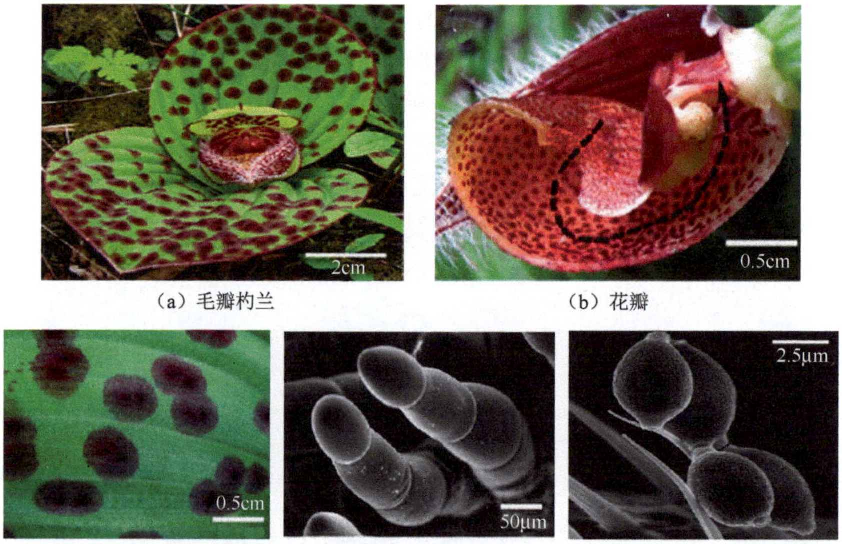

（a）毛瓣杓兰　（b）花瓣

（c）叶片表面深褐色的斑点　（d）斑点中央的毛状体　（e）枝孢菌串珠状的孢子

图 7-24　毛瓣杓兰花朵、叶子及其孢子[34]

为了避免被掠食者发现或捕捉，生物会用数种方式来伪装自己，然而，掠食者辨识能力的提高也是伪装能力进化的一个重要的驱动力[35]，由于这种驱动力，生物进化出了完美的伪装。伪装的精确度取决于环境中捕食者的构成，如果环境中还存在其他类型的捕食者，如喜欢吃伪装者模仿的对象，伪装者在进化过程中就会逐渐放弃部分伪装效果，进化出其他特性，如更强的逃跑能力等。可见，生物的伪装能力在自然选择过程中总是在不断进化与完善的。

7.2.3　共生与寄生

共生与寄生所呈现的不仅仅是不同物种间的相互依存关系，更重要的是展现了共生与寄生关系的相关物种在特殊生境条件下特殊的适应特性和资源管理的优异能力。这也是仿生学已在关注的研究领域。

7.2.3.1　共生

共生是指两种不同生物之间所形成的紧密互利关系。动物、植物、菌类，以及三者中任意两者之间都存在共生。在共生关系中，一方为另一方提供有利于生存的帮助，同时也获得对方的帮助。

有害微生物一般具有较强的繁殖能力和适应性，很难控制，对高等生物是一种长期的威胁。通常，防御有害微生物侵害的最好物质就是产生高效抗生素的其他微生物。因此，一种抵御这种由细菌和真菌造成威胁的有效可行方法就是与产生抗生素的细菌建立一种共生关系，这些细菌可以抵御大部分有危害的病原体。例如，欧洲狼蜂（*Philanthus triangulum*）将链霉菌以一种特殊的方式共生于它的触角中，雌性欧洲狼蜂在封闭蜂房之前用触角将共生细菌运到孵卵蜂房顶部，然后将这些细菌运到茧丝中，用这些共生细菌来保护欧洲狼蜂幼虫，避免致病真菌的侵害，如图 7-25 所示[36]。

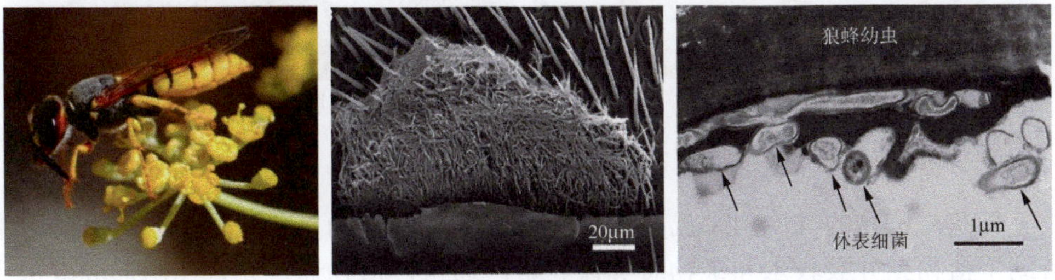

（a）欧洲狼蜂　（b）触角内共生的链霉菌　（c）幼虫体表的共生菌

图 7-25　欧洲狼蜂与链霉菌共生[36]

一些真菌蚂蚁依靠种植不同的真菌来作为唯一的食物来源，所以这些蚂蚁费很大心思来照顾它们的真菌园，包括利用各种植物、种子及幼虫粪便来施肥。研究发现，这些蚂蚁与细菌共生，在它们的身下有一种月形组织，而在里面又有腺体提供营养来培育一种细丝状细菌，如图 7-26 所示[37]，其从蚂蚁身上的腺体中获取营养。这些细菌产生的抗生素能有效抑制寄生生物在蚂蚁的真菌园里蔓延，从而确保它们的食物来源不受破坏。一些蚂蚁和某些植物也具有典型的互利共生关系，植物为蚂蚁提供食宿，蚂蚁有效地抵御植物的入侵者。如阿兹特克蚂蚁和西哥罗佩树存在共生关系，如图 7-27（a）所示，西哥罗佩树树干能分泌含有糖分的分泌物，为蚂蚁不仅提供居所，而且提供部分食物。西哥罗佩树的枝叶背面具有锥形突起，且具有黏性，能够牢牢粘住阿兹特克工蚁的爪子，大批工蚁便隐藏在叶子的边缘，等待猎物上钩，如图 7-27（b）～（d）所示[38]。叶子的超强粘附力可以让蚂蚁毫无后顾之忧，甚至抓到体重远远超过自己的重物与昆虫，如图 7-27（e）、（f）所示。而蚂蚁则帮助西哥罗佩树抵御“强敌”，啃掉入侵的攀援植物，攻击任何来侵犯它们所居树木的生物，保护其不受侵犯。然而，一些研究显示，蚂蚁和植物这种互利互惠的关系看上去并不完美，蚂蚁往往会破坏植物的繁殖。例如，节果决明（*Cordia nodosa*）是一种与蚂蚁共生的南美洲植物，它们与蚂蚁在一起生活，蚂蚁既充当着朋友也充当着破坏者，使节果决明无法繁殖[39]。节果决明树枝的中空节结称为虫菌穴，蚂蚁在虫菌穴里居住，同时以在植物上生产甘露的介壳虫为食。如果节果决明植物生长得更快，那么其上就有更多的虫菌穴，能够使蚂蚁的殖民地进一步扩张。因此，蚂蚁能够迫使节果决明将营养物质主要用于生长，而不是结出果实和种子。但是，这也并不意味着终结了节果决明植物的繁殖能力，这种植物在生命历程中能够寄居多种蚂蚁，最终某种蚂蚁可能会使该植物的繁殖能力再度兴旺发育。

（a）真菌蚂蚁

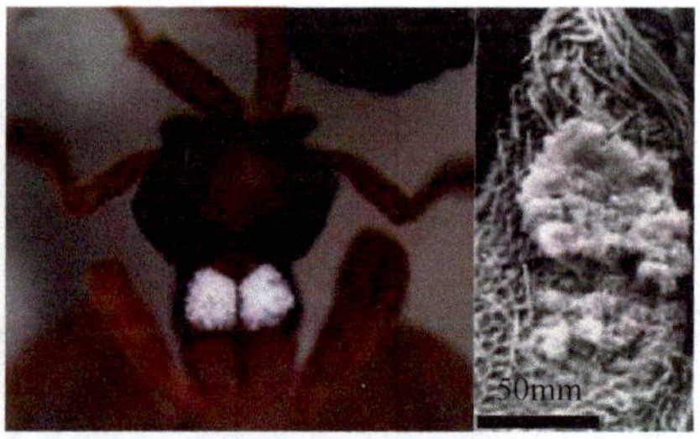

（b）蚂蚁腹部共生的细菌

图 7-26　真菌蚂蚁与细菌共生[37]

真菌与植物的共生由来已久，这种共生关系不但为真菌提供了栖身之所，也有助于植物充分吸收水和矿物质等营养素。通常，植物通过光合作用形成碳水化合物，再将其输送到根部，由根系提供给土壤中的细菌。作为交换，细菌则提供植物生长所必需的磷元素。但是，由于植物的地下根系发达，周围的细菌也多，会形成一个“交易市场”，公平交易所需的营养物质。如果有“吝啬”的细菌不提供足够的磷元素，植物的根系会远离这些细菌，而另寻“出价”更高的细菌。反之，如果有的植物根系提供较多的碳水化合物，细菌则也相应提供更多的磷元素[40]。

此外，法国科学家发现了一种维持这种共生关系的名为 Myc 的关键因子[41]，它是真菌菌根在共生过程中合成的，虽然数量极少，却十分活跃。它能通过信号传导刺激植物根部生长。此外，Myc 还能在植物的生长中发挥调节器的作用。这一成果将有助于开发绿色技术，提高作物产量。

（a）西哥罗佩树上的蚁巢　（b）叶片背面形态　（c）蚂蚁爪钩

（d）蚂蚁隐藏在叶片下　（e）叶片上的蚂蚁具超强粘附力　（f）蚂蚁捕食

图 7-27　阿兹特克蚂蚁和西哥罗佩树共生[38]

加拿大研究人员发现一种既独特又怪异的植物寄生于动物体内的实例，即绿藻入侵还在发育中的两栖动物星点蝾螈的胚胎并与之共生，这是首度有证据证明植物与脊椎动物共生的例子[42]。星点蝾螈只有在猎食与繁衍后代时才会浮出水面，它们在池塘里产卵，让卵在靠近水面处漂浮，这对藻类而言，此处正是充满阳光又受到保护的理想环境。研究发现，星点蝾螈的卵是绿色的，因为卵囊里有绿藻。卵囊里的绿藻为蝾螈胚胎提供氧气，绿藻也从胚胎排泄物中取得所需要的氮，如图 7-28 所示。此前，许多科学家认为，植物应该无法生长于脊椎动物的细胞内，因为鱼、鸟、爬虫类、哺乳动物（包括人类）等脊椎动物拥有相当特殊的免疫系统，通常不可能让外来有机体存活于其细胞内。研究者在成年蝾螈的生殖器官内发现藻类的 DNA，这意味蝾螈胚胎内的绿藻可能是从它的父母遗传来的。

（a）蝾螈绿色的卵　（b）卵囊胚孔生长的绿藻　（c）绿藻入侵蝾螈胚胎头盖骨

图 7-28　绿藻与蝾螈胚胎共生[42]

此外，科学家在印尼婆罗洲发现一种蝙蝠和猪笼草之间新奇的共生关系[43]，这种异乎寻常的生存方式给双方都带来了好处。猪笼草是食虫植物的一种，生长于营养元素稀缺的土壤环境中，需要依赖捕食昆虫来获取成长所需的足够的氮元素。而在婆罗洲的泥沼地和石南林中发现的莱佛士猪笼草，以超长捕虫囊著称。这种猪笼草所捕食的昆虫数量只有其他婆罗洲食肉植物的 1/7。那么它是如何补充氮元素的摄入呢？最新研究发现，莱佛士猪笼草与小型哈氏长毛蝙蝠共生，蝙蝠居住在捕虫囊中，避开其底部的消化液。猪笼草得益于蝙蝠粪便中的营养素，而蝙蝠则安全地藏匿于植物的捕虫囊中。

共生行为是某些生物选择的对自身最有利的生存方式，这是物种自然选择的本能行为。在进化的过程中，生物的共生特性与它们的逃脱天敌及捕获猎物的特性同样重要。许多共生关系最开始也许只是兼性共生，在经历了长期进化之后，这些生物会变得越来越依赖共生关系，因为共生特征在优胜劣汰的自然选择中具有优势。

7.2.3.2　寄生

寄生是指一种生物体依附在另一种生物体中，以求供给养料、提供保护或进行繁衍等而得以生存，是一方受益，另一方受害的关系。有的通过幼虫、有的通过卵，有的甚至通过菌类感染或共生，在不同的物种种群间建立起寄生关系。多数情况下宿主是受害者，但对于有的宿主，这种寄生关系则是其生存与生活的必然需求。

美国宾州州立大学的研究者发现，寄生虫（*Xenos vesparum*）感染欧洲造纸胡蜂后能够彻底改变欧洲造纸胡蜂的身体和行为，让它们完全听从自己的命令。欧洲造纸胡蜂也因此完全抛弃由基因所赋予自己的社会角色，并离开自己的蜂房，完全脱离正常的生命周期。对于一个独立的胡蜂工蜂来说，它通常在春季遭遇寄生虫幼虫，幼虫跳到工蜂身上，藏于工蜂腹部，在那里它以宿主的血液为食。在接下来的数周时间里，幼虫成长得越来越大。被寄生的工蜂虽然也在成长，但生长速度较慢，而且它比同类要小一些，翅膀也更小，如图 7-29 所示[44]。当其他工蜂在忙于采食、照料幼虫、维修蜂房或保卫家园之时，被感染工蜂就好像受到某种命令或驱使，离开自己的蜂房前往一个未知但预先确定的地点，其他被感染的工蜂也会到那里聚集。当聚集的被感染工蜂达到足够数量时，寄生虫交配行为开始。雄性寄生虫此时已经成熟并长出翅膀，开始从宿主体内爬出。雌性寄生虫此时仍然大都留在宿主体内，只会将身体的一端伸出宿主身体交配。对于被雄性寄生虫感染的工蜂因为寄生虫在它们身体上钻出了许多洞，工蜂因此死亡。而被雌性寄生虫感染的工蜂却可以继续存活，因为雌性寄生虫仍然生活在其体内。

图 7-29　胡蜂被寄生虫寄生[44]

蚤蝇科动物身体非常小，体长仅有 0.4 cm 左右，但其却是蚂蚁世界的克星。这个苍蝇家族的成员能将自己的卵产在一只蚂蚁的体内，幼蝇慢慢孵化出来后，它们就以寄居的蚂蚁的头部为食，最终使蚂蚁的头部掉落，“寄主”死去，如图 7-30 所示[45]。

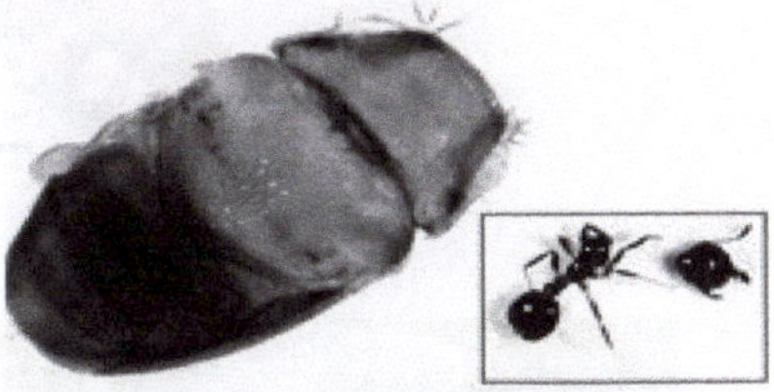

图 7-30　蚤蝇[45]

在巴西与澳大利亚一些最古老的雨林中存在着一些菌类 *Ophiocordyceps*，它们能感染并控制蚂蚁的躯体，最后到一个适合自身生长的空间时再杀死这些蚂蚁寄主。每一种菌类分别控制不同种类的蚂蚁，其生命期非常独特，当其孢子从空中落到蚂蚁身上，或是在雨林地面上与蚂蚁相遇时，蚂蚁开始被感染[46]。一旦附到蚂蚁身上后，孢子通过酶进入蚂蚁的体内，菌类开始在其中生长。大约一个星期后，由菌类释放的化学物质会导致蚂蚁迷失方向，并在死亡前的最后时刻咬住离地 25 cm 左右高处的植物叶脉。研究发现，这些蚂蚁死亡的地点通常拥有适合菌类生长的最理想环境。为了证明选择这样的地点对真菌的重要性，研究者找到了几十只感染的蚂蚁，一部分留在真菌让它们去的地方，另一部分挪至周围的其他位置，结果在前一类地点，真菌都生长良好，而被挪动过的真菌都没有长出来。当被感染的蚂蚁死后，真菌开始从蚂蚁身体里长出菌丝。几天时间里，菌丝会从蚂蚁的外骨骼中冒出来，而且每次都是从它脑后的特定位置冒出来。在一周时间里，真菌会长到蚂蚁体长的大约 2 倍，并开始繁殖产生孢子。同时，蚂蚁的外骨骼发生了变化，为真菌提供了更好的保护，而真菌处在蚂蚁身体内部的部位开始功能分化，快速将孢子传遍整个尸体，如图 7-31 所示。当真菌开始释放孢子时，在蚂蚁身体下面形成一个面积达 1 m^2 的感染区，一些经过这里的蚂蚁就会感染上致命的真菌。因此，真菌之所以操纵蚂蚁死在离地 25 cm 左右高的位置上，正是为了创造这样的感染区。如果孢子在被释放一天内感染蚂蚁失败，那么这些菌类还有备份计划，落在地面上的孢子会慢慢长出一个第二级孢子。当有蚂蚁经过时，它们会立即抓住机会附到蚂蚁身上。此外，蚂蚁并不是这些真菌的唯一的宿主，其他一些昆虫也同样易被感染寄生，如黄蜂、苍蝇、蟋蟀等，如图 7-32 所示。

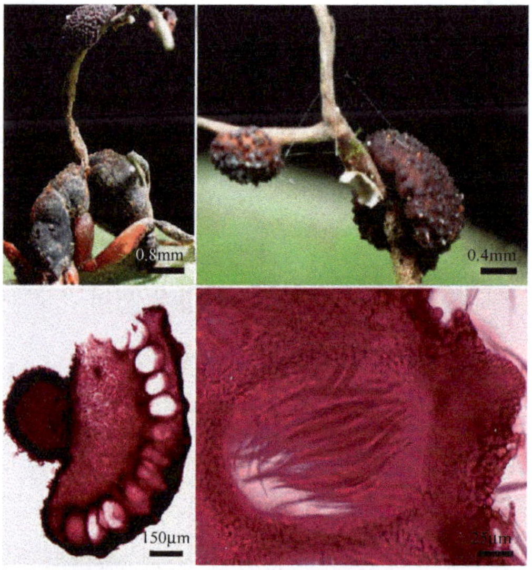

图 7-31　被真菌寄生的弓背蚁[46]

（a）黄蜂　（b）苍蝇　（c）蟋蟀

图 7-32　被真菌寄生的黄蜂、苍蝇、蟋蟀[46]

日本的研究者发现，臭虫必须与一种寄生细菌共生才能正常生长和繁殖。在臭虫的精巢或卵巢附近有一种特殊细胞群，里面的细胞内存在大量名为尖音库蚊沃尔巴克氏体的寄生细菌[47]。研究人员除去臭虫体内的尖音库蚊沃尔巴克氏体寄生细菌，然后让臭虫以吸食混入抗生物质的血液为生，结果这些臭虫卵的孵化率急剧下降，即便孵化出幼虫，也都不能发育为成虫。这表明，感染尖音库蚊沃尔巴克氏体寄生细菌对臭虫的正常生长和繁殖非常重要。进一步研究发现，臭虫以脊椎动物的血液为生，血液营养虽然丰富，实际上却缺乏昆虫所必需的 B 族维生素。如果在喂食臭虫的血液中添加 B 族维生素，这样即使臭虫体内的尖音库蚊沃尔巴克氏体寄生细菌被清除，臭虫照样能够正常发育。可见，有些宿主和寄生物之间在进化过程中产生了互利的特征，以致能加强相互间的持续存在，这是一种由寄生向互利共生发展的模式。

值得一提的是，在自然界，物种之间的相互作用通常受到多个特质的影响。例如，欧洲防风草对结网虫的抵抗取决于其开花的时期及含有的具有杀虫特性的特定化学成分的浓度。又如，金枪鱼和大比目鱼拥有黏膜屏障、杀灭性分泌物等多个防御性特质，寄生虫必须克服这些防御才能成功寄生到宿主上。当宿主和其寄生虫各自都有许多管理彼此间相互作用的特质时，具有多个攻击与防御机制可以帮助宿主进化并维持与寄生者之间的低互作率[48]，这些进化优势可帮助宿主生存下来。

7.2.4　定时、定位、导航

定时、定位、导航是生物对生境条件变化所作出的有规律的、成系统的适应性反应及活动，是对生境动态反应的一种过程或行为，主要有定向行为、节律行为等。这些行为多数是先天性的定型行为，如鱼类定向洄游、鸟类定向迁徙等季节节律。少数是后天性的习得行为。例如，一些生物通过对环境条件变化的反复应答，逐渐从渐变到实变地改变其定向或节律行为，以适应环境。

7.2.4.1　定时

定时是生物调节自身生命活动使之按照一定的时序启动、进行和终止的过程，准确的定时能力是生物世界得以进化到目前规模的一个必要条件。自然界中的一切生物都表现出一种定时，即生物钟，或称为生物节律的现象，它们的生命活动常按一定的周期而呈现节律起伏变化，这样的变化对应天体运动、季节变化，以及外界光、电、磁、温、水等变化。英国剑桥大学的学者研究表明，最早的生物钟或许在 25 亿年前就已出现，那时出现的能够制造氧气的原始生命或许已经开始运行最早的生物钟[49]。吸收氧进行呼吸作用产生有毒副产物（如过氧化氢）的过氧化还原酶能够以周期的形式出现盈亏，并存在于生命的各种形式中。在缺乏阳光的条件下，过氧化还原酶也能够在所有这些有机体中保持一定时间，而这正是生物钟的一个主要特点。研究者认为，过氧化还原酶是所有生物钟祖先的一个很好的候选者。他们假设，作为对光合作用在细菌中出现的一种响应，这种系统在约 25 亿年前出现，其导致了氧气在地球大气中的逐渐积累，即所谓的“大氧化事件”。

生物活动与自然环境配合，调节自身的发育和生殖的步调，这才有利于它们的生存，也正因为各种生物都同样地随自然节律而变，才保证了生物间交互作用的时间配合。例如，在自然界中，许多植物用内在计时机制来测量日照时间变化来感知季节变化，从而在适当的时间开花。研究发现，在每年的特定时间，开花植物会在叶子中产生一种名为 FKF1 的蛋白质，该蛋白质能诱导开花。这种蛋白质是一种光感受器，由阳光激活，在每天傍晚表达，受植物生物钟严密调控，一旦生成，就会从叶子游向茎尖部分。茎尖是植物中细胞未分化的部分，可以生长成叶或花，它在茎尖开始分子变化，将细胞送上成为花朵的道路。当白天时间短时，由于傍晚没有阳光，表达的蛋白质不被激活；当白天时间长时，表达的蛋白质利用光线激活开花机制。生物钟调节开花的特定感光时间，这就是植物感觉日照时间长短的系统，而在植物没有时间生长时，如日短夜长的冬天，这个系统就会阻止植物开花[50]。美国和瑞士的研究人员发现，有些植物还能将自己内部生物钟信号同周围环境的信号结合起来控制自己每天的生长节奏[51]。例如，拟南芥幼苗每天快速生长一次，具体时间由植物内部的生物钟和阳光来控制。当拟南芥幼苗处于恒定阳光环境中时，每天的最快生长期发生在下午。然而，当将其转移到更接近自然的昼夜周期性环境中时，生长最快的时间推迟了几个小时，接近黎明。在自然界，通常黎明前植物周围会有更多的水分。

生物定时现象在动物界是广泛存在的。例如，提琴蟹能够根据太阳和月亮的运行，每天校正自己的作息制度。当潮水退去的时候，提琴蟹在海滩寻找食物，十分活跃；当湖水到来前 10 min，它提前进入洞穴。潮水的涨落每天都是有规律地进行，而提琴蟹能够根据每天潮水的变化调整它的生物节律。珊瑚没有类似的专门感光器官，但是它却能按照月亮光线的变化精确地定时排卵。例如，澳大利亚大堡礁上的鹿角珊瑚（*Acropora millepora*），每年一次在晚春满月后半夜的月光下同步产卵，时间非常精确，如图 7-33 所示。这样做的好处在于能够最大化提高珊瑚卵的受精概率，并能使幼虫更好地随着潮汐扩散。研究发现，鹿角珊瑚具有能够感受蓝光的隐色素（cryptochrome）基因受体，它们暴露在光暗周期下时表现出每日韵律，且基因的表达随着满月而变化，在满月的时候会完全开启，其是调控珊瑚精确产卵时间的重要因素[52]。

此外，一些单细胞的生物也有着精确的“内置钟表”。例如，绿藻，可以在没有外界刺激的情况下保持每天有规律的活动，而且即使在细胞分裂活动时也保持着异常精确的周期，这种准确的生物钟是通过遗传基因与生俱来的。为了揭示绿藻生物钟“守时”的秘密，法国科学家对常见的单细胞绿藻进行了 24 h 观测，并根据其体内蛋白质的生成数量绘制了曲线图[53]。结果表明，绿藻生物钟只在某些特定时刻对光线敏感，如早上日出或晚间日落的时刻，在其他时间，生物钟能够“守时”是因基因和蛋白质的调节机制发挥了作用。在这种机制作用下，生物体内蛋白质数量会定时增长或消退。例如，基因 *A* 能够生成蛋白质，激发基因 *B* 的活性，后者在被激活后同样产生蛋白质，让基因 *A* 停止活动，如此周而复始，在 24 h 内，生物体内的蛋白质数量随着时间不断变化，会从 0 开始达到一定数量，然后又自动消退，从而使生物钟发挥作用。

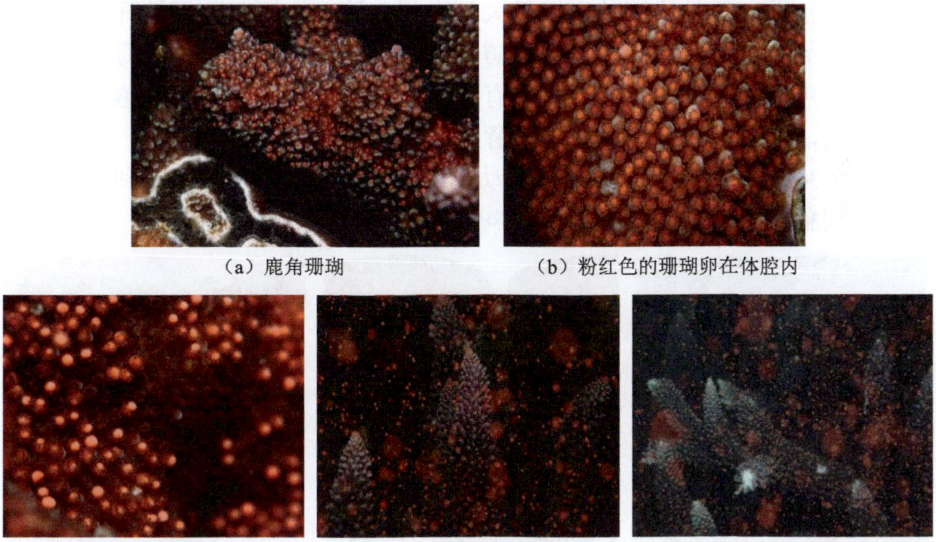

（a）鹿角珊瑚　（b）粉红色的珊瑚卵在体腔内

（c）即将排卵　（d）开始排卵　（e）大量排卵

图 7-33　鹿角珊瑚月光下同步产卵[52]

可见，生物具有自我预知时间及定时的能力，是由于生物体对来自宇宙环境的某种外部信号产生了一种反应，是进化的结果。在亿万年中，宇宙的自然节律已经在生物体内的基因上打下了深深的烙印，生物体中只有那些能在生理上和行为上适应这些环境节律的才能存活下来，而且这种节律是可以代代遗传的。

7.2.4.2　定位

自然界中，许多生物能利用回声、电场或热等方式给自己定位、辨别方向及捕捉猎物等。例如，蝙蝠是动物界中著名的回声定位“专家”，其在安静时，每秒能发出 5～10 次超声信号；飞行时，每秒能发出 20～30 次甚至 60 次超声信号，能在背景噪声比信号强 2000 倍的情况下，检测出从猎物身上反射回来的声波，从而准确识别猎物的方位。很多鱼类能在暗淡和浑浊的水中利用声波进行定位，其在海水近距离内一般用低声波探测，在远距离时则改用超声探测。鱼类定位本领异常惊人，能分辨出 15 m 以外 2.5 cm 长的小鱼，还能在 2 km 内精确地把目标和其他物体区分开来。

海豚具有超强的回声定位能力，其能听到的声音范围虽然比不上蝙蝠，但是海豚能对水中频率高达 170 000 Hz 的声音起反应，而且具有很强的抗干扰能力和辨别能力。研究发现，海豚前额部几乎没有脂肪，声波能由此处很好地传入。海豚的前额部对回声的定位极其重要，无论是声波的向前发射，还是回声的由前传入，都与前额部有关，这也是海豚能觉察到脑前方的事物，而对脑后的事物觉察不到的原因。海豚的下颌骨对回声接受有很大作用，它的下颌骨有空隙，一直后延并将耳骨包围，耳骨周围的空间扩大到内耳。这一方面起到保护耳免受深海巨压的作用；另一方面起着隔音作用，防止声音由身体传入耳中，使海豚只能接收来自前方的声波。此外，海豚不仅具有回声定位的能力，而且还能感觉到所捕食猎物的电场，用电场对猎物定位。海豚上颌密集分布的凹陷组织是一种电场感受器，如图 7-34 所示[54]，用以捕捉附近动物产生的电场，这种能力有利于其在近距离内感觉到猎物的存在，因为此时回声定位感觉器官已不太灵敏。

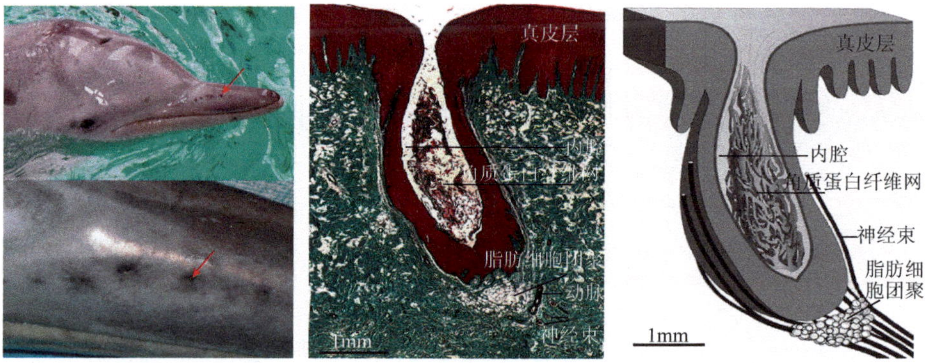

（a）上颌密集分布的凹陷　（b）凹陷纵向组织　（c）凹陷纵向组织结构示意

图 7-34　海豚感知电场器官[54]

除回声与电场定位外，一些生物还能采用热定位捕食，如蝮蛇、蟒蛇、王蛇等，其鼻孔与眼之间有两个颊窝[55]，对波长 0.01～0.015 mm 的红外线反应最为剧烈，而这些波段的红外线多数是一般恒温动物（如鼠、鸟等）身体发出的。例如，解剖蛇类颊窝器官发现，有颊窝的蛇依赖瞬态电压感受器通道（TRPA1）蛋白来精确探测热量。附近任何物体的温度只要比颊窝所处的温度稍微高一点，就能引起反应，非常灵敏。因此，蛇类能够在黑暗环境里准确地发现附近温血动物所在的方向和位置，迅速地猛扑过去。又如，一些吸血蝙蝠还具有能够检测红外辐射以定位热血猎物的本领[56]。吸血蝙蝠利用特殊的面部神经，可以感应到体温为 32℃的动物。

7.2.4.3　导航

生物拥有惊人的导航能力，它们利用太阳、星星、地磁场、电位梯度、偏振光、振动陀螺、遗传密码、气味、视觉等方式导航，从而使其在进行长距离迁徙时不迷失方向。

蜜蜂利用晴天时的太阳来进行导航，每当找到蜜源时，其就要先观察一下太阳的位置，然后飞回窝中，在同伴面前跳跃与太阳位置有一定关系的舞蹈，用舞蹈来表明蜜源与太阳的位置[57]。许多长距离迁徙的鸟类总有时间感觉，它们以太阳的位置作为导航罗盘，其体内有一种能够确定太阳移动的生物钟，根据太阳移动的速度，适时修正相对太阳的位置。君王蝶在秋季从北美洲不同地区向墨西哥迁徙的过程中，它们会利用太阳的位置来计算应该前去的地方，这是因为其触须内的生物钟在全天内始终随着太阳在天空中的移动而一直处于运行状态，会随时校正所做的计算，从而帮助君王蝶精确导航[58]。

白喉莺在欧洲繁殖，每年秋天从北欧出发，沿东南方向飞向巴尔干半岛，跨越地中海，然后沿着尼罗河一直向南飞到这条河流的上游去过冬。它总是在夜间飞行，把天空中的星座作为导航的罗盘，其利用自己的生物钟来校正星座一年四季的变化，从而准确地确定自己的位置。某些鱼类，如鳗鱼是借助微小电位梯度的变化，依靠灵敏的感觉器官，在海洋中确定远航的方向。因为海水是导电体，当它流动切割地球的磁力线时就会产生一种与流动相垂直的电流，形成微电位梯度变化。许多昆虫的眼睛对光的偏振很敏感，利用偏光罗盘来确定太阳位置以导航。例如，蜜蜂复眼约有 6300 个小眼，这些小眼能根据太阳的偏光确定太阳的方位，然后以太阳为定向标来判断方向，所以，在阴天时蜜蜂也可以准确无误地把它的同类引到它所找到的花丛。沙漠蚂蚁是利用偏振光导航的能手，为了寻找食物，沙漠蚂蚁远离洞穴，利用天空中的紫外偏振光导航，从来不会迷路。

气味是引导鲑鱼从茫茫大海游回出生河流的无形向导，研究表明，在幼鲑鱼生活的每一条河流里都有一种特有的气味（河流中藻类、植物和动物所产生的综合气味），这些气味深深地印在鲑鱼的记忆中，成年鲑鱼就是依靠这种化学气味导航，从大海中游回到它们幼年生活的河流。气味导航在蚂蚁识途中发挥着重要作用，当蚂蚁外出觅食或在回家的途中，一般情况下它们都会释放特殊的信息素气味来标示行进的轨迹。当行进路线出现一定角度的转弯，它们便会释放这种微量的特殊气味作为路口路标，同时，标示出来的路口角度还会暗示是否有食物源存在或仅仅就是一条普通的岔路口，蚂蚁根据信息素气味寻找食物或回家的路。

鸟类的迁徙习性是由史前时期觅食的困难所造成的，那时为了寻找食物，鸟儿不得不进行周期性的长途迁徙。这样年复一年，世世代代，经过漫长的演化过程，各种迁徙习性就被记录在它们的遗传密码上，然后经过核糖核酸分子一代一代传下来。因此，那些很早被它们父母遗弃的幼鸟，在没有成鸟的带领，没有任何迁徙经验的情况下，靠遗传密码导航仍能成功地飞行千里，抵达它们从未到过的冬季摄食地。

地球上的许多动物都可以利用地球磁场来进行定向和导航，但不同动物利用地球磁场信息的策略有很大差别。有些动物利用的是磁极罗盘，即区分地球磁场的南北极；有些动物则是区分磁倾角的指向，从而分辨出地球磁场的磁赤道和磁极方向，即利用地磁偏角和磁场强度在地球各地理区域的差异而核准定位以得知其位置。例如，蝙蝠通常用回声定位探测食物和周围的世界，但回声定位的有效距离通常仅为几十米。而相当多的蝙蝠种类可以长距离迁徙，迁徙时距离地面的高度可达数公里，此时，蝙蝠便利用磁极罗盘进行导航[59]。眼斑龙虾（*Panulirus argus*）在进行季节性迁徙时最远可达 200 km，实验显示，龙虾利用磁倾角的指向导航。将除去视觉和嗅觉线索的龙虾放在距被捕处 12～37 km 的地方，然后将其释放，让其自行移动，它们总是朝被捕的方向前进。即使在释放前利用磁铁来干扰其地磁罗盘，它们还是不会迷路。鸽子可以从几百公里之外，甚至在 1000～2000 km 远的地方飞回家去。研究发现，鸽子脑部的一种特定的白细胞可以将磁场方位、强度和极性信息编制成密码，特定的白细胞利用这些编码进行计算，得到关于方位和飞行方向的信息[60,61]。因此，信鸽不仅知道自己居住地的地磁场强度和科氏力的大小，并且随时能识别地磁场强度和科氏力的细微差异，它们就是凭借这种特殊本领精确无误导航的。

7.2.5 休眠

休眠是指生物在不良环境条件下生命活动极度降低，减弱新陈代谢速度，进入昏睡状态。等不良环境过去后，又重新苏醒过来，照常生长、活动。休眠是生物在严峻生存条件下的优化选择，是对外界激励的正确应答，亦是自然界较为常见的生物学现象，大致有两种类型，一类是严冬季节时（低温和缺少食物）进行的冬眠，一类是酷暑季节进行的夏眠。

7.2.5.1 冬眠

生物的冬眠堪称生命过程中的奇迹，在极端恶劣的环境下，一些冬眠动物靠维持接近零度的体温以及近乎于正常情况下百分之一的心跳、呼吸和代谢来度过整个冬季，然后会周期性地自发苏醒。

许多哺乳动物与鸟类等都有冬眠的现象，且冬眠的形式多种多样。例如，阿拉斯加黑熊在 5 个月的冬眠期间，体温缓慢地以 2～7 天为周期在 30～36℃波动，与夏天相比，体温只下降 5～6℃，但其代谢活动却急剧下降，只有正常水平的 25%，心率也会从每分钟 55 跳减缓至 14 跳[62]。这些黑熊冬眠结束之初，其代谢活动仍然只有正常水平的一半，2～3 周后才完全恢复正常水平。黑熊冬眠醒来时，其肌肉、骨质等都完好，生物功能特性一切正常。刺猬冬眠时，喉部有一块软骨将口腔和咽喉分隔开，并掩紧气管的入口，使其呼吸近乎停止。鸱鸺一到冬天，食物来源断绝时它们就会冬眠，此时体温由平时的 40℃降到 20℃左右，用听筒也听不到心脏的跳动声。可是，春天一到，它的体温自行升高，一醒过来就展翅高飞了。生活在美洲热带地区的蜂鸟竟然也有休眠行为，其新陈代谢特别旺盛，必须不停地进食才能维持生命活动。可是，热带夜晚的气温比白天低，那时既找不到飞虫，又采不到花蜜，于是它们只得停在树枝上休眠，体温从 40℃降到 20℃左右，最低甚至只有 9℃，大约每 5 min 只呼吸一次，将能量消耗降到最低限度。在鸟类中，候鸟会作季节性迁徙，以适应外界气温的剧烈变化，而少数丧失迁徙能力的鸟，就只能借助于冬眠来抵御寒冷和饥饿的威胁。

英国科学家在南极发现了一些为了在漫长的冬季保存能量而冬眠的革首南极鱼，这些鱼进入了与刺猬等陆地动物的冬眠类似的静止状态[63]。众所周知，南极鱼的血液中有防冻化学物质，具有适应极端寒冷环境的非凡能力。研究发现，革首南极鱼进入冬眠状态是为将体内能量需要量降至最少，以度过漫长的冬季。

7.2.5.2　夏眠

夏眠是指在夏季时生物的生命活动处于极不活跃的极度状态，即进入一种睡眠状态，以利于其在炎热和干旱季节中生存，夏眠的形式也是多种多样的。例如，在非洲东南部的马达加斯加岛上有一种箭猪，以蚯蚓为食。到了炎夏，蚯蚓几乎绝迹，它便用夏眠来熬过这段缺少食物又炎热的日子，到了秋初，其便醒过来觅食。在撒哈拉大沙漠中有一种大蜘蛛会自己挖井，它挖成一口直径 2.5 cm、深 40 cm 的井，并在井口处吐丝结一张大网以遮挡夏日炽烈的阳光，然后躲进井底夏眠。在非洲大沙漠里的蜗牛，每当盛夏来临时它就缩进壳内，钻到沙砾中藏起来夏眠，等到天气转凉时它便从沙砾中爬出来活动。非洲肺鱼是最有名的夏眠生物，当雨水充沛时，它可以用鳃痛快呼吸；而干旱季节时，沼泽地带干涸，非洲肺鱼便钻进泥堆里夏眠。由于天气炎热，外面的泥堆已被烘干，形成了一个泥洞，非洲肺鱼便用嘴打开一个通气孔，然后从皮肤上渗出一种黏液，使泥洞的壁变硬。它通过通气孔用肺呼吸外面的新鲜空气。它能在泥洞里不吃不喝夏眠几个月，待到雨季来临便又会重新回到水中生活。

生活在多瑙河沿岸水域里的泥鳅到夏天河水干枯时就钻进泥浆里不吃不喝进入夏眠状态，只靠其特殊的肠子来呼吸空气，维持生命。在南非有一种奇特的树鱼，到了夏天，它就爬到树上的荫凉处夏眠两个多月，以度过酷暑。海参生活在海底岩石缝里，或浅海底泥沙之中，靠触手捕捉周围食物。夏季，由于海水表面温度上升，许多生活在海底的生物白天浮上海面、晚上又沉到海底，这样，海参白天很难找到食物，便夏眠 3 个月，即使在缺氧的地方埋入沙中，海参也能照常生存。

7.2.6 耐抗性

无论外界环境条件多么恶劣，有些生物总是勇于积极适应，通过自身的自动调节机制，进化出对生境具有极大适应价值的功能特性，如耐抗性。

生物具有极强的耐抗性，可耐高温、高压，以及耐寒、耐辐射、耐盐、耐酸、耐碱、耐旱、耐火、耐药抗菌等，可生存于人类难以想象的极端环境中。前面章节简单介绍了几种具有耐高温、高压，以及耐辐射、耐盐、耐寒等特性的生物，本节介绍生物的几种其他耐抗性。

7.2.6.1 耐酸性

近年来，随着对生存在极端环境中生物的研究，人们在金属硫矿床、酸性矿水、生物滤沥堆、含硫温泉和土壤、酸性的沼泽、火山口、太平洋的深海沉积物等环境中相继发现了许多具有耐酸性的生物，它们大部分是以无机物为营养物质，在没有其他生命形式的酸性极端环境中生存。

有几种有孔虫目的原生动物可在海洋沉积物中的缺氧酸性区中生长，这些生物能在细胞内以比环境值高 500 倍的浓度积累硝酸盐，如图 7-35 所示。在这些缺氧环境中，硝酸盐可以代替氧。所积累的大量硝酸盐甚至还使它们能够“屏住呼吸”超过一个月[64]。地球热酸温泉中生活着许多喜酸生物，研究人员从一个热液喷孔中分离出了一种极端喜欢热酸环境的古生菌，它是深海热液喷孔广古菌-2 家族的一个成员，生长在 pH 为 3.3～5.8、温度为 55～75℃的环境中[65]。

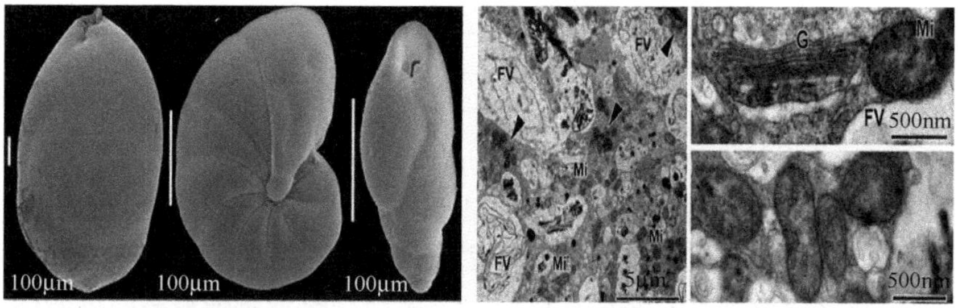

（a）三种有孔虫目　　（b）第一种有孔虫目的细胞组织

图 7-35　三种有孔虫目及细胞结构[64]

FV. 食物液泡；Mi. 结晶颗粒；G. 高尔基氏体

人类活动释放大量的二氧化碳到大气中，加上使全球变暖的种种因素影响，二氧化碳使海洋严重酸化，这已经成为许多海洋物种灭绝的重要原因之一。一些具有碳酸钙骨骼的海洋生物，其体内的某种机制能抵抗海洋酸化，具有一定的耐酸性。研究发现，具有碳酸钙骨骼的海洋生物，其骨骼有两种形式，即霰石与方解石。由霰石组成骨骼的物种较由方解石组成骨骼的物种更能抵抗酸化环境。例如，轴孔珊瑚（Acropora coral）和微孔珊瑚（Porites coral）的骨骼由霰石组成，在日渐酸化的海水中能调节体内的酸度平衡[66]。

7.2.6.2　耐火性

自然界中有许多生物对火具有耐抗性。例如，叶松不怕火烧，能在火灾后存活，因其树干外面包裹着一层几乎不含树脂的粗皮，难以烧透，即使被烧伤，还能分泌出一种棕色透明的树脂，将身上的伤口涂满、涂严，随后凝固，防止真菌病毒和害虫侵入。我国海南的海松不怕火烧，具有特殊的散热能力，木质又坚硬，特别耐高温，用其做烟斗，成年累月用，不会被烧坏。我国粤西北的木荷树是防火能手，能遏制大火蔓延，其树叶含水量高达 45%，焦而不燃。其叶片浓密，覆盖面大，树下又无杂草滋生，因此，既能阻止树干上部着火，又能防止地面火焰延伸。美国长春藤等几种植物不怕火烧，它们接触火苗后本身并不燃烧，只是表面发焦，因而能阻火焰蔓延。

非洲梓柯的枝杈间长着一个个馒头似的节苞，苞内储满液体，表面满布着小孔。它们遇到火光就立即从小孔中喷出液体，这种液体含有灭火能力很强的四氯化碳。南非芦荟也不怕火烧，枝叶死而不落，一场大火后，死叶覆盖主干的芦荟中，有 90%以上经受火灾考验又活了下来，因芦荟叶中含有不可燃的物质，在死叶保护下无法达到至芦荟死亡的高温。

7.2.6.3　耐药抗菌性

耐药抗菌性是生物保护自己的一种手段，是生物界中较普遍的一种现象，随着环境的变化这种耐抗性也在不断进化，从而使生物具有超强的生存能力，对环境展现出最佳适应性。例如，加拿大研究者对从加拿大育空地区永冻土中发现的 3 万年前的细菌 DNA 进行分析发现，这些细菌能够抵抗抗生素[67]，它们含有现代细菌抵抗抗生素的所有主要基因，这说明，古代细菌已经具有超强的耐药抗菌特性。

在北美洲、中美洲、南美洲及亚洲，那里的蛇已经进化了一种对致命神经毒素——河豚毒素的显著耐抗性，它们以能分泌致命河豚毒素的两栖动物为食。研究发现，这些蛇的一个关键钠通道基因存在突变，可以避免河豚毒素阻断肌肉钠通道，这使蛇对河豚毒素具有高度耐受[68]。否则，河豚毒素就会麻痹蛇的神经和肌肉组织，使其无法移动。

通常，进化是一个漫长的过程，在几千年之久的时间里慢慢进行一些改变。但在大西洋一种小鳕鱼（Atlantic tomcod）的身上这个过程却以惊人的速度发生着。这些生活在纽约和新泽西州间的哈德逊河中的大西洋小鳕鱼，由于数十年来受到河道中排放的毒性污染物影响，在短短几十年内就进化出了抗药性，可以将毒素保存在脂肪中而不会对自身造成损害。小鳕鱼抗药性的主要变化发生在芳香烃受体基因（*AHR2*），其发生了变异，这种变异后的变体基因能够制造释放体内受污染毒素的蛋白质来保护自体不受损害。天然的 *AHR2* 很容易与污染物联结，转变为对宿主动物有害的有毒基因。而发生变异后的变体却很难与污染物发生作用，变异后的变体基因抵抗污染物的联结能力达到未变异前的 5 倍之多[69]。

昆虫组成了地球上最大的生物群，生存环境复杂，其需要有强大的免疫系统来应对外界恶劣的环境。研究发现，昆虫体内有一种具有抗菌性的、被称为“抗菌肽”的物质，其是一种小的带正电荷的蛋白质[70]。抗菌肽遇到细菌后，先在细菌的细胞膜上打孔，然后利用电位之差进行放电，在破坏细胞膜上敏感的微绒毛之后，抗菌肽从打孔的地方钻进去，直接作用于细菌细胞核的染色体，造成入侵细菌死亡。

7.3 生物机械功能特性

人体的某些生物力学性能比较优异，但从机械科学与工程的角度看，生物可以看成是具有生命特征高度智能化的机械，在与其周围环境，特别是在与其环境介质（固、气、液或其混合）相互作用过程中，在应对各种机械激励中，呈现了多种优异机械功能特性，如强韧性、减阻、脱附、自洁、耐磨、抗疲劳、消声降噪、抗弯、抗压、增阻、增粘等。这种特性是生物在大量的机械激励过程中由量变到质变的进化结果。

7.3.1 强韧性

自然界许多生物生成的种种材料与结构，不仅强韧性比人工制品强许多，而且生成模式与方法也多种多样。

蜘蛛经过 4 亿年的进化使其所吐出的丝实现了结构与功能的高度统一。蜘蛛丝的直径约为几微米（人发约为 100 μm），具有典型的多级结构，其由一些被称为原纤的纤维束组成，原纤是厚度为几个纳米级的微原纤的集合体，微原纤则是由蜘蛛丝蛋白构成的高分子化合物[71]。坚韧如钢、交错如织的蜘蛛丝无疑是大自然的神奇造物，富有强韧性的蜘蛛网甚至能抵御飓风的侵袭。即使有多根蛛丝断掉，蜘蛛网也不会垮掉，甚至会变得更牢固。研究发现，在蜘蛛网各处去掉了总计 10%的蜘蛛丝，蜘蛛网的韧性不但没因此降低，却反而增强了 10%。蜘蛛丝纤维能够根据所承受压力的不同而变化柔韧程度，这种特性是任何人造纤维所不具有的。研究证实，蜘蛛丝的强度是等质量钢丝的 5 倍[72]，可以延伸到原长的 2 倍，且无论是在干燥状态还是在潮湿状态都有很好的性能。蜘蛛丝热导率可媲美金属，特别是用于固定蜘蛛网的拖牵丝，其热导性能胜过大多数材料，包括一些热的良导体（如硅、铝、纯铁等），是蚕丝的 1000 倍，只有少数材料比它更高（如银、金刚石等）。当蜘蛛丝被拉伸时，热导率也会上升，蜘蛛丝拉伸 20%，热导率也会提升 20%。这一性质来源于蜘蛛丝完美的分子结构，包括含有纳米晶的蛋白质及连接蛋白质分子的弹簧形结构[73]。因此，天然蜘蛛丝由于具有轻质、高强度、高韧性、高热导性等优异的力学性能和生物相容性等特性，在国防、军事、建筑、医学等领域具有广阔的应用前景。美国、德国、英国、日本等发达国家投入大量的人力和物力对蜘蛛丝进行研究，已成功制备了多种仿蜘蛛丝超强韧纤维材料[74]。

蜘蛛吐丝结网，但是它们并不是无脊椎动物中唯一生产并利用这种强韧的多功能丝的动物。蜜蜂和蚂蚁也能产丝，而且这种丝的分子结构与蜘蛛丝中具有的较大蛋白质和薄片结构非常不同。蜜蜂和蚂蚁的丝由幼虫产生，这些丝由多重螺旋状丝彼此缠绕形成蛋白质特殊排列的卷曲螺旋状结构组成，这种结构让丝的重量更轻、韧度更强[75]。

贝壳不仅是软体动物的“房屋”，也是防御的“盾牌”和进攻的“武器”，甚至还是“交通工具”。贝壳具有天然合理的复合结构，其通过对自身材料的精妙构筑，具有强韧性的最佳配合。例如，贝壳的珍珠层 95%以上为易碎的陶瓷碳酸钙，剩下的是以蛋白质为主的有机质，这两种物质以“砖泥”的形式交替层叠排列。贝壳珍珠层虽然是由低强度的无机物组成，但其断裂韧性比单相碳酸钙高约 3000 倍[76]。研究发现，贝壳的高强韧性是通过裂纹偏转、纤维拔出、有机质桥接和矿物桥作用等多种韧化机制协同作用的结果。

昆虫薄如轻纱的翅膀非常强健，在承受弯曲、扭转、折弯和摇摆所产生的数百万倍于体重的压力下仍然能保持完整。例如，沙漠蝗虫可持续数日迁徙几千公里，翅膀所具有的高强韧性使其翅膀在高强度外力作用下仍保持完好。研究发现，蝗虫翅膀脉络由纵脉（LV）与横脉（CV）组成，其间的薄膜有 1.7～3.7 μm 的厚度，如图 7-36 所示[77]，主要是由交叉结合的蛋白质组成，其对裂纹扩展抵抗力较弱。但是，当裂纹蔓延到翅脉时，其蔓延速度会明显变慢甚至停止。翅脉能够将昆虫翅膀对裂纹扩展的抵抗力提高 50%，充当阻止裂纹扩展的藩篱。因此，昆虫翅膀上的交错翅脉正是其高韧性的重要原因。

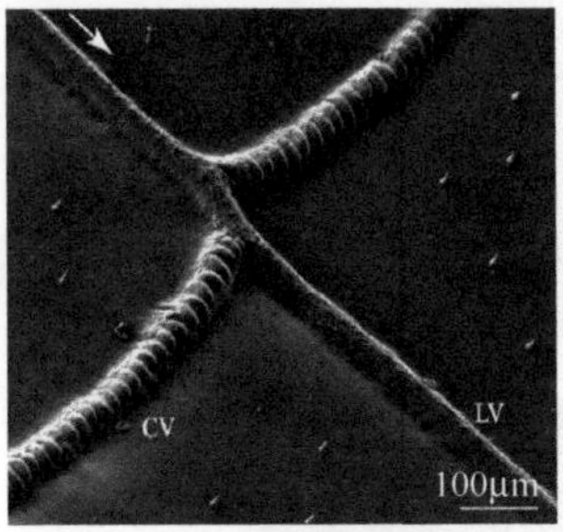

（a）纵脉与横脉

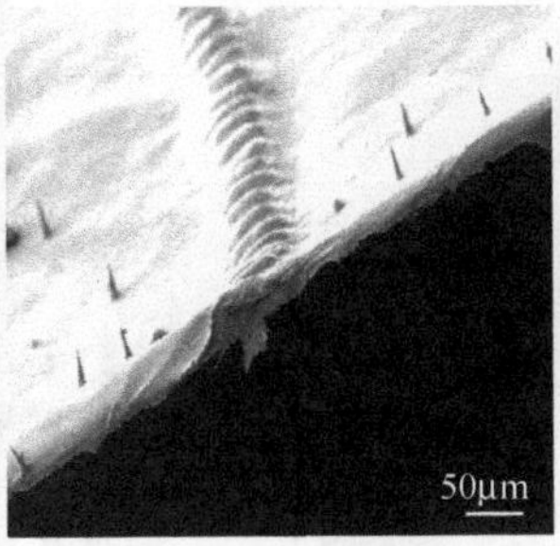

（b）干燥的翅膜

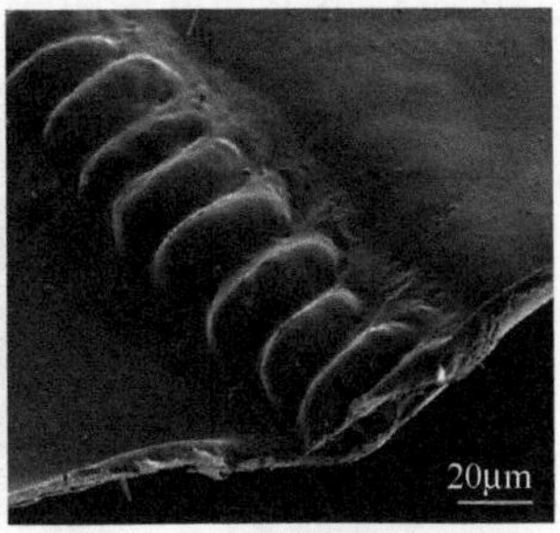

（c）横脉结构

图 7-36　蝗虫翅膀的纵脉与横脉[77]

7.3.2 减阻

自然界中，许多生物能够利用身体构形与体表形态，减少运动时所受的阻力，以提高运动效能，这也是经常运动的生物体宏观进化的基本方向。例如，鸟类身体的纺锤形；鱼类身体的流线型，且其体表还具有特殊的非光滑形态等。鲨鱼是海洋中的游泳健将，速度约 30 m/s。对鲨鱼研究发现，其身体呈流线型，且皮肤表面还规则分布着许多盾鳞，在每片鳞片的表面上有顺着水流方向排列的 V 形微小沟槽，以规则的方式进行排列[78]，如图 7-37 所示。鲨鱼在游动时，顺流方向的微小 V 形沟槽表面能有效地降低鳞片表面与水的摩擦阻力，从而有效提高游动速度。

（a）鲨鱼　（b）体表鳞片　（c）单个鳞片

图 7-37　鲨鱼体表鳞片[78]

海豚能够在水中快速游动，研究发现，其皮肤表层光滑，表层以下的真皮层分布着许多乳突，乳突间充满体液，如图 7-38 所示。当海豚处于静止状态时，表皮下的乳突组织不显现，皮肤表现为光滑形态表面；当海豚处于快速游动状态时，随着水阻力的增加，海豚皮肤感受到紊流压力变化，体液随着压力的变化流出或流入乳突中，皮肤开始收缩或扩张，此时，表皮下的乳突状组织显现出来，海豚的皮肤便由光滑形态逐渐变为相应的动态非光滑形态。同时，乳突间的体液随着紊流压力变化而流动，使皮肤随着紊流作波浪式动态运动，这样就把紊流变成层流，从而减少水的摩擦阻力[79]，使其在水中能够快速游动。

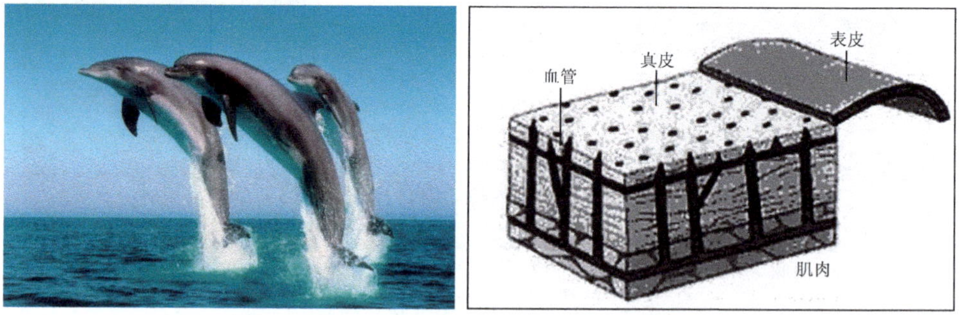

（a）海豚　（b）海豚皮肤结构示意

图 7-38　海豚和其皮肤的结构示意图[79]

7.3.3 自洁

经过亿万年进化优化，自然界中许多生物表面呈现出优异的自洁功能，如荷叶、苇叶等植物叶片，以及蝴蝶、蝉等昆虫翅膀[80-82]。例如，荷叶自洁功能是由乳突状非光滑形态、微—微或微—纳复合结构及表面蜡质材料等因素的协同作用实现的[83]，如图 7-39（a）、（b）所示。其中，荷叶表面微米级乳突非光滑形态和其表面蜡质层共同作用具有超疏水性，水滴在这种表面上具有较大的接触角，可有效阻止荷叶被润湿，水在荷叶上能形成水珠，实现对沾染物的润湿和粘附。荷叶乳突与其上更细小的微米级或纳米级绒突构成的微—微或微—纳复合结构，贡献在于能使水滴的滚动角大大降低[84]，使水滴在其表面的粘附大大降低，当水滴从荷叶上滚动时便将沾染物带走，如图 7-39（c）所示，从而实现自洁功能。

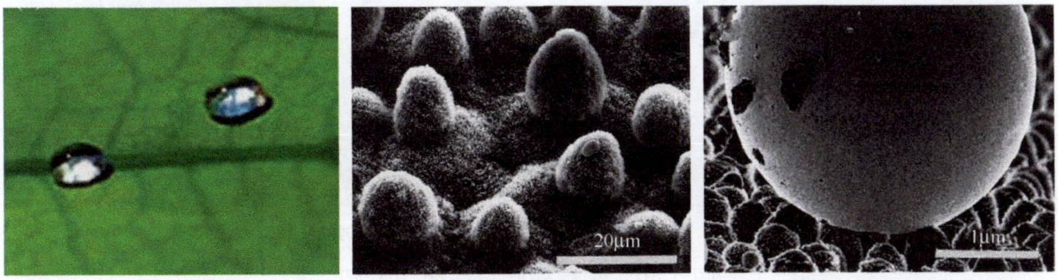

（a）荷叶表面　（b）乳突和微-纳复合结构　（c）水滴滚落带走表面沾染物

图 7-39　荷叶自洁效应[83, 84]

蝴蝶翅膀由数层仅有 3～4 μm 厚的鳞片组成，这些鳞片呈覆瓦状交叠排列，排列方向与翅脉方向一致[85]，如图 7-40（a）所示。鳞片这种覆瓦状形态具有疏水性，水滴在蝴蝶翅膀表面具有较大的接触角，在一定范围内，微米级鳞片宽度越小、间距越大，其表面的疏水性越强。单个鳞片的表面均由亚微米级纵肋及横向连接组成，如图 7-40（b）所示，这种结构像一排排纵向的“嵴”，“嵴”间有横向隔断，隔成一个个纳米级的小“凹”[86]。这种覆瓦状非光滑形态与“嵴凹”结构相互协同作用，具有较大接触角和较小滚动角，水滴易于滚离，具有自洁功能，如图 7-40（c）、（d）所示。但是，蝴蝶翅膀的自洁功能具有各向异性[87]，当沿着以蝴蝶身体为中心轴向外发散方向倾斜时，水滴易于滚离表面，具有较小的滚动角；而向相反方向倾斜时，水滴不易滚离，粘滞在表面上，即使在直立的翅膀表面也不易滚离。

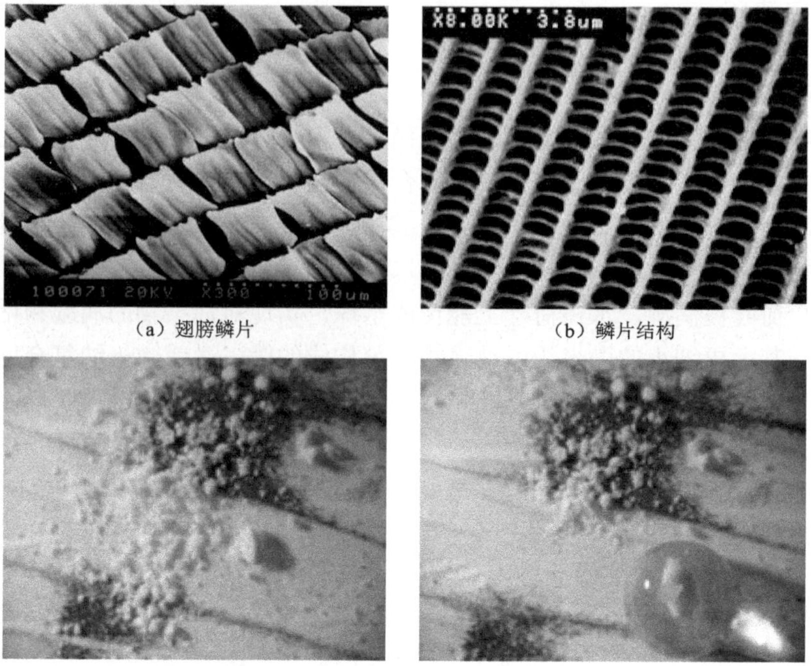

（a）翅膀鳞片 （b）鳞片结构

（c）翅膀上污染物 （d）水滴带走污染物

图 7-40 蝴蝶翅膀自洁效应[85-87]

7.3.4 耐磨

自然界中有许多动物和植物对磨损具有超强的耐受能力，为人类解决工程磨损难题提供了重要的借鉴。例如，生活于浅海岩礁泥沙间的毛蚶、脉红螺、石鳖、龙虾、螃蟹等通常具有良好的耐磨特性。毛蚶壳坚厚而宽，由碳酸钙与有机质交叠排列构成，这种材料构筑方式使毛蚶壳展现出了极高的强度与耐磨性。同时，毛蚶表面整体呈现出纵向棱纹，棱纹上具有边长约 1 mm 的方形小结节（凸包形态），棱纹和小结节分布间距较均匀，如图 7-41（a）、（b）所示[88]，表面还覆生一层褐色绒毛壳状表皮，如图 7-41（c）所示，外壳这种复杂的表面形态，又使其具有良好的抗冲蚀磨损性能。螃蟹螯的表皮主要分成三层：上表皮层、外表皮层和内表皮层，如图 7-42（a）所示。上表皮层为一层很薄的蜡质层，是主要的防水屏障，与环境隔离起到保护和防止水分蒸发的作用；上表皮层下面是外骨骼层，外骨骼层又分为外表皮层和内表皮层两层，它们有着相同的组成和类似的结构，其由螺旋夹板层堆栈而成，并与表皮方向垂直，且螺旋夹板层由壳质—蛋白纤维面绕着法线方向旋转 180° 叠积而成[89]，如图 7-42（b）所示。这种特殊的螺旋夹板层结构使螃蟹螯具有较高的断裂应力和应变，展现出极高的强度、良好的断裂韧性和耐磨性。

（a）毛蚶　（b）毛蚶壳表面棱纹及其上小结节　（c）毛蚶壳表面绒毛壳状表皮

图 7-41　毛蚶及其壳表面形态[88]

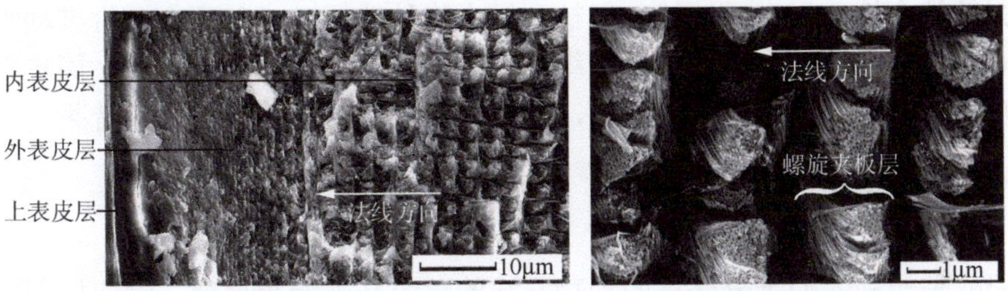

（a）螃蟹螯上表皮层、外表皮层和内表皮层断面结构　（b）外骨骼层断面结构

图 7-42　螃蟹螯断面结构[89]

新疆岩蜥生活在沙漠地区，为适应风沙环境，其体表紧密嵌合呈覆瓦状排列的菱形硬质鳞，鳞片中部呈突起状，如 7-43（a）、（b）所示，能有效减少体表与地表的接触；鳞片之间通过其下的较软的结缔组织柔性联结，如图 7-43（c）所示，形成了硬质鳞片通过生物柔性连接的体表结构[90,91]。在受到硬物磨损或挤压时，沙漠蜥蜴体表具有刚性强化和柔性吸收特点，柔性结缔组织可多方向承载受压，不仅使硬质鳞片展现出较高的承载能力，并能减小正压力对硬质鳞片的作用，从而降低硬物对体表的摩擦分量，提高耐磨性能。同时，柔性结缔组织在硬质鳞片的约束下提高了使用阶段的弹性工作性能，能承受很大的塑性变形，从而又使沙漠蜥蜴体表整体表现出优异的强韧性。

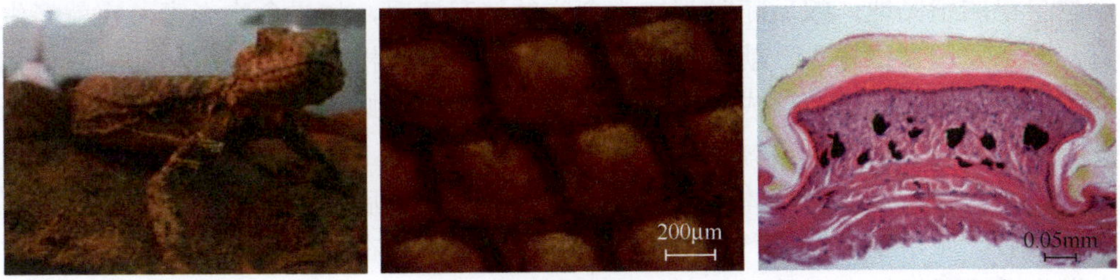

（a）新疆岩蜥　（b）新疆岩蜥体表鳞片　（c）皮肤切片

图 7-43　新疆岩蜥体表鳞片及皮肤切片[90, 91]

7.4 生物社会功能特性

人是社会关系的总和。人类的社会功能特性强，但一些社会生物在社会特性方面表现也很优秀。社会性是生物作为集体活动的个体，或作为社会的一员而活动时所表现出的有利于集体和社会发展的特性。自然界中，人类并不是唯一具有社会性的生命群，还有很多生物，如蚂蚁、白蚁、蜜蜂和黄蜂等，像人类一样具有很强的社会性。现在已知的，仅社会昆虫物种就超过 1.2 万个，脊椎动物中也有 100 多种具有比较高级的社会组织[92]。本节以蚂蚁的社会性为例，简单介绍其社会功能特性，以便人们在仿生学，特别是在社会仿生学的研究中借鉴。

7.4.1 社会构成

蚂蚁是一种人们十分熟悉的动物，它的踪迹几乎遍布全球，除南极洲之外，其他各洲都可以见到它们，以热带地区最多。蚂蚁也是一种非常古老的动物，它在地球上生活的历史超过了 1 亿多年，社会史也已经有 8000 万年。地球上到底有多少种蚂蚁，目前还没有一个公认的数据，而仅生活在我国境内的蚂蚁已经查明的就大约有 500 种。一个蚂蚁社群通常有百万或数千万个成员，由蚁后、雄蚁、工蚁、兵蚁组成。每个蚂蚁社群成员间都有明确分工，其中，蚁后的主要职责是产卵、繁殖后代和统管整个社群；兵蚁专司攻击和防御职能，保卫整个社群；工蚁的主要职责是建造和扩大巢穴、采集食物、饲喂幼蚁及蚁后、清理巢穴等[93]。

蚂蚁的一生要经历卵、幼虫、蛹和成虫几个阶段，发育全过程要经过 8～10 周。它们的食性复杂，通常比较低级的种类为肉食性或杂食性，比较高级的种类为植食性。蚂蚁的寿命有短有长，工蚁可生存几星期至 3～7 年，蚁后则可存活十几年或几十年，甚至 50 多年。一只蚁后能够接受雄蚁的 3 亿个精子，而后创建自己的殖民地。蚁后随时都知道食物的储存情况，如果食物丰富，它就多生育，一旦发现食物缺少，就停止产卵；同时，它还能根据工蚁筑巢和建立新群体所需的蚂蚁数量来调节其成员的结构。在某些种类的蚂蚁社群中，只有蚁后才会产下受精卵，当蚁后死亡时，该蚂蚁社群也随之死亡，如弓背蚁。而在有的蚂蚁社群中，蚁后与工蚁的身体差别没有那么明显，在蚁后死亡时，某个工蚁会进而成为蚁后，如印度跳蚁等[94]。自然界中许多动物生活在社会群体中，成员之间常会发生矛盾。蚂蚁有自然界最完整和复杂的社会，明白它们的社会冲突及如何解决冲突也会对人类社会的和谐带来很大好处。例如，工蚁在建立一个秩序井然的、矛盾最小化的社会的过程中发挥着关键作用。工蚁甚至会自己决定谁当它们的蚁后，会打压能够繁殖的蚁后，甚至把它杀掉，重新选择它们中意的蚁后繁衍后代，如西班牙的细胸蚁。在蚂蚁社群中还存在一个很常见的现象，一个蚂蚁社群由多个家庭组成，即社群中有多个能繁殖的蚁后，每个蚁后都能产生后代，工蚁会兢兢业业地照顾它们，如英国、法国、德国等地方的细胸蚁。

7.4.2　社会特征

蚂蚁是高度分工的社会性昆虫，在这个等级明显的社会中存在着一种相当独特的现象，即当蚁后存在时，工蚁几乎不产卵，甚至会摧毁任何其他工蚁所产下的卵。研究发现，蚁后卵与工蚁卵表面上烃类的不同是工蚁判断的依据，当它们得知蚁后卵存在时，就不会进行产卵[95]。当蚁后被移开 160 天后，工蚁们逐渐开始产卵；但在相同条件下，蚁后被移除而蚁后所产的卵却存在时，工蚁们也会放弃产卵。研究者用蚁后卵表面烃类包裹工蚁卵后，工蚁们不但不会破坏这些伪装过的工蚁卵，反而进行抚育。但是，若将工蚁卵表面烃类包裹蚁后卵，这些被修饰过的蚁后卵就会被工蚁摧毁。这一研究表明，对工蚁来说，蚁后卵就是最值得信赖的讯息，它代表了蚁后的存在，也影响着工蚁们的决定。

蚂蚁社群等级森严，分工细致，同一蚁群内的蚂蚁个体拥有着相同的遗传物质，但是，对于不同等级的个体，它们在行为和形态上差异极大。科研人员研究发现，表观调控机制在蚂蚁的社会等级分化中起着重要作用[96]。不同等级的蚂蚁有着相同的基因蓝图，但它们会因为影响其基因表达的“表观遗传学”的变化而发育成为完全不同的个体。对处于不同社会等级和发育阶段的佛罗里达弓背蚁和印度跳蚁进行了 DNA 甲基化研究发现，虽然两种蚂蚁在 1 亿多年前就已经分化，但某些与等级分化及发育变化相关的差异甲基化基因在这两种不同的蚂蚁中是保守的，哪个等级基因发生甲基化取决于蚂蚁的社会等级。

蚂蚁社群大多富有利他精神，只要是社会集体利益需要，成员就可以献出自己的生命。有时生病的蚂蚁会主动离开蚁穴，在远离家的地方孤独死去，这种主动行为或许是为了防止疾病在社群内传播，保障社群延续[97]。而更多的是，当蚁群中的一只蚂蚁感染了病菌，其他蚂蚁并没有避开它，相反，它们会靠近患病的同伴，通过舔舐帮它除去病原体。研究显示，帮助患病同伴其实对做出帮助行为的蚂蚁也有益。通过照料患病的蚂蚁，帮助者会获得低水平的感染，这会诱导蚂蚁体内一系列有助于对抗病菌的免疫基因的表达。蚁群中舔过病蚁的蚂蚁仅仅有 2%会因病菌而死亡，有 60%的蚂蚁则会因免疫系统得到刺激而受益。蚂蚁具备估算自己所剩寿命的能力，并利用这种估算去从事更大的冒险活动。研究发现，工蚁岁数越大，越容易从事冒险活动，而这种行为有利于蚁群。

蚂蚁会为整个社群的利益而实施自杀，如生活在巴西境内的蚂蚁（*Forelius pusillus*），每天都会有大量的个体会为了整个种群的利益而无私地自杀。经观察后发现，每天晚上都会有一些蚂蚁滞留在蚁穴外，它们停留在外并非是由于同伴错误地堵住了洞口，而是为了一个令人感到震惊的目的：它们会花费大约 50 min

的时间，采取自杀性的举动对蚁穴的入口处实施伪装。蚂蚁采取这种自杀性伪装措施是为了使整个社群免遭另外一种蚂蚁——红蚁的袭击。此外，在热带区白蚁（*Neocapritermes taracua*）的社群中，老龄的工蚁会对入侵者采取自杀行动。这些工蚁中有许多在其胸腹之间的交界处有蓝色斑点[98]，而每个斑点的大小都不相同。这些蓝色斑点是由专门的腺体分泌的一对含铜的蛋白质晶体，其被包含在该昆虫背部外囊中。当蓝斑工蚁受到敌方攻击时，它会使其体壁破裂，向其他种类的蚂蚁喷射有毒的黏稠液体，而自己会在该过程中死亡。该液体的毒性是由一种在蓝色晶体与在其身体破裂时唾液腺分泌的产物之间发生的化学反应所产生的。随着工蚁年龄老化，它们的口器会变得较钝，它们“背囊”中的晶体重量会增加。因此，随着它们进食功效的下降，这些白蚁却加强了它们发动自杀性战斗的军械库，随时准备为集体利益而发动自杀性攻击行动。

蚂蚁社群还有许多风俗与习惯，如殡葬等，一只蚂蚁死后，蚂蚁会把其抬到离蚁穴不远处固定的墓地，挖深至 2～2.5 cm 的墓穴，将死者埋入。生活在非洲沙漠中的沙蚁是一种生性好斗的蚂蚁，这种沙蚁会为战死的蚂蚁送葬，它们排成长长的“送葬”队伍，将战死蚂蚁送往它们固定的墓地，用沙子掩埋尸体，有时甚至还会运送一些有根的小草放到墓前。蚂蚁对同类极其友善。例如，有把食物送给饥饿同伴吃的习惯，每一只蚂蚁体内都有一附属胃，当它的同伴需要时，它可以把附属胃中储藏的食物献给对方。马来西亚热带雨林地区一种蚂蚁在它们居住的地方遭受大雨袭击时，一些工蚁会用头部堵住巢穴口，其他蚂蚁将进入穴口的雨水喝掉，通过喝雨水然后再排尿液的方式保护自己的家园。

可见，蚂蚁社群是一个组织严密、社会特征鲜明的群体，它们齐心协力工作，保持整个社群生存和种族的延续。

7.4.3 社会功能

蚂蚁社群通过卓越的社会功能，形成一个有组织、相互依赖、协调一致的“共和国”，其成员的生命虽然短暂，但其一代代交替频繁，其社会是长存的。蚂蚁社群拥有高效的通信手段，它们可以通过声音和触角摩擦相互交谈与沟通，并以此自由地传递信息。蚂蚁在用触角接触其他蚂蚁的体表分泌物后，即可辨别出对方是“同胞”还是入侵者。蚂蚁身体表面能够分泌由 18 种碳氢化合物混合而成的化学物质。同一社群的数千只蚂蚁的体表分泌物成分均相同，而不同社群蚂蚁的该分泌物成分不同。例如，在遇到其他蚂蚁时，黑大蚁会先用触角接触对方身体，如发现对方来自另一社群蚂蚁，就会用微弱的电信号向入侵者传递警告信息，并发动攻击。如果遇到的是同一社群蚂蚁，则不会传递警告信息。黑大蚁的触角中约有 1 万个突触，其中起感知器作用的突触约占 20%，每个感知突触长约 15 μm，其顶部有小孔；蚂蚁体表分泌物进入该小孔后，孔内约 200 个感知细胞便会分析分泌物，从而辨别对方的“身份”。

英国牛津大学的研究者发现，蚂蚁之间可以通过声音来互相交谈[99]，而在此之前，人们一直认为蚂蚁是通过单一的触角互相触碰来进行交流的。研究者在不打扰蚂蚁们正常生活的前提下，把一种微型麦克风和扬声器安装到蚁巢中，通过这种方式探听到蚁后在向工蚁们发布指令的声音，并将蚁后的话语录制下来。然后，将微型扬声器放入蚁巢中并播放蚁后发布命令时的录音，此时，工蚁们表现出庄重的表情，它们都安静地站立在那里，触角伸出，嘴巴张开长达数小时，这一时段里，不管谁走近它们都会受到攻击。而恰是这一用声音交流的功能，被许多寄生性昆虫所利用，如蓝蝶幼虫学会了模仿蚁后的声音命令工蚁把自己拖入蚁巢，然后获得贵宾级待遇，得到工蚁们兢兢业业的照顾与喂养，而一旦蚁巢发生意外混乱事件时，蚂蚁们竟会首先营救蓝蝶幼虫，然后才去救自己的同伴。

在用语音交流的同时，蚂蚁之间的联系往往还要借助触角来共同实现。蚂蚁的头上长有两根“天线”，每根“天线”由 11 个节组成，可以同时发出 11 种不同波长的信号，蚂蚁们靠“天线”的相互摩擦，在数秒钟之内发出信号，如图 7-44 所示。蚂蚁的触角触碰有着一套非常复杂的方式，每一种触碰就相当于一套独特的语言，用以交换情报或分配工作。每当蚂蚁的洞中发生情况时，通过触角触碰，在极短的时间内消息就会在蚂蚁洞穴中传播。例如，当一只蚂蚁发现一块食物，它在奔回蚁巢时的行动就会很匆忙，与另一只蚂蚁碰到一起时，就用两根触角互相触碰一下，刺激同伴去找食，这样一个传一个，便在短时间内使更多的同伴受到刺激出来找食。

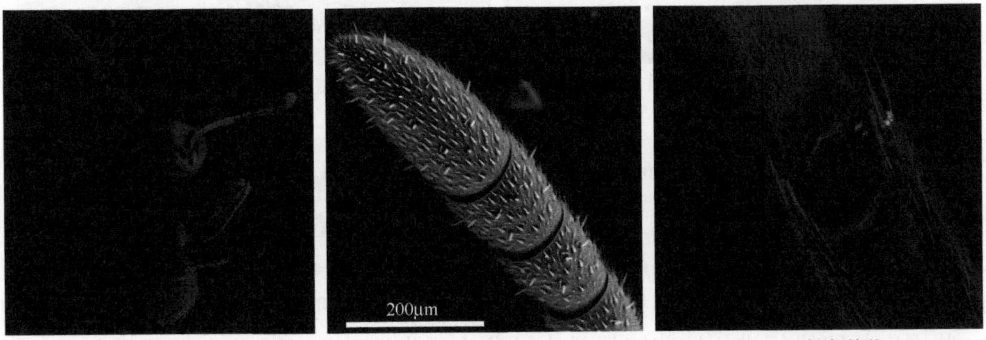

（a）蚂蚁　　（b）触角　　（c）触角关节

图 7-44　蚂蚁触角

http://info.edu.hc360.com/2009/06/121626177398.shtml

蚂蚁社群还会利用信息素进行沟通、定位识途与调节交通等。蚂蚁在所经过的地方都会留下一种被称为外激素的化学物质，其他蚂蚁则利用这些化学物质判断自己的路线是否正确，这种物质的浓度越大，就表明走过的蚂蚁越多，也就说明是一条比较合理的路线。通常，蚁群在寻找食物时会派出一些蚂蚁分别在四周寻找，如果一只蚂蚁找到食物，它就返回巢中通知同伴并沿途留下“信息素”作为蚁群前往食物所在地的标记。信息素会逐渐挥发，如果两只蚂蚁同时找到同一食物，又采取不同路线回到巢中，那么比较绕弯的一条路上信息素的气味会比较淡，蚁群将倾向于沿另一条更近的路线前往食物所在地。蚂蚁还会利用几何学识途，在蚂蚁靠释放信息素来布局食物和路线网时，两条信息素的岔路的角度几乎都为 50°～60°。如果岔道角度为 0°～120° 时，蚂蚁就不能够正确识别路线了，可见，50°～60° 就是蚂蚁识途的几何角度[100]。而在释放激素和几何识途都不能奏效的情况下，蚂蚁还会利用气味识途[101]。例如，在非洲的撒哈拉沙漠生活的蚂蚁，由于炎热，释放的信息素会很快挥发，它们能够利用气味找到自己的巢穴。沙漠中的裂缝、石头、一块小木头及灌木丛等，所有一切都释放着自己特殊的气味，蚂蚁能够利用这些气味顺利地在几百米以外的地方觅食与回巢。蚂蚁的视觉也极为灵敏，超过人眼视觉的 70 倍，对每秒 75 次的闪光不会眼花缭乱。它们能辨别各种颜色，能辨别和记忆物象及天象等，白天以太阳辨向，黑夜能以天边极光或月光为指针。年老的蚂蚁要比年轻的蚂蚁辨向经验丰富得多，同时，大头蚂蚁比小头蚂蚁视觉好得多，因为蚂蚁眼睛是由许多个单眼组成的小复眼，眼面积与头面积成正比，如图 7-45 所示。

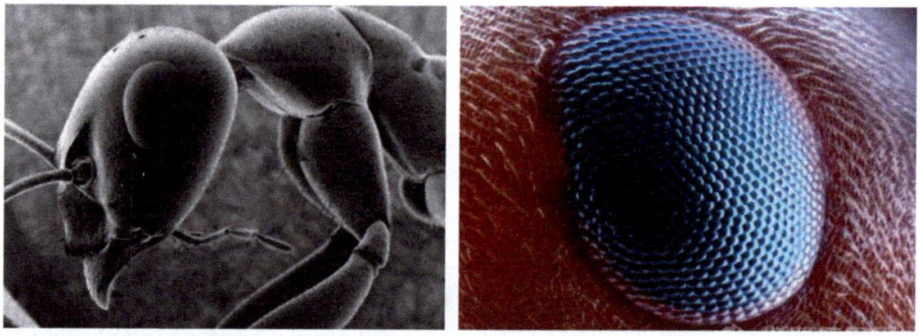

（a）蚂蚁复眼　　（b）复眼放大

图 7-45　蚂蚁复眼

http://www.mypsd.com.cn/detail/?797126

蚂蚁社群的交通比我们人类的交通还要有序，大量蚂蚁集体行动时，队伍井然有序，不存在“拥塞”问题，因为它们养成了一套具体的行为规则，善于在交通拥挤时分流。科学家说，搬运食物的蚂蚁都排成长列，沿着食物源和蚁巢之间一些固定的路线行进。这些路线是由被称为“先遣队”的蚂蚁在返回巢穴时，用信息素沿途标注的，其他蚂蚁在已设置好的路径中任选一条来走，它们在行进中都会留下自己的信息素。如果道路变得拥挤，蚁群就开始分流，一部分蚂蚁开始选择交通流量小的道路行走，这有效地防止了干道上的交通拥堵，保证食物搬运的效率。同时，在地下蚁巢错综复杂的隧道中，蚂蚁也是用这种分流策略来有效管理交通的。

蚂蚁的表皮能分泌一些奇特的化合物，表明一只蚂蚁还活着，并防止它的同伴把它丢到蚁群的墓地[102]。当蚂蚁死亡后，该化学成分便消失，由于尸体缺少相应的化学成分，负责打扫巢穴的蚂蚁将很快“闻讯”而来处理尸体，将其从蚁群中移到固定的墓地，如图 7-46（a）所示，以防止蚂蚁尸体脂肪降解产物散发在巢穴中。研究者使用溶剂萃取了刚刚死去蚂蚁表皮中的这些化学物质，将其涂在活着的蚂蚁蛹上，结果，打扫巢穴的蚂蚁 10 min 内就将活蚂蚁蛹送到垃圾堆中，如图 7-46（b）所示。

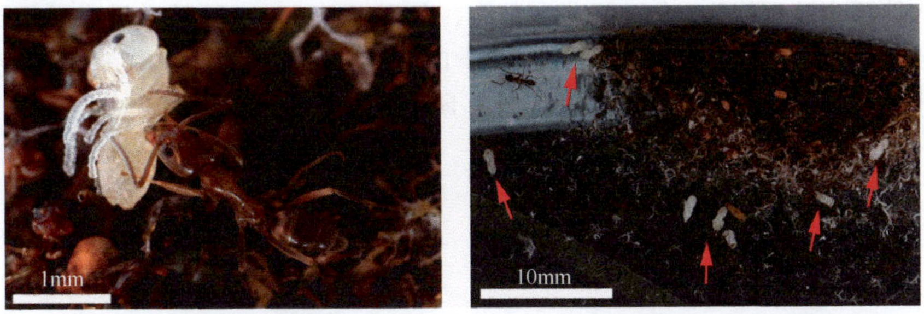

（a）死亡的蚂蚁蛹被搬运走　　（b）活着的蛹被运到垃圾堆

图 7-46　蚂蚁将死亡的蚂蚁蛹运到垃圾堆[102]

令人惊奇的是，在一些蚂蚁物种中，蛹会吐丝结茧，包裹起自己的身体，然而在其他蚂蚁种群中，蛹却是裸露的，如图 7-47 所示。当研究人员利用致命真菌感染了不同的蚂蚁物种后（有茧的、裸露的），结果显示，成年蚂蚁很快将生病的卵搬出巢穴，有茧的蛹通常被留了下来，并且即使它们仍然暴露在真菌中，这些蚂蚁蛹也不会生病[103]。这些茧就像是盾牌，帮助蛹抵御真菌的入侵。对于蚂蚁而言，这是一个双赢的局面，蛹不会牺牲，而蚂蚁群体也能免于流行病的威胁。

（a）吐丝结茧的蚂蚁蛹　　（b）裸露的蚂蚁蛹

图 7-47　蚂蚁蛹[103]

蚂蚁在觅食时会采用许多奇特的手段。一些非洲的举腹蚁属蚂蚁在觅食时，会在远距离喷射威力强大的毒液来杀死白蚁。在发现白蚁猎物后，蚂蚁“团伙”从它们的蜇针中喷出一种有毒的液体去攻击一只白蚁。之后，蚂蚁们待在一个安全的地方远远地观看着，直到比它们个头大得多的白蚁变得全身瘫痪并死掉，随后，它们把白蚁运回自己的巢穴，如图 7-48 所示[104]。这种通过远程操控的“下毒”方式使蚂蚁们既能够有效杀死猎物，又无须把自己暴露于受伤的境地中。在亚马逊有一种在蚂蚁树 *Hirtella physophora* 上生活的蚂蚁 *Allomerus decemarticulatus*，通过集体行动来捕捉富含蛋白质的飞行的或跳跃的猎物，这些猎物用以弥补蚂蚁饮食中氮的缺乏。这种蚂蚁在植物上种植真菌，但它们并不食用，而是利用植物细束和其他材料，并使用真菌作为一种黏合剂，在树枝上建造包含着许多小洞的海绵状的平台陷阱[105]，自己躲藏在其中，如图 7-49（a）所示，用来捕捉比自己大得多的昆虫。当较大的昆虫落在陷阱上时，它们便一拥而上，使猎物不能动弹，快速地将猎物肢解分食，如图 7-49（b）所示。

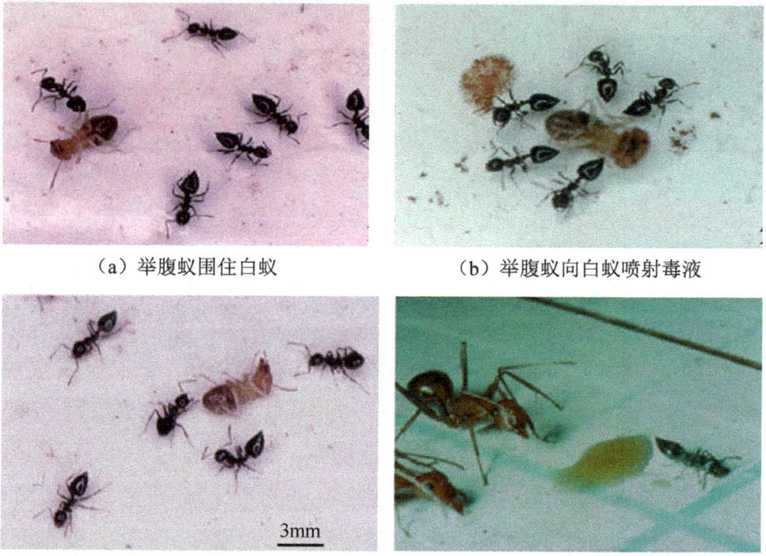

（a）举腹蚁围住白蚁　（b）举腹蚁向白蚁喷射毒液

（c）白蚁死掉　（d）举腹蚁毒液

图 7-48　蚂蚁用远程毒液杀死猎物的过程[104]

（a）蚂蚁隐藏在陷阱中　（b）捕食蝗虫并快速肢解分食

图 7-49　蚂蚁在树枝上制造陷阱捕食[105]

蚂蚁在遇到危险与障碍时会相互协作，形成一支高度团结的组织系统。例如，蚂蚁在碰到洪水时，可以相互连接起来并拦截空气从而形成一个防水的筏。阿尔卑斯山和比利牛斯山底部分布着广袤的冲积平原，在合适的天气里，水能够在这里“旅行”数天，如图 7-50（a）所示。但对于生活在这里的一种蚂蚁 *Formica selysi* 而言，这是个问题。这种蚂蚁将巢穴建造在冲积平原上，大水袭来时，它们必须疏散整个蚁群，自力更生建造救生筏拯救蚁后和幼虫，如图 7-50（b）所示[106]。研究发现，当水上涨时，蚂蚁开始建造救生筏。蚁后被放置在救生筏中心最安全的地方，但让人感到惊奇的是，幼虫被放置在似乎最脆弱的位置——救生筏底部。悬浮测试显示，这实际上是一个伟大的救生策略，救生筏底部对幼蚁而言并不是一个危险的地方。幼蚁比成年蚂蚁更有浮力，这使得它们能像船上的浮筒一样支撑起救生筏。

（a）阿尔卑斯山和比利牛斯山底部的洪水

（b）蚂蚁救生筏

图 7-50　蚂蚁在水上建造的救生筏[106]

不仅如此，当蚂蚁遇到危险时，随机的蚂蚁个体也会团结一致，组成一个坚不可摧的自救团队。美国佐治亚理工学院的科研小组把拥有 500 只的蚂蚁群投入到水面上，这些蚂蚁迅速地在水上聚集，通过相互咬住对方的下颚与爪或互相“挽手”集合在一起，形成了类似于防水纤维的编织结构，在几分钟时间里就稳定下来，自觉地构成一个饼状的“救生筏”，其中，大约一半的蚂蚁形成了一个浸入水中的单层，让其余的蚂蚁漂浮起来，如图 7-51 所示[107]。经由这类办法，蚂蚁构建的漂浮构造能够确保每个成员都能幸存下来，即便位于漂浮构造最下方的蚂蚁也不会因为被水吞没而死亡。这是由于蚂蚁身上的微小绒毛能够禁锢住一些空气，构成一层空气膜，而形成的“救生筏”的下面截住的空气膜能增加浮力，从而防止底层的蚂蚁被淹死，如图 7-52（a）、（b）所示。当研究人员从“救生筏”的顶层一只一只地拿走蚂蚁的时候，浸入水中的蚂蚁能够感知有多少蚁群成员在水面之上，底层的蚂蚁就会向上运动，从而保持“救生筏”的平均厚度。当位于蚁团“救生筏”最上方的蚂蚁想逃离蚁团时，它们爬到“救生筏”边沿却找不到陆地时，蚂蚁通常会掉头重新爬向中央。有时，当它们刚爬到边沿时，已有其他蚂蚁爬到了它们上面，迫使它们成为了漂浮物的底层构成部分。通过这样的办法，那些试图逃生的零星蚂蚁也被限制在蚁群内部，变成“救生筏”的一部分。研究人员试图用一根树枝把蚁团“救生筏”压进水里，此时，蚂蚁的肌肉会产生压缩，这使漂浮物的浮力变小一些，然而捕获空气的效果则更好了，从而避免水中蚂蚁溺水而亡，如图 7-52（c）所示。当研究人员把蚁群放进一个干燥的广口瓶里，然后旋转这个容器，蚂蚁就会连续翻腾构成球状，像滚雪球一样越滚越圆。如果把蚂蚁球放在水下，其捕获的空气构成的气泡就会浮现出来，如图 7-52（d）、（e）所示。如果把蚂蚁球放在水面上，它就会形成一个拥有巨大浮力的漂浮物。

（a）水上饼状的蚁群“救生筏”

（b）“救生筏”边缘的蚂蚁

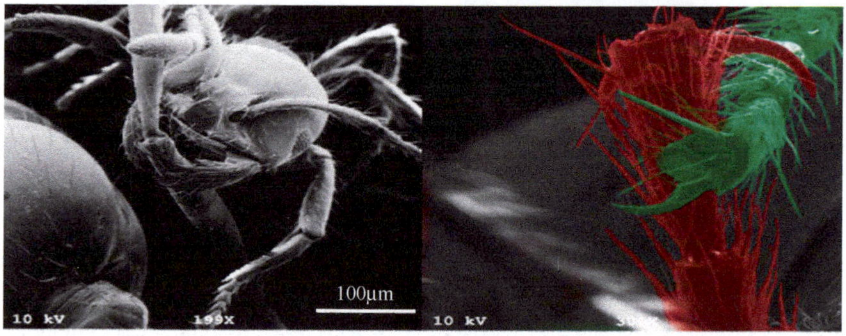

（c）“救生筏”中蚂蚁的连接方式

图 7-51　蚂蚁在水上构建的“救生筏”[107]

蚂蚁拥有惊人的力量，能举起超过它体重约 400 倍的重物，还能够拖运超过自身体重 1700 倍的物体，如图 7-53 所示。研究发现，蚂蚁能产生如此非凡超常的力量，是由于其腿部肌肉是一部高效率的“发动机”，这个“肌肉发动机”又由几十亿台微妙的“小发动机”组成。蚂蚁的“肌肉发动机”使用的是一种特殊的“燃料”，称为三磷酸腺苷。只要肌肉在活动时产生一点点酸性物质就能引起这种“燃料”的剧烈变化，这种变化能使肌肉蛋白的长形分子在瞬间收缩起来，产生巨大的力量。这种特殊的“燃料”不经过燃烧就能把潜藏的能量直接释放出来，转变为机械能，加之不存在机械摩擦，所以几乎没有能量的损失。因此，蚂蚁的“肌肉发动机”的效率高达 80%以上，这就是其拥有惊人力量的奥秘。不仅如此，蚂蚁颈部关节还可以忍受自身质量 5000 倍的压力[108]，为人们制造更有效提升和运载重物的机器人提供了重要的设计原理。

（a）蚂蚁身上的水滴　（b）“救生筏”上的水滴

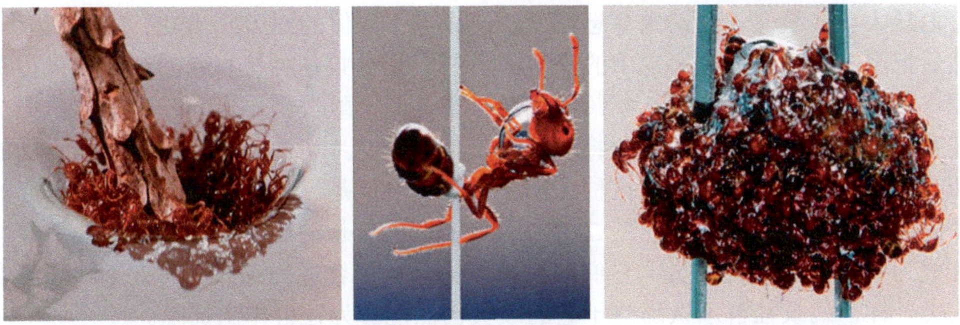

（c）用树枝把蚁团“救生筏”压进水里　（d）水中蚂蚁身上的气泡　（e）蚂蚁球上的气泡

图 7-52　蚂蚁身上的水滴与气泡[107]

图 7-53　蚂蚁搬运重物

http://sanwen8.cn/p/155nTzD.html

7.4.4　社会行为

在现代人类还未出现的数千万年前，蚂蚁社群就已经在进行着许多社会革新，如农业耕种、饲养放牧、建筑、成员调配、奴隶制等，这些社会行为在一些蚂蚁社群中发展到了极致。

农业的发展在人类文明进化过程中具有非常重要的意义，但是人类并不是唯一采用这种生活方式的生物。在5000万年前，蚂蚁就已能够进行农业生产，它们种植“庄稼”（可供蚂蚁食用的各种菌类），并且还懂得“施肥”、“除草”、“联合用药”、固氮等。例如，在中美洲、南美洲及美国南部，有一种切叶蚁能够种植真菌，使蚁群获得更加稳定的食物来源。在种植过程中，体型较大的工蚁离巢去搜寻它们喜好的植物叶子，利用锋利的牙齿把叶子切下月形的一片，将其运回蚁穴，如图 7-54 所示。在蚁穴里，一些工蚁把叶子切成小块，然后再切磨成浆状，而另一些工蚁则把叶浆粘贴在一层干燥的叶子上，再把真菌一点点移过来种植在叶浆上。蚂蚁对种植真菌管理十分认真，不仅有专门的兵蚁担任守卫，防止外蚁偷窃，还有一些小工蚁日夜巡查，负责将有些菌丝除去（如果菌丝泛滥，会消耗大量的氧气，使幼虫窒息而死，造成整个群体的毁灭），如图 7-55 所示，然后把产出的真菌分给巢穴中的其他成员[109]。切叶蚁在种植真菌的过程中懂得在工作场所中年龄的重要性，年龄不同分工也不同。蚁群中年轻和精力充沛的成员被委派去做最艰难的工作，即将蚁群收集起来的叶片切成碎片，这些身强力壮的切叶蚁用它们锐利的牙齿做这种工作很有效率，但是，随着年龄的增长，它们的牙齿也会变得破旧迟钝，如图 7-56 所示[110]。而年长的切叶蚁在牙齿变钝后并没有成为蚁群中的闲置成员，它们被赋予了另一种更合适的工作——搬运叶片。像人类一样，蚂蚁社群承认那些年老的成员仍然能够为社群作出贡献。

（a）刺切叶片　（b）切下月形一片　（c）将叶片运回蚁穴

图 7-54　切叶蚁采集植物叶子[109]

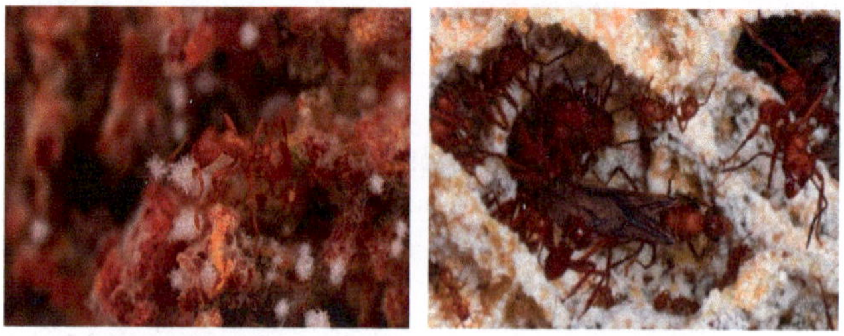

（a）新长出的真菌　（b）管理真菌园

图 7-55　切叶蚁种植与管理真菌[109]

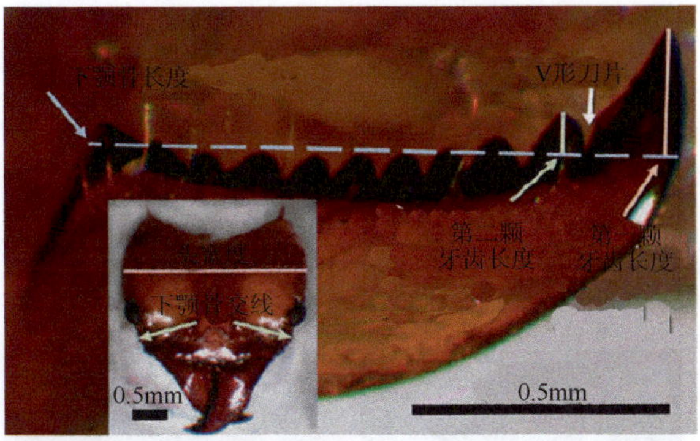

（a）年老切叶蚁上颚

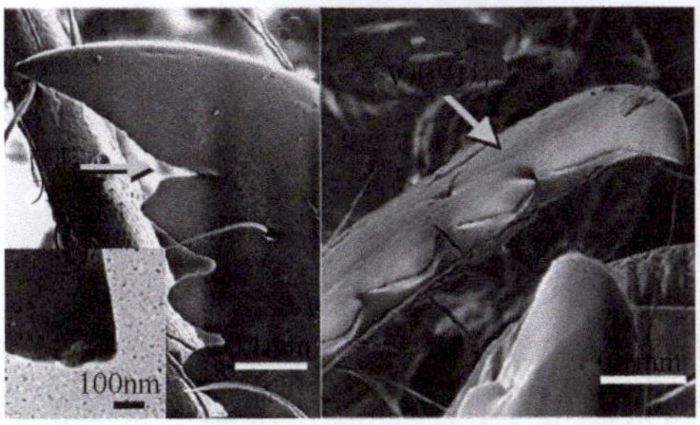

（b）年轻切叶蚁上颚牙齿切割面

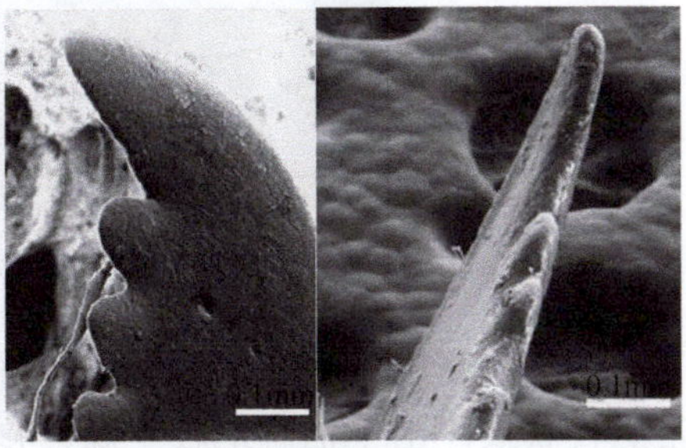

（c）年老切叶蚁上颚牙齿切割面

图 7-56　切叶蚁上颚牙齿[110]

与人类种植庄稼一样，蚂蚁也懂得施肥，肥料就是植物、种子及它们自己的排泄物。它们还懂得“除草”，不仅会将与真菌作物竞争的其他野生菌类的孢子挑出来搬走，而且这些蚂蚁的嘴巴和前肢上隐藏着许多细小的腺窝，里面充斥着一种能产生抗生素的细菌，蚂蚁将这些细菌产生的抗生素作为“农药”，杀死会使真菌生病的寄生虫，并抑制有害野生菌类的生长，从而确保它们的食物来源不受破坏[111]。同时，蚂蚁还懂得“联合用药”，同时使用多种抗生素。英国东英吉利大学的研究者从切叶蚁体内分离出了能制造抗生素的多种细菌，如图 7-57 所示[112]，每种细菌产生的抗生素均不同，蚂蚁会将多种不同的抗生素结合起来使用，很像人类治病时联合使用多种药品的方法。蚂蚁很少遇到病菌抗药性问题，联合用药有可能是原因之一。值得一提的是，美国威斯康星麦迪逊大学的研究者在切叶蚁身上还分离出了两种固氮菌[113]，切叶蚁即要维持自己的“真菌园”，还要依赖于固氮菌。固氮菌从空气中获取的氮气最终进入切叶蚁种群中，该过程对切叶蚁所处的氮缺乏的生态系统是有好处的。

最新研究表明，5000 多万年前以真菌为食的切叶蚁放弃了作为狩猎采集者的生活，通过驯化真菌使之变成更加高产的多倍体真菌类，转而成为以养殖真菌为业的“农民”[114]。

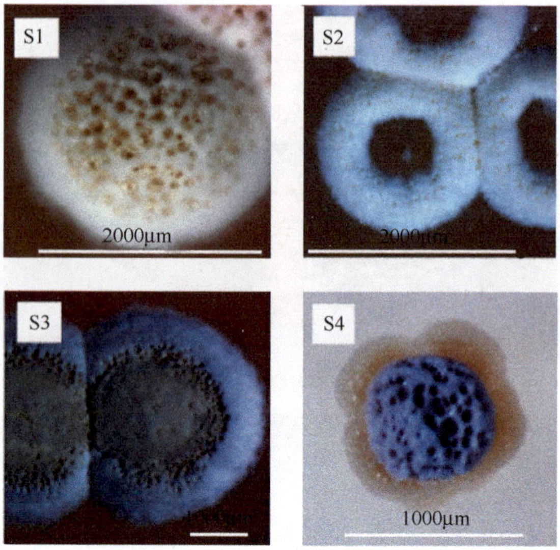

图 7-57　切叶蚁体内分离出的链霉菌属 4 种菌株[112]

除了种植真菌外，有些蚂蚁还能种植其他农作物。例如，在北美洲及地中海一带的收获蚁，由于栖息地较干燥，食物来源很少，它们就在雨季中采集成熟的植物种子储备起来，以供干旱缺粮时充饥。收获蚁中的工蚁采到坚硬的种子后先将其咬碎、运进蚁巢，放在蚁巢上层的“仓库”里。另有一些工蚁在巢内做深加工的工作，将种子嚼烂，混合上唾液，使淀粉在酶的作用下转变成糖分，最后做成饼状或团子，储藏在蚁巢里，作为旱季的粮食。而对于未嚼烂而发芽的种子，工蚁会将其搬到巢外的土堆上，让其生根发芽，成长起来，为了让作物茁壮成长，蚂蚁还会“除草”，用牙齿咬掉其他的植物。当作物成熟后，收获蚁再去收获，将种子搬进巢内作为粮食储备。在法国和西班牙交界处的比利牛斯山中两个垂直的峭壁上，约 1000 株孱弱的、类似甘薯的植物抓住任何一线生机拼命地生长着，尽管这种悬崖边上的生存非常危险，它们竟然成功地繁殖开来，如图 7-58（a）所示。研究者通过长时间观察发现，这种植物与蚂蚁共生，蚂蚁在植物开花时为花朵授粉，等到果实成熟时，蚂蚁则收获种子，并且撒播种子，使这种植物成功繁衍，如图 7-58（b）～（d）所示[115]。

蚂蚁不仅会农业种收，而且还会饲养放牧，如放牧蚜虫、介壳虫、木虱、蝉和一些鳞翅目的幼虫等，吸食它们的分泌物。例如，蚂蚁喜欢吸食蚜虫分泌的有甜味的蜜液，工蚁把成群的蚜虫豢养在蚁穴中，蚂蚁分泌的化学物质能抑制蚜虫翅膀的生长，防止蚜虫飞走，每天蚂蚁都把豢养的蚜虫驱赶到植物枝叶上，如图 7-59（a）所示；为了蚜虫安全，蚂蚁总是先爬到树枝上把蚜虫的天敌甲虫、草蛉之类的昆虫赶走。如果蚜虫繁殖得太快，豢养蚜虫“牧场”已经装不下，蚂蚁就会把它们搬运到新的“牧场”去。负责放牧的蚂蚁会认真地守卫在那里，

（a）比利牛斯山峭壁上的植物

（b）蚂蚁为植物花朵授粉

（c）授粉后结出果实

（d）果实成熟后蚂蚁撒播种子

图 7-58　蚂蚁为植物授粉与撒播种子[115]

保护蚜虫免受天敌的攻击，即蚂蚁们在带有蚜虫的植物茎秆上抹上泥土，在茎的上方修建小土屋，在土屋的拱顶下，蚜虫安全地刺吸着植物的汁液，而蚂蚁就守候在围栏的出入口。蚜虫吸食植物的汁液经过消化后可以产生蜜液，工蚁用触角轻轻敲打蚜虫的腹部，蚜虫会分泌出蜜露，蚂蚁就会吸食，如图 7-59（b）、（c）所示。秋天来临时，蚂蚁还会收集玉米上的蚜虫卵，将其藏在地下蚁穴中，使它们在冬天不会被冻死。春天一到，蚂蚁取出蚜虫卵送往新栽种的玉米根部。这些卵孵化后，新蚜虫就能从玉米根部吸取汁液，蚂蚁也开始享用新鲜的蜜露。此外，蚂蚁在吸食自己所放牧豢养的蚜虫的蜜露或其他一些植物的甜汁后，回到巢穴中就会吐出，蚁群中有专门储藏蜜露的蜜蚁，这些蜜蚁享有特殊待遇，除储蜜之外，它们不再参与其他任何劳动。它们用自己的肚子当储存器，储存的方法是由许多同伴先将得到的蜜露喂给一只蜜蚁，等它吃到肚子圆滚滚的时候，蜜蚁头朝下、脚朝上地从半圆形巢室的顶部倒挂而下，体内灌满了由群内其他工蚁采集来的蜜露，如图 7-60 所示。它们就这样一直挂着，有时可长达数个月之久，待到蚁群食物缺乏时，蚂蚁就去刺激供蜜蚁让它将蜜露再吐出来。

（a）蚂蚁在植物枝叶上放牧蚜虫

（b）蚂蚁拍打蚜虫

（c）蚂蚁吸食蚜虫蜜露

图 7-59　蚂蚁饲养蚜虫吸食蜜露

http://bbs.zol.com.cn/dcbbs/d84_68811_uid_alhdr.html

（a）蜜蚁肚子里储存了大量蜜露

（b）蜜蚁倒挂在蚁穴洞顶上

图 7-60　蜜蚁储存蜜露

http://international.dbw.cn/system/2015/11/23/056951618_02.shtml

蚂蚁是自然界中神奇的建筑师，它们一般会在地下筑巢，建筑出的巢穴有着良好的排水、通风措施，出入口大多是一个拱起的小土丘，像火山那样中间有个洞，同时也有通风洞口。通常，一个蚁巢在一个地方可生长 1～10 年。每个蚂蚁巢穴都错综复杂，分为许多层，各层设有厅堂、仓库、走廊、育婴房等，精巧无比。例如，科学家在巴西发现了一个规模非常大的地下蚂蚁王国，一度生活着数百万只切叶蚁。专家们往地面上的洞口（充当蚂蚁王国的空调管道）灌入 10 000 kg 混凝土，凝固后显现出蚂蚁巢穴的构造。通过挖掘发现，这个地下王国占据了约合 46 m^2 的空间，向地下延伸约 8 m，分布着大量通道、辅路和菌圃，相互交织在一起，设计非常巧妙，能够提供理想的通风和让运输路线最短化。蚂蚁城的主室由大型通道连接，旁边还建有辅路，通往很多垃圾场和菌圃等，如图 7-61（a）～（c）所示。有些蚂蚁会在树上筑巢。例如，织叶蚁在筑巢时，它们的巢主要以幼虫吐出的分泌物和植物叶子等粘结而成。在筑巢过程中，织叶蚁用脚和嘴拽着把一片叶子拉向另一片叶子，如果一只蚂蚁的身体不够用，它们还会相互连接形成链条，如图 7-62 所示。幼虫是织叶蚁筑巢过程的重要工具，幼虫在营巢活动中被工蚁的上颚叨着穿梭于植物叶子间，用它们吐的丝将新鲜植物的叶子粘结、捆扎在一块[116]形成一个庞大的公共巢穴，如图 7-62（c）、（d）所示。

（a）巢穴洞口　（b）巢穴构造　（c）圆室和圆室的连接通道

图 7-61　切叶蚁建筑的巢穴

（a）织叶蚁拉叶片筑巢　（b）织叶蚁连接形成链条

（c）即将成型的蚁巢　（d）织叶蚁幼虫吐的丝

图 7-62　织叶蚁在树上建筑巢穴[116]

蚂蚁在觅食时，离开巢穴出去觅食的速度与能获得的食物多少有关，在决定派多少蚂蚁出去时，所用成员的调配方式与现今互联网传输控制协议（TCP）极为相似[117]。TCP 的工作原理是：A 作为源头，传一份文件到目的地 B，此文件被分解为若干小包，B 每接到一个小包发送一个确认给 A，表示文件已经到达。这种反馈回路让 TCP 能畅通运行而避免拥堵，如果返回确认的速度比数据发送速度慢，表示已没有多少带宽，源头控制的数据传输就会相应地慢下来；如果返回确认更快，源头就会加快传输速度。通常情况下，觅食蚁只有找到食物才会回巢，如果食物丰富，它们返回的速度快，就会有更多同伴出去觅食；如果觅食速度变慢，甚至有些同伴开始空手而归，觅食就可能停止。蚂蚁觅食还遵循 TCP 的两个阶段：第一个阶段是缓慢启动，用于描述源头在开始发送一个大波包时需要计算的带宽，同样，蚂蚁在开始觅食时，会先派些蚂蚁去看看能找到的食物多不多，然后再根据情况延长或缩短外派蚂蚁的时间间隔；第二个阶段是超时，此时数据传输连接中断，源头停止发送文件包，同样，如果一些觅食蚁返回巢穴的时间超过 20 min，社群就不会再派蚂蚁出去。可见，蚂蚁社群在数千万年前就已经采用互联网 TCP 方式进行成员调配，从而提高觅食效率。

在某些蚂蚁社群中还存在奴隶制行为，如欧洲红褐蚁、英国血蚁，它们拥有大而尖的颚，能攻善战。但这种颚对于喂食、育幼、筑巢却无用武之地。欧洲红褐蚁和英国血蚁从不筑巢，甚至没有能力觅食。它们的生存秘诀是奴役异族蚁群的蚂蚁，让奴蚁为自己服务，而且几乎完全依赖奴蚁生存。欧洲红褐蚁和英国血蚁的雄蚁不从事任何工作，工蚁除了勇敢地抢劫奴隶外，其他什么事也都不做，一切工作都由奴蚁来承担。红褐蚁袭击其他蚂蚁时从不将其杀死，而是散布一种使抵抗者眩晕、慌乱异常的激素。在这种激素的刺激下，大量幼虫被它们盗入巢中并被“涂抹”上奴蚁的特殊气味，当它们化蛹并羽化为工蚁后，就会为红褐蚁服役，成为永远的“奴隶”。

参考文献

[1] Autumn K, Liang Y A, Hsieh S T, et al. Adhesive force of a single gecko foot-hair. Nature, 2000, 405: 681-684.

[2] Bhushan B. Biomimetics: bioinspired hierarchical-structured surfaces for green science and technology. New York:Springer Heidelberg New York Dordrecht London, 2012.

[3] Huber G, Gorb S N, Spolenak R, et al. Resolving the nanoscale adhesion of individual gecko spatulae by atomic force microscopy. Biology Letters, 2005，1: 2-4.

[4] Schonbauer C, Distler J, Jahrling N, et al. Spalt mediates an evolutionarily conserved switch to fibrillar muscle fate in insects. Nature, 2011, 479: 406-410.

[5] Dickersona A K, Shanklesa P G, Madhavana N M, et al. Mosquitoes survive raindrop collisions by virtue of their low mass. Proceedings of the National Academy of Sciences, 2012, 10: 1-6.

[6] Gao X, Jiang L. Biophysics: water-repellent legs of water striders. Nature, 2004, 432: 36.

[7] Wang L Z, Cheung J T M, Pu F, et al. Why do woodpeckers resist head impact injury: a biomechanical investigation. PloS One, 2011, 6: e26490.

[8] Klein N, Fröhlich F, Krief S. Geophagy: soil consumption enhances the bioactivities of plants eaten by chimpanzees. Naturwissenschaften, 2008, 95: 325-331.

[9] Singer M S, Mace K C, Bernays E A. Self-medication as adaptive plasticity: increased ingestion of plant toxins by parasitized caterpillars. PloS One, 2009, 4: e4796.

[10] Milan N F, Kacsoh B Z, Schlenke T A. Alcohol consumption as self-medication against blood-borne parasites in the fruit fly. Current Biology, 2012, 22: 488-493.

[11] Cheney K L, Grutter A S, Blomberg S P, et al. Blue and yellow signal cleaning behavior in coral reef fishes. Current Biology, 2009, 19: 1283-1287.

[12] Raihani N J, Grutter A S, Bshary R. Punishers benefit from third-party punishment in fish. Science, 2010, 327: 171.

[13] Bshary R, Grutter A S, Willener A S T, et al. Pairs of cooperating cleaner fish provide better service quality than singletons. Nature, 2008, 455: 964-966.

[14] Masi S, Gustafsson E, Saint J M, et al. Unusual feeding behavior in wild great apes, a window to understand origins of self-medication in humans. Physiology Behavior, 2012, 105: 337-349.

[15] Grojean R E, Sousa J A, Henry M C. Utilization of solar radiation by polar animals: an optical model for pelts. Applied Optics, 1980, 19: 339-346.

[16] Jones R. Nano Nature. Washington: Xanadu Publications, 2008.

[17] Linnen C R, Kingsley E P, Jensen J D, et al. On the origin and spread of an adaptive allele in deer mice. Science, 2009, 325: 1095-1098.

[18] Egri Á, Blahó M, Kriska G, et al. Polarotactic tabanids find striped patterns with brightness and/or polarization modulation least attractive: an advantage of zebra stripes. Journal of Experimental Biology, 2012, 215: 736-745.

[19] Stevens M, Hardman C J, Stubbins C L. Conspicuousness, not eye mimicry, makes “eyespots” effective antipredator signals. Behavioral Ecology, 2008, 19: 525-531.

[20] RatcliffeJ M, Nydam M L. Multimodal warning signals for a multiple predator world. Nature, 2008, 455: 96-99.

[21] Futahashi R, Fujiwara H. Juvenile hormone regulates butterfly larval pattern switches. Science, 2008, 319: 1061.

[22] Zylinski S, Johnsen S. Mesopelagic cephalopods switch between transparency and pigmentation to optimize camouflage in the deep. Current Biology, 2011, 21: 1937-1941.

[23] Rassart M, Colomer J F, Aberrant T T, et al. Diffractive hygrochromic effect in the cuticle of the hercules beetle dynastes hercules. New Journal Physics, 2008, 10: 033014.

[24] Rumpho M E, Worful J M, Lee J, et al. Horizontal gene transfer of the algal nuclear gene psbo to the photosynthetic sea slug elysia chlorotica. Proceedings of the National Academy of Sciences, 2008, 105: 17867-17871.

[25] Archetti M. Evidence from the domestication of apple for the maintenance of autumn colours by coevolution. Proceedings of the Royal Society B: Biological Sciences, 2009, 276: 2575-2580.

[26] Fadzly N, Jack C, Schaefer H M, et al. Ontogenetic colour changes in an insular tree species: signalling to extinct browsing birds. New Phytologist, 2009, 184: 495-501.

[27] Joron M, Frezal L, Jones R T, et al. Chromosomal rearrangements maintain a polymorphic supergene controlling butterfly mimicry. Nature, 2011, 477: 203-206.

[28] Nash D R, Als T D, Maile R, et al. A mosaic of chemical coevolution in a large blue butterfly. Science, 2008, 319: 88-90.

[29] Huffard C L, Boneka F, Full R J. Underwaterbipedallocomotion by octopuses in disguise. Science, 2005, 307: 1927.

[30] Tseng L, Tso I M. A risky defence by a spider using conspicuous decoys resembling itself in appearance. Animal Behaviour, 2009, 28: 1-7.

[31] Vaughn D, Strathmann R R. Predators induce cloning in echinoderm larvae. Science, 2008, 319: 1503.

[32] Hojo M K, Katsumata A W, Akino T, et al. Chemical disguise as particular caste of host ants in the ant inquiline parasite niphanda fusca （lepidoptera: lycaenidae）. Proceedings of the Royal Society B: Biological Sciences, 2009, 276: 551-558.

[33] Barbero F, Thomas J A, Bonelli S, et al. Queen ants make distinctive sounds that are mimicked by a butterfly social parasite. Science, 2009, 323: 782-785.

[34] Ren Z X, Lia D Z, Bernhardtc P, et al. Flowers of cypripedium fargesii （orchidaceae） fool flat-footed flies （platypezidae） by faking fungus-infected foliage. Proceedings of the National Academy of Sciences, 2011, 108: 7478-7480.

[35] Skelhorn J, Rowland H M, Speed M P, et al. Masquerade: camouflage without crypsis. Science, 2010, 327: 51.

[36] Kaltenpoth M, Gottler W, Herzner G, et al. Symbiotic bacteria protect wasp larvae from fungal infestation. Current Biology, 2005, 15: 475-479.

[37] Currie C R, Poulsen M, Mendenhall J, et al. Coevolved crypts and exocrine glands support mutualistic bacteria in fungus-growing ants. Science, 2006, 311: 81-83.

[38] Dejean A, Leroy C, Corbara B, et al. Arboreal ants use the "velcro ® principle" to capture very large prey. PloS One, 2010, 5: e11331.

[39] Frederickson M E. Conflict over reproduction in an ant-plant symbiosis: why allomerus octoarticulatus ants sterilize cordia nodosa trees. American Naturalist, 2009, 173: 675-681.

[40] Kiers E T, Duhamel M, Beesetty Y, et al. Reciprocal rewards stabilize cooperation in the mycorrhizal symbiosis. Science, 2011, 333: 880-882.

[41] Maillet F, Poinsot V, André O, et al. Fungal lipochitooligosaccharide symbiotic signals in arbuscular mycorrhiza. Nature, 2011, 469: 58-63.

[42] Kerneya R, Kimb E, Hangarterc R P, et al. Intracellular invasion of green algae in a salamander host. Proceedings of the National Academy of Sciences, 2011, 108: 6497-6502.

[43] Grafe T U, Schöner C R, Kerth G, et al. A novel resource-service mutualism between bats and pitcher plants. Current Biology, 2010, 7: 436-439.

[44] Beani L, Dallai R, Mercati D, et al. When a parasite breaks all the rules of a colony. Animal Behaviour, 2011, 82: 1305-1312.

[45] Brown B V. Small size no protection for acrobat ants: world's smallest fly is a parasitic phorid（diptera: phoridae）. Annals of the Entomological Society of America, 2012, 105: 550-554.

[46] Evans H C, Elliot S L, Hughes D P. Hidden diversity behind the zombie-ant fungus ophiocordyceps unilateralis: four new species described from carpenter ants in minas gerais, brazil. PloS One, 2011, 6: e17024.

[47] Hosokawa T, Koga R, Kikuchi Y, et al. Wolbachia as a bacteriocyte-associated nutritional mutualist. Proceedings of the National Academy of Sciences, 2010, 107: 769-774.

[48] Gilman R T, Nuismer S L, Jhwueng D C. Coevolution in multidimensional trait space favours escape from parasites and pathogens. Nature, 2012, 483: 328-330.

[49] Edgar R S, Green E W, Zhao Y W, et al. Peroxiredoxins are conserved markers of circadian rhythms. Nature, 2012, 485: 459-464.

[50] Song Y H, Smith R W, To B J, et al. FKF1 conveys timing information for CONSTANS stabilization in photoperiodic flowering. Science, 2012, 336: 1045-1049.

[51] Nozue K, Covington M F, Duek P D, et al. Rhythmic growth explained by coincidence between internal and external cues. Nature, 2007, 448: 358-361.

[52] Levy O, Appelbaum L, Leggat W, et al. Light-responsive cryptochromes from a simple multicellular animal, the coral acropora millepora. Science, 2007, 318: 467-470.

[53] Thommen Q, Pfeuty B, Morant P E, et al. Robustness of circadian clocks to daylight fluctuations: hints from the picoeucaryote ostreococcus tauri. PloS Computational Biology, 2010, 6: e1000990.

[54] Czech-Damal N U , Liebschner A, Miersch L, et al. Electroreception in the guiana dolphin (sotalia guianensis). Proceedings of the Royal Society B: Biological Sciences, 2011, 279: 663-668.

[55] Gracheva E O, Ingolia N T, Kelly Y M. et al. Molecular basis of infrared detection by snakes. Nature, 2010, 464: 1006-1011.

[56] Gracheva E O, Cordero-Morales J F, González-Carcacía J A, et al. Ganglion-specific splicing of TRPV1 underlies infrared sensation in vampire bats. Nature, 2011, 476: 88-91.

[57] Grüter C, Farina W M. The honeybee waggle dance: can we follow the steps.Trends in Ecology & Evolution, 2009, 24: 242-247.

[58] Merlin C, Gegear R J, Reppert S M. Antennal circadian clocks coordinate sun compass orientation in migratory monarch butterflies. Science, 2009, 325: 1700-1704.

[59] Wang Y N, Pan Y X, Parsons S, et al. Bats respond to polarity of a magnetic field. Proceedings of the Royal Society B: Biological Sciences, 2007, 274: 2901-2905.

[60] Wu L Q, Dickman J D. Neural correlates of a magnetic sense. Science, 2012, 336: 1054-1057.

[61] Treiber C D, Salzer M C, Riegler J, et al. Clusters of iron-rich cells in the upper beak of pigeons are macrophages not magnetosensitive neurons. Nature, 2012, 484: 367-371.

[62] Toien O, Blake J, Edgar D M, et al. Hibernation in black bears: independence of metabolic suppression from body temperature. Science, 2011, 331: 906-909.

[63] Campbell H A, Fraser K P P, Bishop C M, et al. Hibernation in an antarctic fish: on ice for winter. PloS One, 2008, 3: e1743.

[64] Risgaard-Petersen N, Langezaal A M, Ingvardsen S, et al. Evidence for complete denitrification in a benthic foraminifer. Nature, 2006, 443: 93-96.

[65] Reysenbach A L, Liu Y T, Banta A B, et al. A ubiquitous thermoacidophilic archaeon from deep-sea hydrothermal vents. Nature, 2006, 442: 444-447.

[66] Mcculloch M, Falter J, Trotter J, et al. Coral resilience to ocean acidification and global warming through pH up-regulation. Nature Climate Change, 2012, 2: 623-627.

[67] Costa V M D, King C E, Kalan L, et al. Antibiotic resistance is ancient. Nature, 2011, 477: 457-461.

[68] Feldman C R, Brodie E D, Brodie E D, et al. Constraint shapes convergence in tetrodotoxin-resistant sodium channels of snakes. Proceedings of the National Academy of Sciences, 2012, 109: 4556-4561.

[69] Wirgin I, Roy N K, Loftus M, et al. Mechanistic basis of resistance to PCBs in atlantic tomcod from the hudson river. Science, 2011, 331: 1322-1325.

[70] Habets M G, Brockhurst M A. Therapeutic antimicrobial peptides may compromise natural immunity. Biology Letters, 2012, 8: 416-418.

[71] Askarieh G, Hedhammar M, Nordling K, et al. Self-assembly of spider silk proteins is controlled by a pH-sensitive relay. Nature, 2010, 465: 236-238.

[72] Cranford S W, Tarakanova A, Pugno N M, et al. Nonlinear material behaviour of spider silk yields robust webs. Nature, 2012, 482: 72-76.

[73] HuangX P, Liu G Q, Wang X W. New secrets of spider silk: exceptionally high thermal conductivity and its abnormal change under stretching. Advanced Materials, 2012, 24: 1482-1486.

[74] Hayashi C Y, Lewis R V. Molecular architecture and evolution of a modular spider silk protein gene. Science, 2000, 287: 1477-1479.

[75] Sutherland T D, Weisman S, Trueman H E, et al. Conservation of essential design features in coiled coil silks. Molecular Biology and Evolution, 2007, 24: 2424-2432.

[76] Mayer G. Rigid biological systems as models for synthetic composites: materials and biology. Science, 2005, 310: 1144-1147.

[77] Dirks J H, Taylor D. Veins improve fracture toughness of insect wings. PloS One, 2012, 7: e43411.

[78] Jung Y C, Bhushan B. Wetting behavior of water and oil droplets in three-phase interfaces for hydrophobicity/philicity and oleophobicity/philicity. Langmuir, 2009, 25: 14165-14173.

[79] Gad-el-Hak M. Compliant coatings: a decade of progress. Applied Mechanics Reviews, 1996, 49: 147-157.

[80] Nosonovsky M. Biomimetics in Materials Science. New York:Springer New York Dordrecht Heidelberg London, 2011.

[81] Liu X Y. Bioinspiration from Nano to Micro Scales. New York:Springer New York Heidelberg Dordrecht London, 2012.

[82] 王淑杰，任露泉，韩志武，等. 植物叶表面非光滑形态及其疏水特性的研究. 科技通报，2005, 21: 553-556.

[83] Barthlott W, Neinhuis C. Purity of the sacred lotus, or escape from contamination in biological surfaces. Planta, 1997, 202: 1-8.
[84] Feng L, Li S H, Li Y S, et al. Super-hydrophobic surfaces: from nature to artificial. Advanced Materials, 2002, 14: 1857-1860.
[85] Fang Y, Sun G, Cong Q, et al. Effects of methanol on wettability of the non-smooth surface on butterfly wing. Journal Bionic Engineering, 2008, 5: 127-133.
[86] Fang Y, Sun G, Wang T Q, et al. Hydrophobicity mechanism of non-smooth pattern on surface of butterfly wing. Chinese Science Bulletin, 2007, 52: 711-716.
[87] Sun G, Fang Y, Cong Q, et al. Anisotropism of the non-smooth surface of butterfly wing. Journal Bionic Engineering, 2009, 6: 71-76.
[88] Tian X M, Han Z W, Li X J, et al. Biological coupling anti-wear properties of three typical molluscan shells-scapharca subcrenata, rapana venosa and acanthochiton rubrolineatus. Sciencein China Series E: Technological Sciences, 2010, 53: 2905-2913.
[89] 周飞, 吴志威, 王美玲, 等. 淡水螃蟹螯的结构及力学性能研究. 中国科技论文在线.
[90] Ren L Q, Liang Y H. Biological couplings: classification and characteristic rules. Sciencein China Series E: Technological Sciences, 2009, 52:2791-2800.
[91] 高峰, 黄河, 任露泉. 新疆岩蜥三元耦合耐冲蚀磨损特性及其仿生试验. 吉林大学学报（工学版）, 2008, 38: 586-590.
[92] Wilson E O. Sociobiology: the new synthesis. Social Forces, 2000.
[93] 冉浩. 蚂蚁之美: 进化的奇景. 北京: 清华大学出版社, 2014.
[94] Bonasio R, Zhang G J, Ye C Y, et al. Genomic comparison of the ants camponotus floridanus and harpegnathos saltator. Science, 2010, 329: 1068-1071.
[95] Endler A, Liebig J, Schmitt T, et al. Surface hydrocarbons of queen eggs regulate worker reproduction in a social insect. Proceedings of the National Academy of Sciences, 2004, 101: 2945-2950.
[96] Bonasio R, Li Q, Lian J, et al. Genome-wide and caste-specific DNA methylomes of the ants camponotus floridanus and harpegnathos saltator. Current Biology, 2012, 14: 1755-1764.
[97] Heinze J, Walter B. Moribund ants leave their nests to die in social isolation. Current Biology, 2010, 20: 249-252.
[98] Šobotník J, Bourguignon T, Hanus R, et al. Explosive backpacks in old termite workers. Science, 2012, 337: 436.
[99] Barbero F, Thomas J A, Bonelli S, et al. Queen ants make distinctive sounds that are mimicked by a butterfly social parasite. Science, 2009, 323: 782-785.
[100] Dussutour A, Fourcassié V, Helbing D, et al. Optimal traffic organization in ants under crowded conditions. Nature, 2004, 428: 70-73.
[101] Steck K, Hansson B S, Knaden M. Smells like home: desert ants, cataglyphis fortis, use olfactory landmarks to pinpoint the nest. Frontiers in Zoology, 2009, 6: 1-4.
[102] Choe D H, Millar J G, Rust M K. Chemical signals associated with life inhibit necrophoresis in Argentine ants. Proceedings of the National Academy of Sciences, 2009, 106: 8251-8255.
[103] Tragust S, Ugelvig LV, Chapuisat M, et al. Pupal cocoons affect sanitary brood care and limit

fungal infections in ant colonies. BMC Evolutionary Biology, 2013, 13: 1-10.

[104] Rifflet A. Paralyzing action from a distance in an arboreal african ant species. PloS One, 2011, 6: e28571.

[105] Dejean A, Solano P J, Ayroles J, et al. Insect behaviour: arboreal ants build traps to capture prey. Nature, 2005, 434: 973.

[106] Purcell J, Avril A, Jaffuel G, et al. Ant brood function as life preservers during floods. PloS One, 2014, 9: e89211.

[107] Mlot N J, Tovey C A, Hua D L, et al. Fire ants self-assemble into waterproof rafts to survive floods. Proceedings of the National Academy of Sciences, 2011, 108: 7669-7673.

[108] Nguyen V, Lilly B, Castro C. The exoskeletal structure and tensile loading behavior of an ant neck joint. Journal of Biomechanics, 2014, 47: 497-504.

[109] Nygaard S, Zhang G J, Schitt M, et al. The genome of the leaf-cutting ant acromyrmex echinatior suggests key adaptations to advanced social life and fungus farming. Genome Research, 2011, 21: 1339-1348.

[110] Chofield R M S S, Emmett K D, Niedbala J C, et al. Leaf-cutter ants with worn mandibles cut half as fast, spend twice the energy, and tend to carry instead of cut. Behavioral Ecology and Sociobiology, 2011, 65: 969-982.

[111] Youngsteadt E, Nojima S, Häberlein C, et al. Seed odor mediates an obligate ant-plant mutualism in amazonian rainforests. Proceedings of the National Academy of Sciences, 2008, 105: 4571-4575.

[112] Barke J, Seipke R F, Gruschow S, et al. A mixed community of actinomycetes produce multiple antibiotics for the fungus farming ant acromyrmex octospinosus. BMC Biology, 2010, 8: 109-118.

[113] Pinto-Tomás A A, Anderson M A, Suen G, et al. Symbiotic nitrogen fixation in the fungus gardens of leaf-cutter ants. Science, 2009, 326: 1120-1123.

[114] Kooij P W, Aanen D K, Schiφtt M, et al. Evolutionarily advanced ant farmers rear polyploid fungal crops. Journal of Evolutionary Biology, 2015, 28: 1911-1924.

[115] García M B, Espadaler X, OlesenJ M. Extreme reproduction and survival of a true cliffhanger: the endangered plant borderea chouardii （dioscoreaceae）. PloS One, 2012, 7: e44657.

[116] Sutherland T D, Weisman S, Trueman H E, et al. Conservation of essential design features in coiled coil silks. Molecular Biology and Evolution, 2007, 24: 2424-2432.

[117] Prabhakar B, Dektar K N, Gordon D M. The regulation of ant colony foraging activity without spatial information. PloS Computational Biology, 2012, 8: e1002670.

第 8 章　人类与生物的关系

生物源于自然，人类出于自然，人类与生物是共处同一个地球的居民，生物一直是人类生存与发展不可或缺的保证，而人类对于生物及其生境，虽然主要是在利用和保护，但时而也在干扰，甚至破坏之。面对生存与发展的紧迫需求与重大挑战，人类在科学保护、合理利用生物，不断密切与生物关系的同时，现正在更自觉地、更广泛地向生物学习，模拟生物开展仿生创新，将人类与生物的关系提升到一个新的高度。

8.1　生物为人类之师

纵观人类和生物的进化历程与生存能力体系，生命是地球物质演化的结晶，人类是地球上唯一的智慧生物，是地球的骄子，但在许多方面生物都不比人类逊色，有些方面甚至比人类更强。

8.1.1　进化史比较

在人类与生物的生命进化历程中，对于人类来说，500 万～800 万年前猿类物种成功地进化成南方古猿，人科动物的进化历程才从此开始，最终形成了具有高智慧的、掌握现代科技的人类。可见，人类进化时间至今不超过 1000 万年，而生物的进化历程在 35 亿～38 亿年前就已经开始，至今，生物的进化历程从未停止过，在不断地产生着新的状态和特征，从而使自然界呈现出一派生机盎然的景象[1]。

在人类与生物的社会进化历程中，人类以有组织的集体和社会进行活动的时间仅仅只有 1 万～2 万年，而采取主动的措施来保证和培养社会成员的社会性，进入文明社会的时间更短，大约有 5000 年。而生物界中，对于社会性昆虫之一的蚂蚁，其社会史也已经有 8000 万年。蚂蚁社群是一个复杂而又高度协调一致的社会组织，几乎可与人类社会相匹敌，甚至在某些方面，如成员数量调控、交通管理、团结协作、利他奉献等，比人类一些大城市的社会现状要好得多[2]。

农业生产与饲养放牧在人类与生物的社会进化过程中具有非常重要的意义。对于人类而言，人类祖先在逐步学会驯化植物和动物的同时，开始了从采集、狩猎经济向原始农业的过渡。学会了把石斧、石锄等经过磨制的石器缚在木棍上，用来开荒掘地，种植作物。在以色列北部乌哈鲁地区地下发现了 2.3 万年前 9 万棵史前谷类作物，同时还发现一些茅屋和烧过木柴的痕迹及人类使用的若干石器，这说明人类开始从事农业生产的年代可以追溯到 2.3 万多年前。随后，在约 8000

多年前，人类开始学会牧养，并将一些牧养的动物用作役畜，代替人类劳力。然而，对于生物界而言，早在5000万年前，蚂蚁就已能够进行农业生产，它们种植“庄稼”，并且还懂得“施肥”、“除草”、“联合用药”、固氮等[3-7]，这使蚁群获得更加稳定的食物来源。

可见，虽然人类的出现和发展给生物的进化带来了巨大的影响，开辟了地球生物进化发展历史的新纪元。但是，早在地球上出现人类之前，许多生物已经在自然界中生活了几十亿年，在它们为生存而进行的长期进化历程中获得了与大自然相适应的各种功能特性，很多都值得人类学习与借鉴[8]。

8.1.2 自我调控过程比较

人类与生物的结构与功能极为复杂，体内各器官、系统的种种功能和各种生理过程都不是各自孤立地进行的，而是在神经系统或植物激素的直接或间接调节控制下，互相联系、相互影响、密切配合，形成一个完整统一的有机体，实现和维持正常的生命活动。自（他）激反应过程是指人类与生物随着内部或外部环境变化的刺激（激励、激发），通过神经系统（人或动物）或植物激素、生物电等（植物）调控对各种刺激做出相应反应的过程，图 8-1 所示为人和动物自（他）激反应过程示意图，图 8-2 所示为植物自（他）激反应过程示意图，即感觉器官感受内、外环境刺激，并将信息反馈到处理系统，处理系统对信息进行迅速处理，使人体与生物体产生适应内、外环境变化的运动（功能与行为），从而使机体适应不断变化的内、外环境，维持机体与外界环境的平衡。

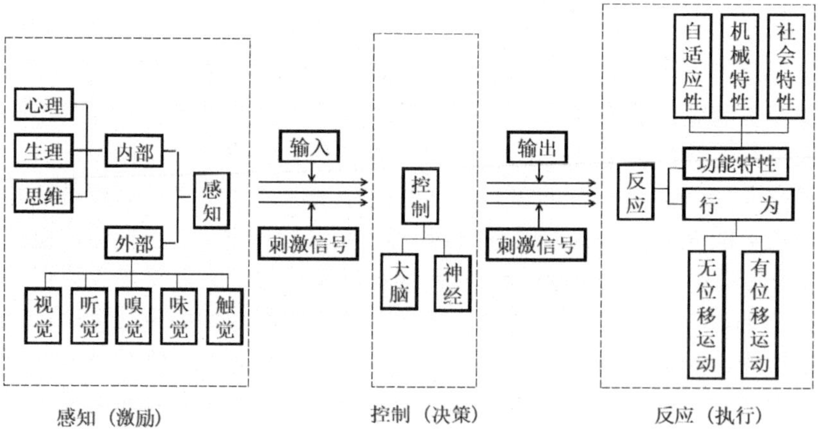

图 8-1　人与动物自（他）激反应过程

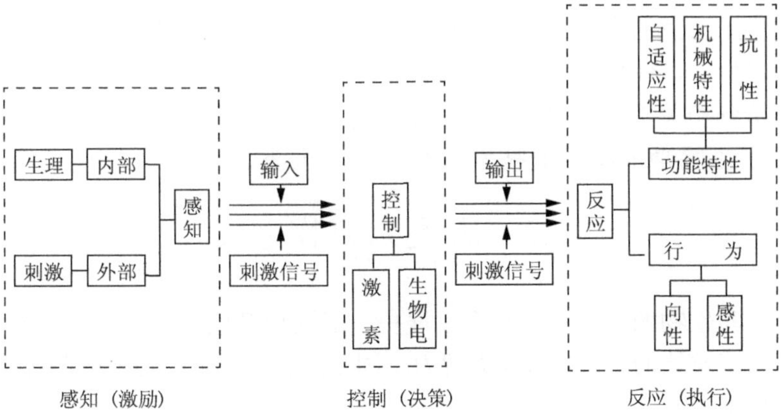

图 8-2　植物自（他）激控制过程

自（他）激反应是人类与生物生存能力的体现，通过感知、控制、运动三个环节相互作用，有效调控生命活动，从而使人类与生物展现出了超强的自适应能力。通过前面章节对人类与生物在自（他）激反应中激励、控制、运动三个环节的论述发现，在激励环节，与人类相比，生物的感觉范围更宽、更广，感知方式更多样，精准性更高；在控制环节，生物调控的灵敏度、精确性、控制成效更高、更强；反应环节，生物的行为与功能特性更卓有成效，对环境的适应性更强。因此，整个自（他）激反应过程中，任何一个环节生物都展现出了极强的调控能力，有些方面甚至比人类更强、更快速、更准确、更高效、更可靠、更灵敏，显示出了比人类更优越之处，值得人类去效仿与学习。

8.1.3　结构功能特性比较

机体结构（包括构形、形态、材料等）是人类与生物组成的构成模式，是生命展现的载体，是一切生命活动的基础，是生物行为与功能特性有效展现的保证。为适应自然环境和满足生存需要，生物经过亿万年的进化，优化出各种各样的形态、构形和复杂的结构，成为对生存环境具有最佳适应性和高度协调性的系统。与人类相比，生物体结构更多样、复杂、紧凑、精巧、可靠、合理。例如，鱼类身体呈流线形，以减少游动阻力；竹子与木材的多尺度结构，以增加强韧性；鸟类羽毛中空的轻质结构，以提高其飞行效能；等等。生物这些优异的结构模式、高超的自控调节功能、优异的资源管理特性，以及与生境高度和谐的本领，使它们具备了适应内外环境变化的能力，造就了它们展现的生物功能最优化、对环境适应最佳化和本身能量消耗最低化等优势。

综上所述，生物的许多方面都比人类要强，可以说，生物是人类之师，它们以最低的物质和能量消耗获得了最大的功能需求，为人类科学技术创新和工程产品制造提供了天然的生物蓝本。因此，生物的许多方面都值得人类学习和效仿，人类要敬畏生命，爱护生物，要虚心向生物学习，将生物精细的结构与卓越的功能特性移植到相关工程技术领域，研发出绿色、节能、灵活、可靠、高效、经济的接近于生物功能特性的技术系统，造福人类。

8.2 人类为万物之灵

从人类与生物的进化史、社会发展史、活动史及生存能力来看，人类唯一的优势就是高度发达的智力，而人类智力不同于生物智力，主要表现在智慧思维上，即创造性思维上[9]。

8.2.1 智力

智力是认识、理解客观事物并运用知识、经验等发现问题、解决问题的能力，包括记忆、观察、想象、思考、判断等。它是一个生命体的观察力、记忆力、想象力、思维力的综合体现，而思维力是智力的核心和本质表现。

观察力是指大脑观察和知觉某种事物和现象的能力。观察力的强弱直接影响生命体获取外界知识信息的量与质，从而影响其决策与行为。人类的观察力具有目的性、条理性、理解性、敏锐性、准确性等，且观察力强，多为主动观察，通过观察能够发现事物潜在的价值与意义。自然界中，虽然某些生物也有观察力，但是相对于人类而言，是十分微弱的。黑猩猩是动物中的天才之一，但其也仅能做一些简单的观察和模仿。美国德州大学的研究者挑选了一些黑猩猩，训练其转动一个把手使得水果下降，然后滑动一个小器件将水果引导入一个箱子中，从而获得水果。当一个黑猩猩族群里超过 50%的个体都已学会这种技能之后，研究人员将装置放在未受过训练的邻近族群里，结果发现，这些未受过训练的黑猩猩会观察那些已学会技能的黑猩猩怎样操作装置并获得食物，通过观察和模仿，最终未受过训练的黑猩猩也学会了这种获得食物的方法[10]。

记忆力是识记、保持、再认识和重现客观事物所反映的内容和经验的能力。记忆力是生命体智力活动的一种表现，代表生命体对过去活动、感受、经验的印象累积程度。人类大脑的记忆能力相当于 1500 亿台计算机（平均每台存储 80 G）的存储量，记忆效果高效而持久。与生物相比，人类的记忆力强，且多为主动记忆。

想象力是以记忆中的表象或经验材料为基础，在大脑中经过新的变化、组合等加工作用，创造出未曾感知过甚至从来未存在过的事物形象的能力，一般是在掌握一定的知识面的基础上完成的。想象力是一种特殊形式的思维，它是以感性材料为基础，把表象的东西重新加工而产生的新形象，因此，任何想象都会有其根源。想象力是人类所特有的一种能力，目前，尚未发现生物具有想象力。爱因斯坦曾经说过：“想象力比知识更重要，因为知识是有限的，而想象力概括着世界的一切，推动着进步，而且是知识的源泉。”因此，对于人类而言，想象力是创新思维的基础和源泉，没有想象力很难有创新思维。

思维力是在已感知的形象、概念的基础上进行分析、综合判断、推理等认知活动的能力。思维力包括理解力、分析力、综合力、比较力、概括力、抽象力、推理力、论证力、判断力等。它是整个智力，特别是人类智慧的核心因素，参与、支配着一切智力或智慧活动，是生命体智力高低的标志。某些生物也具有简单的思维力。例如，英国剑桥大学的研究者发现，猪具有一定的思维力，能够观察、辨别镜子中的影像，并利用镜子找到隐藏的食物[11]。蜜蜂也具有一定的思维能力，在面临抉择时，一部分蜜蜂会号召或迫使另一部分蜜蜂支持或听从自己的意见，如蜜蜂在为新巢选址时，会使用抑制信号，迫使其他蜜蜂支持自己的意见，这一点类似于人类大脑思维与做决定的过程[12]。一种非洲小型慈鲷鱼中的雄性成员具有逻辑推理能力，它们会理性评估对手并抢占弱于自己的对手的地盘，以扩大自己的势力范围。与生物相比，人类思维力强，多为主动思维和创新思维；而生物思维力弱，多为被动思维和简单思维，没有创新思维。思维力在人类创新性工作中起着关键作用，是人类创新思维的核心智力基础。

人类拥有的最大财富是高度发达的智力，即创造性思维、智慧思维，它赋予人类巨大的发展潜力，使人类在生物界中脱颖而出。美国加州理工学院的研究者在人类大脑中发现了一些影响智力水平高低的特定部位，这些部位形成一种分散式系统，若干个大脑部位的连同作用是决定智力水平高低的关键，如图 8-3 所示[13]。智力水平的高低通常取决于大脑两个半球所共同组成的网络所发挥功能的强弱，而并非单一的结构所能控制。人类大脑可以从多变的环境中接受并处理信息，将多种功能进行整合以完成不同的工作，这项研究成果将为研究大脑、智力及周围环境三者之间如何“交流”开辟了一条新的道路，同时也为更深层次开发人类智力提供了思路。

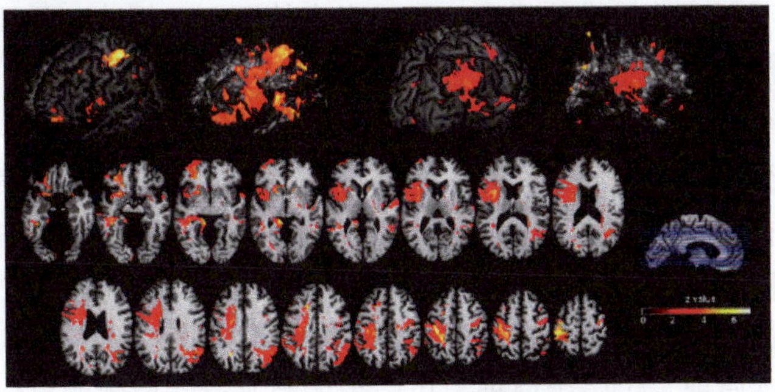

图 8-3　人类智力大脑结构图[13]

美国加利福尼亚大学的研究者指出，人类与黑猩猩在基因上只存在大约 1%的差异，但是，人类与黑猩猩在智力、行为、思考、对抗疾病等许多方面存在极大的差异。研究发现，人类与黑猩猩的遗传物质在剪接翻译成蛋白质的过程中存在重要差异，有 6%～8%的可变剪接存在差异，并且这些表现出剪接差异的基因都与许多重要的行为相关[14]。剪接是细胞生物体产生复杂蛋白质的一个重要机制，是指基因的编码区域参与到蛋白质产生的遗传信息中来，可变剪接能够用相同的遗传信息产生多种类型的蛋白质。可变剪接过程之间存在的差异也决定了人类与黑猩猩两者之间在智慧、行为、解决问题能力等方面存在的差距，同时，这也说明了为什么人类智慧要远远高于与我们最近缘的黑猩猩的原因之一。此外，人类还具有较强的积累经验与知识、较高的社会认识性等独到特性[15,16]，并且随着时间的推移，这种经验积累与社会认知越来越丰富。尽管其他生物在一定程度上也会积累经验与认知，但是只有人类将这些一代一代地传承下来，一代一代地提炼升华，最终具有了改造自然的能力，成为万物之灵。

8.2.2 创造性思维

思维是指大脑对所接收和存储的来自客观世界的信息进行有意识或无意识、直接或间接的加工，从而产生新信息的过程。新信息可能是：①客观实体的表象；②客观事物的本质属性或内部联系；③人脑机能产生的新的客观实体，如文学艺术新创作、工程技术新成果、自然规律或科学研究新发现等[17,18]。

创造性思维是最高层次的思维活动，是人类超越其他生物的决定性基础，是构成人类智力的核心与支柱，是人类有别于生物的根本性标志。创造性思维是运用各种思维要素、思维程式和思维方法，自觉地综合主观和客观信息产生的新客观实体，如新作品、新成果、新发现等。创造性思维是一种开拓人类认识新领域，开创人类创造新事物的思维活动，是人类独有的思维模式。创造性思维既是一种思维形式，又是人脑处理信息的高层次机能，是人与生俱来并在实践活动中逐步强化的人类生命属性。可以说，人们在日常生活和工作中经常进行的各种思维活动中常常存在着创造性思维的元素，只是多少的区别，因此，只要我们有意识地强化训练这种机能，就能增强创新思维的能力。

创造性思维的基本特征：①新颖性或超常性，在思路选择上、思考技巧上、思维结论上不循常规，有独到之处，从而有新发现、新发展、新突破；②灵活性或随机性，没有固定的套路，一切因时间、地点、条件为转移，具体问题具体分析，从而能掌握主动、把握机遇；③目的性与选择性，目标明确，善于在多种可能性中进行优化选择，从而以最有效的途径达到其目的。

创造性思维原理：①陌生原理，以陌生的眼光对待熟悉的事物常常会有新的领悟，萌生新创意，发现深层的奥秘，马克思从熟悉的商品中发现剩余价值、牛顿从苹果落地发现万有引力等；②逆向原理，与正常思路相反，倒过来思考，往往能找到捷径；③聚焦原理，把一切知识储备、各种技能、各方面的智慧、力量和资源都指向一个难点或焦点，集中攻克，难题就会迎刃而解，甚至会变不可能为可能；④综合原理，即广泛地借鉴古今中外的一切文明成果加以巧妙地、科学地排列组合或嫁接移植，往往会产生意想不到的奇效，嫁接移植得越好，效果越突出。

创造性思维形成的三个阶段：①酝酿准备阶段，即明确问题，收集相关信息与资料，使问题和信息在大脑中记下。大脑的信息存储和积累是激发创造性思维的前提条件，存储信息量越大，激发出的创造性思维就越多。②潜心加工阶段，即创造思维主体进入尝试解决问题的过程，在此阶段人脑将其知觉、感觉和表象提供的信息进行融会综合，创造新的信息，具有超前性和自觉性，主要特点是潜意识（指一定条件引起的不自觉的心理作用）参与。创造总是在曲折中前行，有挫折，有暂时的搁置，但事实上，人的大脑神经细胞在潜意识指导下仍在继续朝着最佳目标进行思维，亦即创造性思维始终在进行。潜心加工阶段是使创造目标进一步具体化和完善化的过程，修正前阶段的一些目标，发现新的更有意义的创新目标，从而使创新性思维向更好、更新目标行进。③顿悟阶段，即顿然醒悟，豁然开朗，是指人脑有意无意地突现某些新创意，使一些长期悬而未决的问题一念之下解决的现象。顿悟是高层次思维的特性之一，是创造性思维的重要阶段，在此阶段，创造主体突然间被特定情景下的事物启发唤醒，创造性的意识蓦然闪现，创造目标实现。

创造性思维是人类独有的，动物只能对外界事物表象和外部联系进行简单的分析和反应。人类的创造性思维形式有多种，如想象思维、发散思维、直觉思维、辩证思维等，而在各种思维形式中又可能有多种具体的创新思维方法。翻开人类的文明创造史，在不同的时期、不同的领域中，几乎到处都可以看到人类创造性思维的成果。

显见，动物只有顺应环境的低等智能，即便是最聪明的动物有灵机一动的顿悟，那也只是偶然的、非自觉的行为。人类则不然，他们不仅能够顺应环境，而且可以改造环境，原因就在于人类具有创造文明的大脑智力系统，能够创造性地反映外部环境变化。人脑以最大的相对脑容量、最精细的大脑皮层、最强大的额前区，形成了唯有人类才有的创造性思维。正是借助大脑的高容量、高综合功能，人脑能在总体上把握各种感觉、知觉、表象提供的信息，按照新的程序将感性认识提供的各种外界信息在脑内重新组合，自由想象，从而创造新的信息，设计新的事物蓝图。创造性思维是人类区别于动物智能的本质属性，同时，也正是人类所独有的创造性思维使人类成为万物之灵。因此，人类灵就灵在创造性思维上。

8.3 人类与生物关系的时变规律

人类源于生物，生存于生物之中。人类自诞生以来就与生物有着密不可分的关系。生物为人类提供所需的全部食物、大量工业原料和药用资源，以及地球生命支撑系统不可或缺的种种之需，支撑着人类的繁衍和文明的发展，是支撑人类经济与社会可持续发展的关键。更为重要的是，生物将为人类提供适应地球种种重要变化的机会。

从一定意义上说，人类史实际上就是人类与生物的关系史。在这个历史进程中，生物逐渐由主动变为被动，而人类则逐渐由从属变成主导。400 万年前，人类在地球上出现的初期，由于自身能力有限，虽然生存迫切需要，但也只能从天然环境中直接攫取动物、植物资源，作为生活的能量来源。此时，人类在与生物的关系中不得不处于被动、从属的地位。历经漫长的进化过程，特别是随着种种工具的发明和不断改进，人类从驯化圈养有限生物到有意识大规模种植庄稼、饲养动物，干预和控制生物的能力日益增强，人类在与生物关系中的地位不断提升，由被动逐渐变为主导，而且能越来越科学有效地充分利用动物、植物和微生物的各种资源。

从生物学的角度看，人类仅仅是生物的一个物种，而且在生物分类系统中仅占据一个不显眼的位置。然而，人类对地球环境，对其他生物物种及其生境的影响与控制能力是有生命以来绝无仅有的，显然，人类绝非一般物种可比。人类已经干扰了自然界的正常运行，干预了生物及其生境的生态，甚至干预了生物的进化。可喜的是，人类正努力科学地驾驭自身干预和控制生物的能力，促进人类与生物的关系向着和谐、健康的方向发展。

随着科学技术的进步和人类探索未知能力的不断提升，特别是 20 世纪以来，人类对地圈和生物圈的大规模研究，大大加深了对人类与生物间关系的认识。

（1）地球生物圈的生物资源比以前的各种估计都要丰富得多。据估计，世界的物种有 500 万～3000 万种，大部分的物种尚未被认知。近年来对热带森林树冠和深层海底的研究认为，地球上存在的物种可能有 1800 万～8000 万种[19]。尽管对地球物种的各种估计多有偏差，但有一个事实是确定的，即地球生物圈中，未知的物种比已知的物种多得多。丰富的未知物种等待人类去探知，众多未知物种的大量奥秘等待人类去揭示，特别是特异环境和极端条件下顽强生活的种种生物的神奇功能和超强的自适应能力，是人类未来发展与开拓不可或缺的启迪器。

（2）人类与生物是地球整个生命大系统中不能任意分割的两个方面，任何一方失衡，特别是人类不理性的行为，都会造成不可估量的损失，甚至重大灾难。通过对人类与生物关系的大量正反事实的理论思考，人类正在从单纯对生物、对自然的攫取、占有的阴霾中走出，正向着对生物科学规范、合理干预、全面保护、有效利用的光明迈进。诚然，人类可以按照自己的需要创造自然界中没有的生物新品种，而且随着生物技术的发展，人类将会更深入地干预和控制生物的进化，但这都会在合理的范围内科学可控。相信人类文明、人类进步、人类智慧和人类的不懈努力，将会促进地球生命大系统蓬勃健康地发展。

（3）在人类与生物关系的时变过程中，人类对生物、对自然的态度不仅从探索向保护转变，而且从攫取向学习转变，前一转变主要产生了生态学，而后一转变主要产生了仿生学。尽管古代就有仿生实践活动，但都是不自觉的、被动的、个别的现象，而且都是简单的形似仿生，直到 20 世纪 60 年代，仿生学作为一门学科才正式创立。仿生学真正开启了人类向生物学习的新纪元，是人类智慧思维的新增长点，是科技创新的新途径和不竭源泉。自然生物不仅要受到保护，更应受到尊重。仿生学使人们更深切地认识到生物是人类之师，值得人们去敬畏、去学习、去仿生，而人类作为万物之灵也一定会学习好、仿生好。人类与生物的关系会因仿生学变得更加紧密，生物对于人类会具有更大的吸引力，而人类会对生物更加爱护、更加尊重。

生命进化史表明，生命起源于大海，人类起源于森林哺乳动物，因此，海洋是生命的摇篮，森林是人类的摇篮，而生物则是人类生存与发展的基本保证。人类与生物相互依存、相互影响、相互作用、密不可分，而且随着时间的变化，生态学、仿生学使人类与生物的关系变得更健康、更和谐、更密切。

参 考 文 献

[1] 殷赣新. 生命起源和进化的全新演绎. 上海: 科技文献出版社, 2013.

[2] 冉浩. 蚂蚁之美: 进化的奇景. 北京: 清华大学出版社, 2014.

[3] Kooij P W, Aanen D K, Schiφtt M, et al. Evolutionarily advanced ant farmers rear polyploid fungal crops. Journal of Evolutionary Biology, 2015, 28: 1911-1924.

[4] Pinto-Tomás A A, Anderson M A, Suen G, et al. Symbiotic nitrogen fixation in the fungus gardens of leaf-cutter ants. Science, 2009, 326: 1120-1123.

[5] Youngsteadt E, Nojima S, Häberlein C, et al. Seed odor mediates an obligate ant-plant mutualism in amazonian rainforests. Proceedings of the National Academy of Sciences, 2008, 105: 4571-4575.

[6] Barke J, Seipke R F, Gruschow S, et al. A mixed community of actinomycetes produce multiple antibiotics for the fungus farming ant acromyrmex octospinosus. BMC Biology, 2010, 8: 109-118.

[7] Nygaard S, Zhang G J, Schitt M, et al. The genome of the leaf-cutting ant acromyrmex echinatior suggests key adaptations to advanced social life and fungus farming. Genome Research, 2011, 21: 1339-1348.

[8] Wells H G. 世界史纲: 生物和人类的简明史. 北京: 人民出版社, 1982.

[9] Pinker S. 心智探奇: 人类心智的起源与进化. 杭州: 浙江人民出版社, 2016.

[10] Haun D B M, Rekers Y, Tomasello M. Majority-biased transmission in chimpanzees and

Human children, but not orangutans. Current Biology, 2012, 22: 727-731.
[11] Broom D M, Senaa H, Moynihana K L. Pigs learn what a mirror image represents and use it to obtain information. Animal Behaviour, 2009, 78: 1037-1041.
[12] Seeley T D, Visscher P K, Schlegel T, et al. Stop signals provide cross inhibition in collective decision-making by honeybee swarms. Science, 2012, 335: 108-111.
[13] Gläscher J, Rudrauf D, Colom R, et al. Distributed neural system for general intelligence revealed by lesion mapping. Proceedings of the National Academy of Sciences, 2010, 107: 4705-4709.
[14] Calarco J A, Y Xing, Cáceres M, et al. Global analysis of alternative splicing differences between humans and chimpanzee. Gene and Development, 2007, 21: 2963-2975.
[15] Dean L G, Kendal R L, Schapiro S J, et al. Identification of the social and cognitive processes underlying human cumulative culture. Science, 2012, 335: 1114-1118.
[16] Herrmann E, Call J, Hernàndez-Lloreda M V, et al. Humans have evolved specialized skills of social cognition: the cultural intelligence hypothesis. Science, 2007, 317: 1360-1366.
[17] 陶伯华. 智慧思维学. 长春: 吉林人民出版社, 2010.
[18] 朱长超. 创新思维: 人类智慧思维丛书. 哈尔滨: 黑龙江人民出版社, 2002.
[19] 胡玉佳. 现代生物学. 北京: 高等教育出版社, 1999.

第 9 章　人类与生活

人类的日常生活、人文生活与本体生活中处处充满生活智慧、生活艺术与生活哲理，解析这些生活现象与生活密码，将其作为生活模本，人类设计出了许许多多实实在在、更贴近人类物质需求和精神需求的仿生制品，创造出了更多具有人文底蕴、充分展现生活艺术的仿生作品。现今，人类各种生活中所呈现的生活现象已成为人类研究仿生制品的灵感源头之一，是仿生学的重要资源。仿生学是隐身在生活中的设计大师，任何人——无论教育水平、文化背景和生活环境如何，都能发现自己身边全新的仿生学现象，或将其应用到生活中，创造全新的价值[1,2]。

9.1　人类生活及其方式

9.1.1　生活含义

生活是人类与生物为生存和发展而进行的各种活动。对于生物而言，生活是其为了生存与延续后代所必需进行的本能性的生计活动；而对于人类而言，生活则是在生物基础上又包括了更高层次的物质活动、精神活动与社会活动。

人类生活包括日常生活、人文生活与本体生活，其中，日常生活是人们吃、穿、住、行、劳动、工作、学习、休闲等各种活动与行为的总和，是人类生存与发展的根本保障。日常生活中的点点滴滴看似普通、平常，但却处处充满着生活智慧，人类许许多多的发明与创造都是来源于日常生活中各种活动与行为的启示。例如，水壶和锅炉里的水沸腾，产生的蒸汽把盖子顶起来，这种生活中最常见的现象启发了古希腊数学家希罗（Hero）于公元 1 世纪发明了世界第一台汽转球，这是蒸气机的雏形，如图 9-1（a）所示；1679 年法国物理学家丹尼斯・巴本在观察蒸汽离开高压锅产生的喷射动力后，制造了世界第一台蒸汽机的工作模型；1769 年詹姆斯・瓦特改良了蒸汽机，制造了早期可用于工业生产的蒸汽机，如图 9-1（b）所示。蒸汽机的出现引发了 18 世纪工业革命，人类第一次真正拥有属于自己的原动机，直到 20 世纪初，它仍然是世界上最重要的动力源。

人类在日常生活中积累的经验、技能与知识对科技进步起到了极为重要的推动作用。从古代中国的“四大发明”，到现代汽车的诞生、飞机的升空、火箭的发射等，每一项科技革命带给人类的影响都是巨大和深刻的，许多科技革命的诞生都能寻到日常生活智慧的影子。

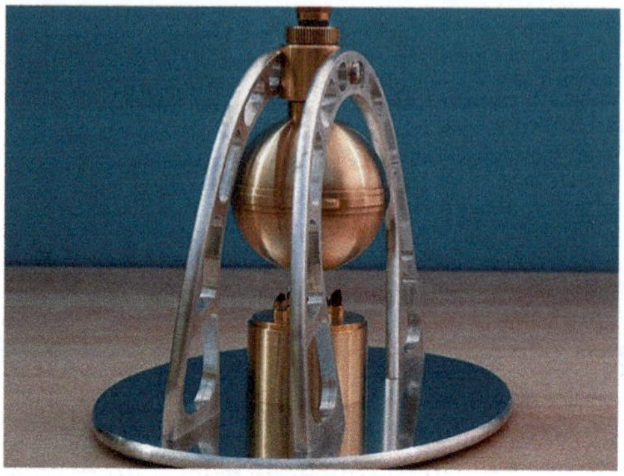
（a）汽转球物理模型

（b）瓦特发明的摇臂式蒸汽机物理演示模型

图 9-1　汽转球与蒸汽机

人文生活是人们在文化、艺术、体育等方面的活动与行为的总和，是人类有史以来生活中不可分割的有机组成部分。人文生活作为一种独特的精神现象，是人类智慧与精神的独特展现，人人有人文生活，任何人都离不开人文生活，它在人类的世代繁衍传承中一直占据着重要的地位。人之所以是万物之灵，就在于其创造了人文生活，有自己独特的精神文化。

人类日常生活中的吃、穿、住、行、劳动、工作、学习、休闲等各种活动都离不开人文生活，如“吃”有饮食文化、“穿”有服饰文化、“住”有建筑文化、“行”有交通文化等。例如，人文生活的魅力在服装设计中也得到了充分的展现，随着人们对服饰审美标准的提升，服装设计已经从简单的满足人们穿衣需求发展成为展示人们生活艺术与科技含量的重要领域。服装设计越来越注重以自然界万物的型、色、质为研究对象，通过相应的艺术手段处理，设计出造型千姿百态、色泽丰富多彩、质地舒适宜人的仿生服饰。自然界中的万物都蕴含着绚丽多彩的自然美感，这使得仿生服饰不仅在造型上有取之不尽的外部形态，色彩上有源源不断的灵感，而且材料上也有许多令人惊叹的功能创新，从而赋予服装生命、文化与科技的内涵[3,4]。

人文科学一些领域的行为与生活，如文学的创作、艺术的表演、体育的活动、哲学的悟道等，本身就是精神财富的精心营造，就是生活艺术更高境界的展现。人文生活是人类精神世界的重要组成部分，常常隐含着美不胜收、雅韵翩然的生活艺术，将之作为生活模本进行仿生设计，是能尽人之才情的个性创造，从而产生出伟大的科学与艺术。

本体生活是人类自然生命在生理、心理、心灵层面的活动与行为的总和，是人类日常生活和人文生活的基础和根本。人类自身是生活智慧与生活艺术的载体与发生器，探索人类生理、心理、心灵层面的生活哲理，解开自然生命与精神生命的生活密码，将会引导人类更科学地自我了解和自我控制，从而把人类的认知、智能、创造性思维提高到前所未有的高度。例如，人们的大脑时刻经受着各种信息的刺激，眼睛、耳朵、鼻子、舌头和皮肤不断地将不同甚至互相矛盾的感觉信号传送给大脑，大脑要整合多渠道的感官信息，才能尽量精确地形成对客观世界的认知。美国罗彻斯特大学的研究者验证了大脑形成客观认知时处理复杂且迅速变化信号的加权规则，即单个神经元执行简单计算，一次简单计算就是一种加权平均，神经元必须对每种感觉赋予正确的权重[5]。数百万的神经元执行重复性相似计算时，大脑知道哪种感觉信号更加重要，能把高级行为任务破解为一系列简单的操作，让多个神经元同时执行。这一发现有望为阿尔茨海默病或其他有关个体自感神经系统紊乱方面的疾病带来新疗法，同时，深入理解大脑连接不同感觉信号的机制，也能帮助工程师们为机器人设计出更复杂的人造神经系统。

人类社会文明起源于人类非凡的智慧，而智慧的载体正是人类的本体生命，智慧的体现正是人类自身在生活中学习、创新与创造的过程，因此，将人类本体生活中蕴含的生活哲理作为生活模本进行仿生设计与创造，这无疑会成为推动人类文明进程的重要方式。

9.1.2　生活方式

生活方式是人类在一定的自然条件、社会条件和价值观念指导下所形成的，满足自身生活需要的全部活动形式与行为特征的体系。在不同的历史时期、地理环境、生产方式、文化传统、政治法律、思想意识、社会心理等条件下，人类会形成不同的生活模式，直接或间接地影响着人类的日常生活、人文生活与本体生活，从而造就出不同的生活智慧、生活艺术与生活哲理。正是由于地域、历史、传统及种种现实因素的影响，不同区域、不同时期、不同传统、不同民族的人们生活方式表现出了鲜明的独特性、多样性与差异性，进而产生了不同类型的文化、发明与创新。

例如，马镫不仅体现了一种军事文化，也呈现了一种生活方式。马镫是人类历史上一项既简单又具有划时代意义的发明，它把畜力应用在短兵相接之中，让骑兵与马结为一体。马镫是由古代中国北方地区以游牧生活方式为主的鲜卑人发明的，具有典型的地域与民族特色，一经发明便在欧亚大草原上迅速流传，如图 9-2（a）所示。马镫发明以后，使战马更容易驾驭，使人与马连接为一体，使骑在马背上的人解放了双手，骑兵们可以在飞驰的战马上且骑且射，也可以在马背上做各种攻击与防御动作，使骑兵的战略地位大大提高，也使世界战争史大为改观。而在中国江南或沿海等地区以灌溉耕田为主要生活方式的人们发明了各式各样的水车，对农业生产过程中的提灌和排灌发挥了重要作用，如图 9-2（b）所示。水车丰富多样的形式适应了不同地形的提灌和排灌需要，直到 18 世纪的工业革命以后，随着蒸汽机、柴油机、电动机的发明与发展，作为人类历史上主要提水机械的水车才完成其历史使命，逐渐被现代水泵所取代。

（a）游牧民族发明的马镫

（b）以耕田为主的民族发明的水车

图 9-2　不同地域的发明

生活方式是与生存环境紧密相关的。住在非洲沙漠的居民，由于没有电，夏天无法用电冰箱保鲜食物，当地人们利用多年的生活智慧发明了一种简易“沙漠冰箱”，它由内罐和外罐组成，两罐之间填满潮湿的沙子。使用时将食物放在内罐，罐口盖上湿布，放在干燥、通风的地方，并经常向内罐和外罐之间的沙子上洒些水，因为水蒸发会带走一些热量，内罐内的温度一直可以保持在 15～20℃，这样食物可以保存较长时间。非洲沙漠地区常年干旱缺水，不仅饮用水成问题，洗澡更是困难。南非开普敦大学的学生卢德维克·马里沙恩发明了一种名为“干洗”的产品，是一种适用于皮肤的透明凝胶，具有清洁和保湿功能，无色无味，可生物降解，洗澡时无需用水和肥皂。现在多国政府和一些大型航空运营商都在订购“干洗”产品，提供给作战士兵和长途航班。

在同一生境中，即使在同一生活方式下，人们也会发明创造种种不同的生活工具或手段，以适应环境。非洲沙漠常年干旱缺水又多雾，从空气中收集水用于饮用或灌溉成为当地居民的生活方式之一，因此，针对这一自然环境特性的集水技术、集水装置频频问世。例如，高约 9 m 的灯笼式高效集水塔（Warka）每天集水约 114 L，如图 9-3（a）所示；树形集水器（tree of hope）是一种吸收空气中的水用以饮用的大型装置，空气中的水分通过顶部膨胀的冠状折叠层表面吸收，流入中部进行过滤，底部取水用以饮用，如图 9-3（b）、（c）所示。

美国莱斯大学的研究者利用碳纳米管森林制作的“吸湿架”能在干燥的沙漠空气中收集水分子，储存起来以备使用。碳纳米管森林是一种细长的碳纳米管阵列，利用水辅助化学气相沉积的过程生长出来，纳米管直径只有几纳米，长约 1 cm，如图 9-4 所示。碳纳米管森林在生长过程中先在碳纳米管森林顶部沉淀一层超级疏水层，然后把它们从硅基底座上剥离，翻转过来再在上面加一层亲水聚合物，如图 9-5 所示[6]。这样，当水分子与亲水顶端结合时，由于纳米管森林的毛细管效应和重力而进入材料内部。当小水滴粘在亲水端时，水分子会受到范德华力、氢键结合力和双极作用被拉进内部，扩展到整个纳米管，随后水分子会吸取更多的水进来，吸收了达自身重量 80%的水后仍能保持完好，通过挤压纳米管把水挤出来，可以反复使用。碳纳米管森林制造起来很容易，如果可以大规模生产，就能成为一种高效集水设备，可广泛用于干旱缺水的地区。

（a）灯笼集水塔　（b）树形集水器　（c）树形集水器顶部结构放大图

图 9-3　非洲干旱地区集水装置

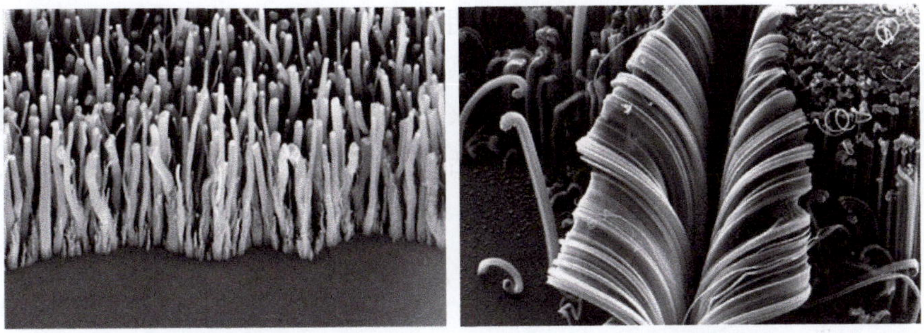

（a）生长中的碳纳米管陈列　（b）单层碳纳米管

图 9-4　碳纳米管森林[6]

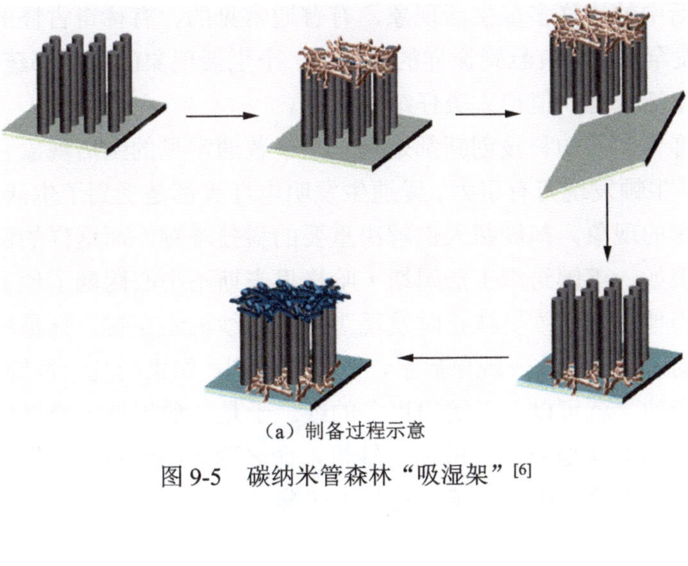

（a）制备过程示意

图 9-5　碳纳米管森林“吸湿架”[6]

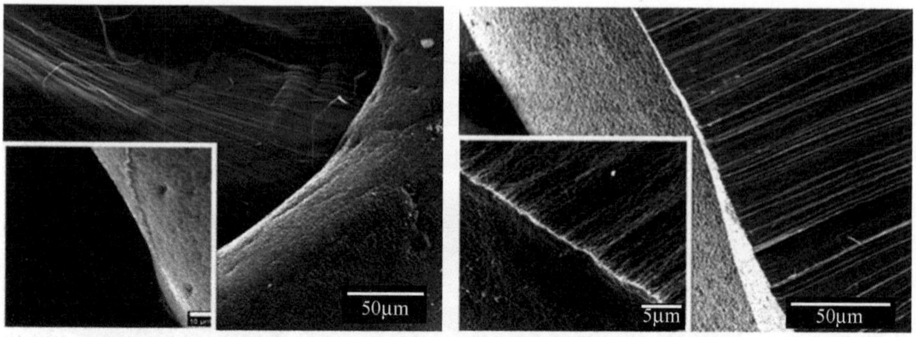

（b）超疏水侧　　（c）超亲水侧

图 9-5　碳纳米管森林“吸湿架”（续）

不同的生活方式产生了不同的生活智慧，从而造就了多样性的生活文化与发明，正是这种多样性差异，才会有交流，才会有相互借鉴和相互学习，才会有进步和提升。这些多样性的生活文化与发明之间都不是相互隔绝的，它们以生活交往与活动为纽带，进行着不同形式的联系、交流与更新。随着科学技术的不断发展，这种交流的速度越来越快，层次越来越深，规模越来越大，水平越来越高，从而，人类的发明与创造在多样性的生活中不断产生与发展，在多样性的生活中不断前进与更新。

9.2　人类生活现象

9.2.1　日常生活中的生活现象

日常生活中的许许多多生活现象，有普通常见的、有稀奇古怪的、有奇妙有趣的、有偶发罕见的、有悬疑诡异的等，每一个生活现象的背后都蕴含或多或少、或深或浅的生活智慧，值得人类仔细去探究。

人类有许许多多的科技创新都是从一个个普通常见的生活现象开始的，瓦特发明蒸汽机、牛顿发现万有引力、爱迪生发明电灯等都是受到了生活现象的启示，看似普通平常的现象，却能帮人们解决重要的科技难题，而这样的例子在生活中比比皆是。例如，英国纺织工詹姆斯·哈格里夫斯不小心踢翻了他妻子正在使用的纺纱机，当他想把纺纱机扶正时发现踢倒的纺纱机还在转，只是原先横着的纱锭变成直立的了。受到这一现象启示，他突然想到，如果把几个纱锭都竖着排列，用一个纺轮带动，就可以一下纺出更多的纱。于是，詹姆斯·哈格里夫斯制造出用 1 个纺轮带动 8 个竖直纱锭的新纺纱机，命名珍妮纺纱机，如图 9-6 所示，功效提升到 8 倍，为第一次工业革命拉开了序幕。

（a）旧式纺纱机

（b）珍妮纺纱机

图 9-6　纺纱机

生活中看似非常简单的方法也能解决大的科技难题。从物体表面撕下胶带时，有时胶带会将物体表层粘住一并撕下，这是生活中最常见的现象。2010 年诺贝尔物理学奖被英国曼彻斯特大学的盖姆和诺沃肖格夫两位科学家摘得，他们正是受这一常见现象的启示，用普通胶带成功地从铅笔芯的石墨中突破性地分离出了石墨烯。石墨烯实际就是从石墨中剥离出来的、由碳原子组成的只有一层原子厚度的二维晶体，铅笔芯用的石墨就相当于无数层石墨烯叠在一起。2004 年，他们的团队偶然发现了这种简单易行的制备方法，将石墨分离成小的碎片，从碎片中剥离出较薄的石墨薄片，然后用胶带粘住薄片的两侧，撕开胶带，薄片也随之一分为二，不断重复这一过程，最终得到了只有单层碳原子厚的石墨烯，如图 9-7（a）～（c）所示[7]。当然，仅仅制备是不够的，通常石墨烯会隐藏于一大堆石墨残渣中，很难理想般地紧贴在基板上，所以在当时要获得试验所需数量的石墨烯，即使是使用尖端科技也是非常困难的。最后，盖姆团队将石墨烯放置在镀有一定厚度氧化硅的硅片上，利用光波的干涉效应，有效地使用光学显微镜找到了这些石墨烯，如图 9-7（d）、（e）所示。作为目前发现的最薄、强度最大、导电导热性能最强的一种新型纳米材料，石墨烯被称为“黑金”，是“新材料之王”，科学家甚至预言石墨烯将“彻底改变 21 世纪”，极有可能掀起一场席卷全球的新技术、新产业革命。

有时，一个不经意的事物间看似互不相关的生活现象，往往会通过有心人的深悟带给人们意想不到的启迪，而这种启迪正是科技创新不可或缺的源头，会不断地催生新的发明。微波炉最早的名称是“爆米花和热团加热器”（popcorn and hot pockets warmer），它的发明纯属偶然。1945 年，从事武器研发项目的美国工程师珀西 • 勒巴朗 • 斯宾塞在安装雷达的磁电管时，一块巧克力棒粘在了他的裤子上，当他运行磁电管时，裤子上的巧克力棒被融化了。他对这一现象充满了好奇，随后又做了多次试验；经分析，他认为是肉眼看不见的辐射光线“将巧克力煮熟了”。斯宾塞申请了高频无线电波的专利，同时，他用箱子将磁电管包装起来，作为一种烹饪美食的新工具推向市场，时至今日，微波炉已成为我们日常生活中的一部分。

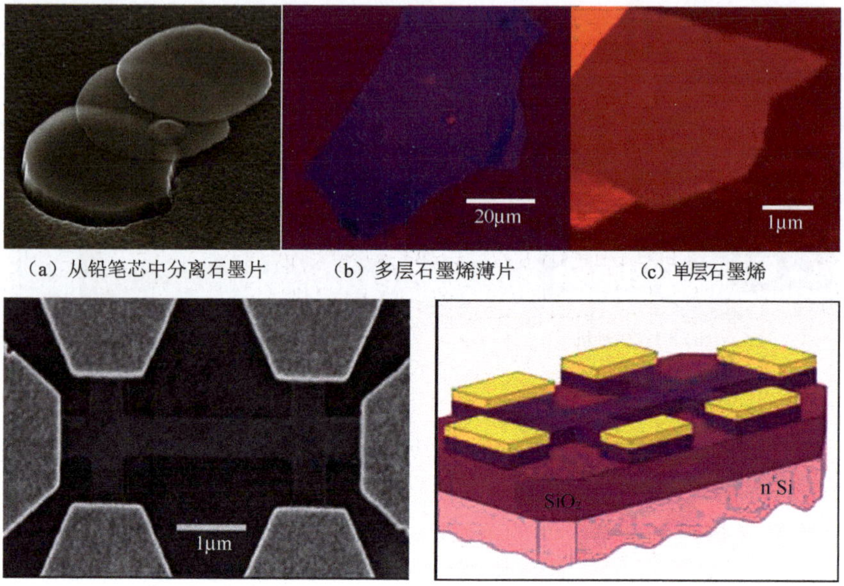

（a）从铅笔芯中分离石墨片　（b）多层石墨烯薄片　（c）单层石墨烯

（d）检测石墨烯的硅片　（e）检测方法示意图

图 9-7　石墨烯及其检测方法[7]

1965 年，被誉为纳米之父的理查德·费曼因量子电动力学方面的研究成果获得诺贝尔物理学奖，而此项研究竟然是源自他偶然看到被抛起的盘子上图案变化的现象。费曼在康奈尔大学的咖啡厅里看见一个学生抛起了一个餐盘，当盘子在空中上升时，它震荡起来，盘上的康奈尔校徽也在转来转去。他注意到徽章明显转动得比震荡快，这一现象突然让他灵光一闪，能否用公式来描述盘子的转动和摆动之间的关系。经过努力，费曼计算出一个振动方程，当摆动角度很小时，盘子上徽章的转动速度是摆动速度的 2 倍。后来，他发现自己建立的旋转餐碟运动方程也适用于电子旋转问题，并因此获得了诺贝尔物理学奖。

科学家的重大发明创造对于普通人来说显得如此神秘与高不可攀，但是许多伟大的创造却是从一个个平凡而普通的生活现象的启示开始的，就如同一个苹果落地引发了牛顿的万有引力学说的诞生、一把普通芭蕉扇边上的竹丝启发了爱迪生的竹丝电灯问世一样，日常生活中闪烁的点点滴滴生活智慧常常给科技创新带来意想不到的启迪与惊喜。

9.2.2　人文生活中的生活现象

人们的生活水平在不断提高，人们的生活方式也随着科技进步变得越来越多姿多彩，越来越注重人文生活。人文生活让人们的生存能力得到提升，让人们的生存意义得到升华，让人们的生活更加和谐，让人们的心态更加美好，让人们的身心更加健康，让人们的幸福感更加强烈。人文生活中的生活现象是指人在自然界的一切活动中，对自然现象和生活进行的体验、感悟、提炼、加工，并用艺术的形式表现出来。例如，文化、音乐、绘画、雕刻、体育等方面的活动常常意蕴丰富，内涵深刻，在满足人们追求和谐与舒适的心理需求下，还能给人带来感官与精神享受。

人文生活中的各种生活现象所展现的艺术来源于自然和生活，它们是自然与生活的提炼、加工和再创造。人们在自然和生活中体验到百花争艳、虫鸟齐鸣、江河奔腾、高山耸立等美不胜收、气势磅礴的景致，把这些意境与情感转换成艺术形式，如文学、书法、绘画、雕塑、音乐、舞蹈、服饰、摄影、电影、戏剧、民艺、建筑等，用艺术尽情地表现自然、表现生活、充实生活，从而给人们带来更新颖、更震撼的感官和精神享受。每个人生活的时代与环境不同，感受也不相同，所以创作的生活艺术作品也不相同。例如，在建筑文化中，不同的时代、不同的地域、不同的民族，建筑文化内涵与风格完全不同，如中国的故宫、法国的卢浮宫、英国的白金汉宫、俄罗斯的克里姆林宫、美国的国会大厦、意大利的比萨斜塔、埃及的金字塔等，具有不同的建筑风格，它们不仅代表了各自时代的精神内涵和科技实力，更是其独一无二的人文图腾。正是这些不同，才能满足不同人的需要，人们才能站在不同的角度去审视、品味生活艺术，从中得到美的享受。

人文生活中的各种生活现象不仅承载着现代文明中的艺术情怀，同时也彰显着科技内涵，人们在享受人文生活带来各种愉悦的同时，开始用各种科技手段探究其对人类本身的促动关系。例如，体育运动和音乐已经融入到人们的日常生活中，成为生活中不可或缺的一部分，参与体育活动和听音乐不仅使人们获得了更多的精神享受，同时也给人们身体健康带来了极大的好处。人们开始探究体育运动与音乐让人产生快乐的机制及促动人体向更健康层次发展的机制等[8,9]，并将其与医疗、保健有机结合，为不同的人群量身订制不同的运动与音乐疗法，以改善身体状况。众所周知，运动可以让人头脑清醒，提高记忆能力，美国达特茅斯学院的学者研究了运动和记忆的潜在关系，识别出一段可以调节运动收益的基因序列，发现脑源性神经营养因子（BDNF）参与到了脑部的发育过程[10]，与记忆表现之间存在正相关关系，而且对未成年人的效果更为明显。这项研究的意义在于，伴随着脑部的生长发育，运动可以促进脑内神经组织的发展，进一步加强了学习与记忆的能力，这也告诉人们在儿童期间的体育活动非常重要。美国西北大学的研究者发现，青少年学习音乐有助于大脑发育，提高大脑对声音的应答，锐化听觉，提升语言技巧，对于实现学业成功大有助益[11]。可见，人文生活中的各种生活现象给人不仅是美的享受，更多的是对人类本体生活中生理与心理层面的提升与促动，揭示这些提升与促动的奥秘，将会对人类提高生活质量有所助益。

人文生活中的各种生活现象不仅时刻展现特殊的艺术魅力，在给人们带来快乐的同时，也会为人们科技创新提供重要的灵感。打高尔夫球是人类比较喜欢的一项体育运动。18 世纪、19 世纪高尔夫球的表面都是光滑的，但随着撞击留下永久性的凹痕后，球表面就呈现了洼坑状，这样的旧球将不再用于比赛。但是在一场比赛中，一名选手用完所有新球后，他不得不使用旧的有洼坑状表面的球，结果发现洼坑状的球可以打得更远，几乎比表面光滑的小球远 1 倍。这一现象引起了许多学者的关注，通过对光滑与有凹痕的高尔夫球进行空气动力学分析发现，小球在飞行过程中会受到空气的碰撞，气流会包围小球，如果小球表面是光滑平整的，那么空气就会沿着两侧的气流运动，在小球后方产生较大的低压区，而低压区会对小球产生向后的拉力，令小球减速，如图 9-8（a）所示。对于表面有凹痕的小球，当空气掠过凹痕时，就会在小球表面产生微弱的湍流（气流扰动），这些湍流能够与周边快速运动的气流产生作用，使周边的运动气流紧贴球面，从而缩小小球后方的低压带，减小气流对小球产生的向后拉力，让小球飞得更远，如图 9-8（b）所示。同时，由于凹痕令小球周围的气流速度加快，气流对小球的向下压力也会减少，从而增加小球的向上提升力，如图 9-8（c）所示。由于球员的这一偶然发现，使现今所有的高尔夫球表面都制成了带有 300～500 个圆形或六边形凹痕。

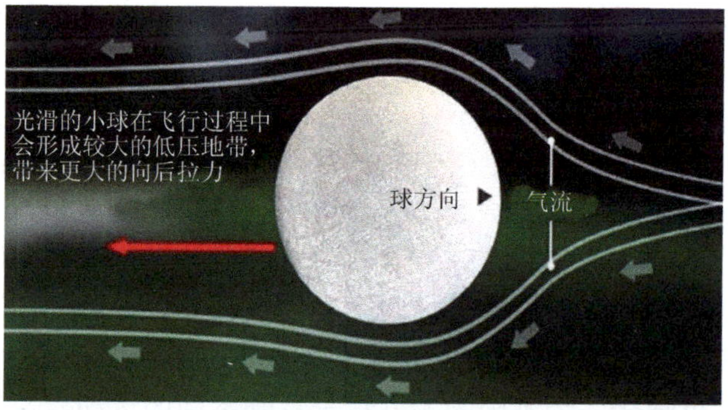

（a）光滑小球产生较大的向后拉力

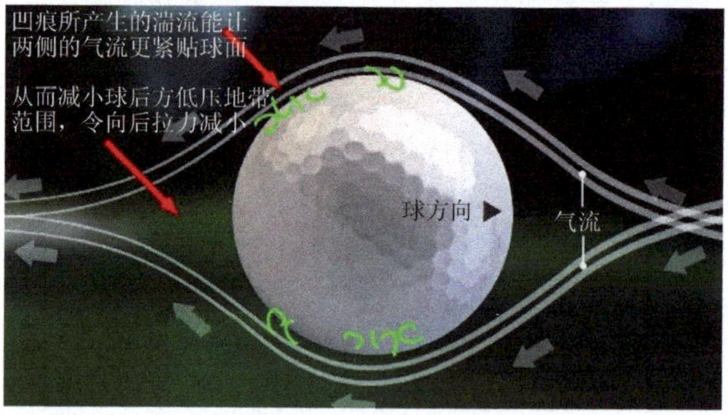

（b）带有凹痕的小球减小了向后拉力

图 9-8　不同表面形态的高尔夫球空气动力学特性[12]

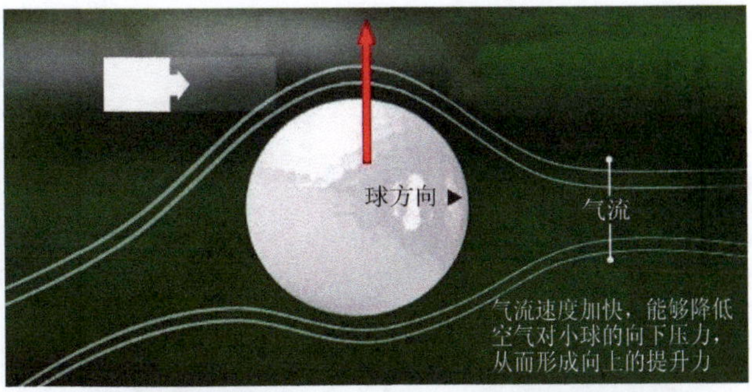

（c）带有凹痕的小球产生向上提升力

图 9-8　不同表面形态的高尔夫球空气动力学特性[12]（续）

不仅如此，美国麻省理工学院的研究人员旨在利用高尔夫效应减少一系列表面上的阻力。空气动力学研究表明，虽然拥有洼坑状表面的球的确能够在低速时减半阻力，但在高速时这一优势就会逆转，因此，理想的状态便是表面的光滑度在飞行过程中可以被改变。研究者利用柔软的材料制造了一个中空的球，在球表面加上一层坚硬的材料，二者都由类似橡胶的材料制成，然后抽取内部的空气，当其处于一定程度的收缩时，表面会产生各种洼坑状的纹理，如图 9-9 所示，非常类似于高尔夫球，两者具有相同的空气动力学特性[12]。多层小球表面纹理可以通过调节球内部压力，随意切换至光滑状态或有纹理状态，表面状态是可逆的，如图 9-10 所示，既可以在低速运行时使球表面具有洼坑状纹理，又可以在高速运行时切换成光滑表面，实现表面的动态调整，从而全程减小气动拖拽力。这一原理可应用于汽车与飞机的外部，通过调节面板的纹理，以减少不同速度时的拖拽力。可见，人们在人文生活中不仅收获了快乐，使人文创作在日常生活中展现了经久不衰的艺术生命力，而且能收获科技创新的灵感，实现技术发明新跨越，为人们带来巨大的福祉。

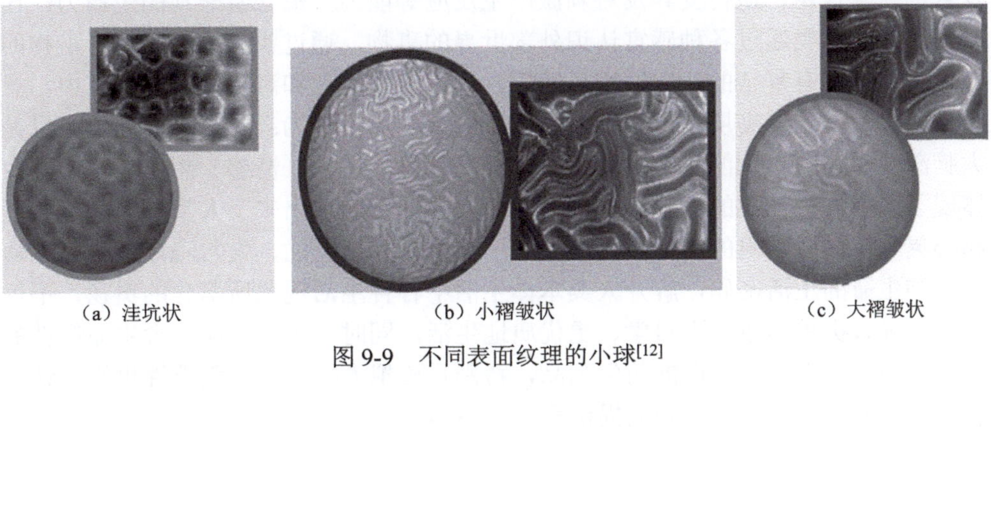

（a）洼坑状　（b）小褶皱状　（c）大褶皱状

图 9-9　不同表面纹理的小球[12]

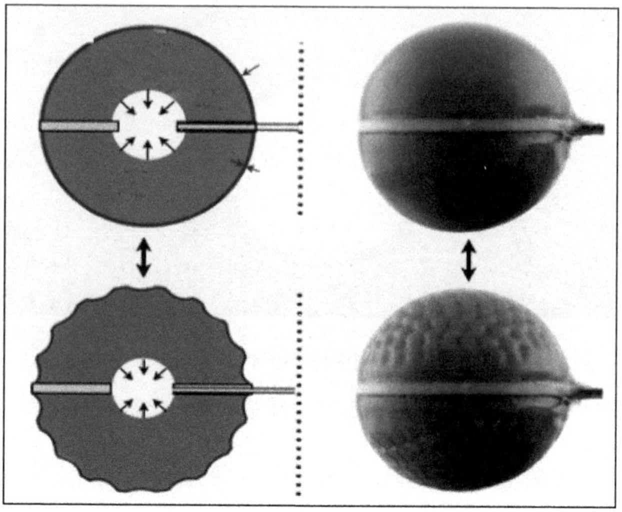

图 9-10　小球表面状态可逆[12]

人文领域处处是艺术的生活，体现着自然、蕴含着智慧，而生活是千姿百态的，自然是变化无穷的，智慧是充满魅力的。因此，人文生活是丰富多彩的，能给人们带来快乐，促使人们的精神生活更美好，能够激活人们潜在的智慧思维、启迪人们科学创造。如果能将人文生活中各种生活现象作为生活模本进行仿生设计，将会创造出更多具有人文底蕴的自然与人工、艺术与科技相结合的仿生作品。

9.2.3　本体生活中的生活现象

人类本体生活中的生活现象是人类自然生命所展现出的一系列活动，如在生理、心理、心灵层面的各种活动，是日常生活和人文生活的载体、基础和根本。人类自身是一个复杂的生命系统：在生理层面，表现出了强大的自身繁殖、生长发育、新陈代谢、遗传变异及对刺激产生反应等能力，蕴含着非凡的生命力；在心理层面，人类通过各种感官认识外部世界的事物，通过头脑的活动思考事物的因果关系，具有复杂的认知过程、情感过程、意志过程和意识过程等，其中，意识是心理发展的最高层次，只有人类才有复杂的意识行为；在心灵层面，心灵是大脑深处对客观事物的反映，集中了人类的智慧、认识、情感、想象、意志等，体现了人类内心世界的活动，并通过各方面的情感表现出来。人类在生理、心理和心灵等层面展现出的本体生活现象是十分复杂和缜密的，常常隐藏着自然生命与精神生命的生活密码，解开人类本体生活中各种生活现象所蕴含的奥秘，不仅可以引导人类更健康、更科学、更优质地生活，同时，也为发明包含生命组件的仿生制品、具有完整生命的仿生制品，特别是模拟人类智能、创造性思维、认知能力等的人机一体化仿生制品提供重要的模本。

人类生理活动是产生其他本体生活现象的基础，人类进化出了非常完善的生理功能，只有了解人类自身的生理现象，才能更好地提升人类本体生命的质量。人类分析观察自身生理现象，生命运行的稳健性，通过对产生这些生理现象的机能器官与组织的系统进行研究，从而揭示人体机能产生的深层次机理，为人类自然生命保健与医疗提供了借鉴，也为人类制造仿生人体机能器官与组织提供了参考。例如，在人类机能器官中，肾脏是非常重要的器官，执行许多生理功能，其一旦损伤就很难修复，这使得影响肾脏的疾病成为影响人类健康的顽疾。美国研究者基于人类肾脏发育特点，诱导干细胞分化成为肾脏细胞的前体细胞，并采用 3D 细胞培养方法，创造出类似人类真实肾脏结构的组织[13]。这项研究为再生医学治疗肾脏疾病开辟了新的道路。

在人类的各种生理现象中，睡眠是最普通的一种生理节律，在睡眠过程中会产生许多梦境，这是睡眠时身体内外各种刺激或残留在大脑里的外界刺激引起的景象活动。这些景象从平常事物到超现实事物都有，然而，正是这些景象常常激发出艺术创作与科技创新的灵感，甚至许多难解之题都是在梦中找到了答案。德国有机化学家凯库勒多年来想确定苯的分子结构，但始终没有成功，为此他一直冥思苦想。有一天晚上，他梦见苯分子的结构由许多链形结构紧密靠拢，每种链形结构都像蛇一样蜿蜒移动，突然，其中的一条蛇咬住了自己的尾巴。凯库勒醒后大受启发，从而确定了苯分子的结构是一个闭合的碳环。1869 年，当时已经发现了 63 种元素，科学家猜想这些元素之间必然存在某种规律。一次，俄国化学家门捷列夫在思考这一问题的时候不知不觉睡着了，梦境里出现了一张表，各个元素纷纷落在表格里。醒后，他立刻按梦里表格的构架开始设计，让元素的性质随原子序数的递增，呈现有规律的变化，这便是元素周期表的发端。此外，著名物理学家波尔提出的原子模型、美国设计师赫威发明的缝纫机、德国药物学家洛伊发现心搏的控制受神经释放的化学物质影响等成果均是受梦境启示而产生的。虽然多数人难以遇到具有人类历史意义的梦境，但这并不妨碍梦境带给人们的无限神秘、灵感和想象力。现今，人们越发注重揭示梦境产生的机理与作用，把梦当成一个治疗过程，用于减轻人们的痛苦记忆[14]或是加深对某些事物的记忆能力[15]。通常多数人仅能回忆起睡梦中的片段内容，德国科学家研制的新型大脑扫描器能够看到做梦者的梦境，可建立梦境可视图像[16]。这意味着阅读清醒状态人们思维的研究又获得新的突破，这是再现人类浮动大脑影像研究的重大进展。

人类本体生活中的心理现象是极其复杂与深奥的动态过程，涉及知觉、认知、情感、情绪、意识、顿悟等多个方面，它是人的机能器官，特别是人脑对事物的主观反应行为。人们心理深处的图景往往是塑造现实生活中自我的指引，这样可以通过行为主体的外在行为推断其内在的心理活动，从而了解其对外部世界的认知规律。人的心理活动具有一定的稳定性，但同时也具有一定的可塑性和感染性，可以在一定范围内对自身和他人的心理活动进行预测，也可以通过改变内在或外在因素实现对心理行为的调控。例如，情绪是指伴随着认知和意识过程产生的对外界事物态度的体验，是多种感觉、思想和行为综合产生的心理活动，最普遍、通俗的情绪有喜、怒、哀、惊、恐、爱等，它渲染了人们的每一天生活，且极大地影响着人们对生活的感受。加拿大多伦多大学的研究者证实，积极的情绪能提高视觉认知能力，好情绪和坏情绪完全会使人们大脑中的视觉皮层发生改变，从而改变人们对所看到的东西的认知能力。当处于好情绪时，人们的视觉皮层能处理更多的信息，但处于坏情绪时就会造成短视。积极情绪能扩展人们看世界的眼界，会使人们看事物更全面，或更加透彻和综合[17]。美国约翰霍普金斯大学的研究者对爵士乐音乐家的大脑扫描研究发现，当艺术家们以高昂的情绪全身心活跃地尝试表达情感时，其大脑中与创造力相关的神经回路就会被明显改变。当爵士乐音乐家即兴创作旨在传达情感、表达“积极”形象时，其大脑结构中的背外侧前额叶皮层区域的失活作用会明显增强，而表达“负面”形象的情绪时则正好相反，如图 9-11 所示[18]。可见，当创造力的行为参与到了大脑中涉及情绪表达的大脑区域中时，这些区域中的活性就会强烈影响大脑中处于激活状态的大脑创造力网络区域。因此，在现实生活中，人们要尽量消除不利因素，创设有利情境，引发自己和他人的积极行为。

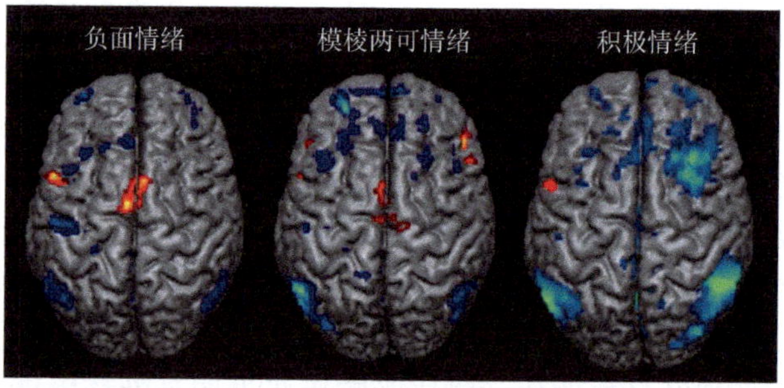

图 9-11　情绪对大脑创造力神经网络的影响[18]

意识是人类各种心理现象中十分重要的一种心理活动，它是人脑对客观物质世界的反映，也是感觉、思维等各种心理过程的总和。人与其他生物意识的最大区别是主观能动性，即人类有自我意识，人类的自我意识体现在人类有思想、有智慧、有创造性思维。因此，人类创造出了文化与文明，极大程度地领先于地球上的其他生命体。在人类的意识活动中，潜意识蕴涵着人类过去的知觉和智慧、现在的认知和知识，以及对未来的思考和想象，力量无远弗界，是潜藏在意识深处的宝藏，具有神奇的效力，有时会激发出人类无限的潜力与强大的机能。心理学家证实，人类的大脑具有潜意识学习能力，人们的行为和决定常常被潜意识的想法深深影响着，而这些潜意识的想法又很容易被当前的感知所动摇[19,20]。因此，现今人们特别注重发掘潜意识的力量，并在生活中有效利用这种潜能，获得创新灵感。

人类不是自然界最强大、最强壮的，但却是自然界中综合素质与智力最高的生物。人类在向自然界生物学习的同时，也开始注重向自身学习，人类本体生活中的各种生活现象已经成为现代仿生学十分重要的仿生模本。

9.3　人类自然生命

9.3.1　生活的主体，智慧的载体

人类的自然生命是非常复杂的，具有新陈代谢、生长与发育、遗传与繁殖、运动、应激与自我调节等特征，具有强大的生命力。这些生命力与生命特征的展现是通过生活实现的，生活是人类生命持续发展的具体体现。人类的自然生命是生活的主体，是以生存活动为基础的，而无数个生命个体在相互接触、交流、渗透、融合中形成了人类的生活世界。

地球是生命的摇篮，也是智慧的摇篮。地球上形形色色的生物组成了一个生机勃勃的世界。经过亿万年漫长岁月的进化，为在竞争中求得生存与发展，各种生物逐渐完善与优化机体的结构与功能。纵观人类和生物的进化历程与生存能力体系，几乎所有环节，生物都不比人类逊色，都有其独到之处，有些甚至比人类更强，值得人类学习。然而，与生物相比，人类最大的优势就是拥有智慧、自我意识和创造性思维。人类的自然生命是智慧的载体，智慧存在于人的大脑之内。不同的人所承载的智慧有所区别，智慧让人可以深刻地理解人、事、物、社会、宇宙、过去、现在、将来等，拥有思考、分析、探求真理、创造未来的能力。

人类之所以能成为万物之灵，是因为其具有高度发达的智慧，这是人类认识世界和改造世界的才智和本领，人类的生活、劳动、学习和语言交流等活动处处展现着人类的智慧。意向是人类智慧的一个重要方面，人类的智慧活动是有目的的、自觉的，一刻也离不开自己意向的主导。保持积极的意向、恰当的情绪和顽强的斗志，对人类智慧的发展和发挥是十分重要的。创新思维是人类智慧的核心，有了创新思维，人类才能形成各种较复杂的意向，从而主导人们生活中的一切活动，表现出人类所特有的主观能动性；有了创新思维，人类才能探索自然界的奥秘，发现自然现象背后的规律；有了创新思维，人类才能发明各种技术，突破自己认识器官和行动器官的限制，大大提高改造世界的能力。人类正是基于智慧，基于创新思维，创造出了人类物质文明、精神文明与社会文明。

9.3.2　创造文化的大脑智慧系统

人类在漫长的进化过程中创造了独一无二的文明，发展了属于自己的文化艺术和科学技术，所有这些，地球上其他生物均望尘莫及。人类所取得的这些成果与创造的奇迹根本原因在于，人类具有一个创造文化的大脑智慧系统，这使得人

们在适应环境的生存竞争中获取了更大的优势。人脑作为自然进化的最高产物，无论是脑结构还是其功能，是包括低等动物和高等动物的所有生物大脑无法比拟的。人脑在每秒钟内会形成约 10 万种不同的化学反应，形成大量心里层面的大脑活动。

人脑的结构和功能极其复杂，需要从分子、细胞、系统、全脑和行为等不同层次进行研究和整合，才有可能揭示其奥秘。为此，世界各国投入了大量的人力和财力进行专门研究，脑科学的研究热潮遍布全球，美国把 20 世纪 90 年代最后十年定为“脑的十年”，2013 年又公布“推进创新神经技术脑研究计划”；欧洲确定了“脑的二十年研究计划”；日本将 21 世纪视为“脑科学世纪”；2015 年中国提交了“中国大脑计划”等。科学家们提出了“认识脑、保护脑、创造脑”三大目标，开发大脑潜能，有效地将脑计划研究成果应用于智能人机交互、大数据分析预测、自动驾驶、智能医疗诊断、智能无人飞机、军事和民用机器人技术等重要领域。“了解大脑、认识自身”已成为 21 世纪的科学面临的最大挑战。

人类的大脑不是地球上生物中最大的，但人类的智能却显得十分突出，远在动物智力发展的一般趋势之上。从原始人类最初使用信号语言的悟性思维、用手势与声调表达的动作思维发展到智人的文化符号、语言思维，再到现代人类理性与创造性思维，人脑在动物脑长期演进的基础上发生更大的飞跃，从而使人类的智力远远超越于动物，并发展成地球生物中独有的人类智慧。

9.4 人类生活是仿生学的重要源泉

9.4.1 生活现象仿生

社会发展至今，人类的生活取得了巨大进步，在日常生活、人文生活与本体生活中积累了丰富的生活智慧、生活艺术与生活哲理，这些生活现象所蕴含的原理是仿生学创新的重要源泉和动力。例如，人类在生活中所发现与探索的原理对人类最大的贡献之一就是电的发现，即最早发现的摩擦起电现象。希腊人泰勒斯发现，琥珀首饰在人走动时不断晃动和摩擦身上的丝绸衣服，而经丝绸摩擦过的琥珀具有吸引灰尘、绒毛、麦秆等轻小物体的能力，于是，他把这种不可理解的力量称为“电”。基于这一电现象原理，1660 年，居里克建造了世界上第一台转动摩擦发电机。1800 年，意大利物理学家伏特发现任何潮湿物体放到两个不同金属之间都会产生电流，受这一现象启示，伏特发明了世界上第一块电池，从此，开启了人类进入电应用与电器的时代。

人类生活中的共振现象比比皆是，如机械共振、电路谐振、声音共振、地面共振等，人类利用这些共振现象发明了许多先进的技术和仪器，如粒子加速器、粉碎机、测振仪、电振泵、测速仪等。实际上，人类对于生活中声音共振的运用可以追溯到很久远的年代，早在战国初期，人们就发现了生活中许多声音能共鸣，利用这一现象，当时的人发明了各种各样的共鸣器，用来侦探敌情。例如，在城墙根下每隔一定距离挖一深坑，坑里埋置一只容量有七八十升的陶瓮，瓮口蒙上皮革，这样，实际上就做成了一个共鸣器。让听觉聪敏的人伏在这个共鸣器上听动静，遇有敌人挖地道攻城的响声，不仅可以发觉，而且根据各种瓮瓮声的响度差可以识别来敌的方向和远近。值得一提的是，古代人类用竹筒听地声的方法正是现代医用听诊器的雏形。

最近，以日常生活中常见的镊物现象为模本，科技工作者运用声波与共振原理发明了“声波镊子”。美国宾夕法尼亚州立大学的研究者成功研发出了一种神奇的 3D“声波镊子”，它可以捕获人类的单个细胞并放入其他地方而不损坏它[21]。这个镊子本身是用两条表面声波发生器发出的声波组成的，当声波发生碰撞时，他们创建的压力场就能够捕获和运送一个粒子或细胞，如图 9-12 所示。可以用它在 3D 空间里移动细胞，通过控制一定数量细胞、细胞间距，并按照预定的几何结构来排列细胞，并构建起非常精确的结构，整个过程不会接触、变形或标记细胞，如图 9-13 所示。目前，迭代的 3D 声波镊子已经相当精确，它的垂直放置精度可达每个细胞 1 μm，水平精度达到 2 μm。使用该设备，一个 10 μm 的粒子能够以大约 2.5 μm/s 的速度移动。这一发明为再生医学、神经科学、组织工程、生物制造、癌症治疗等领域的研究提供新方法。

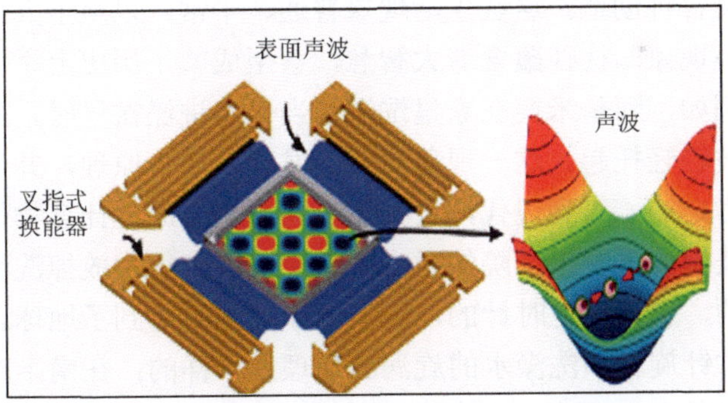

图 9-12　声波镊子工作原理示意图[21]

音乐的频率、节奏和有规律的声波振动是一种物理能量，而适度的物理能量会引起人体组织细胞发生和谐共振现象，这种声波引起的共振现象会直接影响人们的脑电波、心率、呼吸节奏等，使细胞体产生轻度共振，使人有一种舒适、安逸感，音律的变化使人的身体有一种充实、流畅的感觉[22]。它活化了体内的细胞，加快了血液的流动，激活了人物理层次的生命潜能。人们还发现，当人处在优美悦耳的音乐环境中时，可以改善精神系统、心血管系统、内分泌系统和消化系统的功能，促使人体分泌一种有利健康的活性物质，提高大脑皮层的兴奋性，振奋人的精神，让人们的心灵得到了陶冶和升华。现在，人们已经开始运用音乐产生的共振来缓解人们由于各种因素造成的紧张、焦虑、忧郁等不良心理状态，而且还用于治疗人的一些心理和生理上的疾病。

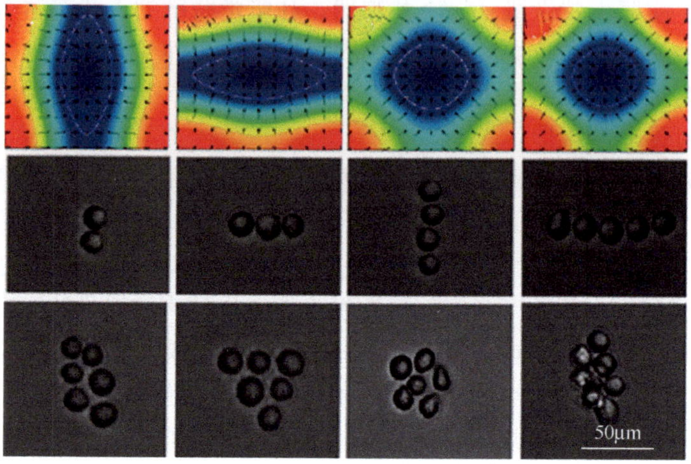

图 9-13 不同电位下的声波振幅与捕获的细胞排列[21]

生活中的各种生活现象对人们的启示是难以估量的，它帮助人们解决难解之题，为人们艺术创作与科技创新提供超乎寻常的灵感，人们时刻都在利用生活智慧与规律进行着各种创造。这些生活现象普通、平常，以至于人们经常忽略它，然而正是这些小现象却往往蕴含着大智慧，甚至成就了历史上举世瞩目的发现、发明和创造。例如，阿基米德在家里洗澡，当他坐进澡盆里时，看到水往外溢，同时感到身体被轻轻托起。这一现象启示他发现了浮力原理，并最终成就他提出了阿基米德浮力定律，直到现代，人们还在利用这个原理计算物体密度和测定船舶载重量等。美国麻省理工学院的谢皮罗教授发现，每次放掉洗澡水时，水的旋涡总是向左旋的，也就是逆时针的，这一现象使他联想到了地球自转，并判断北半球的台风逆时针旋转和洗澡水的旋涡的道理是一样的；在南半球则正好相反，是顺时针的，如图 9-14 所示，而在赤道则不会形成旋涡，后经证实这是完全正确的。法国工程师马克·格雷瓜尔的妻子柯莱特看见丈夫经常用不粘材料聚四氟乙烯涂在钓鱼线上，防止鱼线打结。她突发奇想，如果将其涂在煎锅上效果一定会不错，世界上第一只“不粘锅”由此应运而生。18 世纪，法国造纸商蒙戈菲尔兄弟在烧纸屑时，看到碎纸屑在火炉中不断升起。受这一现象启发，他们用纸袋聚热气作实验，使纸袋能够随着气流不断上升，最终发明了热气球，并于 1783 年 6 月实现了世界上第一次载人空中航行，这次飞行比莱特兄弟的飞机飞行整整早了 120 年。

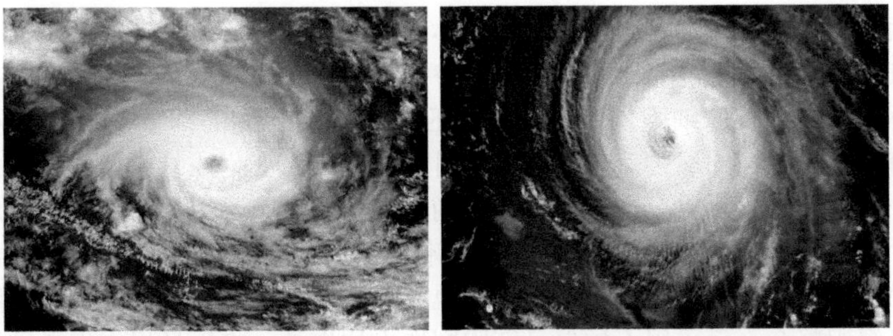

（a）北半球的台风逆时针旋转　（b）南半球的台风顺时针旋转

图 9-14　不同半球台风旋转方向

从蒸汽机到内燃机，从电动机到自动化装备，从天然产物到化工产品，从电能到原子核反应堆，每一次科学技术革命创造出的成果都是人类智慧的结晶，而许多都依稀可寻到生活的影像。人们在观察中领略生活现象的神奇，在思考中体味生活现象的奥秘，将生活中的各种现象作为仿生模本进行仿生设计，这将会推动更贴近人类生活的仿生制品不断产生。

9.4.2　人类自身资源仿生

现今，基于自身机能器官，以及防御、免疫、自组织、自修复等功能原理，人类开始以自身资源为模本，进行各种工程部件的仿生设计与研发，同时，将仿生学与医学、药学、保健学等有机结合，注重在分子、细胞、组织、器官、系统等多层次认识人体的结构、功能和其他生命现象，不断开发出更适合人类使用的新的仿生成果，如各种仿生人造器官与组织等，这些仿生成果都是基于人类自身资源开发的，与人体的相容性较高，人类将从中获得更好的健康保障[23]。

例如，如何让盲人或视力出现障碍的人恢复视力，见到光明，是一个让研究者一直以来感兴趣的研究方向。近年来，美国的研究人员借助于仿生学，研制出了一种“人造眼睛”。这种“仿生眼”是基于人类眼球的结构与功能，由一个缩微摄像机和一个缩微计算机芯片制成，缩微摄像机安装在失明患者戴着的眼镜上方，而计算机芯片则被移植到患者的视网膜后面。缩微摄像机可以获取外部图像，并通过一根数据线传送到患者视网膜后面的计算机芯片中，芯片会将图像转化成视觉神经可以理解的神经脉冲信号并传送给大脑，这就如同大脑处理正常视觉产生的图像信息一样。

全世界每年有数以百万计的人被烧伤，治疗的过程中需要植皮，这是一个既漫长又容易受损的治疗过程，因为患者需要面对两大难题，一是没有合适的移植组织，二是生理上能否接受移植的皮肤。近年来，上述难题已有效解决了。医生从患者身上可直接取出皮肤活组织样本，只需 1 cm^2 大小，通过仿生手段，就可以在两周内生殖出足够覆盖整个成人身体的皮肤。此外，研究者还利用人体自身皮肤细胞制造出了性能稳定的仿生骨头替代品，这一过程是将人体皮肤细胞以“重新编程”方法，让皮肤细胞重新回到类似胚胎的状态，得到的诱导多能干细胞（iPS）携带有与患者一样的遗传信息，随后，引导这些 iPS 变为成骨前体细胞，并将其种在一个支架上以形成三维骨头[24]。目前，医学领域都是采用骨移植来治疗骨缺损，骨移植物要么源于患者身体的其他部位，要么源于捐赠者或使用人工合成物。这些骨移植物都不能进行复杂的重建，也有可能引发免疫排斥反应及无法同周围的连接组织整合，而采用人体自身细胞制造出仿生骨，将为骨损伤患者按需制造出个性化且不会发生排斥反应的三维骨移植物成为可能。不仅如此，人类还利用皮肤细胞仿生培育出心脏细胞，不仅可用于心脏移植手术或帮助修复心脏病发作引起的伤害，还可以运用这些仿生心脏细胞来研究某些遗传的心脏疾病[25]。人类通过对自身细胞与组织的仿生研究，可将之用于制造仿生人造组织，替代或修补人体已丧失功能的组织，解决人类所面临的种种疾病困扰。

人类在制造复杂的仿生人工组织与器官上取得了难以置信的成绩，然而开发出人工血管依然是组织工程领域的一项关键挑战。血管在人类机体中迂回曲折，承担着运输必要营养物质和排出有毒废物的机能，为机体器官的正常工作保驾护航。长期以来开发新型人工血管一直是医学领域的难题。悉尼大学的研究人员利用 3D 打印技术将许多互联的琼脂糖生物纤维进行“焊接”相连，从而为人工血管组织提供模板，随后研究者利用富含蛋白质的细胞材料将模型转化成为 3D 打印之后，移除生物打印纤维，只剩下人类内皮细胞包含的小通道网络，其就可以自组装形成稳定的毛细血管结构，如图 9-15 所示[26]。值得一提的是，2016 年，美国韦克福雷斯特大学的研究团队开发出了组织和器官集成 3D 打印系统，可将含有活性人体或动物细胞的水基凝胶与可生物降解的聚合材料结合作为打印材料，有助于人造器官形成稳定结构[27,28]。打印出的人造耳朵、骨头和肌肉组织等，移植到动物身上后都能保持活性，并长出了血管和神经结构，如图 9-16 所示，有效地解决了人造器官移植成活难题。

人类不仅对于自身组织的仿生研究取得了突破性进展和成果，对以人类自身局部或整体形态、结构与行为为模本的仿人机器人也取得了巨大成就。研制与人类外观特征相似，具有人类智能、灵活性并能与人进行交流和不断适应环境变化的仿人机器人一直是人类的梦想。世界上最早开始仿人机器人研究工作的是日本，1973 年，以早稻田大学加藤一郎教授为首组成了大学和企业之间的联合研究组织，其目的就是研究仿人机器人。加藤一郎教授突破了仿人机器人研究中最关键的一步——两足步行。1996 年 11 月，本田公司研制出了自己的第一台仿人步行机器人样机 P2，2016 年，日本又推出了最新一代的仿人机器人“ASIMO”[29]，如图 9-17（a）所示。在仿人机器人领域，日本和美国的研究最为深入，日本方面侧重于外形仿真，美国则侧重于用计算机模拟人脑的研究。中国国防科技大学也在

2001 年 12 月独立研制出了中国第一台仿人机器人。目前，中国很重视这一领域，由北京理工大学牵头打造的仿人机器人 “汇童”[30]，具有视觉、语音对话、力觉、平衡觉等功能，能够完成人类复杂的动作，如图 9-17（b）所示。

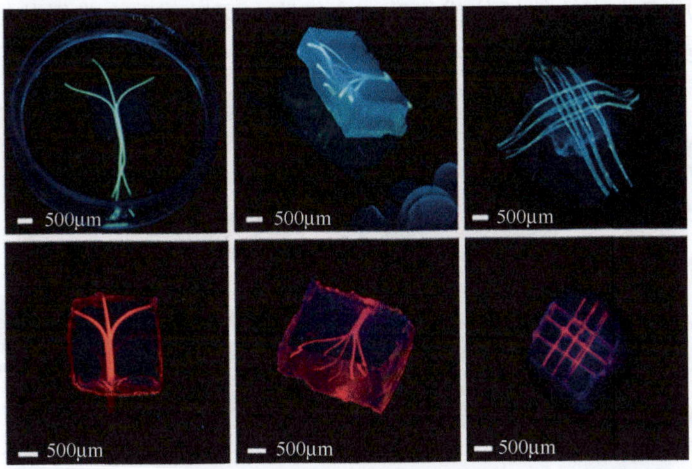

图 9-15　3D 打印仿生人工血管[26]

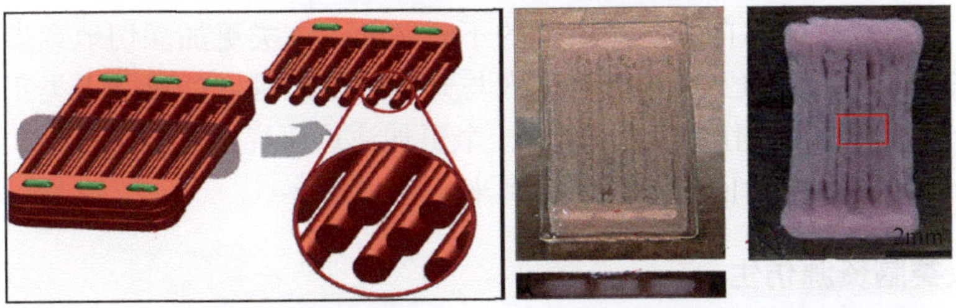

（a）肌肉纤维模型　　（b）3D 打印的肌肉纤维

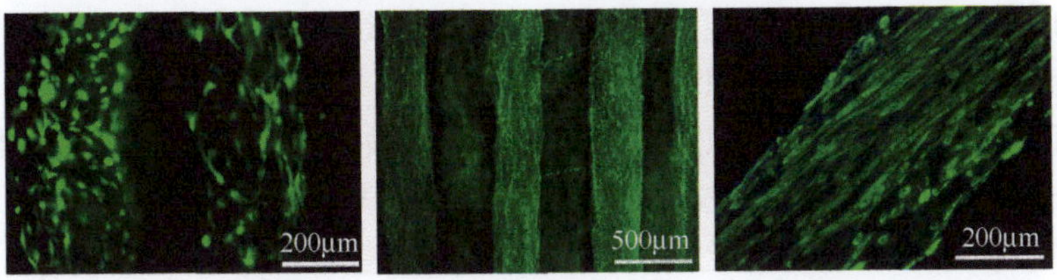

（c）细胞在肌肉纤维中的排布　（d）封装细胞的肌肉纤维　（e）细胞 7 天后的分化

图 9-16　3D 打印仿生人工肌肉纤维[27, 28]

人类与动物相比，除了拥有理性的思维能力、准确的语言表达能力外，还拥有一双灵巧的手，这也是人类的骄傲。正因如此，让机器人也拥有一双灵巧的手成了许多科研人员的目标。中国在 20 世纪 80 年代末开始以人手为模本，进行仿生灵巧手的研究与开发。经过不断的改进，目前灵巧手已能灵巧地抓持和操作不同材质、不同形状的物体。例如，可以用来抓取鸡蛋，既不会使鸡蛋掉下，也不会捏碎鸡蛋，如图 9-17（c）所示[31]。此外，模仿人手的灵活性，开发的新型微型机器手，具有更灵敏的抓握能力，可抓起和移动一个细胞而不破坏它。此机械手臂大约只有 3 mm 长，有 5 根手指，可施加小到 20 nN 的力，能抓住直径 10 μm 的细胞。这款机械手比人手灵活得多，不仅能把握力量，还能感受到它们接触的表面，知道用多大力才能抓住或移动一个细胞，可以帮助人类组装细胞到人造组织结构中，或制造微米级和纳米级的装置。

（a）日本仿人机器人 ASIMO　（b）中国仿人机器人“汇童”　（c）BH-1 型灵巧手

图 9-17　仿人机器人[29-31]

随着对自然生命和自身资源研究的不断深入，人类更加深切地意识到自身是自然界综合素质最高的生物，可供研究与开发的资源难以估量，人类正在下大气力在这一领域“深耕细作”。这标志着一个更加注重研究人类自然生命，开发人类自身的资源、潜力与价值的时代已经到来。

9.4.3　人类脑资源仿生

人的大脑及大脑的思维能力是人类所有智力资源的载体，具有无限的认知能力和创造能力，它是人类认识和改造世界的工具。在古代科学不发达时期，人类对于大脑功能缺乏足够的认识，认为一个人无论做什么事，都是出于天生的本能，因此，缺乏对大脑资源的开发和利用。现代脑科学研究表明，人类大脑有巨大的潜在能力，如何开发这些潜能，善用大脑资源，将其外化与物化，是全世界科学家正在努力攻克的难题。现今，仿生学最具挑战的领域之一是大脑仿生学，模拟人脑的功能或是利用人脑思维与意识控制仿生装置，直接把人类的想法有效地转化为“行动”，这也是仿生学研究的难点。

人脑资源仿生最典型的代表成果之一就是计算机的发明。从第一台计算机诞生的 1946 年到 21 世纪，计算机技术的更新换代速度非常快，运算能力增长了 10 亿倍。这种增长比从化学炸弹到氢弹的变革还要迅速，这种近似天文数字的增长速度在人类技术发展史上前所未有。1997 年，国际象棋世界冠军卡斯帕罗夫与 IBM 公司的国际象棋电脑“深蓝”展开较量，结果“深蓝”宣告胜利，如图 9-18

所示，这标志着电脑智能化上了一个新台阶。2016 年，韩国围棋九段李世石与英国 Deep Mind 公司开发的围棋电脑智能机“阿尔法狗（AlphaGO）”展开较量，结果阿尔法狗以 4∶1 宣告胜利，这标志着电脑智能化又上了一个更新、更高的台阶。现今，人脑与电脑匹配的人-机一体化操作指挥系统，与现代通信的“神经系统”结合起来，与现代传感的“感知系统”结合起来，正在开创一个全新的信息网络文明时代，正在创造一个全新的“智慧地球”时代。人脑、电脑与现代通信技术、传感技术结合开创的信息网络文明，一方面在现实生活领域大踏步地推进着知识经济与多元文化的发展；另一方面又以新的技术手段为人脑与电脑拓展新的思维空间，在构建人-机关系方面取得了一系列突破性的进展。智能日益提高、功能不断完善的机器人的研制，是人脑资源仿生的又一代表性成果，也是人-机思维结合产生的又一硕果。机器人是由电脑思维控制的机器，它是人脑思维外化与物化的产物，也正是基于对人脑资源的模拟，使机器人从一般“智能机器人”提升到“智慧机器人”，从而推动人-机一体化向着更高的层次发展。

（a）“深蓝”机组　　（b）“深蓝”宣告胜利

图 9-18　“深蓝”与象棋大师竞赛

近几年发展起来的脑机接口技术，也是通过研究人类不同寻常的大脑皮层表面神经信号，在人脑（或脑细胞的培养物）与外部设备间建立的直接连接通路，能够实现脑与外部设备间的信息交换，不仅可用于恢复人类损伤的听觉、视觉和肢体运动能力，还可以帮助像物理学家霍金一样的神经渐冻症患者或脊髓损伤导致高位截瘫的残疾人与外界进行沟通交流[32]。例如，美国西北大学的科学家研制出一种特别智能的假肢，与现代大多数假肢不同的是，其不是依靠电机来工作，而是完全由人的大脑来控制的，实现了人脑仿生学研究的突破性进展。科学家将患者截肢断口处的神经与他的胸部肌肉连接在一起，从而通过大脑思维来控制假肢。当患者想着要移动手臂时，原来与手臂相连的胸部肌肉神经就会收到信号并通过计算机传递给假肢，从而完成各种动作，如图 9-19 所示，这项先进的技术有望让更多的患者受益。

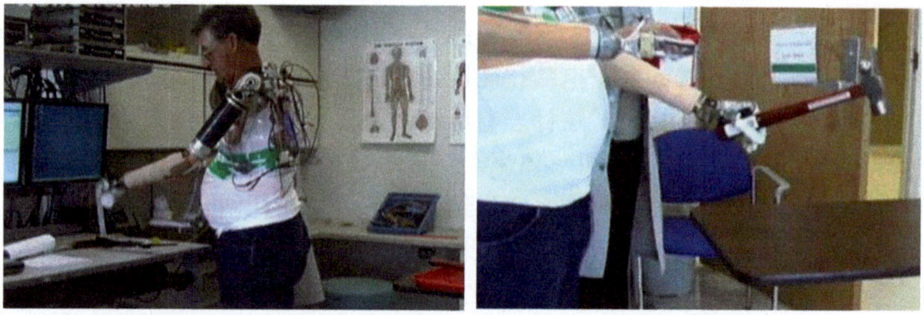

（a）假肢与胸部肌肉之间通过电线相连　　（b）假肢完成各种动作

图 9-19　用大脑思维来控制假肢[32]

人类的大脑一直是科学家们不懈探索的一个重要领域，许多研究成果不仅有利于揭示人类大脑智慧、创造性思维、潜意识、记忆等蕴含的奥秘，提升人类大脑功能，而且有利于开发更接近人类大脑功能的仿生智慧产品。人类大脑皮质是包裹在大脑外侧的神经组织层，沟和回是皮层最为显著的两个解剖特征，皮层有些区域向内凹陷形成为“沟”的解剖结构，沟之外向外凸出的区域称为“回”。大脑皮质包含多层相互连接的神经元，对记忆、注意力、语言、认知和意识等起着至关重要的作用。例如，美国加利福尼亚大学的研究者基于遗传信息成功绘制出了第一张人类大脑表面图谱[33]，这张新图谱能够帮助人类了解大脑的遗传基础，更好地理解大脑是如何形成和发挥功能的，从而利用获得的信息改进大脑疾病和功能障碍的治疗。又如，大多数研究已证实，长期压力会提高糖皮质激素的水平，而这将抑制海马体中新神经元的产生，从而损害记忆；同时，长期高水平的压力激素对整个身体都产生影响，如增加慢性肥胖、心脏病和抑郁症的风险等。因此，人们总是认为，压力是一件不好的事情。美国加利福尼亚大学的研究人员揭示，一定时间的急性压力（短期压力）是有好处的，有助于提高警觉，以及改善行为和认知能力，短暂的压力事件导致大脑中的干细胞增殖而产生新的神经元，所形成的神经元在两周后成熟，从而改善人们的精神表现[34]。

对生物界进化的最高成果——人脑的仿生研究，为更高水平的人工智能与人-机一体化的研发拓展了新的途径。同时，仿生学在人脑资源领域的胜利进军，将成为人类智慧思维的新生长点。

人类善于从日常生活中寻找生活智慧与经验、从人文生活中寻找生活艺术与感悟、从本体生活中寻找生活哲理与真谛，生活赋予了人们超乎寻常的灵感，这些灵感正在成为人类最尖端、最前沿技术发明的源泉[35]。人类自然生命的活力在生活中处处展现，人类将自然生命所蕴含的力量，将生活中所展现的智慧，作为生活模本进行仿生设计，这不仅丰富了仿生学的研究内容，也将会成为仿生学原始创新的新领域，推动仿生制品向着更智能化、人文化的方向发展。

参考文献

[1] Haman J. 创新启示：大自然激发的灵感与创意. 王佩，郭燕杰，译.北京：中信出版社，2015.

[2] Haman J. The Shark's Paintbrush: Biomimicry and How Nature Is Inspiring Innovation. United States: Nicholas Brealey, 2013.

[3] Izadinia M, Dehgani K. Structure and properties of nanostructured Cu-13.2Al-5.1Ni shape memory alloy produced by melt spinning. Transactions of Nonferrous Metals Society of China, 2011, 21: 2037-2043.

[4] Cong H P, Ren X C, Wang P, et al. Wet-spinning assembly of continuous, neat, and macroscopic graphene fibers. Scientific Reports, 2012, 2: 1-6.

[5] Fetsch C R, Pouget A, Deangelis G C, et al. Neural correlates of reliability-based cue weighting during multisensory integration. Nature Neuroscience, 2012, 15: 146-154.

[6] Ozden S, Ge L, Narayanan T N, et al. Anisotropically functionalized carbon nanotube array based hygroscopic scaffolds. ACS Applied Materials & Interfaces, 2014, 6: 10608-10613.

[7] Novoselov K S, Geim A K, Morozov S V, et al. Electric field effect in atomically thin carbon films. Science, 2004, 306: 666-669.

[8] Fernandes M F A, Matthys D, Hryhorczuk C, et al. Leptin suppresses the rewarding effects of running via STAT3 signaling in dopamine neurons. Cell Metabolism, 2015, 22: 741-749.

[9] Bernardi L, Porta C, Casucci G, et al. Dynamic interactions between musical, cardiovascular, and cerebral rhythms in humans. Circulation, 2009, 119: 3171-3180.

[10] Hopkins M E, Davis F C, Vantieghem M R, et al. Differential effects of acute and regular physical exercise on cognition and affect. Neuroscience, 2012, 215: 59-68.

[11] Tierney A T, Krizman J, Kraus N. Music training alters the course of adolescent auditory development. Proceedings of the National Academy of Sciences, 2015, 112: 10062-10069.

[12] Denis T, Miha B，Reis P M. Smart morphable surfaces for aerodynamic drag control. Advanced Materials, 2014, 26: 6608-6611.

[13] Xia Y, Nivet E, Sancho-Martinez I, et al. Directed differentiation of human pluripotent cells to ureteric bud kidney progenitor-like cells. Nature Cell Biology, 2013, 15: 1507-1515.

[14] Helm E, Yao J, Dutt S, et al. REM sleep depotentiates amygdala activity to previous emotional experiences. Current Biology, 2011, 21: 2029-2032.

[15] Wamsley E J, Tucker M, Payne J D, et al. Dreaming of a learning task is associated with enhanced sleep-dependent memory consolidation. Current Biology, 2010, 20: 850-855.

[16] Dresler M, Koch S P, Wehrle R, et al. Dreamed movement elicits activation in the sensorimotor cortex. Current Biology, 2011, 21: 1833-1837.

[17] Schmitz T W, Rosa E D, Anderson A K. Opposing influences of affective state valence on visual cortical encoding. Journal of Neuroscience, 2009, 29: 7199-7207.

[18] Mcpherson M J, Barrett F S, Lopez-Gonzalez M, et al. Emotional intent modulates the neural substrates of creativity: an fMRI study of emotionally targeted improvisation in jazz musicians.

Scientific Reports, 2016, 6: 18460-18472.
[19] Pessiglione M, Petrovic P, Daunizeau J, et al. Subliminal instrumental conditioning demonstrated in the human brain. Neuron, 2008, 59: 561-567.
[20] Custers R, Aarts H. The unconscious will: how the pursuit of goals operates outside of conscious awareness. Science, 2010, 329: 47-50.
[21] Feng G, Peng L, French J B，et al. Controlling cell-cell interactions using surface acoustic waves. Proceedings of the National Academy of Sciences, 2015, 112: 43-48.
[22] Salimpoor V N, Benovoy M, Larcher K, et al. Anatomically distinct dopamine release during anticipation and experience of peak emotion to music. Nature Neuroscience, 2011, 14: 257-262.
[23] Johnson F E. The bionic human. Health Promotion for People with Implanted Prosthetic Devices, 2006.
[24] Peppo G M, Marcos-Campos I, Kahler D J, et al. Engineering bone tissue substitutes from human induced pluripotent stem cells. Proceedings of the National Academy of Sciences, 2013, 110: 8680-8685.
[25] Efe J A, Hilcove S, Kim J, et al. Conversion of mouse fibroblasts into cardiomyocytes using a direct reprogramming strategy. Nature Cell Biology, 2011, 13: 215-222.
[26] Bertassoni LE, Cecconi M, Manoharan V, et al. Hydrogel bioprinted microchannel networks for vascularization of tissue engineering constructs. Lab on a Chip, 2014, 14: 2202-2211.
[27] Kang H W, Lee S J, Ko I K, et al. A 3D bioprinting system to produce human-scale tissue constructs with structural integrity. Nature Biotechnology, 2016, 34: 312-319.
[28] Murphy S V, Atala A. 3D bioprinting of tissues and organs. Nature Biotechnology, 2014, 32: 773-785.
[29] ASIMO to welcome visitors arriving at narita international airport. http://world.honda.com/news/2016/c160322eng.html.
[30] 艳涛. 汇童机器人第 4、5 代集体亮相. 机器人技术与应用, 2012, 4: 44.
[31] 王小涛, 韩运峥, 王邢波, 等. 空间五指灵巧手单指控制系统设计. 科学技术与工程, 2015, 17: 150-153.
[32] Zhang D, Song H, Xu R, et al. Toward a minimally invasive brain-computer interface using a single subdural channel: a visual speller study. Neuroimage, 2013, 71: 30-41.
[33] Chen C H, Gutierrez E D, Thompson W, et al. Hierarchical genetic organization of human cortical surface area. Science, 2012, 335: 1634-1636.
[34] Rosanne M T, Gregory H, Daniel A P. Acute psychosocial stress reduces cell survival in adult hippocampal neurogenesis without altering proliferation. Journal of Neuroscience, 2007, 27: 2734-2743.
[35] 梁云虹, 任露泉. 人类生活及其仿生学初探. 吉林大学学报(工学版), 2016, 4: 1373-1384.

第 10 章　人类与生境

大自然是人类和生物的生命之源，为人类提供了生存所必需的富足资源，人类从大自然生境中获得了发展文明的资源与智慧，使人类文明持续演化，造就了今日的进步与繁荣。因此，将自然环境作为生境模本，揭示不同环境因子间的相互作用机制与变化规律，将会发明创造更多满足自然环境、人文环境、工程环境绿色可续发展的仿生制品。

10.1　生存环境——生境

10.1.1　生境的含义

正如前述，生境即是生存环境，是人类与生物生活的环境。从生态学角度，生境是指生物的个体、种群或群落生活地域的环境，包括必需的生存条件和其他对生物起作用的生态因素，是由生物因子（食物、天敌等）和非生物因子（光照、温度、水分、空气、无机盐类等）综合形成的。生物与生境的关系是长期进化的结果，生物有适应生境的一面，又有改善生境的一面。有些生物在正常情况下可以有多种生境。例如，候鸟随季节变化而往返于繁殖地和越冬地两种生境。某一生境的生物还可以占领新的生境。例如，植物种子传播到各种新的生境后，一旦条件适宜便有可能繁衍并定居下来；一些生物在当地自然条件恶化时，也可被迫迁到新的生活场所。在同种生物适应不同生境的过程中，可能分化出具有不同生态特性的生态型或生态宗，进而还可能演化出新物种。

生物生境极其广泛，陆地、水中、空中、深海等都有生物生存的痕迹，甚至能在一些人类唯恐避之不及的生境中茁壮成长，如海底火山口周边、地球深层的岩石内、高浓度的盐水中、碱水湖泊中、南极的冰层深处等，就连食物也显得非常的独特，以氢、氮、岩石、铁、盐等为其生存的能量来源。例如，水熊虫能在绝对零度及 151℃的环境下生存，甚至在真空环境下也能够存活，如图 10-1（a）所示；巨型管虫的生境是海底热液喷口附近，它们能在高温、高压、完全黑暗且有毒的环境下常年生存，它们完全不需要太阳提供的能源，它们的食物主要是海底火山口附近的细菌，而这些细菌能利用火山口的热量和火山提供的化学物质进行化学合成，如图 10-1（b）所示；在南极维达湖冰盖以下约 20 m 深处，湖水呈弱酸性、无光、缺氧，温度约为−13℃的环境中发现了多样化且代谢活跃的生态系统，如图 10-1（c）所示；在地表 2800 m 下的油盆三叠纪地层中萃取出的样本，神奇地培养出了活的细菌；在墨西哥湾的海床和北极冰川的甲烷冰中发现了极度耐寒的冰虫，如图 10-1（d）所示。陆续被发现的这些极端生态系统进一步开阔了人们的眼界，从而将人类的视角引向过去那些认为不可能存在生命的生态领域。

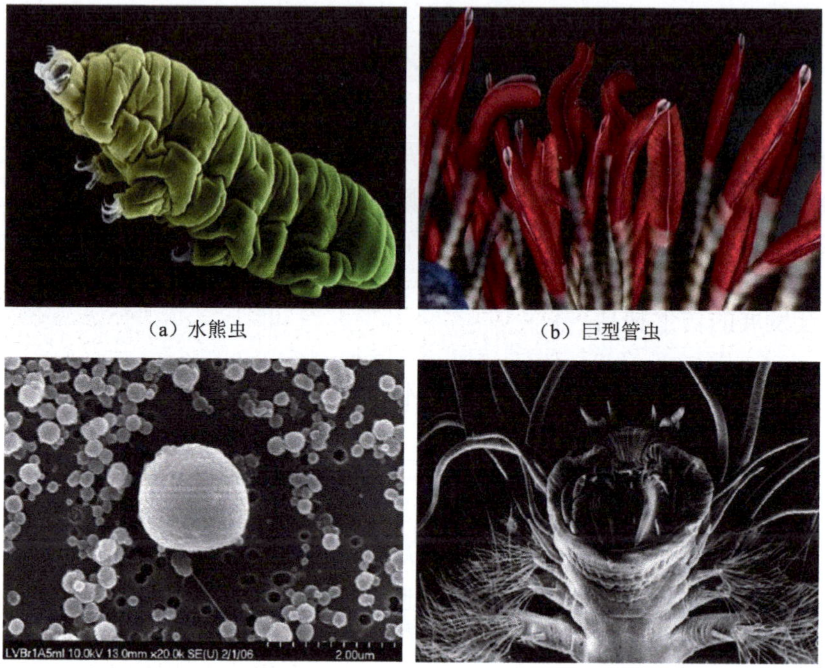

（a）水熊虫　（b）巨型管虫

（c）维达湖盐水中的细菌　（d）冰虫

图 10-1　极端生境中的生物

a、b、d：http://tieba.baidu.com/p/2512144805

c：http://news.163.com/12/1129/09/8HFF83IC00014JB6.html

生境的种种变化对于在其内生存的生物的影响是巨大的。如前所述，约 1200 万年前，地壳运动使非洲东部的大地上形成一条大裂谷，这一生境的改变成为人和猿分道扬镳的关键。裂谷之西依然是茂密湿润的树丛，猿类仍然生活在原来的生境中，不需要改变，这就注定了它们迄今仍处在猿类的阶段。大裂谷以东由于地壳变动的影响，降水量渐次减少，林地消失，出现了草原，一小部分猿类适应了新的生存环境，形成了独特演化模式，人科动物的历史从此开始。加拿大女王大学和约克大学的科学家联合研究发现，湖水中钙含量下降使湖水中的食物链遭到破坏，这一微小的生境变化对水生生物的生存构成了严重威胁[1]。湖水的钙含量一直处于下降之中已是不争的事实，湖水含钙水平越低，越不利于湖水从酸化的环境中得到恢复，只是以前人们还未认识到这一微小变化对水中生物生存的重要性，也没有对水中钙含量进行监测。研究人员对湖底的沉积物进行取样分析，获得了 200 年来湖水钙含量变迁的历史数据，并对水中食物链中最重要的底端动物（如水蚤等）的生存状况进行了试验评估。研究发现，从 20 世纪 70 年代以来，随着湖水中钙含量的持续降低，湖水中许多主要的无脊椎生物体一直处于消亡之中。正是由于湖水钙水平下降，导致了湖中水生物食物链发生了很大的变化。因此，当湖水中的钙元素含量下降至一定的危险值时，一些主要的水中生物的生存将难以为继，而以食用这些生物为生的其他生物的生存也将处于危险之中。

在一定的地域范围内，生境及其构成要素的丰富与否，很大程度上影响甚至决定着生物的生存与多样性；生境的破坏，是生物生存与多样性最主要的威胁之一。例如，亿万年前海水成分的变化造就了寒武纪生命大爆发，现如今海水成分的日益酸化已造成大量生物濒临灭绝。6 亿年前的海洋已是生机盎然，那时海洋的主人是一种软体生物，后来成了地球上所有动物的祖先，但是浩瀚的大海几乎没有保存它们柔软的行迹。又过了数千万年，生命开始以爆发的速度演化、分化，变得越来越复杂，出现了多细胞动物，有些动物拥有了外壳或骨骼。海洋寒武纪生命大爆发的奥秘是由于“大不整合面”（great unconformity）的出现[2]，它是一个世界范围的地层特征，是指远古大陆的基岩与较年轻的寒武纪浅海沉积物之间的一个分界线，是一个非常稳定的地质分界面，在整个地史时期是唯一一例，如图 10-2 所示。大不整合面将数十亿年前地球深部形成的古老基岩与相对年轻的寒武纪海洋沉积接合在了一起，且遍布全球各地。这条界线之间包含了上亿年的时间空隙，在大不整合面最终形成时，地表受到风和水流的严重剥蚀，这些剥蚀产物被带入海洋中。大量涌入的无机离子对海中生物构成了威胁，要正常生活，身体必须维持水盐平衡，过量的无机盐参与生命活动是非常不利的，必须把它们排除在外，方法之一就是将体内的无机盐结晶矿化。随后海洋里出现的生物矿化作用，如动物形成牙齿、骨骼、硬壳等，就是对海洋化学成分改变的应答，同时也为生命演化确定了方向。随后这些矿化生物便各自开枝散叶，才有了今天多姿多彩的生物世界。现今，海洋是一个天然的二氧化碳储存库，它吸收了超过 1/4 的排放到大气中的二氧化碳，没有海洋的吸收，地球上的温室效应将比现在强烈得多。但是，海洋的二氧化碳存储容量是有限的，而且吸收的二氧化碳会在水中形成碳酸，从而导致海洋的 pH 下降[3]。不同的物种对酸性日增的海水反应不一，有的反而兴盛起来，如无脊椎动物会在酸性浓度较大的区域形成栖息区，但整体而言生物群落的前景堪忧，如由碳酸钙构成壳体的生物体首当其冲，它们的壳体会在酸性水域中被消解掉，同时，像珊瑚、棘皮动物和软体动物在极酸的水域将面临生存危机。这一海洋生境变化毫无疑问会影响整个海洋生态系统，即使较小的生物体能日渐丰富，但群落的总体生物量因为较大型生物的缺失而减少了。这一方面可能减少食物链中更高一级的生物体的食物供给量，另一方面可能导致生物群落里的生物多样性减少。生境的微小变化会影响生存其内的物种，然而当物种受到生境影响后又会反作用于生境。每个物种以不同比例在生态系统中扮演更为重要的角色，任何一个物种的变化都可能对生境造成重要影响。因此，海水的日益酸化，不仅海域内的生物体会受到影响，依赖海域的生物为生的人类也将会受到影响。

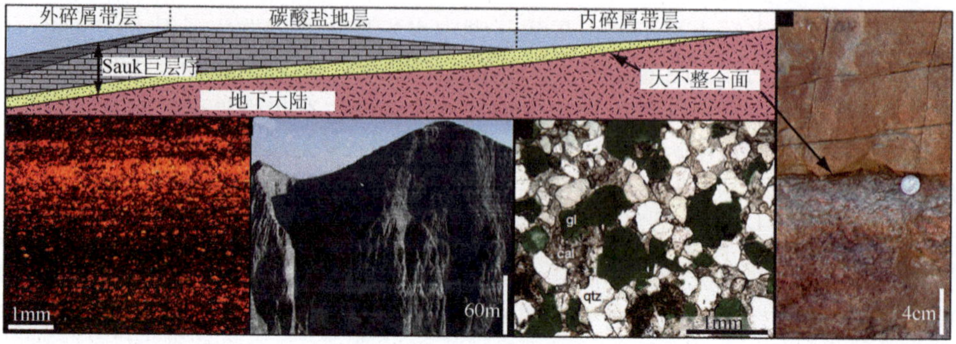

图 10-2 大不整合面[2]

10.1.2 人类生境

人类赖以生存的生境由自然生境和社会生境组成。自然生境是人类生活和生产所必需的自然条件和自然资源的总称，即阳光、温度、气候、地磁、空气、水、岩石、土壤、动物、植物、微生物及地壳的稳定性等自然因素的总和。而社会生境是人类在自然生境的基础上，为不断提高物质和精神生活水平，通过长期有计划、有目的地发展，逐步创造和建立起来的一种人为生境。社会生境是人类物质文明和精神文明发展的标志，它随经济和科学技术的发展而不断地变化。社会生境的发展受到自然规律、经济规律和社会发展规律的支配和制约，其质量对人类的生活和工作，对社会的进步都有极大的影响。以人为中心的生境既是人类生存与发展的终极物质来源，又同时承受着人类活动产生的种种影响。

自人类出现以来，在人类与生境系统中，作为中心的人，经历了生物人—原始人—社会人的演化过程，其生存的环境也相应地经历了以下三个阶段：第一阶段（300 万年前），人类的远古祖先——森林古猿，约于 2700 万年前从埃及古猿中分化出来，它们能够直立行走，并使用天然工具，但不能制造完全的人工工具。在与生境的关系上，他们与其他生物处于相同的地位，这时的生境是纯粹依靠自身固有规律变化的自然环境。第二阶段（40 万～300 万年前），约从 300 万年前的第四纪冰期开始，从古猿中产生了早期的人类——猿人，他们除能制造简单的工具和住房外，还学会了用火。用火是人类强烈地改变生存环境的第一个标志。他们共同劳动，集体分配，由于人类有意识、有组织的共同劳动，部分自然环境遂转化为人工与自然环境。第三阶段（约从 40 万年前到现在），旧石器时代中期，人类跨进母系氏族社会，标志着作为社会的人诞生了。约 4 万年前，父系氏族社会出现，产生了农业、纺织、饲养等行业。此时期不但人类生存环境进一步扩大和发展，还出现了对人类本身具有决定意义的社会生存环境。社会生存环境诞生以后，环境人工化被人为地加剧了，至此，人类处在了自然生境与社会生境之中。

当前，人类正生活在一个快速变化的时代，科学技术的迅猛发展加速了人类更高层次文明的繁荣，也增强了人类对生存环境的影响能力。随着科学技术的发展，人类主动作用于生存环境各因子的力度大大加强，全球性的人口、资源、生存环境与发展的关系问题日益突出，并出现了某些不和谐的现象，如热带雨林减少、O_3空洞扩大、大气中的CO_2含量增加带来的温室效应、森林资源大量砍伐、油气资源过量开采、土地沙漠化、生物多样性缺失等生存环境剧烈变动，已经开始很大程度上直接威胁人类生存和可持续发展。

随着人类在愈益拓进的广度和深度上向自然界进军，自然界也愈益强劲地回敬人类，人类生存环境与社会发展的相互作用更加深切地引起世人关注。例如，近几年，中东和东南亚地区不仅空气污染严重，而且也曾遭受几次具有破坏性的龙卷风袭击，如图 10-3 所示。研究表明，中东和东南亚发展中国家因煤烟和浮质造成的空气污染提高了龙卷风的破坏性。这两个地区的浮质数量自 20 世纪 30 年代以来增加了 5 倍，在印度洋上空形成 3 km 厚的污染层，被称为“东南亚大气褐云”，其吸收阳光，导致海洋温度降低，进而影响风循环，出现的龙卷风强度是此前的 3 倍，不仅风速更快，风切变层也更低[4]，每一次都造成巨大的人员财产损失。又如，人类活动引起的全球气候变暖支配着南极的气候，使南极周围的海洋升温，更多的南极降水将以雨的形式出现，快速融化雪和冰。冰融化的越多，阳光被吸收进海洋的数量越多，而不是通过海洋反射进入大气层，结果，海洋温度进一步上升，同时融化更多的海冰[5]，如此反复循环，将造成严重的后果。南极许多物种依赖海冰捕猎和生存，南极企鹅就是遭受海冰减少威胁最大的动物之一，如果气候变暖趋势持续下去，许多企鹅将从地球上消失。不仅如此，因温室气体升温过度可能导致地表升温，地球大部分地区将异常酷热，将可能不适合人类居住。如果继续污染环境，燃用化石燃料，全球变暖的步伐会进一步加快，在 2300 年之前导致地球不宜人类定居的风险极大[6]。

（a）工厂排放的烟雾让空气变得更差

（b）龙卷风的破坏力

图 10-3　空气污染与龙卷风的破坏力

大自然为人类提供了生存所必需的富足资源，然而，人类生存所需要的生境资源并非一成不变、永不枯竭，大自然的涵容能力也是有限的，人类却不断地消耗资源，甚至企图掌控大自然，进而使自然资源日渐匮乏，许多物种面临灭绝危险。因此，人类必须设法找出新的道路，学习自然界生境高效运作与永续循环发展的原理，师法自然，合理运用生境仿生技术，再造新机，以延续人类文明，实现人类与生境的永续发展。

10.2 自 然 环 境

10.2.1 自然景观

自然景观是天然景观和人为景观的总称，其中，天然景观是只受到人类间接、轻微或偶尔影响而原有自然面貌未发生明显变化的景观，如极地、高山、河流、荒漠、沼泽、热带雨林及某些自然保护区等，如图 10-4 所示；人为景观是指受到人类直接影响和长期作用使自然面貌发生明显变化的景观，如乡村、工矿、城镇、建筑、雕塑、梯田等。人为景观又称为文化景观，它虽然是人类作用和影响的产物，但发展规律却服从于自然规律，必须按自然规律去建设和管理，才能达到预期的目的。

（a）极地　（b）高山　（c）荒漠　（d）沼泽

图 10-4　天然景观

a：http://www.3lian.com/gif/2015/06-19/86059.html
b：http://www.pcze.com/fengjing_bizhi/gaoshanfengjing_135349/
c：http://www.nipic.com/show/1/47/3d90bb12df71d366.html
d：http://www.360doc.com/content/11/0901/10/7591743_144937325.shtml

自然景观包括地形景观、地质景观、水文景观、森林景观、天文景观、气候景观、生物景观等，即人类周围的环境因子，如空气、水、生物、地等一切可见及可觉察的事物都是景观的构成要素。自然景观不仅是空间性的，也是时间性的，有时候是静态的，也常有动态的。一切自然景观都是大自然长期变化的产物，由大自然的鬼斧神工雕造而成，具有天赋性的特点，同时，自然景观是由各种自然要素相互作用而形成的自然环境，具有明显的地域性特征。自然景观各个要素之间所具有的各种复杂多样的因果关系和相互联系的特点，反映在自然景观的各个方面，因此，自然景观的具体成因、特点和分布都是有科学道理的。

每个自然景观都有其存在的意义与价值，所蕴含的神秘值得人类去探索和学习。山脉的存在起到阻挡季风（夏季风和冬季风）、影响降水、决定河流方向、改变区域气候的作用。例如，横断山脉是中国最长、最宽和最典型的南北走向山系，是兼有太平洋和印度洋水系的地区，位于青藏高原东南部。横断山脉由于走向特殊、地理位置特殊，它在地理、地质、生物、水文等诸多科学领域有重要意义。横断山脉成为印度洋的暖湿气流进入中国的通道，印度洋的暖湿气流被喜马拉雅山脉和冈底斯山脉两条东西走向的高大山脉所阻挡，沿南北走向的横断山脉进入中国，给青藏高原东南地区带来丰沛雨水，进而对这里的冰川发育、植物分布有重大影响。由于横断山脉的形成过程是逐渐由近东西走向变为近南北走向的，使这里的生物逐渐进化出非常特殊的适应性，成为动物学、植物学研究的热点地区。

又如，雨林是人类乃至整个生物界生存活动所不可缺少的重要条件，如果它不复存在，地球的环境气候都将产生重大的变化，而那样的变化将无疑是一场毁灭性的灾难。雨林里茂密的树木在进行光合作用时，能吸收二氧化碳、释放出大量的氧气，就像地球上的一个大型“空气清净机”，所以热带雨林有“地球之肺”的美名。除此之外，热带雨林水源丰沛，蒸发后凝结成云，再降雨，成为地球水循环的重要部分；其不仅有助于土壤肥沃与生物生长，也有调节气候的功能。雨林具有自然防疫作用，其中的一些树木能分泌出杀伤力很强的杀菌素，杀死空气中的病菌和微生物，对人类有一定保健作用。同时，雨林对气候有调节作用，浓密的树冠在夏季能吸收、散射和反射一部分太阳辐射能，减少地面增温；冬季森林叶子虽大都凋零，但密集的枝干仍能削减吹过地面的风速，使空气流量减少，起到保温、保湿的作用。不仅如此，雨林还能改变低空气流，有防止风沙、减轻洪灾、除尘、对污水过滤、涵养水源，以及防止水土流失和土地荒漠化的作用。

还有一些自然景观鲜为人知或其作用对人类贡献不大，但是其既然存在，就有合理之处，一定有对地球独特而无法替代的作用，等待人类去探究。例如，随着板块的下沉，海洋等处的水会作为矿物成分被“搬运”到地球深处的地幔。但是随着深度增加，温度和压力也会上升，水分可能被从矿物中挤出。此前研究人员一直认为约 1250 km 的地下深处是水分存在的极限，新发现颠覆了以前的认识。日本爱媛大学的研究人员发现，在地表下 1400 km 深处的蛇纹石中有含水的矿物，并将新矿物命名为“H 相”。对“H 相”添加铝之后发现，在温度和压力更高的环境中，水分仍然不会散失，如图 10-5 所示。由于地幔中也存在铝，研究小组推测，“H 相”能把水分搬运到地表以下 2900 km 的地幔与地核交界处。从地表到地球中心的距离约为 6400 km，研究小组指出，地球内部的水量曾被认为相当于海水的数倍到数十倍，不过一直没有弄清详细构成，此次发现则显示地球内部的水量应该更多。这一发现，虽然暂时对人类生活与生产影响不大，但是也许在未来，这些含水的矿物会以自然或人工的方式被“搬运”到地表，形成壮丽的景观，供自然界万物所用[7]。

（a）42 GP 和 1250 ℃　（b）50 GP 和 950 ℃　（c）42 GP 和 1000 ℃

图 10-5　地表下 1400 km 处不同压强与温度下的蛇纹石[7]

10.2.2　自然现象

自然现象指自然界中由于大自然的运作规律自发形成的某种状况，其完全不受人为主观能动性因素影响，主要有物理现象、地理现象、化学现象等，如风、雨、雷、电、雪、彩虹等的形成，月的阴晴圆缺，一年四季变化，气候的冷暖，白天黑夜，等等。例如，水是氢和氧的化合物，在自然界以固态、液态、气态三种聚集状态存在，是地球上各种生灵存在的根本，是生物体最重要的组成部分，在生命演化中起到了重要的作用。水的变化和运动造就了我们今天的世界，在地球上，水是不断循环运动的，海洋和地面上的水受热蒸发到天空中，这些水汽又随着风运动到别的地方，当它们遇到冷空气，形成降水又重新回到地球表面。这种降水分为两种，一种是液态降水，这就是下雨；另一种是固态降水，这就是下雪或下冰雹等。

自然界有许多自然现象蔚为壮观，蕴涵着众多奥秘，有些目前尚无法准确解释，但是，这些奇特的自然现象却极具魅力，释放出大自然所独有的绚丽，如多彩的北极光、预示恶劣天气的乳房云、像冰矛一样的融凝冰柱、会移动的石头等。

10.2.2.1　北极光

北极光是地球上最美丽的自然现象之一，自从人们发现北极光现象之后就被该现象的神秘和美丽所深深吸引。北极光发生于太阳释放的高能带电粒子，这些带电粒子以每秒 300～1200 km 的速度从太空释放出来，这些带电粒子形成的云状结构称为等离子区。从太阳释放出来的等离子流称为太阳风，当太阳风与地球磁场边缘发生接触时，一些带电粒子就被地球磁场所捕获，它们沿着磁力线进入地球电离层，电离层是从地球表面向空中延伸 60～600 km 的大气层部分。当带电粒子与电离层中的气体碰撞就开始发亮，产生壮美绚丽的景色，如图 10-6（a）所示。这种美妙的极光现象还出现在南极地区。

（a）北极光　（b）乳房云　（c）赤潮

（d）融凝冰柱　（e）会移动的石头　（f）超级气流柱

（g）火焰龙卷　（h）重力波云层　（i）冰圈

图 10-6　自然现象

10.2.2.2　乳房云

乳房云也被称为乳房积云，是由无数个袋状下垂云状结构组合在云层底部，它主要由冰物质构成，可以沿着任何一个方向延伸数百英里①，然而一些乳房云结构可保持静止不变 10～15 min，如图 10-6（b）所示。每当乳房云出现，就预示着恶劣天气的到来，它经常是暴风雨或其他恶劣天气来袭的前兆。

① 1 英里=1609.3m，下同

10.2.2.3 赤潮

赤潮是河口、海洋或淡水中水藻在水域中快速堆积，从而覆盖整个海域或海滩，使海水变成血红色，如图 10-6（c）所示。这种现象是由于密度较高的浮游植物在水表面堆积形成密集、可见的团状结构，虽然部分浮游植物并无害，但少部分浮游植物有剧毒，可导致鱼类、鸟类和海洋哺乳动物死亡。

10.2.2.4 融凝冰柱

融凝冰柱看上去非常像冰矛，主要存在于高山冰川，它在尺寸上具有多样性，从几厘米高至 5 m 高不等。最初，太阳光线在积雪或高山冰川表面上照射融化形成不规律的微凹，一旦这样的微凹形成，太阳光就会在这个微凹处发生光线反射，增加了局部物质升华。随着微凹逐步加深，深深的一个凹槽便形成，最终形成像耸立的冰矛结构，如图 10-6（d）所示。

10.2.2.5 会移动的石头

美国加利福尼亚州死亡谷泥浆戈壁上会移动的石头成为颇具科学争议的一个焦点，对于这一怪异的自然现象，许多科学家均无法给予合理的解释。重达数百磅的石头也会自然移动数百米之外，一些科学家猜测该现象可能是由于强劲的风和表面冰层的结合作用才形成这一运动。然而，这种解释理论不能解释不同质量的岩石能够以不同的速度并排移动，或向不同的方向移动。此外，从物理学计算也不支持以上理论，因为至少需要每小时数百英里的风速才能移动某些石头，但即使有这样的风速也无法移动数百磅的石头至数百米之遥，如图 10-6（e）所示。

10.2.2.6 超级气流柱

超级气流柱是在强烈暴风雨（如中气旋，即直径为 16 km 以下的旋风）中持续出现纵深旋转上升气流，该现象可持续数个小时，有时可能会分割成两半，位于暴风的两侧，如图 10-6（f）所示。超级气流柱席卷某一地区通常会带来冰雹或暴风雨，有时还会产生龙卷风。有时超级气流柱会降落一些巨大的冰雹，该现象可能出现于地球的任何地区，但在美国大平原出现的概率较高。

10.2.2.7 火焰龙卷

火焰龙卷也被称为火怪或火旋风，是火焰在某些特殊条件下的罕见现象。通常，主要受空气温度和气流影响，形成一个垂直旋涡状，或形成类似龙卷风效应的垂直径向旋转气柱。一般火焰龙卷多发生于丛林火焰中，垂直旋涡状火柱形成于特定的气流和温度条件下。火焰龙卷高度可达 9～60 m，直径可达 3 m，但仅持续几分钟，如果风速较强劲，火焰龙卷可能持续时间更长一些，如图 10-6（g）所示。

10.2.2.8　重力波云层

波浪状的重力波云层通常是由于上升气流延伸至山脉，或者伴随着雷电交加的暴风雨而产生，重力波云层仅产生于上升气流进入稳定的气穴（air pocket）。向上的气流冲量在气穴中产生连锁反应，从而形成大气层中云层的变化，改变云层动态曲线，使云层出现如同重力波一样的摆动波纹，如图 10-6（h）所示。

10.2.2.9　冰圈

冰圈这一奇特的自然现象通常只在非常寒冷的国家或地区出现，科学家们普遍认为，冰圈是水表面冰层在水面中心区域聚集形成的，而不是在边缘。缓慢流动的河水可形成缓慢旋转的漩涡，当水流旋转时，便形成冰圈。冰圈的边缘消融速度很缓慢，直到冰圈上出现裂缝才会导致冰圈下降，这些冰圈的最大直径可达约 150 m，如图 10-6（i）所示。

随着科学技术的发展，许多自然现象产生的原理与规律逐渐被揭示，人们不仅应用自然现象本身的力量来为人类自身服务，而且根据自然现象产生的原理进行新技术与新产品的开发与创造。例如，闪电是云与云之间、云与地之间或云体内各部位之间的强烈放电现象，可以释放出大量的能量。虽然闪电不能按人们的希望在一定的时刻发生，并且不易控制，但其产生的巨大能量，驱使人们想去控制并利用闪电的力量。众所周知，氮和氧是空气的主要成分，氮是一种惰性气体，在平常的温度下，它不易与氧化合，但是当温度很高时，它们就能化合成二氧化氮。自然界的闪电火花有几公里长，温度很高，每一次闪电致使大量的氮和氧化合生成二氧化氮，二氧化氮溶解在雨水里变成浓度很低的硝酸，它一落到土壤中，马上与其他物质化合，变成硝石，硝石是很好的化肥。据统计，每年每平方公里的土地上有 100～1000 g 闪电形成的化肥进入土壤。可见，闪电能把空气里的氮“固定”到土壤里，增加土壤里的氮肥，对农作物的生长有一定好处。因此，人们开始利用闪电的力量，在田野里竖立三根杆子（制肥器），一般是木杆，杆高约 20 m，杆距 120 m，杆子顶部装有金属接闪器，用金属导线从接闪器一直引到地下埋入土中，从而利用闪电能量增氮。

10.3　生 态 系 统

10.3.1　自然生态系统

自然生态系统是指在自然界里一定的时间和空间内，依靠自然调节能力，生物与环境构成的统一整体，在这个统一整体中，生物与环境之间相互影响、相互制约，并在一定时期内处于相对稳定的动态平衡状态。生态系统的范围可大可小，相互交错，最大的生态系统是生物圈，最为复杂的生态系统是热带雨林生态系统。

自然生态系统可以分为：水生生态系统，即以水为基质的生态系统；陆生生态系统，即以陆地土壤或土壤母质（风化作用使岩石破碎，理化性质改变，形成结构疏松的风化壳，其上部可称为土壤母质）等为基质的生态系统。生态系统是开放系统，许多基础物质在生态系统中不断循环，为了维系自身的稳定，生态系统需要不断输入能量，否则就有崩溃的危险。

生态系统的一个重要特点是它常常趋向于达到一种稳态或平衡状态，这种稳态是靠自我调节过程来实现的，调节主要是通过反馈进行的。当生态系统中某一成分发生变化时，它必然会引起其他成分出现相应的变化，这种变化又会反过来影响最初发生变化的那种成分，使其变化减弱或增强，这种负反馈能够使生态系统趋于平衡或稳态。生态系统中的反馈现象十分复杂，既表现在生物组分与环境之间，也表现于生物各组分之间和结构与功能之间等。

生态系统中的物质与能量总是永续循环的，废弃物并不存在，一种生物所产出的看似毫无价值的物质或能量，对于另一种生物来说，可能是极其珍贵的生存资源，毫不浪费。例如，在深海生态系统的海底沉积物中含有大量以微生物质形式存在的碳，其病毒的产量是非常高的，病毒感染能使真核生物质产量减少 80% 以上（在 1000 m 深度之下接近 100%），从而将大量溶解的有机碳释放进深海中，为其他生物提供大量的食物。在食物资源匮乏的水域，营养物的这种注入尤为重要[8]。因此，病毒在地球化学循环、深海代谢和其他生态系统中的总体功能方面扮演一个重要角色。同样，在其他生态系统中，寄生虫和其他传染性媒体的地位也是举足轻重的，它们在这些生态系统中有相当大的生物量，甚至超过顶级捕食者的生物量，它们对一个生态系统产生重大影响，其影响的方式是以某种显著的猎物或捕食者为目标[9]，从而控制生态系统中显著猎物或捕食者的平衡。

生态系统中每一位成员都扮演着不同的角色，为生态系统的运行贡献着不同的资源，以维系生态系统的运行。例如，在深海和浅海中均有珊瑚礁存在，它们是成千上万的由碳酸钙组成的珊瑚虫的骨骼在数百年至数千年的生长过程中形成的。海洋生物以珊瑚礁为基础形成了一个庞大的生态系统，珊瑚礁为许多动物、植物提供了生活环境，其中包括蠕虫、软体动物、海绵、棘皮动物和甲壳动物。此外，珊瑚礁还是大洋带鱼类的幼鱼生长地。然而，太阳光穿透海水反射到珊瑚礁上，会穿透珊瑚和与珊瑚共生的促进光合作用的海藻，以及其他生活在珊瑚礁上的生物。那么究竟是什么原因让这个生态系统中的生物避免了紫外线的辐射？澳大利亚昆士兰大学的研究者将海葵放在珊瑚骨架或白色铅管的上面，与铅管不同，珊瑚骨架几乎能够吸收所有有害的紫外线，并释放出黄色的荧光。与放在铅管上的海葵相比，放在珊瑚上的海葵接受的紫外辐射只是前者的 1/4，并且它们遭受的脱氧核糖核酸（DNA）损伤也仅是前者的 1/7。即便将这些珊瑚骨架研磨成细小的粉末，依然发现了类似的现象，这意味着这种保护作用是因为珊瑚骨架的化学成分构成所致，而不是其粗糙而复杂的表面对紫外线产生的散射作用，如

图 10-7 所示[10]。可见，珊瑚礁能够吸收紫外线，为其他生物涂上了“防晒油”，保护这一生态系统免受紫外线辐射。

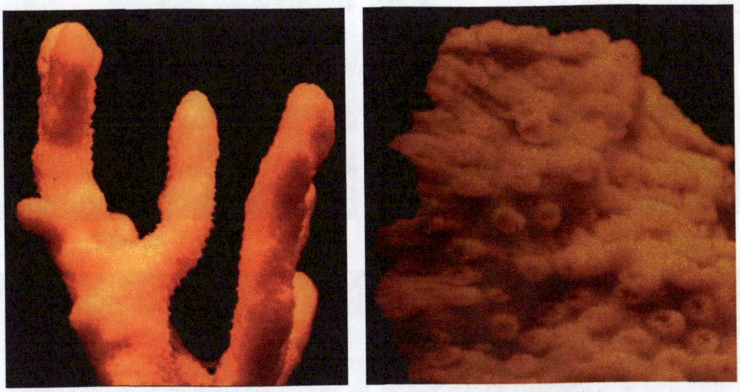

（a）珊瑚外骨架　　（b）珊瑚骨架内部

图 10-7　珊瑚吸收紫外线发出黄光[10]

通常，生态系统受到外界干扰破坏时，只要不过分严重，一般都可通过自我调节使系统得到修复，维持其稳定与平衡。例如，珊瑚礁为水下上万种生物提供了栖息地,如果没有珊瑚礁，大量以珊瑚礁为栖息地的动物和植物都将灭亡，同时，珊瑚礁海洋生物是热带地区数百万人每日获取蛋白质的主要来源。然而，全球变暖使珊瑚礁持续遭到破坏，全世界大约 1/4 的珊瑚礁已经被毁。迫于环境压力，珊瑚虫为了适应环境的改变，正在进行“性别转换”。研究发现，在极其炎热的一段时间里，雌性蘑菇珊瑚改变自身性别，结果多数珊瑚虫变成雄性[11]。这么做的好处是当生存资源受到限制时，雄性珊瑚虫能更容易地应对外界压力。在充满压力的环境条件下，雄性珊瑚虫能“安然渡过难关”，能保持良好的生存状态，雄性珊瑚虫不会因为生殖消耗太大体力和需要更多的能量，如图 10-8 所示。雄性珊瑚虫能在恶劣的环境中活上几年，当环境转好，它们再变回雌性，而雌性珊瑚虫则需要消耗更多能量才能维持生存。可见，在受到外界压力时，生态系统中的生物为了生存与物种延续，靠着自我调节能力，都在进行着一定程度的调整与改变，以维持生态系统的稳定。但是，生态系统的自我调节能力是有限度的，当外界压力很大，使系统的变化超过了自我调节能力的限度，即“生态阈限”时，它的自我调节能力随之下降，以至消失。此时，系统结构被破坏，功能受阻，以致整个系统受到伤害甚至崩溃，此即通常所说的生态平衡失调。因此，人类应该学习自然生态系统维持稳定与高效运作的策略，有效运用自然界的资源，满足人类种种的需求。同时，为了能让生态系统永续发展，维持演化路径，让万物都能因自然永不停歇的运作而受惠，人类应该珍爱保护自然生态系统，避免对自然生态系统的破坏。

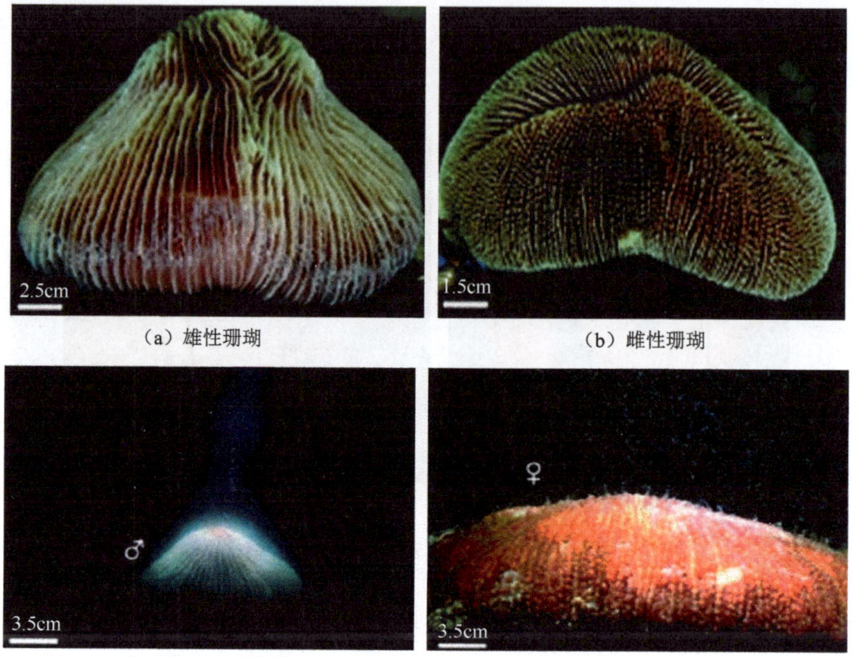

（a）雄性珊瑚　（b）雌性珊瑚

（c）雄性珊瑚脱落精子　（d）雌性珊瑚产卵

图 10-8　雄性珊瑚与雌性珊瑚[11]

10.3.2　人类生态系统

人类生态系统是以人与自然作为统一体为标志，由人群及其环境构成的多级系统，即由自然系统和社会系统组成的复合体。人类生态系统内的环境成分首先是自然界对人发生影响和作用的各种因素的总和，如大气、水域、土壤、阳光等；其次是指除人以外的各类生态系统，如社会物质生产、物质生活和物质文化系统。此外，还有人在社会生产和其他各种活动中所形成的关系，如经济、政治、法律、道德、文化、宗教等，由人的内在意识而外化为制约人的社会因素，是构成人类生态系统内的社会环境。人、自然及人工物在自然运动和社会运动内在同一规律的支配和作用下形成人类生态系统。人类生态系统与其他各类生态系统的区别在于，它内在地包括社会属性和意识作用，除了无意识的自然调节和控制以外，还存在有意识的社会调节和社会控制。人类生态系统的核心思想是反映人与环境的统一、自然规律与社会规律的统一、物质和意识的统一。

亿万年来，地球上所有的生物和生态系统都在不断演化，以稳定地适应环境变化，每个物种都会学习运用现有的资源，在经过长时间的演化，知道如何以周围资源，尽可能地克服挑战以求生存。然而，人类希望掌控能源，以便随意使用，一开始是火，接着是化石燃料和核能，并且还开发与创造新物质，为人类所用。例如，人类对化石燃料等传统能源的强度开发利用不仅使其资源耗竭，也给人类带来了很多环境问题，因此，新能源的研究和开发利用受到了越来越广泛的关注。其中，生物质能源是一种可再生的清洁能源，也能在改善空气质量、增加碳汇、减缓气候变暖等方面起到积极作用。最近十几年，美国不断加大投入，生物质能源生产出现了空前的增长。据可再生能源协会 2012 年资料显示[12]，美国乙醇产量从 2001 年的不足 76 亿 L 上升到 2010 年的 500 亿 L。而自 2010 年 1 月起，美国已有 189 个乙醇加工厂投入运行，还有 15 个在建。美国的能源独立和安全法案（EISA2007）规定，截至 2022 年美国乙醇产量应达到 1400 亿 L，其中 600 亿 L 必须由第一代能源作物玉米作为原料，其余 800 亿 L 将由第二代能源作物生产。如此快速、大规模地发展生物能源，则需要种植大量的能源作物，如玉米和大豆等。研究发现，20 世纪 20～80 年代，小谷粒作物（小麦和燕麦）及牧草种植面积持续下降，而能源作物（如玉米和大豆）种植面积则不断增长。种植模式由原有的混合种植（小麦、燕麦、玉米和牧草）转变成相对单一的种植模式（玉米、大豆轮作）。混合种植模式犹如多年生植物，农区四季都有植被生长，因此，一年内大部分时间都有作物消耗水分（蒸散），而相对单一的一年生作物只在生长季对水分的需求较大。如此，种植模式在一定程度上改变了降水的分配方式，导致蒸散量下降而入渗增加，进而引起河流的基流增加，再进一步引起人类赖以生存的水文生态系统发生改变。可见，新能源的研究、开发和利用虽然在一定程度上解决了人类对化石燃料等传统能源的强度开发和利用而耗竭等问题，但是，人类的有意识调节和控制却对生态系统造成了其他影响，甚至破坏。

人类对生态系统有意识的社会调节和社会控制虽然取得了了不起的成就，但人类活动也大大伤害了生态系统的承受能力，也破坏了生态系统长时间以来的平衡。例如，人类活动遍及全球海洋，全球几乎没有哪处海域完全未受人类活动影响，其中有 40%的海洋受到人类各种活动的严重影响[13]，仅有约 4%的海洋现在还算是相对“清静”。人类活动对海洋生态系统的影响主要包括与人类行为有关的气候变化、渔业和污染等 17 种不同方式，海洋系统中受人类活动影响最严重的通常是大陆架、岩礁、珊瑚礁、海草床和海底山。随着人口数量的上升，对海产品的需求量也随之上升，人类通常情况下先捕捞大型鱼类，当大鱼被捕尽时就会转而捕捞较小的鱼类，从而逐渐威胁到整个渔业资源的稳定。由于过度捕捞，许多珊瑚礁水域的鲨鱼、梭鱼和其他大型鱼类正在消失，从而威胁该区域的海洋食物链和生物多样性，并可能最终危及珊瑚礁自身及地区渔业[14]。又如，珊瑚幼虫在寻找合适的栖息场所时会受到声音的强烈吸引。珊瑚幼虫表面的细微绒毛能够感知声波对水分子造成的波动，从而帮助它们辨别回家的方向。正是通过栖息在珊瑚礁群中的海洋生物发出的声音，珊瑚幼虫才能够向珊瑚礁集结，一代代繁衍生息，从而促使珊瑚礁不断成长[15]。然而，全球变暖、海水酸化等原因，全球范围珊瑚虫死亡、珊瑚礁退化现象十分严重，如图 10-9 所示，珊瑚礁已成为最脆弱的生态系统之一。而且，船舶航运、海底钻探、地震测试等人类行为所产生的噪声污染也对珊瑚生长造成很大的影响，令本已十分脆弱的珊瑚礁生态系统“不堪重负”，从而影响整个海洋生态系统。

（a）珊瑚虫死亡

（b）珊瑚礁退化

图 10-9　珊瑚礁

近 50 年来，人类改变自然生态系统的速度远比历史上任何一个时期都要快，人类因此从中获利，但是对于生态系统带来的后果却是灾难性的。生态系统变化的利益并不平均，但生态系统受破坏的危险却是全球生物包括人类都必须分担的，特别是在生活水准较低，较仰赖生态系统维生的地区与国家。人类对生态系统的破坏活动远没减少，生态系统自身凭着神奇的资源循环力量在努力自救。例如，自 20 世纪 60 年代以来，纳米比亚离岸的本格拉（Benguela）生态系统经历了沙丁鱼水产业的崩溃，并被海蜇和微生物取代的事件。因为过度捕捞，这种取代已经日益成为一种全球性的问题。令人感到好奇的是，在本格拉系统中，一种地方性特有的鱼类品种（带须的虾虎鱼）在这种情况下变得繁盛起来，并部分地恢复了该生态系统的食物链。尽管海鸟和其他过去进食沙丁鱼的动物对其的掠食是有所增加的，为什么虾虎鱼还会变得繁盛。研究发现，这些虾虎鱼栖息或藏匿在富含硫化物和藻类的泥浆中，而这种环境自从这些水域丧失了其大部分的氧气以来已经变得常见。在沙丁鱼消失、海蜇和微生物增多后，虾虎鱼还会进食海蜇及这种含有微生物的泥浆，从而将这些资源转移回该食物链[16]。可见，人类的过度捕捞对生态系统造成了破坏，生态系统通过改变结构在努力保持稳定与平衡。

1997 年的一份评估报告认为，一个包括生物分解、土壤形成、营养和水分循环，以及植物生长的生态系统过程每年可提供给人类的价值高达 33 万亿美元。而 2005 年的联合国报告指出，过去 50 年人类对生物多样性及生态系统造成的损害比其他任何时期都要严重[17]。所以，只有及时扼住恶化的趋势，维护人类生态系统平衡，实现自然资源与人类社会的永续发展，人类才能继续享受大自然的馈赠。

10.4　生境是仿生的重要源泉

10.4.1　学习自然进行仿生

自然界是人类与生物生存、生长、发展的基础，从古代始，我们的先辈就崇敬、敬畏大自然，并向其学习和寻求灵感，和谐共处，从而改善了生活质量，也促进了仿生学的诞生与发展。现今，人类更是意识到，不仅自然界的生物为人类仿生技术的发展提供了不竭源泉，自然本身的景观、现象、原理与规律等都蕴涵着神奇的奥秘，值得人类去探索、学习与效仿。

沙漠地表覆盖的是一层很厚的细粒状的沙子，给人类带来很大危害，它吞没农田、村庄，埋没铁路、公路等交通设施。然而，沙波纹是沙漠中最独特的景观，直径在微米量级的沙颗粒在风场作用下会呈现出形状相似但尺度相去甚远的沙波纹（厘米量级，主要有直线状、弯曲状、链状、舌状和新月状 5 种波纹形态）[图 10-10（a）]、沙丘（数十米量级）、沙山和沙垅（数千米量级）等[18]。这种地貌景观不仅存在地球上，已经被发现也存在太阳系的其他行星上，如火星[19][图 10-10（b）、（c）[20]]、金星[21,22]和土卫 6 Titan（泰坦）[23,24][图 10-10（d）[25]]上。在风力作用下，一颗颗尺度在微米量级的沙粒进行着看似彼此毫无关联的无序运动，但却可以按一定规律排列成尺度为厘米量级的沙波纹和尺度为千米量级的沙丘等。同时，这种颗粒物质系统构成的图案并非一成不变，而是具有自修复和碰撞等一系列丰富的动力学行为[26]，如图 10-11 所示。对这种具有多层次、跨尺度、自组织、自修复、临界性和非线性特征的复杂系统，以及对这种从无序到有序的发展过程的认识、理解和描述，是当今众多学科领域的研究前沿与热点，沙丘驻涡火焰稳定器发明就是受这一自然现象启示的最好例证[27]。北京航天航空大学的研究者受沙丘与沙波纹保持稳定的流体动力学特性启示，发明了仿生沙丘驻涡火焰稳定器，其由相互对称的形状类似于沙漠中天然形成的月牙形沙丘的二个曲面上下拼合组成，如图 10-12 所示。仿生沙丘驻涡火焰稳定器与以往使用的 V 型槽火焰稳定器相比，具有火焰燃烧稳定性好、阻力小、燃烧效率高、不易振荡燃烧等优势，已广泛应用于航空与船舶等多种型号的喷气发动机中，显著提高了发动机的推力。不仅如此，研究并揭示这种颗粒物质表面形态、系统形成、发育、分布和演变的规律，不仅有助于对风成地貌这种自然现象有更全面和清晰的认识，还可以为工程仿生领域构建稳定的动力学系统提供理论指导。

自然生态系统通常不会使用大量的刺激性化学物质解决问题。通常，大自然在诉诸任何致命、可能导致生物突变或致癌的化学作用之前，会首先运用物理的方法解决问题。例如，流水搭配万有引力就能产生涡流，这是河川最常见的自然景观，然而恰恰正是这最常见的自然力量，确是河川自身维持干净的关键因素。河川会在水中持续制造涡流，而涡流在提高漩涡核心的压力时，将会产生纳米级形态界面的压力与摩擦，会破坏涡流中细菌的外膜以杀死细菌。如此一来，被杀

（a）地球表面沙波纹　（b）火星表面波纹

（c） 放大的（b）图　（d）土卫 6 表面沙波纹

图 10-10　不同星球表面沙波纹形态[18, 20, 25]

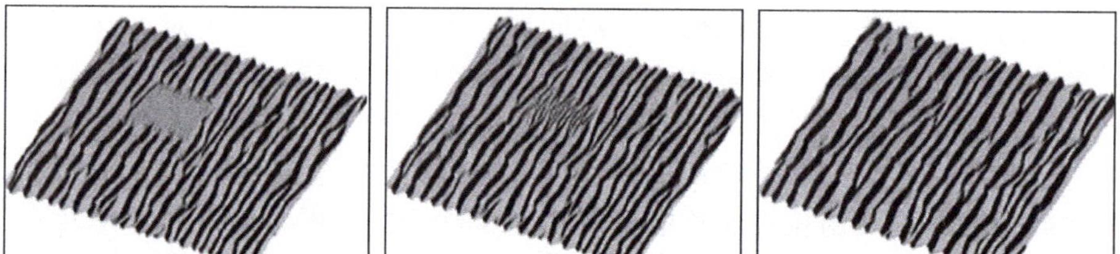

（a）0 s　（b）60 s　（c）240 s

图 10-11　沙波纹修复过程（沙床面积为 1.5 m×1.5 m）[26]

死的细菌就变成河川下游物种摄取的养分，这些四散的养分会被其他细菌和藻类等迅速消耗。同时，涡流产生的压力会排出水中的空气，当原本充满溶氧的水中变得毫无空气时，有害的嗜氧细菌就不可能生存了，从而保持河川自身微观洁净。此外，江河两岸的土壤结构不可能完全一样，土壤内部所含的盐碱等化学成分及其数量也不可能完全相同，所以当它们完全溶于水后，就不同程度地改变了两岸土壤承受水冲击力的能力。加上地球自转的方向是自西向东，所以地球的自转作

（a）仿生沙丘驻涡火焰稳定器

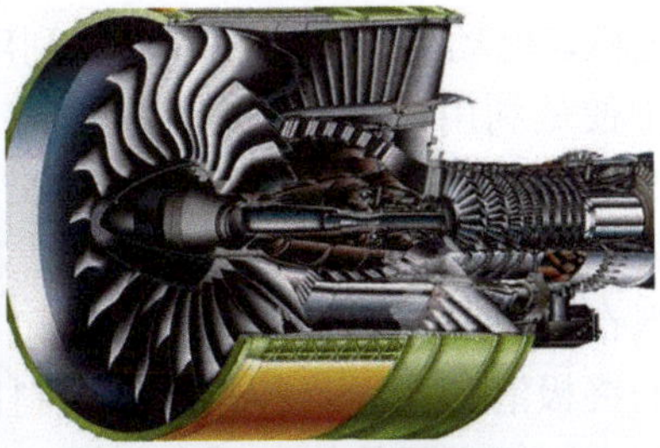

（b）剖面结构示意

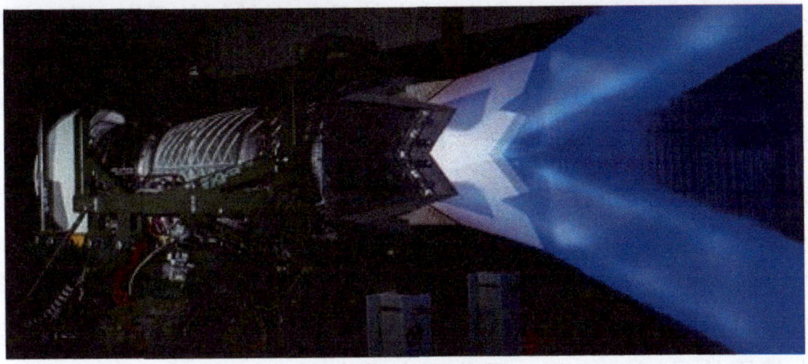

（c）V 型槽火焰稳定器

图 10-12　仿生沙丘驻涡火焰稳定器与 V 型槽火焰稳定器[27]

用也会改变河流的直线方向。它会使北半球的河流冲洗右岸比左岸厉害些，而南半球的河流则恰好相反。因此，即使在宽阔的平原地区，河流也总是蜿蜒而行。河川涡流的纵向和横向漩涡会累积漂浮物，然后顺着蜿蜒的系统沉积在两侧河岸，从而保持河川自身宏观洁净。人们根据河流涡流杀菌原理，研发出了许多对食品、物料等保鲜的仿生涡流杀菌技术，以物理的方法取代了污染环境的化学方法。同时，随着人们对涡流自然几何学的日益了解，涡流技术的节能潜力为制造业带来了许多新的机会。例如，利用涡流技术可以抽除水中的空气，这对需要制造和保存大量冰块的企业是相当有吸引力的。制冰时需同时把水和空气冻结，空气是绝缘体，所以持续保存冷冻冰块所需的能量视水中的空气含量而定，而涡流技术可以抽除空气，对节约电能有很大帮助，这也降低了成本，并减少了发电所产生的温室效应，以减缓气候变暖。又如，目前去盐、除钙和净化水源都是靠化学与逆透析的方法，即利用化学物质杀死细菌制造饮用水，利用酸性物质除钙，利用电能产生压力把盐从海水中析出。而随着人们对生境自然原理的了解及对仿生技术的研发，人类越发注重师法自然，用物理的方法去解决问题。人们认识到涡流技术的价值，开发出许多仿生新技术，以涡流中越来越强的压力把方解石转变成霰石（除钙），而渐强的涡流会破坏细菌的细胞膜，杀死细菌以净化水源，同时涡流产生的压力会提升水的密度排出盐分，让饮用水变得更加纯净。从自然界发现的涡流技术的应用远不止这些，在人们的实际生活中还有许多应用，如电磁炉、感应炉、发电机、电动机、变压器等便是利用涡流原理进行电磁感应工作的。例如，高频感应炉便是利用涡流技术来熔化金属，在冶炼锅内装入被冶炼的金属，线圈通上高频交变电流，这时在被冶炼的金属中就会产生很强的涡流，从而产生大量的热使金属熔化。

氢燃料在燃烧时不排放有害气体，可以实现二氧化碳的零排放，一直被视为汽车动力的终极清洁能源。但目前氢燃料的生产过程却并不清洁，无论是从含烃的化石燃料中制氢，还是从电解水制氢，都离不开煤、石油或天然气等化石燃料。树能够最大限度地捕获太阳能的关键是它的垂直生长结构及其枝繁叶茂的形态。从空中看地球，平静的海面波光粼粼、光辉明亮，而森林则郁郁葱葱、深邃幽暗，这是因为垂直结构能够吸收太阳能，而平面结构则反射太阳能。受广袤无际森林自然景观的启发，美国加利福尼亚大学圣地亚哥分校的工程师把肉眼不可见的纳米线构建成纳米“树”，进而形成纳米“森林”来捕获太阳能，然后利用太阳能这种清洁能源来生产氢燃料。纳米线是用自然界非常丰富的硅和氧化锌制成的，用三维纳米线阵列模仿森林生长的形态结构，如图 10-13 所示[28]，并利用光电化学过程来分解水，水的分解过程可以产生氢气和氧气，提取氢气后可作为燃料。在这个过程中使用的是清洁能源，因此不会产生温室气体，是一种以清洁能源来生产清洁燃料的新方式。实验中，研究人员将纳米“树”电极浸没在水中，然后利用模拟的太阳光进行照射，并测量电量的输出。结果表明，这种垂直分支结构不仅能够捕获大量太阳能，同时也能最大限度地提高氢气产量。因为在平面结构，气泡必须很大才能浮出水面，而纳米树结构可以很快地提取非常小的氢气泡。研究人员表示，这种垂直分支结构可以为化学反应提供比平面结构高 40 万倍的表面积。此外，受到森林景观结构的启发，研究人员还有更为远大的目标，他们着眼于人工光合作用。在自然界的光合作用中，植物不仅吸收阳光，还吸收二氧化碳和水，产生碳水化合物供其自身生长。研究人员希望未来能够模仿这一过程，利用纳米“森林”来吸收大气中的二氧化碳。

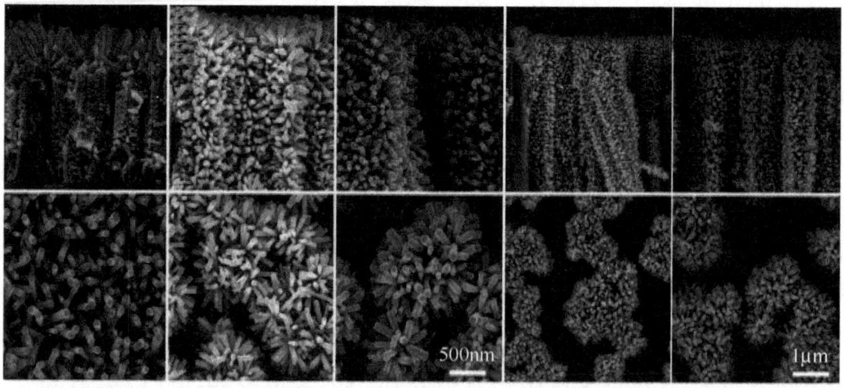

（a）5 min （b）10 min （c）15 min （d）30 min （e）2.5 h

图 10-13　不同生长时间的纳米线“森林”[28]

水是大自然赐给人类最宝贵的资源和财富，是人类和生物的生命源泉，也是自然界最壮丽的景观之一。在不同条件下，水会以不同的形态存在，影响人类的生产与生活，虽然这一现象仅仅是由于水的分子结构造成的，但水的这种特性却为人类开展仿生技术带来了巨大启示。例如，水通常在 0℃时结冰，但水在 0℃以下时也可保持液体状态，称为过冷却水。通常，不容易见到过冷却水，然而在自然界，特别是在大气中经常存在过冷却水。例如，在云中就常常含有过冷却的水滴，它常与冰晶并存，对导致降雨，以及形成雪花、冰雹、冻雨等起重要的作用。因此，通过对过冷却水结冰特性原理探究，将会带动对同温层中的云的研究，以及在冰点下活动的动物和植物细胞内存在的过冷却水的研究。如果今后能够控制这两种水的临界点，就可以自由控制水的结晶，对人类改善地球环境和开发生物仿生冷却保存技术极有价值。

现今，人类不仅注重向自然界中的生物学习，而且越发注重探索自然本身的景观、现象及其原理与规律，开展模仿生境的仿生研究，并且已开发了不少仿生关键技术，解决了人们生产与生活中面临的一些难题，与此同时，人们还发现逆向求助生境原理，对于解决工程难题往往也会事半功倍。例如，工程部件表面结冰会对其正常工作带来不便甚至危险。为此，人们采用不同材料设计工程部件表面，以期达到天然的抗结冰能力，然而事倍功半，成效不大。运用逆向求助生境原理，首先研究冰在物体表面形成的自然动态过程、机制与规律，然后逆向研发抗结冰技术。在严寒的环境中，冰冻起始于液滴与物体表面的撞击，但很少有人知道当液滴在极低的温度中与物体表面碰撞后会具体发生什么。研究人员用高速摄像机对低温下液滴撞击物体表面继而结冰的过程进行了拍摄，研究发现，当液滴撞击到纳米材料非光滑表面后，首先会发生延展，而后出现反弹，继而形成一个球形，在略微离开物体表面后又会再次回来，之后结冰的过程才会开始。相比之下，在一个光滑的、没有结构特征的表面，液滴会在撞击后保持分散状态继而开始结冰，如图 10-14 所示。因此，研究人员认为，物体表面的微观结构能在相当大的程度上对液滴的动态行为产生影响，改变这一结构能创造一种防止结冰的新型表面。研究者制作了包括毛刷状、刀刃状及蜂窝状在内的多种形状和尺寸的表面，最终发现，以相互链接的方式组成的结构非常稳定，能够经受住水滴高强度的冲击，如图 10-15 所示。这是由于这种材料与水滴的接触面积减少，能够防止水滴侵入，即便形成冰后其与基底联结也极不牢固，很容易去除。覆盖有这种纳米结构的金属表面甚至能够在−30～−25℃的低温下保持干洁状态而不发生结冰现象，如图 10-16 所示[29]。该技术有望使飞机机翼、输电线路、保温性能更佳的建筑，以及在严寒和大雪中也能保持通畅的高速公路实现永不结冰；并且与目前在除冰融雪中所采用的化学及加热方法相比，该技术效率更高，也更为环保。

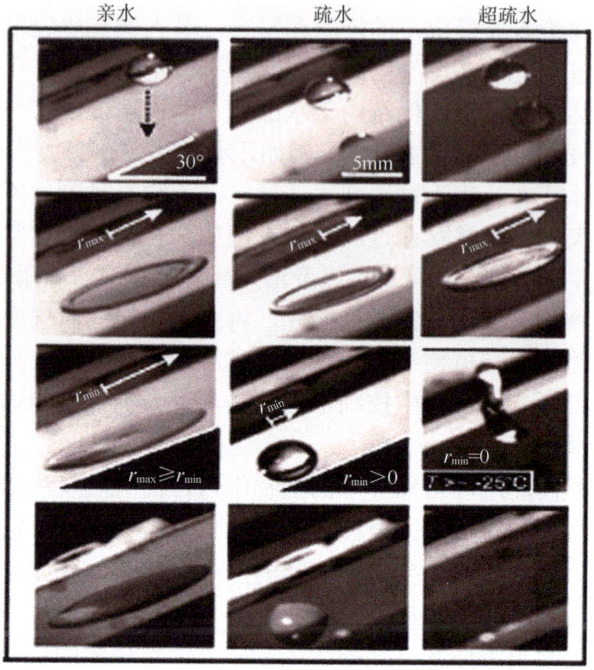

图 10-14　水滴撞击不同表面的结冰过程[29]

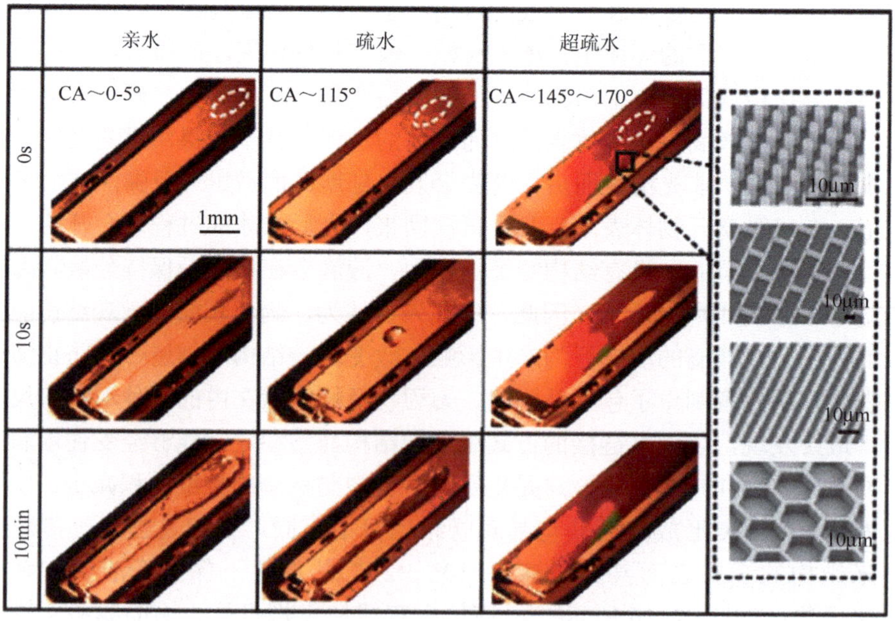

图 10-15　水滴对不同表面的撞击过程[29]

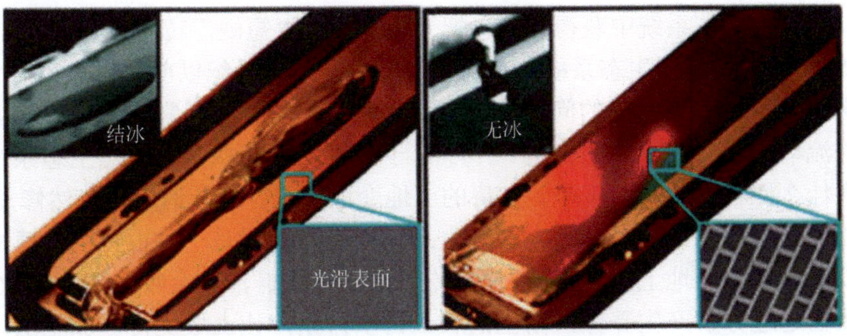

图 10-16　水滴对不同表面的撞击与结冰过程对比[29]

在人类生存的环境中，自然景观本身不仅为人类生存与发展作出了贡献，而且，其蕴涵的原理与规律也为人类解决工程技术难题提供了重要启示。同时，人们也越发注重发掘和利用那些对人类有负作用的景观所蕴涵的巨大力量，如雪崩、海啸、龙卷风暴等，甚至对一些鲜为人了解的自然景观也在进行积极探究，如太阳风、极光、黑洞等。危机也是转机，探索这些有负面作用或鲜为人知的自然景观原理，能让人更大胆地创新，将以往认为不可能驾驭的力量变成新的可能。只要依循师法自然的大理念，就可以用更少的能源创造出更多的价值，甚至可以淘汰或减少现代人类生产与生活中认为不可或缺的元素与产品，获得远比我们期待还要好的永续发展模式。

10.4.2　学习生态进行仿生

在生态系统中，每一位参与者靠着周边的空间与养分，以及为了满足基本需求的动力，努力贡献一已之长，不断演化，出现危机时就及时调整，没有一种生物可以脱轨运作太久，也没有任何参与者可以主宰整个系统，而是有很多空间容纳每一位贡献者[30,31]。只要观察大自然，就会发现生态系统因广纳所有参与者的贡献而变得更多元化，也更有效率。对于人类生态系统而言，过度使用不可再生资源已经成为人类的弱点，使用有毒化学成分净化水与空气更是雪上加霜；非核心资源废弃不用，甚至加以破坏，同样是人类生态系统的一大弱点。现今，人类意识到自然生态系统巧妙运作，永远都有充足的资源供应万物，为万物带来了共同的效益，师法生态系统多年演化出的模式，采用生态制造，将会取得传统制造无法媲美的成效。

生态系统不仅是为人类提供了干净的用水、清新的空气、肥沃的表土，还提供了永无止境的演化，它随时都在寻找更好的解决方案提升运行效率。生态系统中的每一位成员彼此串接能源与养分，知道如何把稀少转变成充裕，并最终变成富足，创造万物所需。人类若想改变当前资源短缺、过度污染、极度浪费的生产模式，可以从生态系统中获得灵感，把人类造成的“短缺”转变成“充足”，甚至是“富足”。人类对于生态系统的效仿古已有之。几个世纪以前，中国面临粮食需求日增、肥沃土壤却有限的问题。人们注意到农耕与畜牧通常无法维持土壤有利元素的流动，导致沃土日益贫瘠、干旱。于是人们观察探索大自然生态系统，研究其用什么原料与流程将干旱、贫瘠的土地变成沃土，即所谓表土自然修复/再生法是如何进行的。结果发现，大自然生态系统中，桑树是一种很特别的植物，大多可以在干旱的土地上茂盛生长，家蚕吃下桑叶后的排泄物会吸引细菌与微生物，将排泄物迅速分解产生养分，新生的表土日积月累，让土壤变得更加肥沃。家蚕和桑树的自然共生能改善土壤肥沃度，为日益膨胀的人口提供了粮食保障。中国便展开大规模的桑树栽种计划，即使改朝换代，土壤依旧肥沃。中东与欧洲国家自古也是靠种植桑树来维持土壤肥沃的。例如，意大利人和土耳其人会在葡萄园边种植桑树，以防葡萄园坡地水土流失。然而，当现代人的注意力从永续农作物转向能源作物的单一种植后，这种自然生态修复表土的方式逐渐被世人所遗忘。随着强韧又便宜的合成聚合物材料大受欢迎，导致蚕丝产量锐减，桑树的栽种与培植便逐渐减少。由石化产品制成的聚合物材料，不仅以不可再生的石油原料取代了可再生的蚕丝，也让土地失去了养分的来源与土壤回补的效果，还得靠石化肥料提高粮食产量，更加重了人类对石化燃料的依赖，也增加了温室气体的排放。天然蚕丝包含 30%以上的碳，而在改用石化产品后，便基本终止了生产蚕丝、栽种桑树、天然表土再生。因此，提高石化产品的使用量和增加碳排放只是问题的一半；另一半在于消除了自然的碳汇（森林吸收并储存二氧化碳的能力），并导致生态系统失去效率，无法回补土壤需要的养分，种植需要使用更多肥料，再度造成温室气体排放量增加。原本传统农作技巧可以和生态系统的特性联结，如今和谐运作不再有，正面循环被能源作物栽培与化学合成物取代，能源的永续发展恶化成匮乏枯竭。

每个生态系统都可以达到自给自足的状态，虽然人们往往会觉得资源不足，但只要仔细观察就会发现，其实人们所处的现况相当富足，这些富足的资源能生产出的东西越多，就能用越少的东西创造出更多的东西，调控着资源的最佳配置与使用，并且衍生出更多的生物链与产业链。为了解决表土流失、资源匮乏、环境污染等问题，人类又开始仿效种桑与养蚕这种延续上千年的传统生态方式，退耕还林，种桑养蚕以生表土，实现养分串接，同时，打破传统蚕丝只用于丝织的应用，重新改造，让天然蚕丝聚合物的绩效超越化石聚合物，甚至让其比强度等价于金属。例如，蜘蛛丝纤维具有良好的强韧性和伸展性，适于一系列的工程应用，但是，蜘蛛的领地习性和同类相食的特性，为饲养蜘蛛来制造蛛丝提出了挑战。以前，人们用转基因细菌、酵母、植物、昆虫和哺乳动物细胞曾制造出了蜘蛛丝蛋白。近年来科学家又培育出了转基因蚕，让这些蚕吐出含有蜘蛛丝蛋白的合成纤维，如图 10-17 所示[32]。这种复合丝蛋白比蚕吐的纤维更坚韧，可与蜘蛛牵引丝蛋白的强韧性相媲美，因此，蚕可能成为制造含有蜘蛛丝蛋白的强韧丝纤维工厂。现今，种桑养蚕不仅使沃土再生、富足，而且蚕丝更是有了多种应用，并产生了新的生物链与产业链。例如，分解蚕丝纤维和用丝蛋白制造薄膜技术，开启了蚕丝在人造皮肤、血管、肌腱、神经再生、隐形眼镜、手术导管与抗凝血剂方面的研发。同时，善用蚕丝的生物相容性与渗透性，人们还研发出具有机械性能的多孔蚕丝支架，几乎与人类的纤维软骨相当，蚕丝支架插在受损的软骨部位，可以刺激细胞在多孔的生物相容表面上生长，利用人体的免疫反应让软骨再生。此外，蚕丝伤口敷料、缝合线、替换关节、骨科植入物等生态产品也相继被开发。

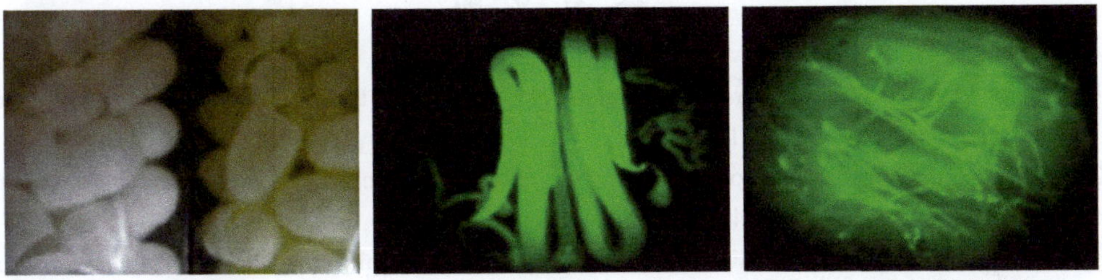

（a）转基因蚕　　（b）丝腺　　（c）蚕吐“蜘蛛丝”

图 10-17　转基因蚕吐“蜘蛛丝”[32]

全球人类的需要已快超出地球的承载能力，虽然已经获得很多利益，但人类远未满足。人类的物质生活形态，需要用化石燃料、煤炭、核能、太阳光、电与风等制造更多的能量才能延续下去。然而，生态系统里没有一名成员需要化石燃料或通电才能生产，废弃物也不是自然生态系统产出的结果。在自然生态系统中，一个流程的废弃物总是另一个流程的养分、原料或能源，不留任何废弃物或造成无谓的能量损耗，一切东西都属于养分流的其中一环。菌菇由于含有丰富的蛋白质而广受欢迎，然而，以往菌菇类是以橡木为主要的生长培养基，这就需要砍伐橡木、切块，变成菌菇类的生长基底，因此，随着菌菇类食品需求大增，导致全球橡树林遭到过度砍伐。世界各地处理农业废料，如稻草、玉米梗等，常采用焚烧处理，造成大量空气污染。人们仿效自然生态系统，让菇类在玉米梗、稻草等植物废料上生长，菇类能把植物废料转变成可食用的子实体，采收完毕后，基底剩下的部分是菌丝体，对动物来说养分极高，而动物产生的粪便经过细菌分解后，可以让土壤变得更加肥沃。养分从一个生物界的物种串接到另一个生物界的物种，这是自然生态系统令人赞叹的地方，所以自然界没有饥饿，也没有资源闲置现象，每个个体都在忙着贡献所长，靠其他物种的废料为生，共同满足万物的基本需求。咖啡是世界各地消费的大宗物资，然而咖啡从灌木上的果实到咖啡冲泡完成，产生高达 99.8%的废弃物，一是木纤维素，二是咖啡渣，人们往往都是放任咖啡木髓在农场或掩埋场上腐烂，释放了大量的沼气。自从人们开始利用植物废料进行菇类仿生培植后，生产咖啡产生的废弃物不再闲置，咖啡木髓成为菇类理想的培养基底，同时，咖啡渣由于经过热水冲泡，会产生消毒作用，放入铝箔包中可以直接栽种菇类孢子，不需要再消毒，降低了生产成本。此外，咖啡渣里的咖啡因还会促进菇类迅速生长。可见，仿效自然生态系统，将废弃物纳入养分循环里，不但简化了废弃物的管理，还会产生负负得正的效果。

大自然随时都在演变，而人们一旦注意到大自然的巧妙运作后，就会明白如何串接养分与能量，采用仿生策略用可再生资源提供能量，把微量资源转变成富足的资源，让整个人类生态体系变得更有效率[33]。

参考文献

[1] Jeziorski A, Yan N D, Paterson A M, et al. The widespread threat of ccalcium decline in fresh waters. Science, 2008, 322: 1374-1377.

[2] Peters S E, Gaines R R. Formation of the great unconformity as a trigger for the cambrian explosion. Nature, 2012, 484: 363-366.

[3] Katharina D S, Silvia K, Tatiana I, et al. Global warming amplified by reduced sulphur fluxes as a result of ocean acidification. Nature Climate Change, 2013, 3: 975-978.

[4] Evan A T, Kossin J P, Chung C E, et al. Arabian sea tropical cyclones intensified by emissions of black carbon and other aerosols. Nature, 2011, 479: 94-97.

[5] Liu J, Curry J A. Accelerated warming of the southern ocean and its impacts on the hydrological cycle and sea ice. Proceedings of the National Academy of Sciences, 2010, 7: 14987-14992.

[6] Alibabaei L, Brennaman M K, Norris M R, et al. Solar water splitting in a molecular photoelectrochemical cell. Proceedings of the National Academy of Sciences, 2013, 110: 20008-20013.

[7] Nishi M, Irifune T, Tsuchiya J, et al. Stability of hydrous silicate at high pressures and water transport to the deep lower mantle. Nature Geoscience, 2014, 7: 224-227.

[8] Danovaro R, Dell'Anno A, Corinaldesi C, et al. Major viral impact on the functioning of benthic deep-sea ecosystems. Nature, 2008, 454: 1084-1087.

[9] KurisA M, Hechinger R F, Shaw J C, et al. Ecosystem energetic implications of parasite and free-living biomass in three estuaries. Nature, 2008, 454: 515-518.

[10] Reef R, Kaniewska P, Hoegh-Guldberg O. Coral skeletons defend against ultraviolet radiation. PloS One, 2009, 4: e7995.

[11] Loya Y, Sakai K. Bidirectional sex change in mushroom stony corals. Proceedings of the Royal Society of London B: Biological Sciences, 2008, 275: 2335-2343.

[12] Xua X L, Scanlon B R, Schilling K, et al. Relative importance of climate and land surface changes on hydrologic changes in the US midwest since the 1930s: implications for biofuel production. Journal of Hydrology, 2013, 497: 110-120.

[13] Halpern B S, Walbridge S, Selkoe K A, et al. A global map of human impact on marine ecosystems. Science, 2008, 319: 948-952.

[14] Stallings C D. Fishery-independent data reveal negative effect of human population density on caribbean predatory fish communities. PloS One, 2009, 4: e5333.

[15] Vermeij M A, Marhaver K L, Huijbers C M, et al. Coral larvae move toward reef sounds. PloS One, 2010, 5: e10660.

[16] Utne-Palm A C, Salvanes A G V, Currie B, et al. Trophic structure and community stability in an overfished ecosystem. Science, 2010, 329: 333-336.

[17] Hector A, Bagchi R. Biodiversity and ecosystem multifunctionality. Nature, 2007, 448: 188-190.

[18] 郑晓静，薄天利，谢莉. 风成沙波纹的离散粒子追踪法模拟. 中国科学 G 辑，2007, 37: 527-534.

[19] Sullivan R, Banfield D, Bell J F, et al. Aeolian processes at the mars exploration rover meridiani planum landing site. Nature, 2005, 436: 58-61.

[20] Fenton L K. Seasonal movement of material on dunes in proctor crater, mars: possible present-day sand saltation. Lunar and Planetary Science, 2005, 36: 2169-2170.

[21] Greeley R. Aeolian features on venus: preliminary magellan result. Journal of Geophysical Research, 1992, 97: 13319-13345.

[22] Michael C M. Mass movements on venus: preliminary results from magellan cycle 1 observations. Journal of Geophysical Research, 1992, 97: 16337-16352.

[23] Lancaster N. Linear dunes on titan. Science, 2006, 312: 702-703.

[24] Lorenz R D, Wall S, Radebaugh J, et al. The sand seas of titan: cassini RADAR observations of longitudinal dunes. Science, 2006, 312: 724-727.

[25] Radebaugh J, Lorenz R, Farr T, et al. Linear dunes on titan and earth: initial remote sensing comparisons. Geomorphology, 2010, 121: 122-132.

[26] 郑晓静，薄天利. 风成沙波纹和沙丘的动力行为分析. 科学通报, 2009, 54: 1488-1495.

[27] 高歌，宁榥. 沙丘驻涡火焰稳定性的理论及实验研究. 工程热物理学报， 1982, 1: 89-96.

[28] Sun K, Jing Y, Li C, et al. 3D branched nanowire heterojunction photoelectrodes for high-efficiency solar water splitting and H_2 generation. Nanoscale, 2012, 4: 1515-1521.

[29] Mishchenko L, Hatton B, Bahadur V, et al. Design of ice-free nanostructured surfaces based on repulsion of impacting water droplets. American Chemical Society Publications Nano Letters, 2010, 4: 7699-7707.

[30] Pauli G. 蓝色革命——爱地球的 100 个商业创新. 洪慧芳，译. 台北：天下杂志出版社，2008.

[31] Pauli G. The blue economy: 10 years, 100 innovations, 100 million jobs. Paradigm Publications, 2010.

[32] Teuléa F, Miaob Y G, Sohnc B H, et al. Silkworms transformed with chimeric silkworm/spider silk genes spin composite silk fibers with improved mechanical properties. Proceedings of the National Academy of Sciences, 2012, 109: 923-928.

[33] 任露泉，梁云虹. 自然生境及其仿生学初探. 吉林大学学报（工学版）, 2016, 46: 1746-1756.

第 11 章　仿生发展态势与规律

人类向生物、向大自然学得怎样，亦即仿生学发展得如何？本章将重点论述这一问题。从古至今，仿生活动始终伴随着人类前行，成为人类社会进步与经济发展不可或缺的重要力量，而仿生学自身也经历了一个孕育—发展—成熟的成长历程。探寻仿生学的发展态势与规律，可以在更清晰地认知仿生学过去与现在的基础上，更好地明晰仿生学的未来，推进仿生学可续地深入与拓展。

11.1　仿生实践先于仿生学

11.1.1　仿生意识的萌发

在远古时代，人类对自然界的认识、开发与支配能力非常有限，衣、食、住、行等不得不依赖自然界的直接提供，但又因无法抵御各种自然力的肆虐而经常忍受饥饿、疾病、寒冷和酷热的折磨，为了生存而疲于奔命时，又受到野兽的侵扰和危害。人类的祖先为了能够在大量的狮、虎、豹、狼、鬣狗等猛兽和无数的毒蛇、毒虫遍布的原始森林中生存与繁衍下来，开始了一系列的“生存—自卫—竞争”活动。人类发现自然界中的每一种生物都有自己的绝招，都有其特殊的本领，有的力大无比，有的凶猛异常，有的牙爪锐利，有的奔跑迅速，有的能在天上飞，有的能在水里游，有的视觉、听觉、嗅觉、触觉极其灵敏，等等。动物表现出的这些优异的功能特性让人类望尘莫及，人类便对动物产生了赞叹、羡慕与崇拜，并在无意识的状态下，在衣、食、住、行、自卫与竞争等活动中开始了模仿动物的“仿生”活动，仿生意识就此萌发，这是人类无意识地向自然界学习迈出的“仿生第一步”[1]。

人类的祖先模仿兽皮缝制衣服，模仿蜘蛛网织布和织网，模仿猛兽捕食学会狩猎，模仿鸟类筑巢建造房屋，模仿动物的爪、角、牙、骨制造石斧、骨针等生活工具和刀、枪、剑、矛、盾、弓、弩等军事武器，模仿鱼类制造木船并根据鱼鳍制造双桨和单橹，模仿飞鸟制造风筝用于军事联络，同时，在动物自卫、捕食的策略中还学到了一些军事战术等[2-4]，如图 11-1 所示。所有这些工具的创造、生活方式的选择不是人类凭空想象出来的，是人类对于动物的直接模拟，是人类的初级创造，也可以说是仿生设计的起源和雏形，它们虽然是比较粗糙的、表面的，但却是现代仿生学得以发展的基础。工具是人类文明和进步的重要标志，亦是仿生实践的重要成果，它反映了人类适应自然的能力和水平，而作为仿生物化形式的古代草屋、树屋、织网、木船、工具等，也成了仿生学萌发的重要标志。

（a）缝制衣服

（b）狩猎

（c）草屋

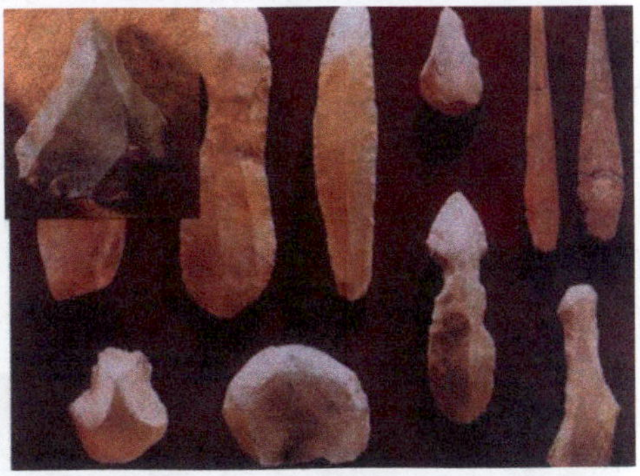

（d）石器工具

图 11-1　远古人类仿生制品

11.1.2　仿生实践的助推

对人类的祖先来说，当其生存需求与自然界产生矛盾时，人类潜意识下的仿生实践活动是其维持生存的重要途径之一，因而出现了一系列对自然开发和支配的仿生现象。人类在“生存—自卫—竞争”这种简单的仿生实践活动中获得了基本的生存保障，然而这些极其有限的仿生活动也无法满足人类日益增长的物质与精神需求。人类开始对无意识中发现的一些自然现象和偶然事件开始思索，如飞蓬草随风滚动、手被锯齿般锋利的野草叶子划破等，通过观察获知了一些自然界生物体的“特殊结构”与其“特殊功能”间存在的联系；通过思考与分析产生出灵感，积极地开展模拟与实践，逐渐形成了具有“观察—灵感—模拟”特征的仿生思想，如黄帝造车、鲁班造锯、电鱼治病等，如图 11-2 所示。正是这些早期充满智慧之光的潜意识下的仿生实践活动，为人类光辉灿烂的古代文明创造了非凡的成就。

（a）两边长着锋利锯齿的叶子

（b）锯

图 11-2　鲁班造锯

在这些仿生实践活动的助推下，人类对自然界的认识与支配能力不断提高，对生物体精巧的结构和完美的功能认识水平不断提升，对模仿动物充满热忱，开始进行有意识的仿生观察、分析、模拟、设计、创造，开展了一系列“分析—启示—设计”仿生活动，如模仿鸟类与飞行昆虫发明的飞行器、飞机[5]，模仿墨鱼喷墨推进原理发明了喷气推进动力系统（图 11-3）[6]，模仿电鱼发明了伏特电池，模仿蝙蝠超声定位发明了雷达，等等[7]，这一系列的仿生实践活动与仿生成果，对仿生科学的形成与发展产生了积极的推动作用。

（a）墨鱼喷墨

（b）墨鱼喷墨跃出海面

图 11-3　墨鱼喷墨推进

可见，人类在认识自然界和利用自然的过程中，仿生的实践活动经历从赞叹、羡慕与崇拜动物，发展到潜意识下的简单仿生模拟，又演化至创造性仿生思维的形成，这一过程艰辛而漫长。然而，无论经历多么漫长而艰难的仿生实践过程，只要达到预期仿生模拟效果，都会给模仿者带来无限的热情与巨大的动力，这也正是仿生学形成与发展的驱动力。

11.1.3　仿生始终伴随着人类社会的进步与发展

从古至今，仿生活动始终伴随着人类社会的进步与发展，从人类制成第一把石斧、燃起第一堆篝火、掘出第一条人工运河，到成功地发射人造卫星、人造飞船和最新一代机器人的问世，以及生物遗传密码的破译、人造器官的移植和生物"克隆"技术的诞生等，都能寻到仿生的影子，无不标志着人类仿生实践能力的提升。在人类生存需求、发展需求、健康需求等的推动下，感知更强、功能更优、运动更好、能耗更低、能效更高的仿生技术与产品频频问世，仿生学也经历了一个孕育—发展—成熟的成长历程。

人类从蒙昧阶段迈向农业文明、工业文明、社会文明等一道道门槛时，始终伴随着无意识、有意识和创造性的仿生实践活动，并持续地被不断涌现的仿生成果推动着。例如，古代轮子的发明对人类进步的贡献是巨大的，直到今天，无论技术多么先进，轮子这一运转形式仍然无处不在。在近现代，瓦特根据水壶里的水沸腾产生的蒸汽把壶盖顶起来的原理发明了蒸汽机，推动了工业文明。而现代，仿生理念已经渗透到自然科学、技术科学、工程科学、人文社会科学等领域的方方面面，形成可持续创新流，成为人类社会进步与发展不可或缺的重要力量。

11.2　仿生道路曲折

11.2.1　仿生学诞生

随着工程实际的需要和科学技术的发展，从 20 世纪 50 年代以来，人们已经认识到模仿生物是开辟新技术的重要途径之一。1960 年 9 月 13～15 日，由美国空军航空局在俄亥俄州的空军基地戴通（Dayton）召开了第一届全美仿生学大会，以"生物原型是新技术的关键"为大会主题，重点讨论了"生物系统所得到的概念能够用到人工制造的信息加工系统的设计上去吗"，即生物学能否与信息工程科学相结合的问题。与会者有工程师、物理学家、数学家、病理学家、生物学家和生物物理学家等，在讨论会上，专长于精神病学和神经学，受过数学和电子学训练的美国军医斯蒂尔博士首次提出"仿生学"，并将之定义为："仿生学是模仿生物系统的原理来建造技术系统，或者使人造技术系统具有或类似于生物系统特征的科学"，简言之，仿生学就是"模仿生物的科学"。与会者一致同意把这一门新学科命名为"bionics"，仿生学宣告诞生[8]。第一届全美仿生学大会上还确定了一个有趣而形象的仿生学标志，一个巨大的积分符号两边分别连着解剖刀和电烙铁，如图 11-4 所示。此标志的含义在于，以解剖学为基础的现代生物学与以电子学为基础的现代信息学，通过数学或数学建模紧密相系，创生出一门崭新的学科——仿生学。虽然仿生学的历史可以追溯到许多世纪以前，但直至 1960 年美国

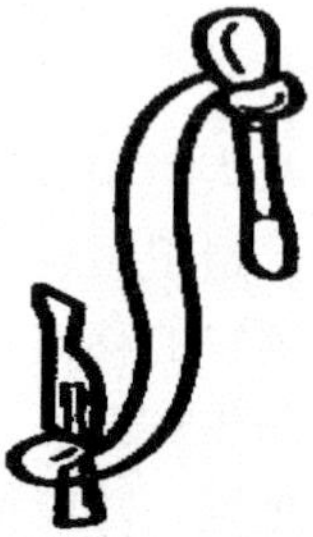
图 11-4 美国第一次仿生学会议上提出的仿生学标志

召开的第一届仿生学讨论会才标志着仿生学作为一门学科正式诞生。

仿生学的诞生使科学与技术的创新有了新的推动力，更预示着生物与技术的结合将从理论、技术和工程三方面全方位、大力度地被推进，即使技术系统获得与生物体相似的优异功能特性，架起从生物学向工程技术转化的桥梁；不仅可以促动多学科交叉融合，产生更多的新兴交叉学科，而且可以促进生物学、工程技术学科及其相关学科的创新发展，带动思维科学的不断创新。

11.2.2 并非一帆风顺

仿生学一经诞生，美国、英国、德国等发达国家高度重视，纷纷成立了专门的仿生研究机构和实验室，有政府组织的和民间自发的，有高校的、科研院所的和企业的，也有军用的和民用的，各显其能，各种仿生活动竞相开展，发展迅速，也取得了一些骄人的成绩，但人类仿生学的研究历程并非一帆风顺、一路凯歌。

从仿生学发展看，自诞生至今 50 多年，仿生学并非都是一路坦途、直道前行，而是波浪式前进，有高有低，有快有慢。20 世纪 60 年代是仿生学的春天，春风化雨，雨后春笋，仿生研究如火如荼，蓬蓬勃勃。但到了 70 年代，由于生物学研究、分析测试技术与仪器、设计制造技术与装备等跟不上仿生学研究的步伐，致使许多仿生研究受到制约，如一些生物模本原理还难以探知、有的仿生模型无法满足设计要求、有的设计出来却无法制造等。由此，仿生学的发展不得不放慢了脚步。随着生物学及其各分支学科的快速发展，先进的分析测试技术与仪器，以及设计制造技术与装备的不断涌现，进入 80 年代中期，仿生学又迎来了前所未有的大发展。1985～2005 年，因受仿生学启发而出现的发明数量增长了 93 倍，而且从那以后，发明专利的数量有增无减。仅根据对美国 2000～2010 年的统计，其间，仿生学活动增长了 7.5 倍，仿生学术论文增加了 5 倍，政府对仿生学的拨款金额增长了 4 倍，达到 930 亿美元[9,10]。特别是近年来，许多国家又纷纷启动了新一轮的仿生研究重大举措，仿生学的地位在许多国家已上升到国家战略层面，呈现出全球竞争，文理并进的发展态势。

从重大仿生成果的研究历程看，一是要始终遵循“实践—认识—再实践—再认识”的规律；二是要打持久战，不断进取，永续提升。例如，人类模仿鸟类翱翔蓝天的梦想早在古代就有。古时候，有的人制作木鹊、木鸢、木雕、风筝等，让其像鸟一样飞翔；有的人用鸟羽插身成鸟羽人，做飞行翼装试图飞空；有的人甚至身坐捆绑烟火的座椅，力图让烟火助推升空。飞天梦想虽然一直在激励着古人，但由于方方面面条件的限制，那时只能是简单的形似模仿，即使是这样，古人也在一次次实践与失败中不断总结提高。早在 2500 多年前，我国春秋战国时期，著名巧匠鲁班“削竹木以为鹊，成而飞之，三日不下”。因此，鲁班也成为中国航空史上第一人。

1800 多年前，我国东汉时期，张衡“尝作木鸟，假以羽翮，腹中施机，能飞数里”，这是一只内部装有特殊装置的能飞数里的木雕。这表明，我国古代人们已经开始探索飞行器控制问题，并已开始注意到航程对飞行器功能的作用。后来，我国明代人徐正明还造出了飞车，“风施疾驰而去，离地可尺余，飞渡港汉不由桥”。1483～1486 年，意大利艺术家、科学家达芬奇设计了一种依靠飞行员自身提供动力来驱动的飞行器，同时具备推动力和提升力。直到今天，人们还将达芬奇的这一设计视为是直升飞机的先驱。还应当指出，我国明代人（16 世纪）万户尝试用烟花的反推力推其升空，事实上，捆绑着 47 支自制烟花的座椅成了他第一架，也是最后一架“飞行器”。万户是世界上第一个利用火箭向太空搏击的英雄，他的努力虽然失败了，并且为此付出了生命，但他借助火箭推力升空的创想是世界上的第一个，因此，他被世界公认为“真正的航天始祖”。

一次次实践与认识在交融中的提升，一次次失败与成功在交织中的升华，人类的飞天梦一步一步接近于实现。直至 1903 年 12 月 17 日，美国奥维尔·莱特兄弟对自制了 200 多个不同的机翼进行了上千次风洞实验，对制造的 3 架滑翔机进行了 1000 多次滑翔飞行后才试飞成功，如图 11-5 所示，使人类实现了飞上天空的梦想，开启了人类航空事业的新纪元。现代，人类模仿鸟类设计的飞机无论在速度、高度和飞行距离上都远远超过了鸟类，显示了人类的仿生智慧和才能，但现代飞机还远远没有鸟类那样轻巧、灵活、高效、低耗。人类又开始了将最优异的鸟类作为模本，运用现代先进的理论与技术，将飞机由以前形似的模拟向更加神似的模拟方向推进，创造集鸟类优秀功能特性于一身的最先进的飞机。

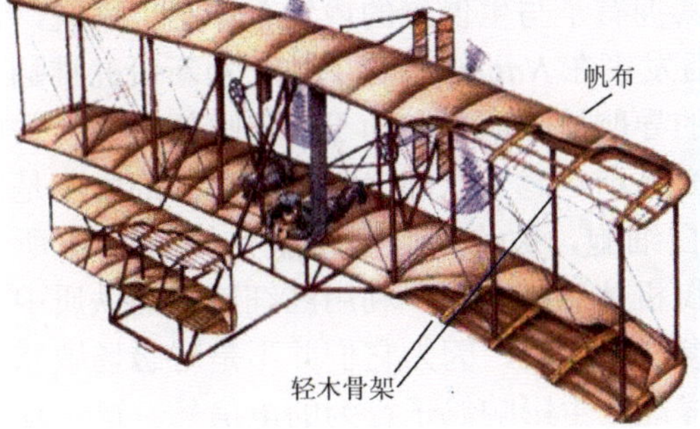

（a）飞行者-1 号飞机

（b）试飞成功

图 11-5　莱特兄弟制造的飞行者-1 号飞机

从仿生研究者的经历与体悟看，仿生是全程创新、持续创新，而创新就是充满无数风险的伟大冒险。对于仿生研究者，因为仿生是交叉学科，就要比一般人学习更多的未知知识，甚至是从零开始；因为是前沿研究，就要比一般人探索更多的未知奥秘，甚至是从头做起；因为是创新，就要比一般人冒更多的风险，甚至付出生命。仿生研究者总是在重重困难中品尝新鲜，在不断的冒险中引发好奇，在时时的挫折中体悟坚毅，在长久探索的艰辛中偶现惊喜，在一次次失败后赢得胜利。

从古至今，在无数的艰难险阻面前，人类对于仿生的坚定信心从未有过动摇；在无数的挫折与失败面前，人类对于仿生的满腔热情从未有过减退，总是在反反复复的实践中，不断地探索、学习、模拟，不断地创造出新的仿生成果，不断地推进仿生事业蓬勃发展。

11.2.3 遵循科学的“实践—认识—再实践—再认识”规律

仿生学的发展与仿生成果的创造遵循科学的“实践—认识—再实践—再认识”规律，以这种形式往复，每一次实践与认识的循环，都会使仿生成果向着更高层次提升。通过再认识，既可以对实践中取得的正确认识给予补充，使其更加完善，同时，错误的认识也将得以纠正，使其转到正确的轨道上来。如果仿生过程没有再实践基础上的再认识，仿生科学的发展也会停滞不前。

例如，鸽子可以从几百公里之外，甚至在1000～2000 km远的地方仍能飞回家去，之前许多研究者认为，鸽子喙部具有一种富含铁质的细胞，为能够对地球磁场进行编码的磁性神经元细胞，其可将磁场方位、强度和极性信息编制成密码，然后，磁性神经元细胞利用这些编码进行计算，得到关于方位和飞行方向的信息。这些磁性神经元细胞使鸽子拥有可靠的内置全球定位系统（GPS），使其不仅知道自己居住地的地磁场强度和科氏力的大小，并且随时能够识别地磁场强度和科氏力的细微差异，感知地球磁场的变化，这让鸽子可以在长途距离中辨别方向。美国贝勒医学院的研究者将这一发现发表在了*Science*周刊上，认为鸽子喙部的磁性神经元细胞为地球磁场方向编码，让其拥有了与生俱来的内置全球定位系统，使其能够精确无误地导航[11]。但是，随后发表在*Nature*杂志上的一项新研究推翻了许多研究者之前所认为的“鸽子出色的导航技能应当归功于鸽子喙部上富含铁质的磁性神经元细胞”的理论。这项研究显示，鸽子喙部上富含铁质的细胞不是磁性神经元细胞，实际上是一种特定的白细胞，被称为巨噬细胞，如图11-6所示[12]。巨噬细胞是白细胞的一种，在抵御机体感染和循环利用红细胞中的铁质中发挥着举足轻重的作用，它们不太可能参与磁感应，因为它们并不是对磁场敏感的细胞，且不可能像磁性神经元细胞那样能产生影响鸽子行为的电信号。这项发现彻底颠覆了人们之前关于鸽子身上存在着磁场接收器的观念，使鸽子导航机制再一次成为难解之谜，有待人们去再认识。然而仿生学的发展与研究也正是在遵循科学的“实践—认识—再实践—再认识”规律中不断前进，研究者通过不断认识、修正、认识、提升等一系列过程，最终使仿生模本所蕴涵的深奥机制浮出水面。

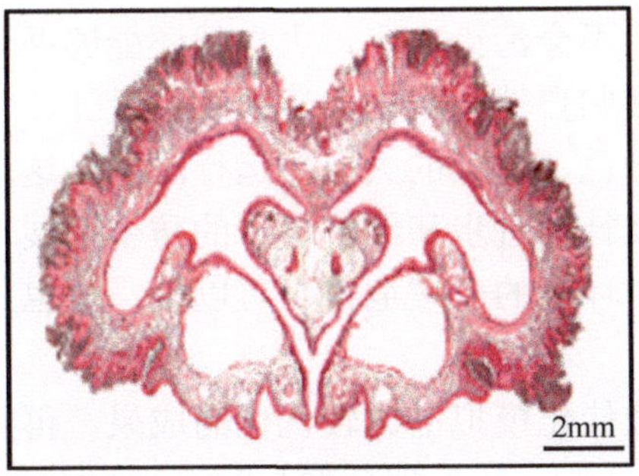

（a）上喙切片

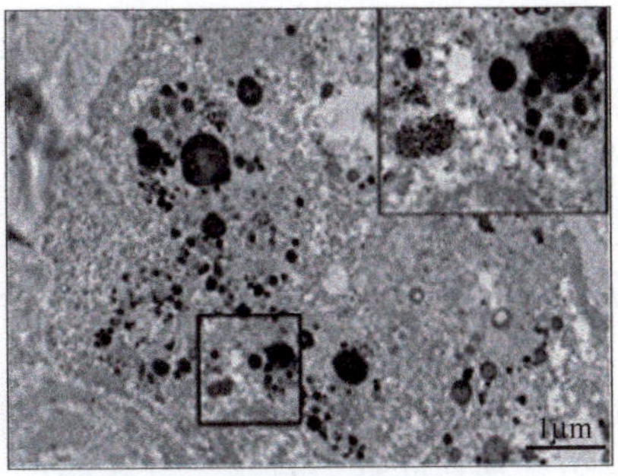

（b）细胞充满铁质蛋白颗粒

图 11-6　鸽子喙部细胞[12]

11.3　仿生理念不断深化，仿生学发展迅速

仿生理念是进行仿生活动时必须坚守的信念、信条，是人们进行仿生研究的精神支撑。人类仿生理念也是在仿生实践中不断深化的。

人类自诞生起就与生物生活在一起，为了生存需求，不得不向生物学习，萌发了模仿生物解决自身生存问题的想法，并逐步形成了为生存而仿生的理念。人类的先祖就是从他们身边具体的动物与植物身上发现解决自身生存问题的办法的。那时，人类的仿生理念是模糊的，甚至是无意识的；而仿生行为也是感性的，非自觉的，被动的；模拟的生物模本也只是具体的、零散的，有时甚至是偶然的。只要模仿生物利于生存就坚持，这就是先祖的仿生信条，尽管仅仅是形似仿生的雏形，且无意识于真正的仿生。

随着人类从生存需求向发展需求的转变，以及仿生活动的不断深入与拓展，人类的仿生理念逐渐转化到自觉、主动和有意识的层面。早期，人类有计划地选择生物模本，遵循最优化仿生原则，创新性地建造比较优化（比传统的好，比非仿生的好）的人工制品，以满足技术需求。后来，随着仿生学在众多技术与工程领域的扩展，以及向人文社会科学领域的拓展，人类开始有计划地选择生物、生活和生境的“三生”模本，并遵循最优化仿生原则，创新性地建造比较优化的人工制品，以满足技术与非技术的种种需求。上述有意识地寻优的仿生理念，以及主动、自觉的仿生行为表明，这一时期的仿生学，一是突出优化了仿生全过程及其成果，大大提升了仿生研究的效能；二是注重对模本的目的性选择及其原理与规律的模拟，大大推动了形似仿生向神似仿生的转化进程；三是重视模拟的全过程创新，大大增强了仿生学的活力。

近年来，面对历史上最大经济难题和最严重的环境危机，人类一方面解析难题与危机的真相，一方面也在努力探索生命与非生命有机交融的大自然的运行机制和发展规律。大自然通过几十亿年中数万亿次极其严酷的种种考验表明，在高效低耗方面，大自然显示出的优越性远比人类过去几百年中的发明创造更为显著，而且大自然不会产生无用和有害的垃圾，不会污染自己，大自然还能够循环利用它所创造的一切。人类深切地认识到，回归自然，一切人工系统的设计、制造与运行的全过程应真正实现高效、低耗、绿色、可续的大自然运行法则。这就是与时俱进的仿生学的最新理念，正成为人类社会进步和经济运行的仿生发展理念和发展模式，将有效解决人类面临的经济与环境的严峻危机。可以说，这也是人类向大自然学习的最高成就。

人类从最早的利于生存就模仿，到最佳化模拟出比较优化的成果，再到模拟大自然的高效、低耗、绿色、可续的运行法则，仿生理念的与时俱进与不断深化，大大促进了仿生学的快速发展。

如今，仿生科学与工程研究已渗透到人类社会的几乎所有领域，这也反映了其强大的生命力。现在，很难举出一个例子说明，一个学科、一个领域与仿生学没有关系；不仅如此，由于仿生学的发展，还产生了许多新的学科或领域。国内外许多科研院所和高等院校相继成立了仿生研究机构，设置了仿生学科，招收研究生。一些国家还成立了专门的仿生学术组织，出版仿生学术刊物。2010 年，由中国吉林大学牵头的 15 个创始会员国发起成立了国际仿生工程学会，现已有 51 个国家和中国台湾地区注册为会员。吉林大学还创办了国际性仿生学术刊物 *Journal of Bionic Engineering*（《仿生工程学报》），编委会由 18 个国家的仿生学者组成，创刊 3 年即被 SCI 收录。仿生学论文、著作、专利及各种仿生网如雨后春笋，层出不穷。仿生学的蓬勃发展，不仅产出了理论、技术与工程成果，而且促进了仿生学科建设和仿生人才培养。同时，仿生学的研究也突破了过去仅限于自然科学和技术科学领域的局限，进一步与工程科学、农业科学、医药科学、健康科学、人文与社会科学等交叉融合，涌现出了许多新的仿生分支学科，如工程仿生学、生态仿生学、农业仿生学、食品仿生学、体育仿生学、企业仿生学、哲学仿生学等。优化“三生”研究成果，深化“三生”奥秘的探索，发展先进技术与装备，从而带动仿生科学与工程的原始创新、集成创新，正成为仿生学研究新的突破点。

仿生学的突出特点在于研究理念、研究方法、研究成果大多具有源头创新性，具有前瞻性，且许多仿生技术有望占领高新技术的制高点。不言而喻，在未来，仿生学的研究理念与方法仍然是科学技术可持续发展与创新的重要途径，在许多领域都将继续得到广泛应用并会取得具有重大突破性的研究进展。可以预见，仿生学将迎来前所未有的大发展，21 世纪将出现仿生创新和仿生创业的大潮。由于更多的国家将仿生学的地位提升到国家战略层面，更多的机构和个人青睐仿生学，主动投入到仿生学研究中，使仿生创新潮流势不可挡。特别是在脑科学与类脑、微观科学、先进制造、生物医学与健康、军事科学等领域，基础研究和仿生创新尤为强劲。

脑科学与类脑研究是 21 世纪最重要的前沿科学研究领域之一，也是各国研究者的必争之地。该领域主要以研究脑认知的神经原理为主体，研究脑重大疾病诊治新手段和脑机智能或人工智能为导向的类脑为两翼，将彻底解析生物界进化的最复杂系统——人脑。这项研究将给治疗各种脑疾带来希望，而脑疾造成的社会经济负担已超过心血管病和癌症。不仅如此，这项研究还有望解决计算机技术和人工智能的瓶颈问题；若此，未来 20 年，人工智能产品将成为像水和电一样的日用品。

微观科学研究，由于各种显微成像、高速摄影、原位测试等测试分析技术的快速发展，助推纳米仿生学、分子仿生学、细胞仿生学、菌丝体仿生学研究如火如荼、蓬勃发展，尤其是近年来，对作为人类必需的空气、水和食物三大要素之外的第四大要素的微生物及其仿生学的研究，将改变人们对人体系统环境的认知，将会提升人类生活质量和健康水平，也会变革某些行业的生产模式。

先进制造是工程技术学科的前沿领域，正向着互联网+先进制造+全球智慧的未来制造方向发展，突出的是数字化、精准化、智能化、网络化、绿色化、可续化。该领域的设计理念、设计灵感将来自大自然。未来 30 年，仿生设计技术有逐步取代传统技术之势；高端装备的仿生制造将进一步提升先进制造领域的制造能力和制造水平；智能机器人，特别是具有人类思维与情感的仿人机器人，人机共融、刚柔型机器人，柔性变形、变体机器人，微型机器人，多栖机器人，以及高端装备仿生制造（包括绿色化学所体现的仿生化学制造在内的新材料仿生制造）、仿生功能表面制造和仿生增材制造，等等，使仿生制造领域恰似百花争艳、百舸竞流，将先进制造业推向一个新的创新高潮。

生物医学与健康领域，不仅有医学仿生、医疗仿生（包括各种仿生器官、组织及其相关技术）、康复仿生（包括各种仿生假肢和智能康复设备，特别是人机电一体化，有望在 21 世纪末消除残疾），而且有从亚健康、潜病态的辨识、调理到机能增强的全程大健康仿生，将成为遍及全社会的大仿生，给人类带来巨大的福祉。

军事仿生学是仿生学中发展最快的分支学科，也正是军事需求的助推诞生了真正的军事仿生学科。目前，军事仿生学正向着高速/超高速、高效、高精准、高机动、高可靠、高隐蔽、高智能、多栖、多能，以及信息化、网络化、自动化的方向发展，特别是在陆、海、空军事机器人技术基础上的自动化。在上天、入地、下海、网络、虚拟的技术与装备的研发中都有仿生学的作用。

同时，由于更多的仿生研究成果走向工程化、产业化，更多的公司走向学习大自然的征途，将使仿生的企业如雨后春笋般涌现，形成仿生创业的大潮。特别是不可续经济发展产生的经济危机和环境危机的倒逼，使高效低耗、节能环保的仿生成果备受欢迎和重视。人们越来越认识到，通过向大自然学习比直接开发大自然更为有利。绿色产品、可持续产品及其企业，以及践行仿生理念的企业管理人员和工程技术人员将会越来越多。事实上，这些产品及其生产企业本质上都具有仿生学特性。据估计[9,10]，到 2025 年，仿生学对化工产业、垃圾处理和环境治理三大领域的影响将达到 15%；在建筑和工程服务、纺织品生产、运输设备和公共设施领域，10%的产品都具有仿生学特征；在食物产品、塑料制品、计算机设备与通信服务领域，仿生学也能创造 5%的产值；仿生技术在药理科学、水处理、热控制和制冷技术等领域也已充分展示出发展潜力。

受荷叶效应启示研制的仿生自洁产品、超疏水材料[13-16]，受蝴蝶翅膀结构色启示研发的新型电子显示屏、无染色织布[17,18]，受土壤动物遇黏不粘和耐磨抗疲劳特性启示研发的防粘机具、不粘炊具和仿生模具、仿生制动毂、仿生钻头[19,20]，等等，已显示出巨大的市场潜力。3D/4D 打印及其仿生社会制造也充满无限活力和商机，将会形成一个新的可续发展的行业[21,22]。

11.4 竞争焦点、前景无限

11.4.1 竞争焦点

仿生学研究正成为国际科技研究的前沿、热点和难点，已经成为国际科技，尤其是高新技术竞争的焦点，各国都在为进一步发展仿生学研究作精心的计划准备。美国启动了优先发展制造、先进材料和先进军事装备研究及脑科学等领域的战略规划，美国在仿生学研究上，不论是在量的方面还是在质的方面均跑在各国的前面，尤其最近，美国加利福尼亚州圣迭戈市公开承诺要成为仿生学发展的中心，已经创建链接企业、科研、创新、设计、管理和教育的桥梁项目，成为城市落实仿生学的表率；欧盟 2013 年制定并启动新兴旗舰技术项目——人脑工程，最近又制定了下一个目标，要抢占全球 25%的环保产品市场份额；德国的研究与技术部已就“21 世纪的技术”为题在适应电子技术、纳米技术、富勒碳材料、光子学、仿生材料、生物传感器等领域投入了相当大的财力和人力；英国政府早在 1993 年 5 月就发表了科学大臣沃德格雷夫主持撰写的科技白皮书，题为《运用我们的潜力——科学、工程和技术战略》；日本 1993 年就成立了国家先进交叉学科研究（NAIR），仿生学是其基础研究的三个主要领域之一。韩国、俄罗斯等国都有相应的中长期计划，在先进制造、材料、生物技术、高性能计算与通信计划等领域开展基础性研究，在其规划中都包含仿生科学技术研究的内容。显然，这也是在多个科学技术的世界前沿领域开展仿生源头创新研究的全球竞争。

为适应我国科学和技术源头创新的需要，进一步推动我国高新技术产业的跨越式发展，中国科学院香山科学会议于 2003 年 12 月 11～13 日召开了题为《仿生学的科学意义与前沿》的第 220 次学术讨论会。路甬祥院士和杜家纬院士分别作了题为“仿生学的意义与发展”和“21 世纪仿生学对我国高新技术产业的影响”的主题评述报告[23]。会议提出了“仿生科学与技术”系统性基础研究的五大方向和优先发展的 10 个前沿领域，基本发展战略是：①着重发展仿生结构与力学、仿生功能器件及控制、分子仿生、微系统与微制造仿生技术、脑功能的仿生与认知五大仿生系统性基础研究的方向；②优先开展仿生材料、仿生工艺、仿生机械、仿生功能器件、微纳米仿生技术、仿生传感器、基因仿生工程、组织仿生工程、生物膜仿生工程和人工智能 10 个前沿领域的研究与开发；③注重仿生科学技术创新研究在我国当前优先发展的 141 项高技术产业领域中的应用和商业化（其中，30 多个领域与仿生学相关）。

香山科学会议建议采取的政策与措施：①将“仿生科学与技术”的研究放在国家经济和科学技术发展及国家安全的重要战略地位加以考虑，列入重大基础研究国家计划和国家中长期科学技术发展规划；②有重点地建设一批具有国际水平的仿生科学和仿生技术实验室；③国家自然科学基金委每年设立专项基金，支持“仿生科学与技术”的创新研究，在 863 计划有关领域重视仿生技术前沿研究；④建议定期召开全国性“仿生科学与技术”论坛，进行学术交流，促进沟通和联合。应当指出，香山仿生科学会议受到政府的高度重视，会议提出的建议也基本落实。中国也创新性地在国家层面上加强对仿生学、清洁技术和大规模生态恢复的专项技术的支持[9,10]。

仿生学不仅是最受关注、发展最快的学科之一，将被推动成为人类探索未知世界过程中的标准手段，而且将成为 21 世纪特有的产业模式，形成仿生领域新的局面。许多《财富》世界 100 强公司已经开始采取行动，要在企业中落实仿生学。世界许多大公司都开始向自然学习，如日本本田公司、英国石油公司、美国通用电气公司、德国奔驰公司等。据研究表明[9,10]，在未来几年，仅仿生学自身吸纳的风险投资金额就会让清洁技术和生物技术这两个行业黯然失色。在接下来的一二十年中，来自仿生学启示的产品将在世界市场上全面出现，覆盖医药、交通等各个领域。可以相信，我们正朝着一场由仿生学开创的新型可持续发展的工业革命前行，将使人类科技更兴旺、生活更富足、生态更美好。

11.4.2 前景无限

从古至今，自然界从来就是各种技术思想取之不尽、用之不竭的源泉，仿生资源的无限性、仿生动力的不竭性、仿生内涵的时变性、仿生方法的多样性、仿生全程的创新性，决定着仿生学的发展前景无限美好。

自然界为仿生学提供了无限的资源，既可以以自然界中的生物为模本，以人类自身及其生活为模本，也可以以自然生境为模本，只要有益于人类用自然界进化成果，都值得人类去研究、去模拟。例如，雀尾螳螂虾体长虽约 10 cm，但两只“锤子”似的螯却能轻易砸开贝壳或小鱼的头骨，甚至能打碎玻璃鱼缸，持续敲击超过 5 万次螯才会损坏。美国哈佛大学的研究者发现，螳螂虾螯由三部分结构组成，最外层的结构是坚硬的类似水晶的矿物质，后面是一层层堆叠的稍软的矿物质，可以吸收冲击能量，最内层的纤维结构则是相互平行，共同包裹着螯的内核，就像拳击手用布袋将拳头裹起来一样，如图 11-7 所示。螯的材料以螺旋方式排列，如图 11-8 所示，受到冲击时，通过螺旋结构旋转和伸缩卸掉冲击能量[24]，呈现出优异的高强、止裂、耐冲击等特性，这项研究可以帮助人们开发出耐冲击的防护服或防护盔，防止冲击波造成内部器官受伤，还可以开发舰艇与装甲车辆的防护板。美国麻省理工学院的研究者发现，牡蛎外壳具有惊人的特性，它不仅能够达到 80%的透明度，而且能够承受巨大的撞击。牡蛎的贝壳是由许多层长钻石形的方解石晶体构成的，当研究者有意敲击贝壳时，贝壳表面会重新排列方解石晶体，形成一个小型的撞击坑来吸收撞击能量，并将损害保持在一个非常小的范围，如图 11-9 和图 11-10 所示[25]。这意味着一种全新的高性能仿生防护面层将会展现在人们的面前。

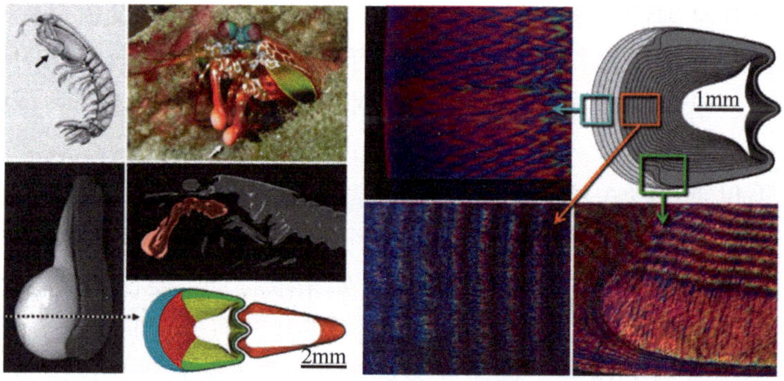

（a）螯 CT 扫描　　（b）多层结构

图 11-7　螳螂虾螯结构[24]

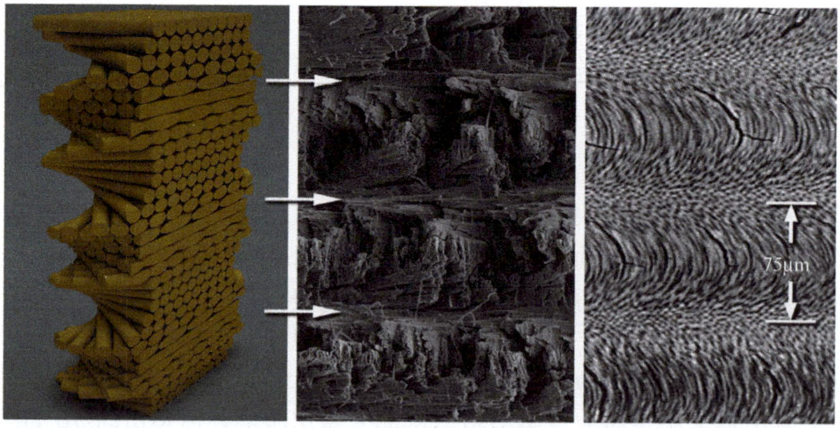

图 11-8　螯的材料以螺旋方式排列[24]

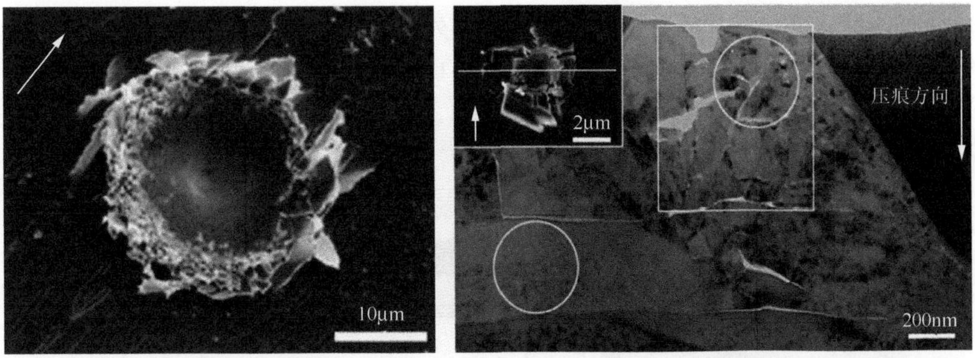

（a）表面　　（b）横截面

图 11-9　牡蛎的贝壳受到撞击[25]

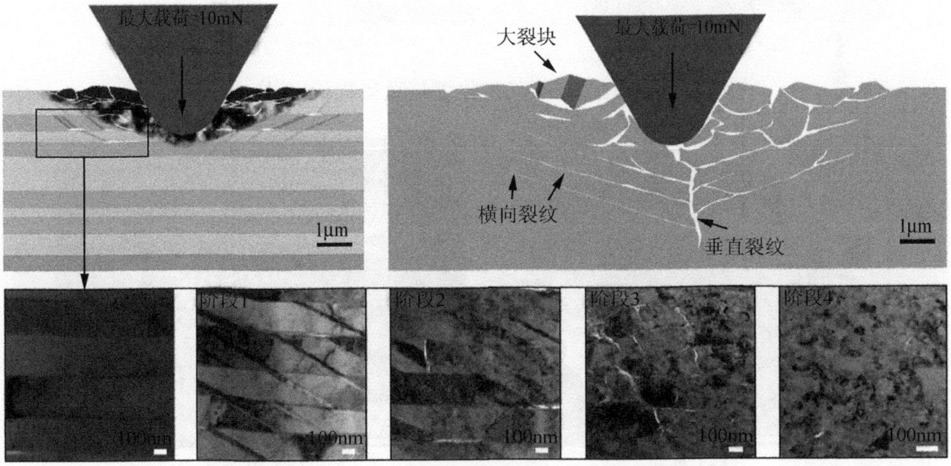

图 11-10　贝壳表面方解石晶体重新排列形成一个小型的撞击坑[25]

这种不同材料与不同微结构的巧妙耦合，以及不同材料、不同微结构与其独特的动力学特性相匹配的功能机制，在安全防护和军事仿生中将会展现不同以往的原始创新，将会在许多领域大放异彩。

自然界生物的奥秘不胜枚举，每当人们发现一种生物的奥秘，就有可能成为一种新的仿生设计的模本，都会给模仿者带来巨大的推动力，不仅如此，人类的种种不断的需求也给仿生注入强大的永续驱动力。仿生动力的不竭性驱使人们在仿生的道路上孜孜不倦、乐此不疲地探索着。法国格勒诺布尔大学发现了世界上行动速度最快的捕食性植物之一——狸藻（*Utricularia vulgaris* L.），它能在不超过 1ms 的时间内吞食猎物，行动速度比捕蝇草快 200 倍。这种水草拥有一个捕捉猎物的陷阱，当猎物靠近时，它会迅速打开陷阱门，并用一个特殊的“吸水泵”将猎物吸入体内，瞬间形成的下落水流加速度高达 600 g/（9.8 m/s^2），即地球重力加速度的 600 倍，一般来说，任何猎物都不可能有机会逃脱。狸藻的水下陷阱平时处于休眠状态，当有猎物靠近时触动了它外壁上的感受纤毛，陷阱门瞬间开启，外部的水和猎物便一同被吸入体内，如图 11-11 和图 11-12 所示[26]。而猎物一旦被吸入，将被消化酶逐渐溶解，消化吸收。这项研究成果为人们开发新型高效、快速、灵敏的控制和传感系统提供了重要启示和发明的动力。

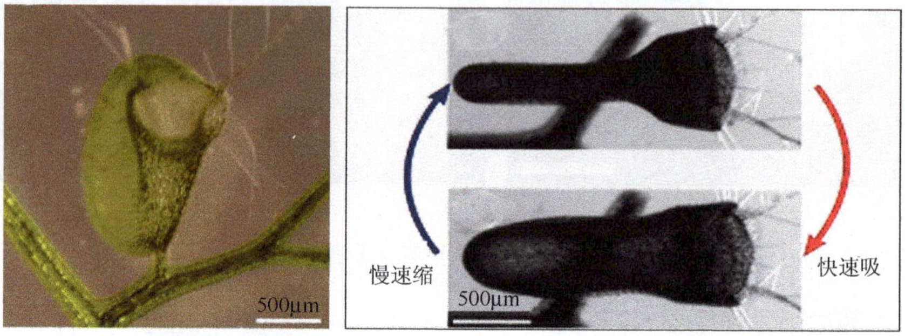

（a）狸藻　　（b）陷阱慢缩与快吸过程

图 11-11　狸藻陷阱收缩与吸猎物状态[26]

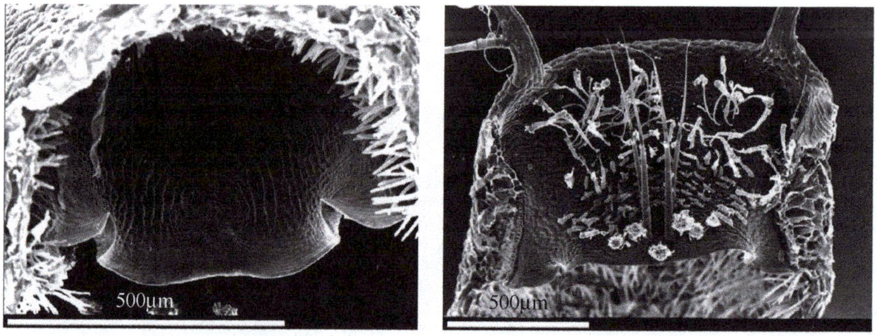

（a）外部　　（b）内部

图 11-12　狸藻陷阱门外部与内部结构[26]

事实上，自人类为自身生存模仿身边动物与植物之日算起，仿生学已经有数千年的历史，已取得十分辉煌的成就。但生物界与大自然中还有数不尽的奥秘人类尚不知晓。实际上，奥秘可能就在你身边的动植物中，在你熟知的自然现象中，或者可能就在你的生活中，甚至可能就在你的身上。例如，被称为“三磅的宇宙”的人脑迄今仍然是人类认知的“黑洞”，人类尚不知自己如何思维、如何记忆、如何计算？而且，人类大脑是大自然的超级计算机，正常工作时为什么不会出现过热问题？人的心脏能仅用 1.5 W 的功率驱动身上近 100 000 km 的血管系统，如此超高效运行的机制是什么？仅在人类自身就有许多奥秘有待揭示。而且，还应该看到，大自然有时会展示出令人惊异的高超技能，而这些技能背后隐藏的工程技术原理甚至远远超过人类所取得的成就。因此，人类在生物与大自然面前应持谦虚的心态，永保虚心学习的态度。仿生学前途无限，但任重而道远，不仅要更深入、更精细地去探索、去揭示大自然更多的奥秘，为仿生学提供更多、更好的设计灵感，而且要正视并善于化解对仿生学的不同看法与怀疑。例如，有人认为，生命过程与合成材料很难实现无缝对接，有人怀疑自然过程是否能真正应用于实际生活中，甚至有人警告，当自然过程被移植进技术时，可能出现“侏罗纪公园”这样前所未有或令人猝不及防的问题。随着科技的进步和测试分析仪器的发展，以及对大自然奥秘的进一步深度揭示，人类定会将形似仿生向神似仿生稳步推进，使仿生学取得更加辉煌的成就。

据推测，到 2025 年，各国利用仿生学创造的国内生产总值（GDP）总和将高达 1 万亿美元，其中，美国的 GDP 将达到 3000 亿美元[9,10]。中国，也有专家估计，到 2030 年，仿生领域的产值将高达 1.6 万亿人民币[27]。为适应仿生学发展的需要，2011 年 8 月，美国费尔马尼安商业与经济研究所还发布了第一个正式衡量仿生发展程度的达芬奇指数，与居民消费价格指数（CPI）一样，它通过整合数据来阐释仿生学的发展趋势。

仿生学前景无限，它是人类提升创新能力，尤其是原始创新能力的重要理论与方法，是实现基础技术、核心技术、战略高新技术和现代化高端装备重大突破的重要途径。每个研究成果的问世，每项高新技术、核心技术的诞生都彰显了仿生学无尽的活力、无穷的魅力和无限的发展前景。特别是，学习模拟大自然运行法则的仿生理念，将为人类经济建设与社会发展呈现高效、低耗、绿色、可续的发展模式，随着仿生学的发展与人类智慧的演化，人类一定能牢固地屹立于大自然的根基上，健康前行，繁荣昌盛。

参 考 文 献

[1] Ren L Q, Liang Y H. Preliminary studies on the basic factors of bionics. Sciencein China Series E: Technological Sciences, 2014, 57: 520-530.

[2] 高峰. 向动物学习：异军突起的军事仿生学. 科学大观园, 2013, 9: 42.

[3] Lin H T, Leisk G G, Trimmer B. GoQBot: a caterpillar-inspired soft-bodied rolling robot. Bioinspiration & Biomimetics, 2011, 6: 026007.

[4] Anderson J M, Chhabra N K. Maneuvering and stability performance of a robotic tuna1. Integrative and Comparative Biology, 2002, 42: 118-126.

[5] Ang H S, Xiao T H, Duan W B. Flight mechanism and design of biomime tic micro air vehicles. Sciencein China Series E: Technological Sciences, 2009, 52: 3722-3728.

[6] Kier W M. The arrangement and function of molluscan muscle. The Mollusca, 1988, 11: 211-252.

[7] Wang Y N, Pan Y X, Parsons S, et al. Bats respond to polarity of a magnetic field. Proceedings of the Royal Society B: Biological Sciences, 2007, 274: 2901-2905.

[8] Steele J E. “How do we get there?”, bionics symposium: living prototypes-the key to new technology. Ohio, 1960.

[9] Haman J. 创新启示：大自然激发的灵感与创意. 王佩，郭燕杰，译. 北京：中信出版社, 2015.

[10] Haman J. The Shark's Paintbrush: Biomimicry and How Nature is Inspiring Innovation. United States: Nicholas Brealey, 2013.

[11] Wu L Q, Dickman J D. Neural correlates of a magnetic sense. Science, 2012, 336: 1054-1057.

[12] Treiber C D, Salzer M C, Riegler J, et al. Clusters of iron-rich cells in the upper beak of pigeons are macrophages not magnetosensitive neurons. Nature, 2012, 484: 367-371.

[13] Nosonovsky M. Biomimetics in Materials Science. New York: Springer New York Dordrecht Heidelberg London, 2011.

[14] Liu X Y. Bioinspiration from Nano to Micro Scales. New York:Springer New York Heidelberg Dordrecht London, 2012.

[15] Liang Y H, Peng J, Li X J, et al. From natural to biomimetic: the superhydrophobicity and the contact time. Microscopy Research and Technique,2016, in press.

[16] Bird J C, Dhiman R, Kwon H M, et al. Reducing the contact time of a bouncing drop. Nature, 2013, 503: 385-388.

[17] Han Z W, Niu S C, Shang C H, et al. Light trapping structures in wing scales of butterfly trogonoptera brookiana. Nanoscale, 2012, 4: 2879-2883.

[18] Asakura T. Biotechnology of Silk. New York:Springer Dordrecht Heidelberg New York London, 2013.

[19] Ren L Q. Progress in the bionic study on anti-adhesion and resistance reduction of terrain machines. Sciencein China Series E: Technological Sciences, 2009, 52: 273-284.

[20] 任露泉, 梁云虹. 耦合仿生学. 北京：科学出版社, 2012.

[21] Qin Z, Compton B G, Lewis J A, et al. Structural optimization of 3D-printed synthetic spider webs for high strength. Nature Communications, 2015, 6: 7038-7044.

[22] Gladman A S, Matsumoto E A, Nuzzo R G, et al. Biomimetic 4D printing. Nature Materials, 2016, 15: 413-419.

[23] Lu Y X. Significance and progress of bionics. Journal Bionic Engineering, 2004, 1: 1-3.

[24] Weaver J C, Milliron G W, Miserez A, et al. The stomatopod dactyl club: a formidable damage-tolerant biological hammer. Science, 2012, 336: 1275-1280.

[25] Li L, Ortiz C. Pervasive nanoscale deformation twinning as a catalyst for efficient energy dissipation in a bioceramic armour. Nature Materials, 2014, 13: 501-507.

[26] Vincent O, Weisskopf C, Poppinga S, et al. Ultra-fast underwater suction traps. Proceedings of the Royal Society B: Biological Sciences, 2011, 278: 2909-2914.

[27] 吴劲珉. 细胞仿生学异军突起. 科技日报, 2014 年, 6 月 10 日.

第 12 章　仿生学基本原理

仿生学基本原理主要包括需求性原理、模本原理、相似性原理、可实现性原理和比较优化原理。它们是在仿生科学与工程的理论探索和应用研究的长期实践中，人们逐渐认识、不断总结、系统分析和深度凝练出的，是仿生活动普遍适应的规律与原理。

需求性原理清晰地阐释仿生需求的目标，模本原理准确地承载仿生目标，相似性原理将目标引向载体，同时，又将载体中的相关内涵转化为仿生目标的实现，可实现性原理则是这种仿生目标顺利实现的重要保证，而比较优化原理则为上述 4 个原理在实践过程中注入活力，增强生命力，使仿生成为永续创新的活动。显见，这 5 个原理是紧密相系、不可分割的一个整体，已成为仿生活动原理上的基本指导。

大量仿生实践产生的这些基本原理，不仅使仿生基本要素在具体的仿生活动中内容更科学、方向更明晰，而且正在成为仿生研究的重要指导思想。事实上，其也是仿生研究技术思路的出发点，甚至是仿生研究成败的试金石。

尚需指出，偶发现象中，生物、生活或生境的启迪，是仿生难得的机遇，机不可失，应紧紧抓住。这种情况下，尽管在仿生过程中可以简略某些环节，但仿生原理的基本要求还是必须遵循的，否则，也会影响仿生研究的成效。

本章着重阐释仿生基本原理的内涵、内容及其应用的基本要求，本章与后面两章重点阐释如何卓有成效地进行仿生学学习与研究。

12.1　需求性原理

仿生实践和仿生科技的发展表明，仿生主要有三种模式，即基于需求驱动的仿生、基于科学推动的仿生和基于任务促动的仿生，而人类的仿生活动绝大多数是第一种仿生模式。对于这种模式，需求是开启仿生的钥匙，是仿生研究不竭的动力。

12.1.1　需求性原理的主旨

需求性原理的主旨是，仿生需求的内容应具有科学性、先进性，还要突出重要性，有时也要展现其紧迫性；同时，其目标要有一定的适应度和明晰度。仿生需求应是显性或隐性地蕴含其与生物、生活和生境的比较关联，符合事物变化的客观规律和技术进步的发展趋势；仿生需求的有效满足需要的是前沿研究成果；

仿生需求的核心目标通常是研究的难点、热点，甚至是焦点，或者前景诱人；仿生需求所体现的有时是实际的迫切要求，是时不我待亟待解决的问题。同时，仿生需求的核心目标和关键技术的量度，不论单目标需求，还是多目标需求，既要合理、合度，又要边界清晰，层次分明。

显见，需求性原理明确阐释了仿生需求不同于一般需求的特殊要求，但在实际仿生活动中很难全部满足。因此，仿生研究中，人们通常遵循的是仿生需求中科学合理的基本要求，这是必须的，也是可以理解的。

12.1.2 单目标需求

单目标需求是指仿生设计的目标有明确针对性，主要目标只有一个，对这一目标有严格的约束，只有满足这一目标需求的设计方案才是可行方案。通常，仿生单目标需求设计过程中要解决的目标问题只有一个，被列为设计的基本需求，所有的分析、设计、研制均应围绕这一目标需求而展开，对研制出的仿生产品效能评价也应以这一需求目标为主体。

单目标需求设计时，对于模本功能特征因素的提取与仿生制品关键参数的设计都应围绕一个目标需求，在满足功能目标需求的前提下，可以兼顾一些其他附属功能的实现。例如，基于蜣螂、蚯蚓等土壤动物，以及鲨鱼、鲸鱼等水生动物体表非光滑形态开发的仿生减阻部件[1]，主要功能目标就是减小仿生部件在液、固、气三相介质中运动的阻力，也是必须要达到的目标，至于能否同时提升减阻表面的耐磨与自洁功能等，在不影响减阻功能的前提下，只要尽量兼顾即可，但不是必须要考虑与实现的。

12.1.3 多目标需求

多目标需求是指仿生设计的需求目标有两个或两个以上，在设计过程中，这些功能需求都是必须要实现的，只有同时满足与实现这些目标需求的设计方案才是可行方案。

通常，多目标需求可以采用仿生序贯设计或并行设计的方法，其中，仿生多目标序贯设计是指要区分需求目标的重轻之序，在设计时给予重要功能目标适当高的权值，优先考虑重要功能目标的实现，在此基础上再进行其他功能的构建，即采用先重后轻的序贯设计方法。例如，荷叶表面非光滑形态、微-纳复合结构、蜡质材料等多因素耦合具有自洁功能特性[2,3]，基于此进行仿生自清洁功能表面设计时，仿生表面必须同时实现超疏水和低粘附两个功能时，才能实现自清洁，其中，超疏水是实现自清洁的关键。因此，在进行仿生自清洁表面设计时，先设计优化非光滑形态，利用表面形态实现超疏水；然后，再在非光滑形态的基础上，进行微-纳复合结构构建，使水滴在其表面易于滚动，降低粘附；最后，在二者基础上进行表面低能化处理，进一步降低粘附性，从而实现自清洁功能[4]。

在多目标需求设计中，尽管功能目标有重轻之序，但由于技术约束和制备手段的限制，有时暂不考虑功能目标的重轻之序，而是同时考虑多个功能目标在一定条件下的优化组合，从而进行多目标并行设计，即仿生多目标并行设计。值得一提的是，多目标需求设计中，在满足多目标功能特性的前提下，具体采用序贯设计或并行设计，还是二者的交融方式，需要根据具体情况与设计的最优化要求而进行适当变化。

12.1.4　需求的合理性与科学性分析

人类所进行的各种各样的仿生活动，大多是受人类各种需求驱动、科学推动和任务促动下产生的，这些需求是仿生学发展的重要动力。无论单目标需求，还是多目标需求，正是在这些不同需求与科学发展的推动及一些不同层面、不同类型的任务促动下，才推进仿生学一步一步前进，产生了卓越的仿生成果和不可估量的仿生成效。

任何仿生产品的设计与开发都是在人类各种需求驱动下开始的，因此，在进行仿生设计时，首先，应进行需求性分析，细化和分析需求的目标和目标数；其次，确定采用什么样的模本和开发出什么样的产品才能满足需求；最后，对目标需求进行合理性、科学性、可行性、可实现性等全面评价。

在仿生设计的初始阶段，应该了解仿生制品需求的迫切性和重要性，通常情况下，工程需求是多样的，应该择重、择优选择最迫切需要解决的问题进行研究。确定仿生目标需求是否合理与科学，以确保仿生目标功能的优异性、原理的科学性、技术的先进性、经济的合理性、环境的适应性及制造条件的可能性等。特别是多目标需求，涉及多个功能目标能否同时实现，是否存在兼容矛盾，如何能以最简便的设计与制备技术实现多个目标功能的有效集结，怎样有机组合能更好地发挥和提升综合效能，拟设计出的仿生制品与传统、常规、非仿生方法制备相比是否有创新，等等，这些都是在设计之初，对需求性进行分析时应该考虑的。因此，对仿生目标需求进行合理性与科学性论证与分析是非常必要的。

在科技、工程、经济、社会等领域，时时处处会涌现大量的各种各样的需求，但自觉地、主动地面向仿生却很少很少。仿生科技工作者的重要任务之一就是要善于将这些需求引向仿生之路，变成仿生需求，并使之真正成为仿生的强大驱动力。而要做好这种引导，就要掌握好需求性原理。

12.2　模 本 原 理

模本原理主要指生物模本、生活模本和生境模本在选择、研究过程中应该知晓和掌握的道理。模本是仿生的基础，没有模本，仿生就如无源之水，无本之木；没有好的模本，就不会有好的仿生成果。因此，模本的好与差直接关系仿生研究的成与败。

12.2.1 模本优选原则

所谓模本原理，即对于确定的仿生需求，仿生模本应是同类中最优的。最优是指：①选得准。根据仿生需求，模本可以是一种多个样本，也可是多种多样本的集合。不论是一种还是集合，选取的模本必须符合仿生需求，还要符合生物学要求，或符合生活哲理、生境规律。②质量高。模本在同类中符合仿生需求的行为、功能特性等是最突出的。③数量适度。既要符合统计学要求，又要兼顾效率、效能。

模本有单目标和多目标之分。模本能作为仿生需求一个目标载体的，即为单目标模本；而能作为仿生需求 2 个及以上目标载体的，即为多目标模本。事实上，在仿生研究中，为了优化模本，即使是单目标模本，也常选用多种模本原型组成的集合为模本。

不论是单目标模本还是多目标模本，都要充分关注其本体的稳健性、行为的重现性、功能特性的可续性及其与生境的协调性。

12.2.2 单目标模本

单目标模本是为了实现某种特定功能，有针对性地选取某一种模本作为研究对象，通常，利用单目标模本原理开展的仿生研究工作都有明确的或特定的应用目标，即模本虽然只选取一种，但有针对性，研究成果应用有目的性。因此，利用单目标模本进行仿生设计时，所选模本应尽可能是已有研究发现中相对比较适合的模本。例如，飞行员和宇航员在正载加速度较高时飞行，血液从头部涌向下肢，致使头部供血不足，会出现黑视；而在负载加速度较高时飞行，惯性力把血液从下肢推向头部，致使头部出现高血压，眼睛充血，出现红视。这些对飞行员身体造成极大伤害。为了解决这个难题，科学家们做了大量的研究，最后发现长颈鹿是目前解决这一问题的最好模本。研究发现，长颈鹿之所以能将血液通过长长的颈输送到头部，是由于其血管周围的肌肉非常发达，能压缩血管，控制血流量；同时，长颈鹿腿部及全身的皮肤和筋膜绷得很紧，利于下肢的血液向上回流[5]。科学家由此受到启示，研制出了抗荷服，其上安有充气装置，随着飞机速度的增高，抗荷服可以充入一定量的气体，对血管产生一定的压力，使飞行员的血压和血液流动保持正常。现今，虽然发明了各式各样的抗荷服，但其原理一直都是依据长颈鹿血液传输方式进行设计的，这也是目前解决飞行员过载飞行引起身体损伤最为简便又十分有效的一种方法。

此外，单目标模本也模拟众多模本皆具有的一种共性原理和规律进行仿生设计，即模本虽然众多，但所有模本所具有功能性原理是一致的，不需要开展对众多模本的一一研究，只需直接应用这一共性原理即可实现仿生目标。例如，人和动物的血管系统功能原理十分相似，可以运送血液和氧气，当损伤发生时，血管系统还可以运送特定物质到需要的地方进行修复。近年来人们直接基于血管修复损伤这一共性原理，开展了许多仿生材料自修复、自愈合研究。玻璃纤维及其他强化复合纤维材料轻质坚固，广泛用于航空、航天、航海、军工、汽车、城市建筑等多个领域中，但由于它们是层状结构，经常会出现层间分离与纤维断裂，又很难用传统方法来修复。美国伊利诺斯大学的研究者利用血管修复损伤原理，开发出一种新型自愈系统，能帮助纤维材料实现反复自动愈合。该自动愈合系统是一种三维脉管网络，利用环保的高分子聚合物做“线”，对强化纤维材料进行“缝纫加工”，缝制出特殊纹理的三维花纹，就像生物组织中的脉管系统。而这种缝纫线是临时性的，加工完成后通过加热使其蒸发，只留下中空的脉管网络。脉管由两套隔离的脉管系统组成，分别充入不同的愈合剂，一种是环氧树脂，另一种是硬化剂。发生断裂时，本来隔离的微管道系统断裂，里面的愈合剂就流出来进入纤维材料，如同血管破裂，两种愈合剂在断裂位置互相接触，会形成高分子聚合物，就像一种结构性胶，把损伤区域连接在一起，所有的断裂都能 100%成功愈合，且可以反复循环修复，如图 12-1 所示[6]。此外，研究者还根据血管修复损伤原理成功研发出有自我愈合功能的塑料，能在 20 min 内自我填补直径达 35 mm 的“伤口”，并在 3 h 之内复原，坚固程度达到受损之前的 62%[7]。新款再生塑料中拥有类似“血管”的系统，如果受损，相应的化学物质会像血液一样沿着“血管”流向破损位置，先是充分填补缺口，再逐渐变硬，进行修复，如图 12-2 所示。

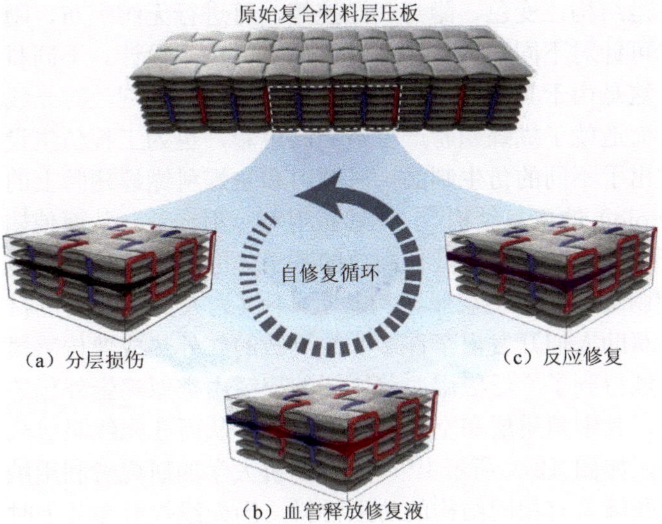

图 12-1　复合材料自愈合修复系统[6]

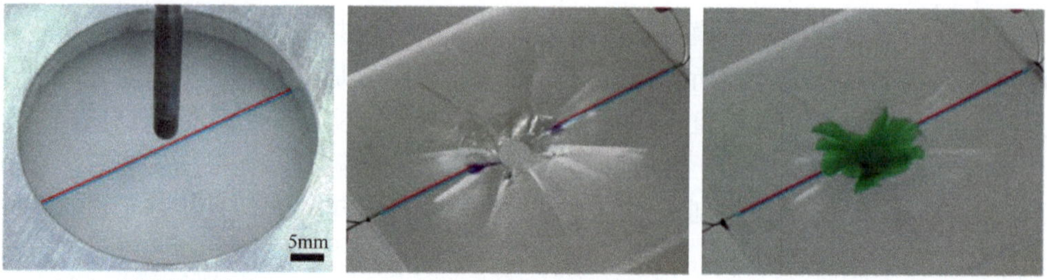

（a）对塑料进行冲击　　（b）冲击后损伤　　（c）损伤自愈合

图 12-2　塑料自修复过程[7]

因此，单目标模本是有针对性选取一种模本的原理或利用众多模本皆具有的一种共性原理进生仿生研究，研究成果应用针对性较强。

12.2.3　多目标模本

多目标模本可以是一种多样本的模本，因为它自身同时具有多种功能性特性能满足多目标的仿生需求；也可是多种多样本的模本，因为只有其功能特性集合才能满足多目标的仿生需求。但模本的样本量应满足模本原理要求，进行相应的仿生制品研制。

在多目标模本中，有时一个物种中的不同群体（如科）在自身构造与功能特性上有一定的相似性，满足多目标仿生需求，可作为多目标模本，但也存在明显的特殊性。因此，可以开展对这类模本相关群体的研究工作，既利用这些模本的共性进行多目标仿生设计，也利用群体模本的突出特性有针对性地开展单目标仿生设计。例如，鳞翅目蝴蝶科目繁多，不同科的蝴蝶翅膀鳞片微观结构各不相同，共性功能特性是结构色变色、隐身和温控等，可进行无纺织布、隐身和控温等多目标仿生，也可针对不同科特殊特性进行单目标仿生设计。不同科的蝴蝶翅膀色彩各不相同，这是由于其鳞片的微观结构存在着细微差别，对光线的折射和反射效果不同，从而造就了蝴蝶翅膀产生不同的色彩，也为工程仿生设计提供了不同的灵感，开发出了不同的仿生制品。凤蝶科和灰蝶科蝴蝶翅膀上的一些鳞片具有类似酒钻（gyroid）的重复结构[8]，能够折射和反射光线，从而使翅膀色彩鲜艳绚丽，为人们开发太阳能电池及其他高效的基于光的装置提供了借鉴。闪蝶科和环蝶科的蝴蝶翅膀一般具有多层膜结构[9,10]，不仅为人们开发变色材料提供了重要模本，而且还帮助人们开发出了许多非常灵敏的红外热成像传感器，在工业、军事和医学等领域得到了广泛应用。燕尾蝶的翅鳞由类似鸡蛋外包装纸盒一样凹凸的微结构组成，其中角质层和空气层交错出现，从而在光线照射至该结构时产生了浓烈的色彩，如图 12-3 所示 [11]。英国剑桥大学的研究者利用纳米制造工艺制造了与燕尾蝶翅鳞具有相同结构的仿生材料，当光线投射在其上时，会产生如蝴蝶翅膀般的艳丽色泽，如图 12-4 所示。在自然界中，有许多类似蝴蝶这样的多目标模本，如具有自洁功能的植物叶片和昆虫翅膀、具有复眼功能的昆虫、具有耐磨功能的贝类等[12,13]，这些模本中同时具有多种功能特性，可供人们多目标仿生参考和借鉴；也正是由于上述个体模本或群体模本既有共性又有突出个性的特点，为人们提供了更多的灵感，也为人们在一种设计中展现出了多种设计方法。

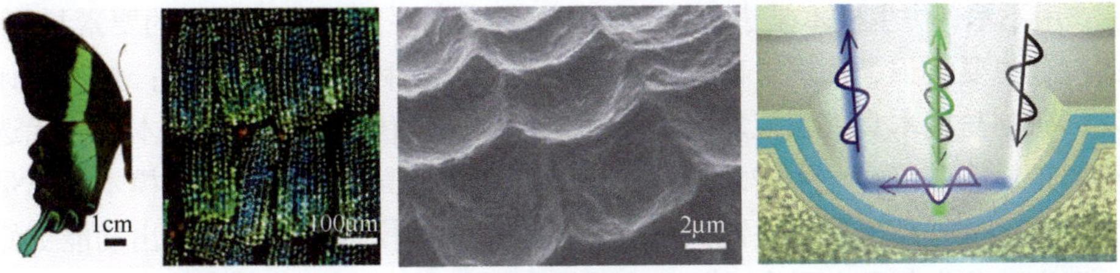

（a）燕尾蝶翅鳞　（b）翅鳞微观结构　（c）光在翅鳞上反射的原理示意

图 12-3　燕尾蝶翅鳞结构与光反射原理示意[11]

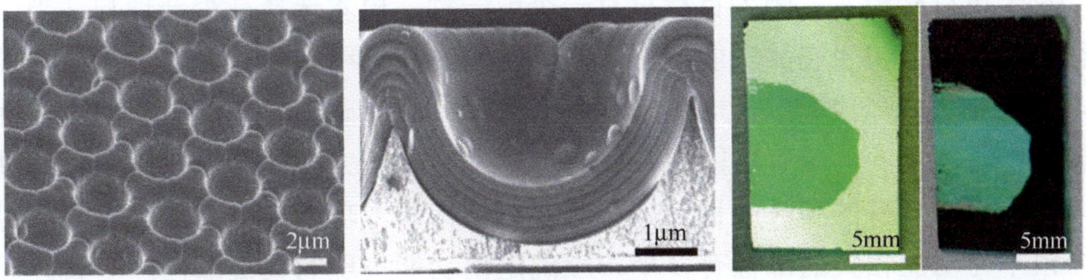

（a）变色材料微观结构　（b）单个结构放大　（c）材料变色

图 12-4　仿燕尾蝶翅鳞结构制备的变色材料[11]

在进行仿生设计时，为了实现两种或两种以上特定的功能，有时不同种类、不同生境的多个模本都可以为其提供借鉴。在具有这种跨度较大的多目标模本情况下，可以从众多模本中优选出几种模本，从这些模本中筛选出关键仿生元素，将这些关键仿生元素有效耦合与集结，从而制备出一种具有多个模本特征的多目标仿生制品；也可以从中优选与功能目标、服役工况最为接近的几类模本进行研究和比较优化，找出这些模本的共性原理与个性规律，进行多目标的仿生制品设计。例如，对于构建仿生超疏水防雾表面，可以选取具有此功能的植物叶片（如荷叶、苇叶、水稻叶等）、昆虫翅膀（如蝴蝶、蝉、蛾等）、昆虫复眼（如蜻蜓、蛾、蜜蜂等）等多个不同种类、不同生境的模本进行研究[14]，开发出具有不同服役工况的仿生制品。

通常情况下，无论是单目标模本还是多目标模本：首先，都应对目标模本进行筛选与优选，选出一种或几种与仿生目标最为接近的模本；其次，要考虑现有研究手段与制备技术能否实现对目标模本功能的仿生高效再现；最后，还要考虑目标模本转化能否产生更高的仿生效能。

12.2.4 模本优选与综合优化

自然界为人们提供了取之不尽、用之不竭的仿生模本，可以说，仿生模本选不完、用不尽。仿生模本是进行仿生设计与开发仿生制品不可或缺的要素与基础。因此，首先要认识、优选、研究模本；进而学习、利用、模拟模本；然后设计、开发、研制与模本具有相似功能特性的仿生制品。仿生设计时，模本必须优选，首要的是要选取符合仿生需求，与工程需求相似度高的仿生模本。模本优选是保证高能效仿生制品研发的关键，只有选择出适当的模本，才能开发出功能更好、能效更高的仿生制品。只有选好仿生模本，人们才可以更好地设计出最适合工程需求的仿生制品。

对于单目标模本，因为目标只有一个或一种，模本选择是否合理与适当，直接影响设计出的仿生制品功能发挥效率。因此，在采用单目标模本进行仿生设计时，首先要从众多模本中优选出一种作为目标模本，确定所选模本的功能特性是最接近工程需求的，最有可能解决现有问题或达到最大功效的，即模本优选过程中，要明确研究目的和应用目标；然后要对目标模本功能部位进行优选，有时同一个模本与功能相关的部位有多个，应确定出功能实现的关键部位，对其开展研究工作。

在多目标模本中，无论是采用一个模本进行仿生产品的设计，还是采用多个模本进行一种仿生产品的设计，首先要在众多生物原型中优选出几种仿生模本，然后把从多个模本中提取的起支配作用的仿生元素进行筛选，逐一地、全面地优化，考虑各因素间的相互协调关系，然后进行全域统筹处理，实现综合优化，保证最终进行仿生设计的元素或其组合是最优化的。例如，有许多生物可以在干旱的环境中生存，因为它们进化出能从稀薄而潮湿的空气中收集水的功能特性，如沙漠甲虫、仙人掌和猪笼草等，人们受这些生物的启示开发出了一系列仿生集水制品[15,16]。美国哈佛大学的研究者将沙漠甲虫背部凸包的几何形状与仙人掌刺的不对称结构和猪笼草瓶颈几乎无摩擦的超滑表面形态相结合，通过对各个模本集水功能关键元素的优化与有机组合，设计出一种高性能仿生集水材料，可以更高效地从空气中收集水，如图 12-5 所示[17]。

综合优化与有机组合是多目标模本设计的重点，不进行综合优化，这些从多个模本中提取的关键元素将无法有机结合；如果只是将各个仿生元素进行简单叠加与组合，整个系统也将无法更好地协同工作。因此，要充分考虑各个环节及其整体的优化，即实现全程优化、全面优化和整体优化。

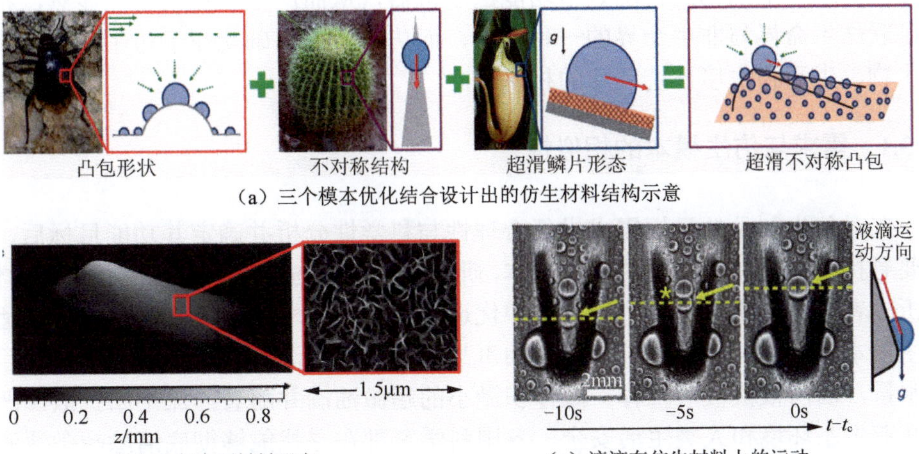

（a）三个模本优化结合设计出的仿生材料结构示意

（b）凸包表面材料形态

（c）液滴在仿生材料上的运动

图 12-5　仿生集水材料[17]

g：重力，t：开始运行时间，t_c：完成聚集时间

12.2.5　模本的简化与凝炼

无论生物模本、生活模本，还是生境模本，自然界赋予了仿生模本强大的功能体系、精妙的组合方式、深奥的机理内涵，揭示出这些功能特性的机理与规律是仿生学的基础研究。任何一个模本的功能实现都是由许多或复杂、或简单、或精妙的因素耦合、协同作用的结果，对这些仿生因素进行分析、简化、凝炼、优化、集成、耦合，是仿生信息转化为仿生制品的关键环节。只有对提取的模本信息进行简化与凝炼，才能更好地将这些信息变成有望解决工程技术问题的具体方案，才能更容易、更简捷地将模本中可仿生的功能特性的精华在仿生制品中予以实现。

因此，无论是采用单目标模本还是采用多目标模本进行仿生设计，在对模本进行优选与优化之后，还要对提取的仿生设计元素进行简化与凝炼。在满足功能特性要求的情况下，首先考虑主要元素的设计，并对主要元素进行合理简化，同时，还要简略一般元素的设计，尽量减少仿生元素的数量。一般而言，在功能目标有效实现不受影响的前提下，采用仿生元素数量越少越好，构建出的仿生模型越简化越好，制备出的仿生产品加工工序越简单越好。

12.3　相似性原理

自然界都是相似的，相似性是生物进化中发生的自然规律；人类生活中的工程技术也处处充满相似现象。正是人类对相似性的深刻认识，才打破了生物与非生物的界线，把动物的自动调节功能赋予机器，从而产生了仿生学。显然，相似性是联结生命界与非生命界的一种纽带，而仿生学的基础就在于仿生系统与被仿的生物、生活和生境系统之间的相似性。

12.3.1 需求与仿生模本的相似性

在对仿生制品的目标需求进行合理性与科学性分析并确定其功能目标后，首先要寻找与其具有相似性的仿生模本，研究仿生制品与仿生模本间的共性与异性，分析二者之间的相似程度，进而从中优选出与工程需求相似度最高的、最合适的仿生模本。例如，近年来，油船溢油事故频发，虽然油水不容，但因为海洋巨大的水量，油污很快被“稀释”成体积微小的超微油滴并随着洋流不断扩散，严重威胁着生态环境和人类生活安全，各国科学家都在寻找能够彻底清除超微油滴的方法。中国科学院化学所的研究者发现，仙人掌刺表面具有微槽形态，且其上分布着许多锥形针尖（图 12-6），能高效地吸附雾气中的水珠，刺表面收集的水滴能被其表面结构自驱动向刺的根部聚拢[18]。研究者想到，雾气中的水滴和油水混合物中的油滴具有相似性，或许可以将仙人掌刺的循环模式应用到油的收集中。研究者模拟仙人掌刺形态与结构，采用铜（表面修饰长链硫醇）和聚二甲基硅氧烷制备了锥形的针尖，并在其表面构筑微纳复合微槽粗糙形态。由于材料本身的疏水亲油性质，油水混合物在流经锥形针尖时，油滴会被吸附到针尖上，慢慢汇集成较大的油滴。针尖收集的油滴超过临界大小时，就会自发地将油滴驱动至针尖根部储存，露出的针尖表面又开始下一个集油的循环，从而实现连续的油水分离，如图 12-7 所示。

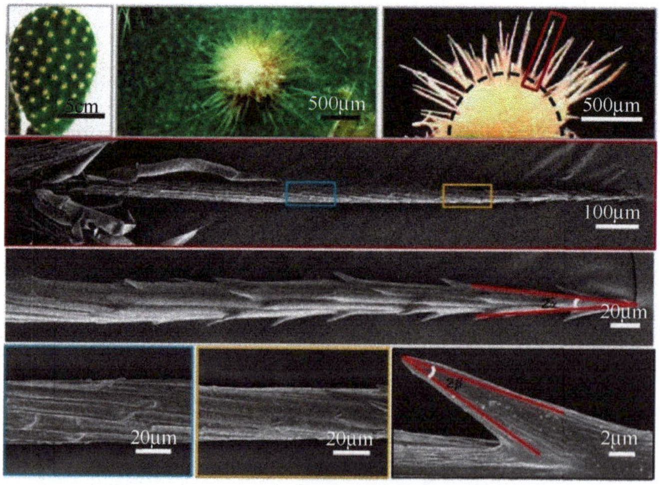

图 12-6 仙人掌刺表面形态与结构[18]

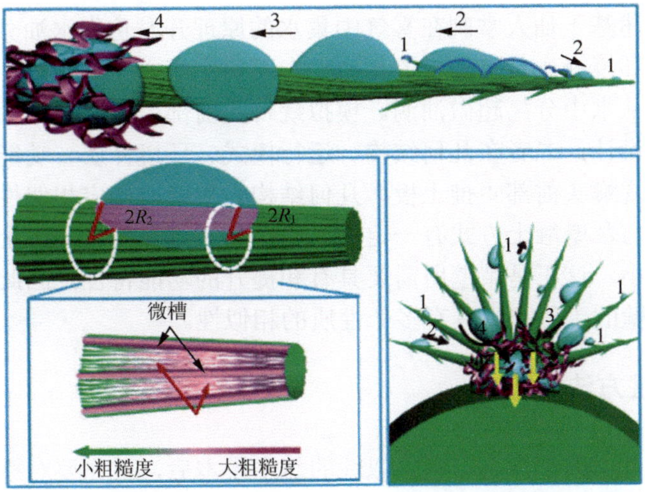

图 12-7　仿仙人掌刺材料集油循环示意[18]

1：吸附，2：汇集，3：运输，4：吸收

仿生模本的选择至关重要，相似性分析是保证仿生模本选择合理性及仿生模拟与设计有效性的关键，选择出与工程需求相似度越高的模本，制备出的仿生制品将会越接近工程需求，仿生设计的可行性与有效性也会越高。

12.3.2　相似性性质分析

相似性的实质是系统间特性的相似，而体现这种特性的，可以是系统中的相似要素，即相似元，或者若干相似元构成的组合。有别于传统相似理论，仿生相似性原理重在：①相似性的代表要集中，仿生模本是仿生需求目标的载体，但二者相似的最佳代表是相似元，还是其组合，是哪个相似元，是怎样的组合？应首先精准确定；即使是组合，对于组合中若干相似元，也应明晰它们各自的权重。②相似度 R 应尽可能高。仿生模本与仿生需求两系统间的相似度越高，仿生效果越好。仿生研究中的相似，一般都是具体相似，其相似度是可以量化的，通常 $R \leqslant 1$；仿生追求 R 高值，使其从形似向神似发展，亦是仿生相似性原理的主旨之一。③相似分析要全面。既要对仿生需求进行相似产品分析、相似工程分析、人工相似分析，还要对仿生模本进行自然相似分析、自相似分析；需要的话，还要进行相似的稳健性分析。

因此，在进行工程需求与仿生模本之间的相似性分析时，其相似性性质有多种，如仿生制品与仿生模本几何结构相似、材料组成相似、运行模式相似、动力模式相似、环境介质相似、功能特性相似、功能实现模式相似等。这些相似性质都可以作为仿生制品与仿生模本相似性评价的指标，满足的性质越多，相似度则越高。

例如，上述基于仙人掌刺在雾气中集水的原理开发仿生水油分离材料，其相似性的依据是环境介质具有一定的相似性，即仿生模本是从雾气中凝结小水珠，仿生制品需要从水中分离超微油滴。模拟蜣螂头前部“推土板”面形态进行仿生凸包形犁壁的设计，二者在几何结构、运行模式、环境介质、功能特性上具有一定相似性，即蜣螂头前部“推土板”几何结构与犁壁有一定相似性，蜣螂在黏性的粪土中运行与犁壁触土方式有一定相似性，且蜣螂在黏性的粪土中运行不仅不粘附而且阻力小，这正是犁壁所需要具有和提升的功能特性，因此，蜣螂作为仿生模本，与犁壁的工程需求具有多个性质的相似性。

12.3.3 相似性方法优选

确定出与工程需求具有极高相似性的仿生模本后，首先要对模本开展研究工作，提取对功能特性贡献度较大的一些仿生元素，在模本的研究过程中，有许多表征手段、检测方式、试验方法可供选择，有时许多研究手段是非常相似的，但都有各自的研究重点，对模本原理揭示的角度与层次也有异同。选择适当的研究手段对模本原理揭示与后续仿生设计至关重要。因此，在现有研究条件下，应当优选出最易于揭示模本机理的研究方法和处理技术。

在仿生设计时，即使是对同一个目标需求，可供选择的制备材料也是不同的，这些材料在物理结构、化学成分、功能特性上有一定相似性，均具备目标需求的各种特征要求，均可以作为备选材料进行设计。因此，需要根据具体工程需求，结合制造技术、创新性、经济成本、绿色可续等要求，优选出最适合的制备材料。例如，上述仿仙人掌刺形态与结构，采用铜和聚二甲基硅氧烷制备仿生水油分离材料，研究者还尝试采用金、聚苯胺、聚乙烯材料制备，同样能达到水油分离效果，因此，研究者推测绝大多数疏水亲油的材料均可作为制备的原材料。但在功能特性相同的条件下，在众多特性相似的原材料中，如果考虑经济成本与更广泛的工业应用，则应优选制备技术简便、材料成本低廉、易于大规模工业生产的原材料。

诚然，生物界存在相似性，非生物界存在相似性，而生物界与非生物界之间也存在相似性，正是控制论认知了这种跨界相似性，而仿生学则应用了这种跨界相似性，才为生物界与非生物界的科学融合开辟了广阔的新天地。显然，相似性原理不仅是仿生研究的基础理论，也是其有效的科学工具。

12.4 可实现性原理

任何科学、技术、产品和工程的项目在立项时都要进行可行性分析，这是项目顺利完成的重要保证。仿生项目是多学科交叉研究，是需要生命界与非生命界有效融合的跨界研究，涉及面广，未知的、模糊的、灰色的因素多，不可控制的参量多，风险大。显然，仿生研究更应进行可行性分析。可实现性原理就是回答生命系统中的结构、功能特性等因素如何科学有效地融入到仿生系统中去的。

12.4.1　仿生方案可行性

合理的仿生研究方案应在设计时实现了最优化，主要体现在：①相似元或其组合中的设计参量筛选合理，设计参量的权重、其间的关系及其变化规律的研究等科学可行；②研究环境的干扰和方案实施的条件约束能有效调控；③仿生需求目标与设计参量间关系的探寻，不论采用何种方式，也不论其关系多么复杂，方向始终是明晰的。应对研究方案高度重视，若方案自身出现了问题，那将是根本性、方向性的错误，可能造成严重的损失。

仿生方案是仿生设计之初需要论证与评价的，其是否具有可行性、是否有创新性、是否有工程应用背景或能否为工程设计提供仿生储备等，都是需要考虑的。仿生方案可行与否，关系到后续仿生设计、模拟、制造及工程应用等各个环节能否顺利进行；仿生方案新颖与否，决定了整个仿生设计的创新性；仿生方案是否有工程应用背景，决定了仿生设计前景的发展和转化方向。因此，在仿生设计之初，需要对仿生方案进行综合评价，保证其可行、有创新、能应用，并将其与需求紧密结合，从而为仿生制品的设计、制备与工程化等提供新理念、新方案与新技术。

12.4.2　仿生技术路线可行性

技术路线就是方案如何实施，目标怎样实现，这也是仿生思维的具体展现，具体是：①拟应用的理论、技术、方法成熟度高，拟研发的理论、技术、方法和仪器装备创新性强，而且应用与研发的具体思路清晰，措施得当；②技术难点准确，并行或序贯攻关调度合理；③关键环节、时间节点、实施步骤、纵横连接，能科学安排，高效运行。

因此，在确定仿生方案可行之后，要对整个仿生设计与制备的技术路线进行论证，包括仿生模本功能原理揭示技术手段、仿生模型科学抽象与合理简化的建立、仿生制品合成材料选取、制备与合成技术选择、仿生制品特性表征与性能测试方式等，需要对这一系列技术过程进行可行性分析。任何一个环节出现问题，不仅影响下一个环节的顺利进行，而且还会导致仿生制品效能降低。仿生技术路线引领整个仿生设计与制备全过程，对其进行可行性分析，确保各个环节顺利进行，同时，可以加强薄弱环节的设计，促进高效环节的进一步提升。

12.4.3　仿生目标实现的风险性分析

再合理的研究方案，再正确的研究路线，如果不能有效地控制实施过程中的各种风险，就有可能使研究前功尽弃。这就要求：①必须全面了解可能的风险源，充分认识各种风险影响大小及其可控程度，做到风险可控，尽量使风险系数降到最小；②调控措施必须有力、有效。

仿生方案可行与仿生技术路线可行，只是在设计阶段初步论证了分析、检测、制备、试验等技术手段可行，预测了整个仿生全过程可行，理论上最终可以获得目标需求的仿生制品。然而，在实际的分析、设计与制备过程中，还存在许多不确定因素，影响最终仿生目标的实现程度。因此，要对影响仿生全过程的不确定因素进行分析，预知不确定性因素可能出现的各种状态和发生的可能性，测算它们的变化对仿生全过程产生的各种成果和最终仿生目标实现的影响，从而，识别风险因素，估计风险概率，评价风险影响并制定相应的风险对策，把仿生目标实现的风险性降到最低，保证仿生目标实现的可靠性。

显然，可实现性原理是确保生命系统向仿生系统成功转化的不可缺少的重要环节，是仿生基本原理重要的组成部分。

12.5 比较优化原理

最优化不仅是科学、技术、工程乃至管理等众多领域解决问题的一个重要理念，也是仿生研究不可或缺的一个基本要求。基于最优化理念和大量仿生实践的比较优化原理，虽然主要针对仿生目标，集中体现于仿生研究的成果中，但也要从仿生研究起点出发，贯穿于仿生研究的全过程。

12.5.1 比较优化原理的内涵

比较优化原理的核心内涵是，仿生研究的成果，不仅要全面满足仿生需求的各项目标要求，而且要：①优于传统的同类，即纵向上，在已逝时间离现在的最近点，仿生成果的核心或关键指标应处于最好水平；②优于非仿生的同类，即横向上，在包含时间最近点的二维空域内，仿生成果的核心或关键指标应处于最佳水平。简言之，与同类相比，仿生成果既要比传统的好，又要比非仿生的好。这就要求仿生活动从构思立项开始，到需求分析、模本选取与研究，相似模拟，最后到仿生设计与制造，全过程都要遵循比较优化原理。不仅如此，要真正做到最优化，在仿生过程中还必须坚持主动、绿色和可续的仿生原则，使仿生成果符合科学技术和产品的发展趋势。

比较优化原理要求仿生全程优化，这就必然使仿生充满活力，更具生命力，更具吸引力，甚至可能创造出仿生度大于 1 的奇迹，这也是仿生学永续创新，不断进步的本质体现。

12.5.2 优于传统

比较优化原理要求仿生全程优化，这不仅要求理念、方案、模本等优化，还要求模拟手段、制备技术、测试方法、评价方式等优化，正是由于对仿生设计各个环节与层面，以及对大量传统同类研究实践的比较优化，才使得当前的仿生研究成果与之前各种同类的传统制品相比较，不仅具有更高的创新性，而且在核心技术、关键性能指标、效能、绿色可续等方面都处于相对最好的水平，存在着明显的优越性。例如，对仿生自洁功能表面的制备，最初设计出的材料表面可以实现超疏水，而随着研究的深入，之后出现的产品可以实现超疏水、疏油、防冻粘等，而现今制备的仿生产品不仅能实现双疏，而且还能亲疏转换，如亲水疏油或亲油疏水等，因此，无论是在制备手段上，还是功能上都得到了极大提升。

12.5.3 优于非仿生

在时间最近点的仿生制品不仅要优于传统同类制品，而且还要优于非仿生制品，这不仅是仿生比较优化原理的准则，也是仿生学的基本准则。仿生过程是一个全程创新与优化的过程，从最初的仿生理念到最后的仿生制备与评价，每个环节都要遵循比较优化原理，真真正正地做到最优化。因此，在进行仿生设计前，应该充分分析目前非仿生制品的关键技术、功能优势、存在问题与急需攻克的难点；在进行仿生设计时，针对同类非仿生制品存在的关键问题，采用比较优化原理，运用仿生策略，有目标地超越同类现有关键技术，从而设计出比时间最近点的非仿生制品更优、更好的仿生制品。

综上所述，掌握需求性原理、模本原理、相似性原理、可实现性原理和比较优化原理，是仿生研究工作顺利开展的重要基础，是研发仿生制品的必由之路。从仿生需求分析、模本优选、模型构建、相似模拟，到仿生制品制备、目标实现风险分析、效能评价，再到工程化、产业化，这些环节有机链接与全程比较优化，可以保证仿生全过程不断展现各种创新，促进仿生成果不断推陈出新。

参 考 文 献

[1] Ren L Q. Progress in the bionic study on anti-adhesion and resistance reduction of terrain machines. Sciencein China Series E: Technological Sciences, 2009, 52: 273-284.

[2] Barthlott W, Neinhuis C. Purity of the sacred lotus, or escape from contamination in biological surfaces. Planta, 1997, 202: 1-8.

[3] Ren L Q, Liang Y H. Biological couplings: classification and characteristic rules. Sciencein China Series E: Technological Sciences, 2009, 52: 2791-2800.

[4] Ren L Q, Liang Y H. Biological couplings: function, characteristics and implementation mode.

Sciencein China Series E: Technological Sciences, 2010, 53: 1-9.
[5] Badeer H S. Does gravitational pressure of blood hinder flow to the brain of the giraffe. Comparative Biochemistry and Physiology Part A: Physiology, 1986, 83: 207-211.
[6] Patrick J F, Hart K R, Krull B P, et al. Continuous self-healing life cycle in vascularized structural composites. Advanced Materials, 2014, 26: 4302-4308.
[7] White S R, Moore J S, Sottos N R, et al. Restoration of large damage volumes in polymers. Science, 2014; 344: 620-623.
[8] Saranathan V, Osuji C O, Mochrie S G J, et al. Structure, function, and self-assembly of single network gyroid （I4132）photonic crystals in butterfly wing scales. Proceedings of the National Academy of Sciences, 2010, 107: 11676-11681.
[9] Pris A D, Utturkar Y, Surman C, et al. Towards high-speed imaging of infrared photons with bio-inspired nanoarchitectures. Nature Photonics, 2012, 6: 195-200.
[10] Han Z W, Niu S C, Shang C H, et al. Light trapping structures in wing scales of butterfly trogonoptera brookiana. Nanoscale, 2012, 4: 2879-2883.
[11] Kolle M, Salgard-Cunha P M, Scherer M R J, et al. Mimicking the colourful wing scale structure of the papilioblumei butterfly. Nature Nanotechnology, 2010, 5: 511-515.
[12] Liu X Y. Bioinspiration from Nano to Micro Scales. New York:Springer New York Heidelberg Dordrecht London, 2012.
[13] 任露泉, 梁云虹. 耦合仿生学. 北京: 科学出版社, 2012.
[14] 江雷, 冯琳. 仿生智能纳米界面材料. 北京: 化学工业出版社, 2007.
[15] Andrew R P, Chris R L. Water capture by a desert beetle. Nature, 2001, 414: 33-34.
[16] Wong T S, Kang S H, Tang S K Y, et al. Bioinspired self-repairing slippery surfaces with pressure-stable omniphobicity. Nature, 2011, 477: 443-447.
[17] Park K C, Kim P, Grinthal A, et al. Condensation on slippery asymmetric bumps. Nature, 2016; 531: 78-82.
[18] Ju J, Bai H, Zheng Y, et al. A multi-structural and multi-functional integrated fog collection system in cactus. Nature Communications, 2012, 3: 1-6.

第 13 章　仿生学基本原则

大自然亿万年来一直高效、低耗、绿色、可续地运行。仿生学实质上就是学习大自然，模拟大自然。因此，大自然有效运行的机制、规律与法则理所当然应成为仿生学必须遵循的原则，否则，仿生就失去了学习、模拟的根本。为将人类的种种需求更多地引向仿生，并将以仿生最佳化地圆满解决之，仿生的主动性和最佳化，也应是仿生学需遵守的原则；否则，仿生就难以保证学习、模拟的效能。

仿生学的基本原则是主动仿生、绿色仿生、可续仿生与最佳化仿生，它们是仿生研究工作开展的依据与准则，正是这些原则有效驱动仿生学成为众多新技术的支撑，创造出更多的奇迹。

主动仿生原则是主动将需求导向仿生，自觉培养仿生意识，积极进行仿生实践，它是将需求目标与仿生模本有效链接的关键；绿色仿生原则是要求效仿大自然以最低能耗和最高能效持续维持生态系统运转的方式，开创一条节约资源、环境友好的设计与制造全程绿色之路；可续仿生原则是仿生学向大自然学习可续发展模式，实现仿生科学永续发展的重要保证；最佳化仿生原则是有效推动仿生全程时空域内种种设计及其实现的优质化，是主动仿生、绿色仿生与可续仿生高效实现的重要支撑。这 4 个原则相辅相成、密不可分，是仿生研究全程必须遵循的基本原则，也是仿生学发展必须坚持的基本理念，而绿色和可续仿生原则则是仿生学的核心理念。

本章着重论述仿生学基本原则的内涵与内容，目的在于增强仿生理念、加强仿生实践，促进仿生全程向着绿色、生态、可续、最佳化的方向更好地发展。

13.1　主 动 仿 生

主动仿生原则的内涵是指：①主动发现仿生模本。善于发现“三生”模本产生的各种现象及其功能特性并主动投入更多的关注，主动培养仿生意识，从而激发出更多仿生创新的灵感。②目标需求与仿生模本有机链接。将科技、工程、经济、社会等领域内的各种各样需求主动地引向仿生学，使这些需求变成仿生需求，变成开发仿生制品的强大驱动力，优先采用仿生策略解决现有技术面临的难题。③积极主动参与仿生实践。带着好奇、兴趣和勇于探索、敢于坚持的精神，创造仿生度 $Fs>1$ 的奇迹。

因此，要高度重视培养仿生意识的自觉性、高度重视走仿生创新路径的主动性和高度重视基于科学推动进行仿生的积极性，这样才能更好地主动仿生。

13.1.1 高度重视培养仿生意识的自觉性

高度重视培养仿生意识的自觉性是产生仿生理念和开展仿生设计的先导和源头。培养仿生意识的自觉性，可以激发研究者对生物、生活、生境模本功能特性时刻保持高度关注、主动认知和积极探索，进而去深入研究、揭示机理、模拟创造与工程转化等。人们所进行的各种仿生活动，有许多最初都是出于仿生理念自觉性的引导，主动发现模本的功能特性，然后自觉地思考其中的原理并将其与工程问题相联系，最终设计出能够有效解决工程技术难题的仿生制品。

尽管自然界为我们提供了取之不尽的模本资源，但若没有仿生意识，也会熟视无睹。自觉地培养和增强仿生意识，就能主动发现和有效利用模本资源，甚至是不经意的发现也能积极思考，深悟玄机，从而不断地催生新的仿生发明。例如，英国著名化学家波义耳在一次实验中，不小心将浓盐酸溅到一束紫罗兰上，为了洗掉花瓣上的酸，他把花浸泡在水中，结果发现紫罗兰变成了红色。正是这一不经意的发现，促动了他敏锐的科研思维，他将紫罗兰花瓣分成小片投到其他的酸溶液中，结果花瓣都变成了红色。波义耳又从药草、地衣、五倍子、树皮和植物的根中提取汁液，并用它们制成了试纸，发明了人们现今还在使用的酸碱指示剂。

可以说，培养仿生意识的自觉性，能够有效激发人们的主动仿生意识，是仿生发现和科技创新不可或缺的源头，是仿生创造的驱动力，在仿生发明与创造过程中具有独特的重要地位和作用。

13.1.2 高度重视走仿生创新路径的主动性

创新是引领科学技术发展的第一动力，也是推动整个人类社会向前发展的重要力量。仿生学是促进科学技术创新的重要途径，高度重视走仿生创新路径的主动性，对促进科学技术的原始创新尤为重要。在各领域前沿的重大突破和重大创新成果中，有许多都是仿生学的创新应用，与仿生学息息相关。仿生学不是新科学，但却是人类在自然与科技创新道路上不懈追求的领域，从载人航天、外太空探测，到互联网、人工智能、纳米技术、基因合成、生物动力、人造器官、智能制造、可再生能源开发，等等，无论是基础研究领域，还是前沿技术领域，都能找到仿生创新技术的推动与引领作用。例如，澳大利亚斯威本科技大学的研究者发现黄星绿小灰蝶翅膀由互相连接的纳米级螺旋弹簧阵列构成，赋予其充满活力的绿色，展现了独特的光学特性。通过模仿蝴蝶翅膀的微观结构，研究者采用三维激光纳米技术开发出了一种小于人类头发丝宽度的纳米级光子晶体设备，这种微型设备包含了超过 75 万个微小的聚合物纳米棒，能同时适用于线性和圆形偏振光，使光通信更迅捷、更安全[1]，如图 13-1 所示。这一仿生创新技术有望开发集成光子电路的电子元件，在光通信、影像学、计算机信息处理和传感技术中发挥重要作用。同时，该技术为开发转向纳米光子器件及超高速光网络带宽的光学芯片提供了新的可能。可见，仿生技术对提升原始创新、关键技术创新和系统集成创新的作用日益突出，在科技创新中发挥了重要的引领作用。

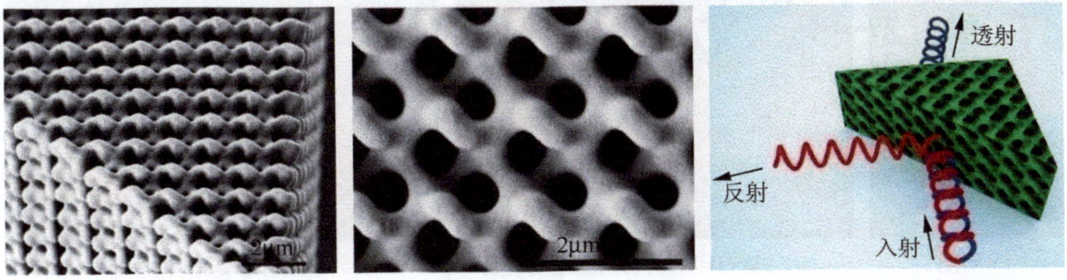

（a）光子晶体设备螺旋结构　（b）表面放大　（c）对光的反射与透射示意图

图 13-1　纳米级螺旋弹簧光子晶体设备[1]

现今，在激烈的科技竞争中，唯创新者进，唯创新者强，唯创新者胜。仿生创新技术正以一种不可抗拒的力量推动着人类社会向前发展，高度重视走仿生创新路径的主动性，将会更多地发挥仿生原始创新的优势，让仿生创新在科学技术发展中蔚然成风。

13.1.3　高度重视基于科学推动进行仿生的积极性

科学推动是仿生学发展的不竭动力与重要支撑，仿生学的每一步前进、跨越与持续发展，都离不开科学的助推。高度重视基于科学推动进行仿生的积极性，有效利用科学的新发现、新原理与新技术，将会为仿生学的研究提供新理念、新方法与新工具，为仿生学研究开辟出更多的新领域。新一轮科技革命正在创造历史性的机遇，催生了互联网+、分享经济、3D 打印、4D 打印、智能制造等新理念、新业态，蕴含着巨大的发展潜力，蕴含着仿生的新理念、新技术、新方法，这些都将直接推动新一轮仿生成果的问世，产生不可估量的仿生成效。例如，目前，3D 打印如火如荼，人们利用 3D 打印技术制造出的各种各样的产品，包括飞机、汽车、机械部件、房屋、食品、服装、人体组织与器官等[2-4]，同时，在 3D 打印的基础上，美国麻省理工的蒂比茨提出了 4D 打印技术，创造出了智能可编程材料，打印出的材料能够根据需求自适应变形，意义非常深远[5,6]。美国哈佛大学的研究者受植物生长启发，希望能打印出可随环境在预先设定参数下成长的 4D 物体。研究者利用 3D 打印技术，采用木浆纤维素制成的水凝胶与丙烯酰胺水凝胶复合制成了两种花朵状材料，浸水后会长成类似兰花的 4D 花朵，如图 13-2 和图 13-3 所示[7]。这是由于丙烯酰胺水凝胶遇水后可膨胀产生变形，而不同排列方式的纤维素可限制物体变形方式，再加上专属数学模型用来引导 4D 物体的打印方式，便产生了预期变形的形状。而许多类似的 4D 仿生设计的制备，用传统技术是无法实现的。3D 与 4D 打印技术不仅推动了制造业的革新，而且有力助推了新型智能仿生产品的问世，加快了仿生学从形似向神似发展的步伐，广阔的市场应用蓝图已经徐徐打开。

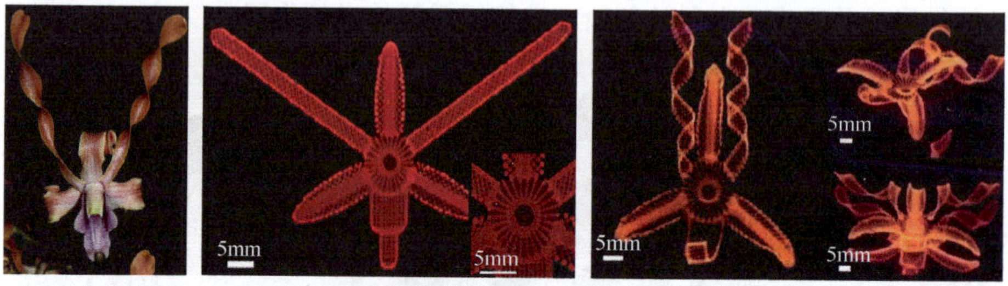

（a）石斛兰　（b）3D 打印的仿石斛兰结构材料　（c）浸水后螺旋生长成 4D 花朵

图 13-2　仿石斛兰 4D 花朵[7]

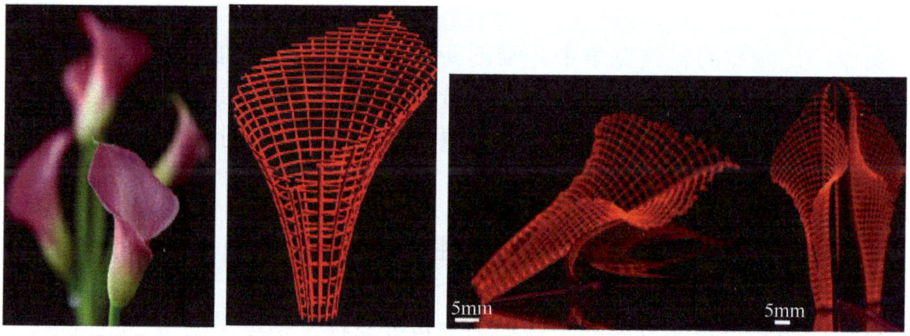

（a）马蹄莲　（b）3D 打印的马蹄莲结构材料　（c）浸水后螺旋生长成 4D 花朵

图 13-3　仿马蹄莲 4D 花朵[7]

在科学技术迅速发展的当下，仿生学的前沿随着科学技术的发展而前伸，积极利用最前沿的科技、最尖端的技术，是仿生学快速发展、取得新的重大突破的关键。同时，仿生学也是科技可持续创新的重要途径，在人类各种需求的强力驱动下，仿生学与科技发展有效互动，不仅有力推动了科学技术的跨越式发展，而且促动仿生学产生了对人类和社会具有重大价值的仿生发明与创造。

13.2　绿 色 仿 生

绿色仿生的原则是指，将生态环境意识融入仿生设计中，在有效解决问题的同时，设法减轻或消除由此可能造成的环境负面影响。绿色仿生原则的内涵是指：①低能耗，高功效，即仿生制品在整个设计、制备与应用过程中节省资源与能源，降低无谓的能量损耗，做到以最低的物质与能量消耗获得最大的功能时效；②环境友好，尽可能减少或不留任何废弃物、尽可能采用可再生资源、尽可能实现可循环往复利用，从而降低对环境的负面影响，做到全程绿色、生态、永续发展。

13.2.1　绿色是仿生的前提条件

绿色是仿生的前提条件，因为经过亿万年进化的自然界，每一位成员对于能源的利用效率远远高于同样功能的人造设备，它们运作不需要化石燃料、核能、电能等，可以用更少的能源创造出更多的价值；一个流程的废弃物总是另一个流程的养分、原料或能源，没有浪费，没有污染，万物本身就是大自然生态链中可被利用的一环[8,9]。所以，从模仿对象上来说，仿生设计原本就具有绿色设计的特性。

绿色仿生原则要求仿生设计不能仅仅只是模拟模本的功能特性，还要考虑仿生设计各个环节的绿色性，重视模拟模本与环境的友好作用方式，在达到功能需求的同时，全面节约与高效利用资源，尽可能减少废弃物，尽可能实现资源的可再生与循环再利用等，真正做到具有高功率、低能耗、低污染、可持续的绿色设计。因此，仿生设计应该面向大自然，一切资源取之于大自然，同时，仿生成果又要能有效融入自然生态链之中，回归于大自然，没有破坏、没有伤害，成为自然生态系统中的有机组成部分，从而持续不断循环。这是仿生设计的前提条件，也是仿生设计的宗旨。

13.2.2　仿生全程应是绿色的

绿色不仅是仿生设计的前提条件，仿生全程设计都应该是绿色的，在仿生方案确定、模本优选与机理揭示、生物模型与仿生模型建立、技术路线分析、材料优选与匹配、制造工艺技术选择或开发、功能特性与效能评价等一系列过程中，要充分考虑各个环节对环境、生态的影响，对各个设计阶段采取针对性措施和方案，力争将对环境的负面影响降到最低。因此，绿色仿生设计全程都要体现对环境和生态的保护，遵循绿色、生态、可续、最佳的设计宗旨，充分实现资源和能源的优化配置与合理使用。

近年来，基于植物叶片、昆虫翅膀等自清洁原理，不采用任何化学修饰、涂层、镀膜等方法，直接在高能金属表面构筑多尺度的仿生几何纹理，制备出了全程绿色的仿生超疏水、低粘附功能表面[10]。例如，吉林大学基于荷叶表面微观乳突状形态（与水的接触角为 157°，接触时间为 12.7 s），采用金马 DK7732 型线切割机，在光滑铝合金表面加工出具有不同间距、分布、深径比的凸包仿生几何纹理（与水的接触角为 150°～160°，接触时间 12.8～15.3 s），这种功能表面表现出了良好的超疏水、低粘附特性，如图 13-4 和图 13-5 所示[11]。这种仿生设计全程都具有绿色特性，其将植物叶片表面几何结构与数学分布规律高效转化到工程部件材料表面，直接机械加工一次性成型，不需要额外低表面能材料涂敷、不需要任何化学修饰、不需要其他复杂制备工艺与后处理工艺等，具有方法简便、节能节材、环境友好、行之有效、易于推广等全程绿色特性。

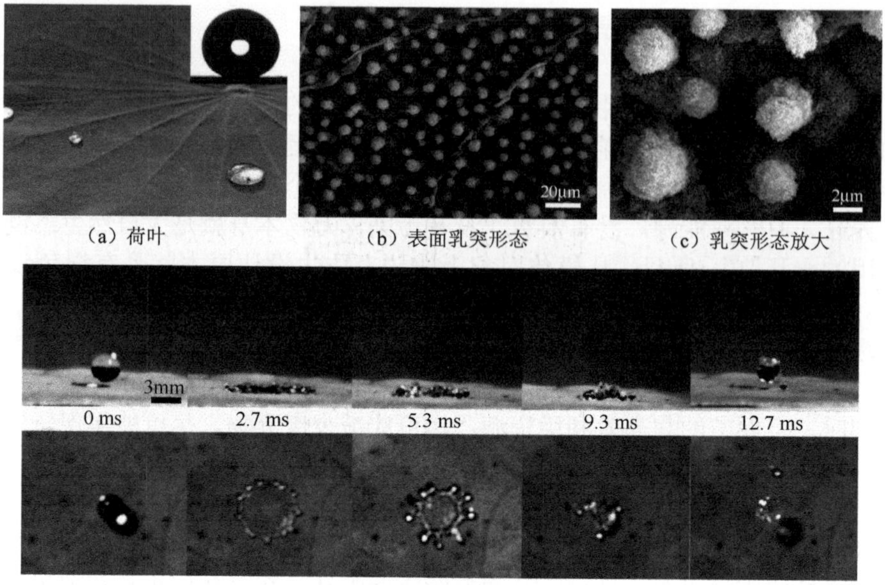

（a）荷叶　（b）表面乳突形态　（c）乳突形态放大

（d）荷叶表面与水滴接触时间

图 13-4　荷叶表面形态及超疏水特性[11]

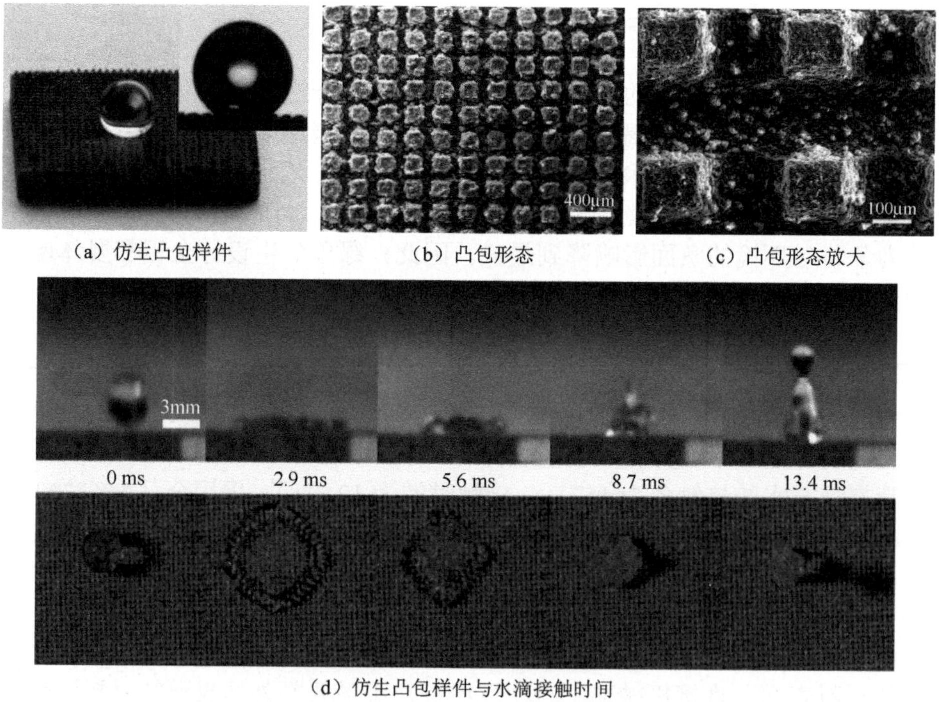

（a）仿生凸包样件　（b）凸包形态　（c）凸包形态放大

（d）仿生凸包样件与水滴接触时间

图 13-5　仿生凸包样件表面形态及超疏水特性[11]

13.2.3　仿生成果的绿色管理与应用

仿生设计不仅前提应是绿色的，全程设计应是绿色的，而且在成果的管理与应用方面也应该是绿色的。仿生模本在相关环境中进化，这种环境是它们存在的根本，它们实现功能的方式不会对环境产生负面影响，这种方式本身就有着绿色设计的性质，因此，仿生设计的制品在使用过程中也应将对环境产生的负面影响缩减到最低。

绿色仿生原则的核心强调仿生产品从设计、制备到使用、维护、回收等整个生命周期都要充分考虑到该产品对生态和环境的影响，因为产品生命周期的每一个环节都有带给环境负面影响的可能[12]。

例如，上述提及的不采用任何化学修饰、涂层、镀膜等方法，直接在金属表面构筑仿生几何纹理，制备出的仿生超疏水、低粘附功能表面。这种仿生产品不仅理念、设计与制备方法全程绿色，而且在产品后续的应用、维护、回收也都是绿色的。在使用过程中，其所具有的自洁功能可以节约大量的水资源与人力，减少了化学洗涤剂的使用；在维护过程中，由于产品采用的是直接机械加工一次性成型，没有采用任何化学修饰，不存在表面膜脱落、稳定性差、性能不持久、可控性弱等化学修饰产品的特点，具有稳定性好，不易失效，可长时间使用且维护方便等优点；在回收过程中，由于只采用了单一制备材料，材料本身无污染，易于回收，易于循环加工再利用等。

在传统的设计过程中，能效发挥与市场推广等因素成为主要的考量标准，而绿色仿生设计要求在注重市场应用价值的基本前提下，开始更多地关注产品设计、生产、使用、维护、回收等对环境的影响[13]，将产品的整个生命周期与环境、生态系统有效相连，强调产品除了具有能效与商业价值外，还要有承担生态环保的绿色价值，是一种从“摇篮到再生”的过程。

13.3　可续仿生

可续仿生是在绿色仿生的基础上，在尽量降低人工制品对环境与生态造成的负面影响下，使人类的设计活动成为对自然、经济和社会健康、可续发展有积极意义的因素。可续仿生要求从仿生理念的产生、仿生路径的选取，到仿生资源的选择，再到仿生成果的应用与回收等每一个环节都要考虑可持续性，推动仿生学进一步面向大自然，一切资源取之于大自然，同时又回归于大自然，在循环往复中实现持续不断，实现永续发展的模式。

生态与设计、消费与环保决非水火难容的对抗性关系，可续仿生正是疏导这种关系的推手。可续仿生的原则是向大自然学习，把每个环节的设计都纳入到自然生态系统中，让所有的产品与废弃物皆为养分，皆可回归自然，进入不断地循环与生产中。如果说绿色仿生是一种从“摇篮到再生”的过程，那么可续仿生就是从“摇篮到摇篮”的过程。

可续仿生要求设计的起点是如何使人、产品、社会、环境更好地统一。首先应以自然生态为前提，只有人类赖以生存的自然资源与能源持续不断循环，才能保证人类自身的生存；设计的终点应更有利于人类的发展，也只有保护了自然环境，让自然资源与能源高效、持续、洁净地运转，人类健康发展才能成为可能，人类才能有明天、有未来。

13.3.1 仿生理念可续

享有“再度工业革命之父”之誉的威廉·麦克唐纳认为，“如果人类想要实现真正的繁荣与可持续，就必须学习自然界高效的、注重养分循环的‘从摇篮到摇篮’的系统，这个系统不存在废弃物的概念”[14,15]。可续仿生的原则要求仿生产品从设计之初就要预想产品的结局，从设计开始就贯彻废弃物不存在的可续理念，让所有的产品与各个环节产生的废弃物皆可成为其他系统的原料，再制成新的产品，让物质得以不断持续循环利用。

注重仿生理念可续性，是一种从源头贯彻可续模式的策略，从设计源头就思考各个环节实现可持续发展的措施与方法，从而真正实现产品取自于自然、回归于自然的“从摇篮到摇篮”可持续发展模式。例如，塑料在人们生活中极为常见，但使用后的废塑料很难分解，掩埋不会腐烂，焚烧又会向空气中排放有毒物质，已成为生态环境的一大灾难。美国北达科他州立大学的研究者开发出一种新型塑料，在特殊光照下能降解还原成分子，这些分子还可再次生产新塑料[16]。他们从设计源头就考虑了产品的可续性，不再以石油为原料，而是用可续的生物质作为原料，即采用农作物中的油料种子、纤维素、木质素和蔗糖等作为生产塑料的基本分子，再将基本分子合成高聚物分子，最终形成塑料。这种塑料曝露在 350 nm 的紫外线下 3 h，就能完全分解为原来的可溶性分子，能够再次合成新塑料，可如此反复循环再利用，从而做到了合成材料可续、产品应用与回收可续。

仿生理念是设计与生产的前端，只有仿生理念可续，才能为后续的可续设计、生产与回收提供明晰的方向与目标，从设计之初就思考设计各个环节的可续策略与方案，才能真正从源头推进产品全程向着可持续的方向发展。

13.3.2 仿生路径可续

仿生路径可续是仿生思维可续的具体展现，是设计、生产、应用与回收等一系列过程的技术方案可续的实施手段，是可续仿生设计最为重要的环节。合理选择材料、加工方法和回收手段等，有效控制仿生各个环节的可续性，让整个设计、生产与应用过程中产生的废弃物与应用废弃后产品能够无害地纳入自然生态圈中，才能保证资源与能源的源源不断流动与往复循环利用。

传统的设计与生产标准为性能、成本、美观等，在实际技术路径中也总是以这些标准为考虑的中心，而将环境、生态、可续性视为一种时间补救，没有在一开始就作为等量齐观的因素。传统设计中，原料—产品—废料的整个生产过程是非循环性的，各个环节不仅与环境因素脱节，而且很少或根本没有考虑产品的报废、回收、利用等，造成了资源的高消耗、环境的高污染、生态的高破坏等，这些都是传统设计上的缺陷。可续仿生设计将传统的由原料—产品—废料的线性生产过程改为原料—产品—回收再利用或成为下一轮设计的原料的良性循环，让能量、材料、废弃物在一个或一系列系统中实现往复循环，以达到低能耗、低污染、低排放。因此，可续仿生就是采用无污染或只有轻微污染的技术工艺，建立仿生可续工业生态系统，把能源和物质的投入、废物和污染物的产出减少到最低限度，使产品设计、生产和使用不产生污染，产品和废弃物可以回收利用。

仿生路径可续是对产品设计与生产、使用与维修、报废与再利用整个过程的综合思考，把各个环节纳入物质与能量的无限循环中，在物质流与能量流的循环中尽量消除或降低废弃物，让废弃物成为下一个循环系统中的原料。

13.3.3　仿生资源可续

仿生资源可续是指仿生产品原材料使用可续、生产过程中的废弃物可续和产品应用回收可循环再利用，不仅整个过程采用的资源是可续的，而且应用的能源也应该是洁净的、可再生的。依靠这种可续的资源，以及清洁、可再生的能源可以大大减少对环境、生态的污染，以及缓解能源紧张、枯竭等问题，真正做到资源与能源可续，真正做到回归自然的设计。

自然界的物质生产经过 30 多亿年的发展是可持续的，而人类工业化的进程不过短短 200 多年，但几乎已达到不可持续发展的地步。社会生产从自然界取得的物质中只有少量被利用，而一半以上的物质则以废料的形式被抛回大自然，这种建立在高消耗、低产出、高污染的大规模生产，已经超出了自然的承载能力[17]。而只靠处理污染物和治理已经造成的污染，是需要付出十分昂贵的代价而收效甚微的事。可续仿生是解决现有资源与环境问题的重要手段，是自然与人类可持续发展的重要途径，高度重视仿生资源的可续性，保证产品在整个生命周期结束后，所有的资源都能无害地重新回到自然环境中，成为生态养分或转化为其他工业生产的有用原料。

例如，不可降解的塑料制品给环境造成了严重的污染，其影响和危害是长期的。植物秸秆在秋后被就地烧毁，不仅对环境造成了严重的污染，而且造成了大量的生物质资源浪费。因此，现今，许多研究者开始利用这些植物废弃的秸秆材料作为制备塑料聚合物的原材料，这不但做到了废弃物的循环再利用，而且其产品报废后作为肥料又可以溶入大自然的又一轮循环，真正做到了把自然生态与产业物质有机融合，并不断循环。

可见，要做到仿生资源的可续发展，就要尽量以无毒原材料及洁净能源取代对环境有害及耗能原材料，并妥善规划回收渠道，使产品供应链、产品本身及回收再利用方式皆对环境友好和可续，从根本上保障人类与自然生态系统的健康、持续、高效运转。

13.4 最佳化仿生

仿生设计与制造是多学科交叉的研究，是生物界与非生物界的跨界研究，涉及许多需求目标、设计参量与干扰因素等，有些参量与因素甚至是不可控制的，因此，对仿生研究各个环节，以及全程所涉及的目标、参量与因素等进行局域和全域科学统筹处理与优化，实现仿生最佳化设计，是仿生学的一个重要原则。

最佳化仿生原则就是按照特定的仿生功能目标，在一定的约束条件下，以科学、技术和实践经验的综合成果为基础，对仿生设计过程中的性能指标、设计参量、干扰因素及其相互之间的关系等进行比较、分析、论证、计算、选择、调整、优化等，使之达到最理想的效果。最佳化仿生原则的要点是：①最佳化的目的是达到特定仿生目标的要求，因此，全程地、精确地确定目标是最佳化的出发点，如果有多项目标，应分清主次，确定优先顺序；②弄清约束条件是最佳化的前提，仿生目标实现受仿生系统本身及外在各种因素制约，只有将仿生目标与制约因素合理协调，优化出的结果才有可能是现实可行的与最佳化的；③最佳化应以科学技术和实践经验的综合成果为基础和依据，不是凭个人一般经验进行的粗略决策；④最佳化的基本方法是在定量分析与定性分析相结合的基础上，对仿生设计理念与方案、仿生设计与制备技术、仿生应用与维护等一系列过程进行设计、评价、比较和优化，做出最佳选择与决策。

13.4.1 单目标最佳化与多目标最佳化

在仿生设计过程中，往往一个设计承载了多个仿生目标，甚至每个环节都有单独的子目标要求，这些都是仿生设计的基础，只有有效实现这些目标，最终才能更好地达到最佳化仿生设计的要求，因此，确定仿生目标是最佳化原理的出发点。

按照优化的目标数可分为单目标和多目标，但无论是单目标最佳化还是多目标最佳化，都要以仿生研究的核心任务圆满实现为最终目标。通常，单目标最佳化是指对一个或具有相同属性的一类目标进行优化与决策，整个优化过程都要围绕这个目标的实现度与最佳化过程为前提进行。

在多目标最佳化过程中，首先应该分清目标的主次，确定优先顺序，对这一系列目标进行综合协调，然后进行依次优化或并行优化。多目标最佳化是一系列目标进行综合优化与决策的过程，由于要兼顾多个目标的共同优化，致使限制条件与制约因素较多，且设计参量错综复杂，这些都为多目标最佳化决策带来了难度。因此，有时在最理想的最佳解不易求得，或者需要付出相当大的代价才能获得时，就需要进行多目标统筹处理，优先优化主要目标，保证主要目标的实现度；此时，在能满足仿生总体能效目标条件下，可以不过分强调各个环节目标的最佳解。

13.4.2　局域最佳化与全域最佳化

局域最佳化是指对仿生设计与制备过程中的某些局域内环节的目标进行最佳化决策，全域最佳化是指对整个仿生系统的目标进行全局最佳化。局域最佳化是基础，全域最佳化是目的，通常情况下，局域最佳化要服从全域最佳化。两者之间在目标上有一致性，都是为最终获得最佳化的仿生目标服务的；两者有时会在优化的性能指标、设计参量与干扰因素间有部分叠加性，有时也会出现矛盾，此时，就需要从全局出发，以实现全局最佳化为优化根本。

全域最佳化是对仿生全程优化的时空域和纵横向的统筹过程，不仅是对局域最佳化的决策处理，更是对仿生全程优化设计的掌控。在仿生设计过程中，全域最佳化涉及的优化目标较多，需要考虑的因素也较多，有时涉及许多未知的、模糊的、灰色的因素和一些不可控制的参量，在这些因素与参量不确定的条件下，有时需要采用相关的辅助分析与计算等。例如，用模糊数学理论将模糊条件定量化之后，再采用常规方法进行全程最优化设计、最优化管理、最优化控制，最终获得最佳化的能效目标。

此外，最佳化仿生设计过程中涉及对众多目标、因素、参量、制约条件等的综合协调与决策，因此，无论是进行单目标最佳化和多目标最佳化，还是进行局域最佳化和全域最佳化，最终都需要进行综合最佳化分析，其根本是为高效实现需求目标服务的，是推动需求目标达到最优化的保证。

显见，科学技术是一把双刃剑，既能造福人类，前提是我们要把科学技术用在人与自然的和谐发展上；也可以毁灭人类，如果我们继续无休止地向大自然索取，那么科学技术越发达，我们毁灭的速度越快。因此，我们必须向大自然这位杰出的“设计师”学习，从仿生学入手，依循主动仿生、绿色仿生、可续仿生、最佳化仿生原则，把每一项设计融入到自然法则之中，带来人类与自然共同发展的双赢。

参 考 文 献

[1] Turner M D, Saba M, Zhang Q M, et al. Miniature chiral beamsplitter based on gyroid photonic crystals. Nature Photonics, 2013, 7: 801-805.

[2] Martin J J, Fiore B E, Erb R M. Designing bioinspired composite reinforcement architectures via 3D magnetic printing. Nature Communications, 2015, 6: 8641-8647.

[3] Bertassoni L E, Cecconi M, Manoharan V, et al. Hydrogel bioprinted microchannel networks for vascularization of tissue engineering constructs. Lab on a Chip, 2014, 14: 2202-2211.

[4] Qin Z, Compton B G, Lewis J A, et al. Structural optimization of 3D-printed synthetic spider webs for high strength. Nature Communications, 2015, 6: 7038-7044.

[5] Tibbits S. 4D 打印：让世界可编程. 环球科学, 2014, 12: 74-79.

[6] 邓甲昊，王萱. 4D 打印一项左右未来世界产业发展的革命性技术突破. 科技导报，2013, 31: 11.

[7] Gladman A S, Matsumoto E A, Nuzzo R G, et al. Biomimetic 4D printing. Nature Materials, 2016, 15: 413-419.

[8] Haman J. 创新启示：大自然激发的灵感与创意. 王佩，郭燕杰，译. 北京：中信出版社, 2015.

[9] Haman J. The Shark's Paintbrush: Biomimicry and How Nature is Inspiring Innovation. United States: Nicholas Brealey, 2013.

[10] Bird J C, Dhiman R, Kwon H M, et al. Reducing the contact time of a bouncing drop. Nature, 2013, 503: 385-388.

[11] Liang Y H, Peng J, Li X J, et al. From natural to biomimetic: the superhydrophobicity and the contact time. Microscopy Research and Technique, 2016, 79(8): 712-720.

[12] 李洪伟. 绿色产品评价理论方法研究及其在地面仿生机械中的应用. 长春：吉林大学, 2004.

[13] 陆冀宁，徐伯初，支锦亦. 仿生设计中的绿色设计理念探讨. 生态经济（学术版）, 2014, 2: 279-283.

[14] Donough W M, Braungart M. Cover of Cradle Tocradle: Remaking the Way We Make Things. United States: North Point Press, 2002.

[15] Donough W M, Braungart M. 从摇篮到摇篮. 上海：同济大学出版社, 2005.

[16] Kumarasamy E, Raghunathan R, Sibi M P, et al. Nonbiaryl and heterobiaryl atropisomers: molecular templates with promise for atropselective chemical transformations. Chemical Reviews, 2015, 115: 11239-11300.

[17] Pauli G. 蓝色革命——爱地球的 100 个商业创新. 洪慧芳，译. 台北：天下杂志出版社, 2008.

第 14 章　仿生研究的主要方法与技术

经过漫长岁月的锤炼，自然界以其独特的运行方式，十分完美地展示着各种功能特性。仿生学的任务就是研究生物、生活、生境模本的优异能力及其产生的原理，并将其模型化或模式化，然后应用这些原理去设计和制造新的技术或非技术产品。因此，合理的研究方法与技术是揭示模本功能原理，并将模本成果转化为仿生理论、技术与产品的关键手段。本章主要介绍仿生学常用的一些基本方法与技术，重在工程仿生学研究的技术领域，尚不涉及非技术领域。

14.1　仿生研究的主要方法

14.1.1　理论分析法

人类要想从自然系统中获得启示，首先需要揭示模本的功能特性与原理。理论分析法是仿生学研究最常用的方法，包括数学分析、几何分析、物理分析、化学分析、生物学分析、可拓分析，甚至包括人文社会科学的一些分析方法等。采用这些方法对模本进行从系统到个体、从整体到局部、从表观到内部、从宏观到微观再到纳观等的细致分析，是开发和研制仿生技术与制品不可或缺的理论基础。限于篇幅，本节仅选择常用的几个方法作一简单介绍。

14.1.1.1　数学分析法

万物皆数，有量可推。数学分析是指运用数学知识将仿生模本的功能特征以数与量的形式解析出来，建立具有可量度属性的数学模型。常用的数学手段有计算数学、工程数学、数理统计、运筹学、高等数学、模糊数学、灰色理论、泛涵分析及生物数学等。在理论分析法中，数学分析法不仅本身是一种重要的分析技术，而且也是其他分析方法的重要辅助工具。

自然界中许多生物、生活和生境的模本中都蕴涵着奇妙的数学关系，因此，数学分析法在仿生模本特性表征、机理揭示、模型建立方面发挥着不可替代的作用。例如，在植物叶片、花朵、果实、秆茎和许多动物的体表形态、身体构形、内部结构中，特别是人体中更是蕴藏着丰富、准确的黄金比例关系，如图 14-1 所示。拥有黄金分割旋转样式的植物同样还表现出另一种奇妙的数学属性，即叶片、种子等排布形成了斜列线数旋转的斐波纳契数列[1]，这些奇妙的数学关系可以用生物数学或应用数学等数学分析手段进行揭示。

（a）叶子中的黄金分割　　（b）鹦鹉螺曲线中的黄金比例

图 14-1　黄金分割

B：A=0.618

即使是许多无形的、间接的事物，也可以用数学关系表述，如可以利用计算数学模型来描述人类思考、学习、记忆、遗忘等无形的、不能直接观测的过程[2]，这一数学模型的建立有助于人们更好地理解人类复杂的思维过程。有时仿生模本还涉及许多未知的、模糊的、灰色的、不可控的参量，这时通常会应用模糊数学理论将模糊条件量化之后，再采用常规数学方法进行分析。

此外，人们通过揭示自然界中生物、生活、生境模本所展现的完美数学关系，发明了许许多多重要的数学定律、算法、方程、模型等，如黄金分割定律，蚁群算法、遗传算法，粒子群算法、神经网络、免疫算法、鱼群算法、蛙跳算法、斐波纳契数列、笛卡尔叶线方程等，这些既是仿生学研究的成果，亦是仿生模本分析不可或缺的重要工具。

14.1.1.2　几何分析法

几何分析法是指在零维、一维、二维或多维空间内研究仿生模本的点、线、面、体在时空域中的形状、尺度、分布等与其功能特性之间的关系。常用的几何分析法有平面几何、立体几何、解析几何、代数几何、计算几何、分形几何与拓扑几何等，不同分析方法的侧重点有所不同。

例如，计算几何主要用于研究仿生模本几何形体特征的计算机表示、分析和综合，将提炼的几何信息（如形体的曲线、曲面、空间结构等）表示在计算机上，然后对这些几何性质进行分析，如曲线的线形，线上有无拐点、奇点，曲面的凹凸性与空间特征，等等，从而有效建立几何形体的数学模型，并且根据计算机精确计算与拟合出的几何性质进行仿生产品的几何形状设计。计算几何分析法广泛用于航天、航空、航海、汽车等众多工程领域仿生产品的精确外形设计和精密制造。

解析几何主要用于分析仿生模本二维空间内的几何曲线与三维空间内的几何曲面特征，结合二维与三维空间内的几何信息进行仿生制品线与面的设计。分形几何主要用于研究仿生模本在形态、功能、信息、时间、空间等方面的自相似性、半自相似性或统计自相似性等的层次关系，在分数维的时空内，最终建立出一个不断迭代的方程或一种基于递归的反馈系统。从微观的原子结构到宏观的雪花、花菜、涡流及其物体运动轨迹，再到宇观的星系、时空等，自然界有无数的仿生模本都具有分形特征，分形无处不在，分形几何是揭示这些模本内在数学秩序的重要研究手段。

平面几何、立体几何与代数几何等常常配合使用，用于研究仿生模本不同维数空间内相对简单或规律性的几何形状信息。例如，美国麻省理工学院的研究者通过从自然界超疏水植物表面几何形态与分布关系中获得的灵感，通过在材料表面增加一些几何纹理，可将液滴与材料表面接触的时间减少，这种通过改变接触面几何纹理的方式可重塑液滴形状，如图 14-2 所示[3]，能大幅度提升材料的防水、防冻性能。

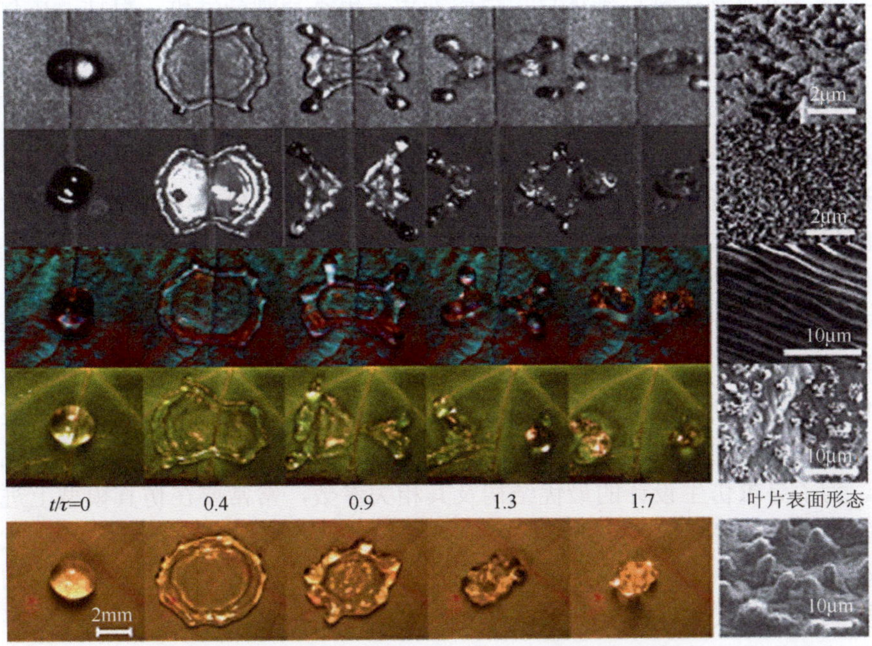

图 14-2　液滴与不同几何形态表面的接触形式[3]

14.1.1.3　物理分析法

物理分析法用于研究仿生模本物质、能量、空间、时间等特性，尤其是它们各自的性质与彼此之间的相互关系，如物理现象、物质结构、物质相互作用、物质运动规律等。常用的物理分析法涉及计算物理、理论物理、原子与分子物理、生物物理、光学物理、固体物理、凝聚态物理、牛顿力学、理论力学、电物理、磁物理、热物理、量子物理等。

例如，利用牛顿力学与理论力学研究仿生模本与制品机械运动的基本规律及关于时空相对性的规律；利用电磁物理学研究仿生模本的电磁运动规律及电磁辐射等规律，如揭示鸟类磁定向导航规律[4]与趋磁细菌的磁感应特性[5]；利用热物理学研究仿生模本的热运动规律及其宏观与微观表现；利用量子物理学研究仿生模本的微观物质运动现象及基本运动规律；利用光学物理研究仿生模本的结构与光的作用规律，如揭示蝴蝶翅膀结构色变色[6]与螳螂虾眼睛感光特性[7]等。

14.1.2 计算机仿真法

计算机仿真法是利用计算机技术建立仿生模本与仿生制品的系统模型，并在一定的试验条件下对模型进行静态或动态试验分析。仿真技术正成为继理论与试验之后，科学研究手段上的第三种重要方式。它具有高效、安全、受环境条件的约束较少、可改变比例尺等优点，已成为仿生模本与制品分析、设计、运行、制造、评价等过程的重要方法。

14.1.2.1 仿真设计与分析

计算机仿真法有两个重要的步骤，一是建立仿真模型，即仿真设计；二是对模型进行试验分析，即仿真分析。在进行仿真设计时，仿真模型是仿生模本功能部位的相似物或其结构形式，可以是物理模型或数学模型、静态模型或动态模型、连续模型或离散模型等。仿真设计出的模型的准确性、科学性与系统性等至关重要，直接影响后续试验分析的科学性，因此，应对仿真设计模型的精确性进行分析与评估。

仿真分析是利用模型复现实际系统中发生的本质过程，并通过对系统模型的试验来研究存在的或设计中的系统，同时，通过试验可观察模型各变量变化的全过程。为了寻求仿生设计的最优结构及其相关参数，常常要在仿真模型上进行多次试验。在仿生设计阶段，大多是利用计算机进行数学仿真试验，因为修改、变换模型比较方便和经济。在仿生部件研制阶段，可用已研制的实际部件的初始物理模型或系统去代替部分计算机仿真数学模型，进行半实物仿真试验，以提高仿真试验的可信度；在仿生部件试制阶段，可用半实物物理模型进行仿真试验，以修改实物各部件或系统的结构和参数。个别情况下可进行全程物理模型的仿真试验，这时计算机仿真模型全部被物理模型或实物所代替。

对于仿生学而言，计算机仿真法有着巨大的优越性，它可以求解模本许多复杂而又无法用数学手段解析的问题，是求解高度复杂问题的重要科学手段；利用它可以预演或再现已发生、尚未发生或设想的现象，可以模拟现实试验条件难以达到的微观、介观、宏观、宇观的尺度，可以模拟仿生制品整个生命周期的工作过程，具有综合、协同、继承和互操作等特性；当所研究的仿生系统造价昂贵、试验的危险性大或需要的时间很长才能了解系统参数变化所引起的后果时，仿真是一种特别有效的研究手段；凡是有科学研究的地方都离不开仿真技术的支持，特别是当采用传统理论与试验研究不能奏效时，势必转而应用仿真技术，因此，仿真技术不仅是科学技术研究取得跨越式发展的重要途径之一，也是仿生学研究不可或缺的重要方法。

14.1.2.2　仿真软件优选与开发

仿真设计与分析是仿真技术的基础研究，仿真软件的选择是仿真技术的关键环节，选择合适的仿真软件是科学、精确、真实描述仿生模本与制品系统的运行、演变及其发展过程的保障。

目前，仿真软件的种类众多。例如，MSC Software 可用于机构动力学分析、流体动力学分析、流场耦合分析、控制力学分析、结构分析、热分析等，在航空、航天、航海、汽车、机械、电子、生物力学等领域应用较多；ADAMS 常用于仿生模本与制品的运动学分析，获得位移、速度、加速度和反作用力曲线等，可用于预测机械系统的性能、运动范围、碰撞检测、峰值载荷及计算有限元的输入载荷等；ANSYS 主要用于静力学和动力学分析，是融合结构、流体、电场、磁场、声场分析于一体的大型通用有限元分析软件，如利用 ANSYS 软件模拟啄木鸟啄食过程中对头骨产生的作用力，揭示出啄木鸟头部缓冲和削弱作用力的过程，这将帮助科学家设计出更加有效的保护装置来保护人类大脑[8]；MATLB simulink 是用于动态系统建模、仿真与综合分析的集成软件，被广泛应用于各种时变系统线性与非线性建模与仿真，包括通信、控制、信号处理、视频处理和图像处理等系统；Moldflow Plastics Insight 常用于产品几何造型及成型最佳化过程分析，从材料的选择、模具的设计到成型条件参数设定、液体流动与收缩、冷却时间、产品翘曲等都可以进行模拟与优化，以获得高质量产品。此外，还有 VR-Platform、Abaqus、Simu Works、Infolytica 等软件，也都是工程领域常用的仿真分析软件。

仿真软件种类众多，在进行仿真分析时，应该根据仿生模本与仿生制品研究目标的属性，优选出适当的仿真软件进行试验分析。有时由于研究目标的特殊性，现有的软件不能更全面、精准模拟时，还需要根据具体的试验条件对现有软件进行二次开发，从而开发出一些更有针对性的仿真软件。

14.1.3　相似模拟法

14.1.3.1　模型设计与制造

相似模拟法是依照某个模本原型的主要特征，创建一个相似的模型，然后通过模型来间接研究原型的特性规律。因此，相似模拟法首要的任务是模型的设计与制造，建立一个与原型相似的模型。模型的每个要素必须要与原型的对应要素相似，包括几何要素相似、物理要素相似、运动学要素相似、动力学要素相似等，这种对应相似指数越高，模型与原型的相似度就越高。

相似模拟法的适用条件是相似性，模型和原型要有共通之处，具有可比性，这样所研究出的结果才会更贴近原型。例如，心脏病是威胁人类健康最严重的疾病之一，找到合适的模本测试心脏疾病药物对心肌组织是否有用，对提高心脏功能至关重要。心脏通过搏动将血液送往全身，而水母在形态和功能上都很像心脏，就像个“水泵”通过抽吸水来运动。通过相似模拟法，美国哈佛大学的研究者将无生命的硅酮树脂和活的小鼠心肌细胞搭配结合，制造出能像心脏一样搏动的会游泳的“人造水母”模型，如图 14-3 所示[9]。“人造水母”模型可帮助人们反推心脏执行任务时心肌的工作状态，同时，这项成果今后可用于测试心脏病药物，要看一种药物对心肌组织是否有效，可以先看看它在“人造水母”模型中的功效。

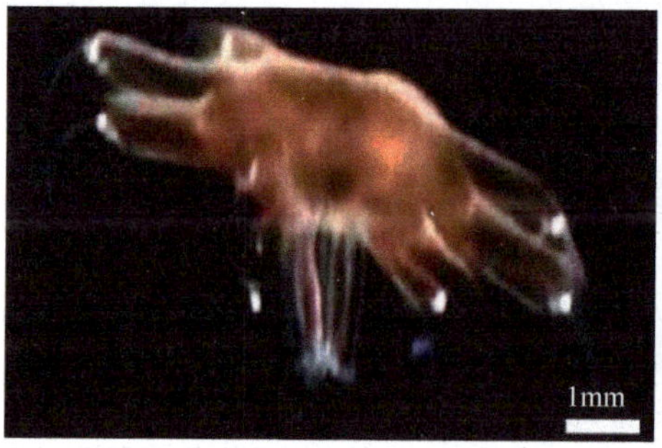

（a）水母

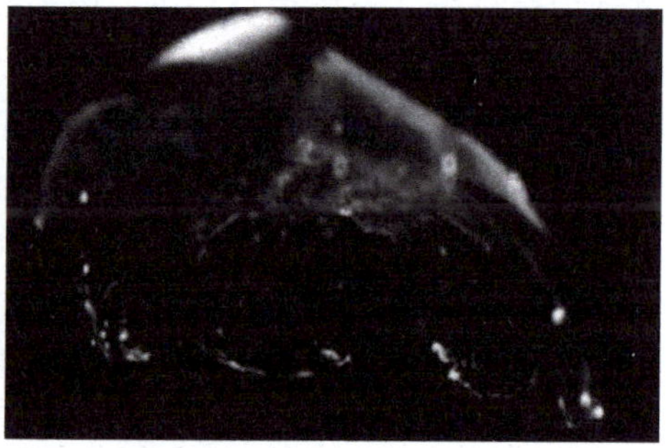

（b）人造水母

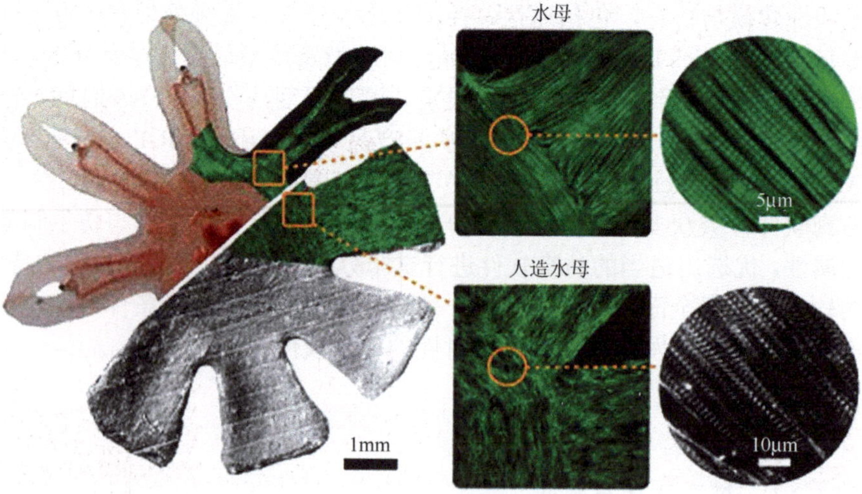

（c）水母与人造水母的肌肉

图 14-3　水母与人造水母[9]

相似模拟法不仅可以设计与制造现实存在事物的相似模型，还可以对已经时过境迁或尚未出现的现象建立相似模型并对其进行分析。例如，地球上的生命是怎样形成的，基于金属形成的生命体是否存在于地球某个角落？这个关于生命起源的问题虽然已经时过境迁，但却一直是学术界研究的热点和争论的焦点。为了证实基于金属的生命体是可能存在的，英国格拉斯哥大学的李·克罗宁团队采用相似模拟法，用含有金属的巨型分子，成功地制造出了类似于生命细胞的气泡模型。在气泡模型内创建出了模拟生物细胞内部结构的分隔膜，从而模拟细胞的内部结构，同时，向气泡内填充材料，通过让一些氧化物分子与感光染料结合来进行光合作用，如图 14-4 所示[10]。结果表明，制造出的细胞膜受到光照照射时，可将水分解成氢离子、电子和氧，这是光合作用的第一步。李·克罗宁利用相似模拟法，创造出了类似植物代谢的自供电细胞模型，证实基于金属的生命体是可能存在的，开辟了一个由无机元素形成生命体的新领域。

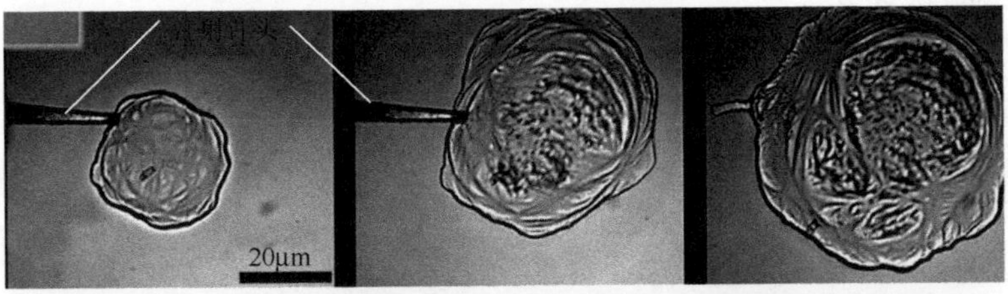

（a）用针头向无机化学细胞内注射有机阳离子

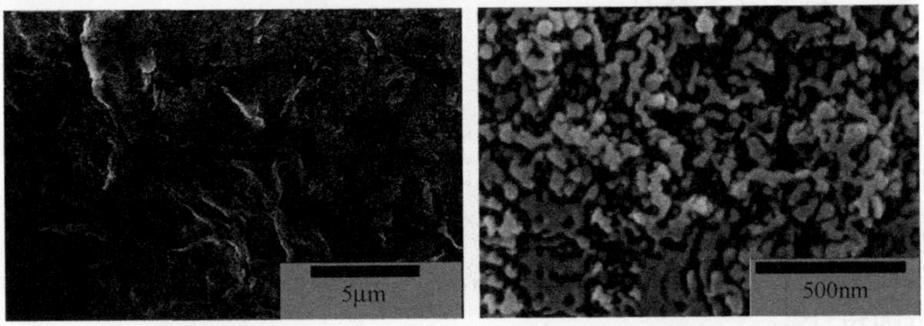

（b）细胞膜组织　　（c）细胞膜组织放大图

图 14-4　多金属氧酸盐无机化学细胞[10]

14.1.3.2　模型试验与分析

模型试验与分析是指将发生在原型中的各种行为与过程，在相似的条件下，在模型上重演，将从模型中获得的数据，根据相似关系换算到原型中去，达到分析原型功能特性的目的。

在实际的研究工作中，由于许多问题很难用理论研究的方法去解决，必须通过试验来研究。然而直接试验方法有很大的局限性，其试验结果往往又只适用于某些特定条件，并不具有普遍意义，因而即使花费巨大，也难以揭示现象的本质，并难以描述其功能与各参量之间的规律性关系。因此，采用相似模拟法，建立原型的相似模型，对相似模型进行相似条件下的试验与分析，将会更容易掌控试验过程，更容易调控试验参数与条件。例如，飞机太大，无法在风洞中直接研究飞机原型的飞行问题；而昆虫的原型又太小，也不宜在风洞中直接进行飞行试验，而且直接试验不仅不便于操作，往往也只能得出个别量之间的规律性关系，难以深入揭示机理的普适性本质。采用缩小的飞机模型或放大的昆虫模型进行研究，将是最便捷的试验研究的手段。

模型试验与分析的关键点是怎样将模型试验结果所描述的参量精确地换算到原型中去，这就要求模型与原型要有极高的相似性，这样从模型试验中获得的精确的、定量的或定性的数据才能更准确地代表原型的本质现象，然后按照相应的相似准则关系方程，将模型的试验结果有效转化到原型中去，用以揭示原型功能特性原理。

14.1.4 试验优化法

试验优化设计是在进行多因素试验时，用最少的试验点获得最多的、最优化的试验信息量。试验优化设计是从不同的优良性出发，合理设计试验（包括产品设计）方案，有效控制试验干扰，科学处理试验数据，全面进行优化分析，直接实现优化目标，已经成为仿生学研究的一个重要方法[11,12]。

14.1.4.1 试验方案设计

无论对于仿生模本的研究，还是对于仿生产品的设计与制造都涉及众多试验信息，需要进行大量试验与探索的研究，为了既快又省地获取既多又好的试验信息和成果，试验必须设计。试验优化设计就是试验的最优设计，核心是对试验方案的最优化设计，其中，析因设计、正交设计、均匀设计、回归设计及响应面设计是试验方案优化设计最常用的几种方法[13-15]。

1）析因设计

析因设计也称为全因子试验设计，是一种多因素、多水平的交叉分组进行全面试验的设计方法。它不仅可检验每个因素各水平间的差异，研究 2 个或 2 个以上因素的主效应，而且可检验各因素间的交互作用，通过比较各种组合，可以找出最佳组合。它是一种全面的高统计效率的设计，当因素数目和水平数都不太大，且效应与因素之间的关系比较复杂时，常常采用该设计[16]。

常用的析因设计如表 14-1、表 14-2 和表 14-3 所示。析因设计对各因素不同水平的全部组合进行试验，故具有全面性和均衡性，可以提供三个方面的重要信息：各因素不同水平的效应大小；各因素间的交互作用；通过比较各种组合，找出最佳组合。析因方案设计数据处理均采用方差分析，可以求出主效应和交互效应，一般分为：正交互效应（协同作用），即两因素联合（共同）作用大于其单独作用之和；负交互作用（拮抗作用），即两因素联合作用小于其单独作用之和。当因素与水平数都较多时，一般不采用完全交叉分组的析因设计，而采用正交设计。

表 14-1　2×2 析因设计表

B 因素	A 因素	
	A1	A2
B1	A1B1	A2B1
B2	A1B2	A2B2

表 14-2　2×3 析因设计表

B 因素	A 因素		
	A1	A2	A3
B1	A1B1	A2B1	A3B1
B2	A1B2	A2B2	A3B2

表 14-3　2×2×2 析因设计表

A	B1		B2	
	C1	C2	C1	C2
A1	A1B1C1	A1B1C2	A1B2C1	A1B2C2
A2	A2B1C1	A2B1C2	A2B2C2	A2B2C2

2）正交设计

正交设计是试验优化设计常用的一种方法，也是研究多因素多水平的又一种设计方法，它是根据正交性从全面试验中挑选出部分有代表性的点进行试验，这些有代表性的点具备了“均匀分散，齐整可比”的特点。然后，通过对代表性点的试验进行结果分析，进而推广到整体试验，以实现工艺的优化，是一种高效率、快速、经济的试验设计方法[11]。

如何保证正交试验点的均匀分散性和齐整可比性是正交设计的关键，这就涉及正交表的设计和选取。正交表是将正交试验选择的各种水平组合列成表格，然后在具体的设计时，参照表格安排试验方案。正交表是一整套规则的设计表格，用 L_n（t^q）表示，其中，L 为正交表的代号；n 为试验的次数；t 为水平数；q 为列数，也就是可能安排最多的因素个数。例如 L_9（3^4）表示需要安排 9 次试验，最多可以观察 4 个因素，每个因素均为 3 水平，如表 14-4 所示。一个正交表中各列的水平数也可以不相等，称为混合型正交表，如 L_8（$4×2^4$），表的 5 列中有 1 列为 4 水平，4 列为 2 水平。

表 14-4　L_9（3^4）正交设计表

试验号	列号			
	1	2	3	4
1	1	1	1	1
2	1	2	2	2
3	1	3	3	3

续表

试验号	列号			
	1	2	3	4
4	2	1	2	3
5	2	2	3	1
6	2	3	1	2
7	3	1	3	2
8	3	2	1	3
9	3	3	2	1

正交设计按表格安排试验比较方便；其布点均衡，试验次数减少；它能保证主要因素的各种可能都不会漏掉；它能提供一种分析结果（包括交互作用）的方法，结果直观，容易分析，且每个试验水平都重复相同次数，可以消除部分试验误差的干扰；因其具有正交性，易于分析出各因素的主效应。

例如，鸮类羽毛具有其他鸟类所没有的独特结构，即初级飞羽前缘呈现锯齿形态、翅膀表面具有条纹结构，正是这些特征使得鸮类可以消声降噪，无声飞行，如图 14-5 所示[17]。基于鸮类羽毛消声降噪特性，研究锯齿形态与条纹结构对风机气动噪声的影响，采用正交试验优化法设计风机叶片模型降噪方案。在固定相同的试验条件下，选择锯齿形态的宽度、条纹结构的形状、条纹结构的宽度、条纹结构的深径比、条纹结构的间距作为试验因素来设计叶片模型，试验因素水平如表 14-5 所示[18]。

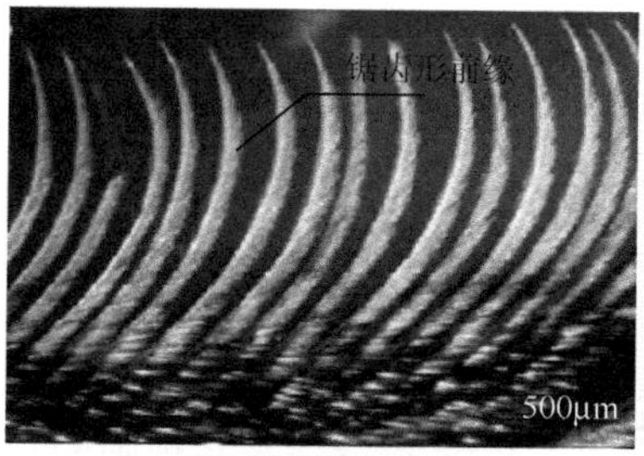

（a）静音鸮的锯齿形前缘

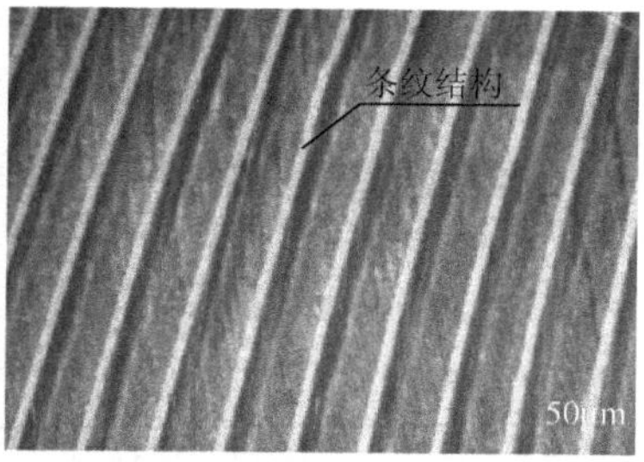

（b）静音鸮羽片的条纹结构

图 14-5　长耳朵鸮的羽毛消音特征[17]

表 14-5　仿生轴流风机叶片模型的气动噪声试验因素水平表

水平	因素				
	锯齿宽度 /mm（A）	条纹形状（B）	条纹宽度 /mm（C）	条纹深径比（D）	条纹间距 /mm（E）
1	2	V 形	1	1	6
2	3	U 形	1.5	2	10
3	4				

试验采用正交试验方法，选取了 5 个试验因素，即锯齿宽度 A、条纹形状 B、条纹宽度 C、条纹深径比 D、条纹间距 E。除锯齿宽度 A 选择三个水平外，其余

因素均选择两个水平，不考虑各因素之间的交互作用，故选用 L_{12}（$3^1\times2^4$）混合正交表，正交试验方案如表 14-6 所示。这样只需加工 12 个仿生风机叶片模型和一个原始风机叶片模型，将这两种风机叶片模型进行气动噪声对比试验，总试验次数为 12 次，如图 14-6 所示。显然，正交试验不仅能减少试验点，而且在节省试验费用的同时，缩短了试验周期。

表 14-6　正交试验方案

试验号	因素				
	锯齿宽 /mm（A）	形状（B）	宽度 /mm（C）	深径比（D）	间距 /mm（E）
1	（1）2	（1）V 形	（1）1	（1）1	（1）6
2	（1）2	（1）V 形	（1）1	（2）2	（2）10
3	（1）2	（2）U 形	（2）1.5	（1）1	（2）10
4	（1）2	（2）U 形	（2）1.5	（2）2	（1）6
5	（2）3	（1）V 形	（2）1.5	（1）1	（1）6
6	（2）3	（1）V 形	（2）1.5	（2）2	（2）10
7	（2）3	（2）U 形	（1）1	（1）1	（1）6
8	（2）3	（2）U 形	（1）1	（2）2	（2）10
9	（3）4	（1）V 形	（2）1.5	（1）1	（2）10
10	（3）4	（1）V 形	（1）1	（2）2	（1）6
11	（3）4	（2）U 形	（1）1	（1）1	（2）10
12	（3）4	（2）U 形	（2）1.5	（2）2	（1）6

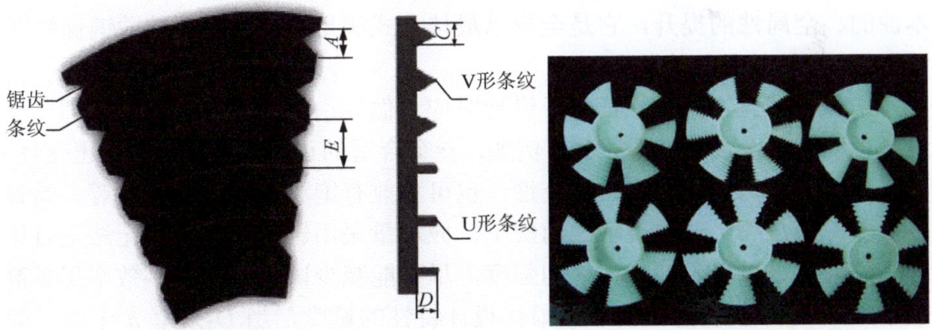

（a）长耳鸮消音特征在轴流风机叶片上的重构　　（b）仿生轴流风机叶片模型

图 14-6　仿生轴流风机叶片[18]

3）均匀设计

均匀设计法是一种建立在正交设计上的试验设计方法，其本质是在试验的范围内给出挑选代表性点的方法。与正交设计不同的是，均匀设计只考虑试验点在试验范围内均匀散布，挑选试验代表点的出发点是“均匀分散”，而不考虑“整齐可比”，它可保证试验点具有均匀分布的统计特性，可使每个因素的每个水平做一次且仅做一次试验，任两个因素的试验点在平面的格子点上，每行、每列有且仅有一个试验点。它着重在试验范围内考虑试验点均匀散布以求通过最少的试验来获得最多的信息，因而其试验次数比正交设计明显地减少，使均匀设计特别适合于多因素多水平的试验和系统模型完全未知的情况。

与正交设计需要标准正交表一样，均匀设计也需要其专业的均匀设计表，用 U_a（b^c）表示，每个均匀设计表有一个代号，其中，U 表示均匀设计，a 表示试验次数，b 表示因素水平数，c 表示该表最多可安排的因素数量，如表 14-7 所示。

表 14-7　U_5（5^4）均匀设计

试验号	1	2	3	4
1	1	2	3	4
2	2	4	1	3
3	3	1	4	2
4	4	3	2	1
5	5	5	5	5

均匀设计使得试验次数大大减少，能够自动将各试验因素分为重要与次要，并将因素按重要性排序。由于均匀设计是非正交设计，所以它不能估计出方差分析模型中的主效应和交互效应，但是它可以估出回归模型中因素的主效应和交互效应。

14.1.4.2　试验全程优化

试验全程优化是指将最优化设计引申到整个试验领域，是对试验设计与分析根本性的、全局性的提升，它是全程以最佳方式满足所提出需要的关键保障[19]。

1）试验方案设计最优化

为了保证试验方案的最优化，设计时应该做到：①优良性尽量多，即一个好的设计可以集多个优良性于一身。例如，一个合适的正交设计，除具有正交性外，也可兼有好的均匀性，即均匀正交性，也可再兼有饱和性、D-最优性等。②试验点尽量少，即在满足试验要求的前提下，应尽量采用饱和设计，在无法进行饱和设计时，也要尽量提升部分实施的强度，尽可能减少试验点。③D-效率尽量高。D-效率是一个试验方案具有的 D-最优设计特性的量度，当 D-效率 d=1 时，表明设计 ε 为 D-最优设计 ε^*，当 $d\leqslant1$ 时，表明设计 ε 不完全具有 D-最优特性。④试验误差尽量小。一个好的试验方案，不仅可以为试验误差的减小创造条件，如试验点的合理分布、试验点优良性质的选取、混杂现象的尽量避免或减少等，而且可以在试验方案实施过程中主动控制试验干扰，以减小试验误差。⑤适用性尽量强。试验方案的设计要充分考虑对试验范围变化（如连贯设计、序贯设计、寻优设计等）的适应性，对试验因素性质变化（如定量、定性、模糊量、灰色量、区间量等因素）的适应性，对静态、动态变化（如稳健设计、调优运算等）的适应性，对从简单系统到复杂大系统变化的适应性。试验方案灵活性强，生命力强，表现出对科研、生产和工程中各种实际问题的较强适应性。⑥计算尽量简便，尽量消除因素效应间的相关性，尽量选用正交优良性。

总之，试验方案设计时只有以充分满足试验要求为前提，全面考虑，突出重点，灵活运用正交表、均匀表等设计工具，才能较好地实现最优试验设计。

2）试验数据处理最优化

试验数据处理的最优化包括：①试验数据处理方法或分析技术的最优化。对于给定的试验数据，选用针对性强、适用性好的方法就是处理方法的择优。对同一个试验问题、同一组试验数据，使用不同的处理方法，结果可能相异，因此，数据分析方法的择优是试验数据处理优化的重要环节。②处理过程的最优化。处理过程不但要计算分析简便、工作量小，更重要的是能灵活、合理地处理试验数据中的特殊情况，及时发现处理过程中出现的问题，如试验数据的缺失等。③处理结果最优化。数据处理的结果，如因素优水平、优搭配、优组合、主次因素、回归方程等都应预测精度高，可信度高，求解的回归方程应是最优回归方程。

总之，选用给定条件下最优的数据处理方法，注意数据处理全过程的优化，是数据处理的基本原则。只有这样，处理结果才能更真实地揭示试验数据内在的客观规律，应用起来才能更可靠、更有效。

仿生学研究内容广泛，所涉及的研究方法也多种多样，每个仿生学分支学科也都有其常规的与特殊的研究方法与手段。例如，在智能仿生领域，常用的研究方法为进化优化法，包括遗传算法、遗传规划、进化策略、进化规划、神经网络、蚁群算法、粒子群算法等。仿生原理揭示的清晰与否，研究方法至关重要，适当的研究方法将能剖析更深层次的模本机理。与此同时，在对仿生模本研究过程中也会促使和催生一些新的研究方法。例如，TRIZ 法能创造性地发现问题和创造性地解决问题，成功地揭示创造新发明的内在规律和原理，而将仿生学与 TRIZ 相结合，构建基于 TRIZ 仿生原理的创新设计过程模型[20]，可大大加快仿生创新发明的进程和得到高质量的仿生创新产品。因此，仿生学不仅是研究成果创新，也是研究方法创新，是一个全程创新的过程。

14.2　仿生研究的主要技术

14.2.1　仿生建模技术

仿生建模技术是指利用专业的建模软件，如 Rhino、PRO/E、UG、Solidwork、CAD、CATIA、3D Studio Max、MATLB simulink 等，建立仿生模本的生物模型或可用于工程设计的仿生模型，借助于这些模型，可以帮助研究者更清晰地揭示仿生模本的功能原理，更精确地制造出仿生制品。

14.2.1.1 仿生建模原理与方法

仿生建模过程中涉及许多信息，因此，其建模应遵循的原理是：①明确功能目标。同一个仿生模本可能具有多种生物功能，不同的功能目标将对应不同的建模过程，因此，无论是建立生物模型还是建立仿生模型，首要的是明确功能目标，以便提取与凝练影响功能目标的主要因素进行建模。②简单、准确建模。在建模过程中，在满足目标任务要求的情况下，应尽量减少模型中包含因素的数量，一般应首先考虑主要因素，而合理简略一般性因素的影响。虽然实际获得的生物模型或仿生模型已经是一个简化了的近似模型，但在功能目标有效实现不受影响的前提下，构建的模型越简单越好。同时，要考虑建模所用信息的准确性，以保证模型合理正确。③可辨识性。建立的模型必须具有可辨识的形式，即模型必须有确定的描述或表示方式，而在这种描述或表示方式下，与功能目标有关的参数必须是有唯一确定的解。

模型的建立没有固定的方法和标准，不可能简单地规定出每种模型具体如何建立。不同的仿生模本可以有不同的建模方式，即使是同一个仿生模本，从不同的信息源角度、不同的功能目标出发，也可建立不同的模型。因此，在建模过程中，可以根据获得的仿生模本信息进行具体问题具体分析。建模技术在于合理运用信息源，不同的信息源使建模过程具有一定的自由度，建模方法取决于信息源的利用，同时也取决于信息源的类别。无论建立哪种模型，采用哪种方法建模，其步骤都包括确定建模目标、提取建模信息源、对问题进行合理假设、利用适当的建模工具建模、求得模型的有效解、模型解合理性与稳健性分析、模型解的检验与完善等一系列过程。

14.2.1.2 生物模型

利用相应的几何、物理、数学、计算机等技术手段，科学合理地表述生物、生活、生境模本信息，建立关于模本行为特征和功能特性的生物模型，这是分析和揭示模本功能原理的重要手段。生物模型是为了生物某种特定的功能目标，将模本信息进行抽象而构成的替代物，它不是模本简单的复现，而是按研究功能目标的实际需要和侧重点，构建的一个便于进行模本研究的替代物。因此，建立生物模型是帮助研究者揭示模本特征、构造、功能实现过程等的一种有效途径。

生物模型可以取各种各样不同的形式，如物理模型、数学模型、结构模型和仿真模型等，不存在统一的模型。其中，物理模型是对仿生模本功能目标的影响因素进行简化或比例缩放等构建出的实体模型；数学模型是用数学语言描述功能目标与影响因素之间的关系的模型，其可以是一个或一组代数方程、（偏）微分方程、差分方程、积分方程或统计学方程等；结构模型是将影响功能目标的因素视为构件，建立各构件分布与连接关系的模型。例如，美国耶鲁大学的研究者发现，凤蝶科和灰蝶科蝴蝶翅膀上的鳞片包含一系列重复结构，称为 gyroids，它们能够折射和反射光，从而使翅膀产生绚丽的色彩，如图 14-7 和图 14-8 所示[21]。同时，鳞片的细胞膜和其他细胞结构折叠起来，形成了一种双 gyroids。研究者基于其鳞片的结构建立的生物结构模型如图 14-9 所示，gyroids 三维结构模型的构建，能够帮助研究者更直观地研究和推演蝴蝶鳞片折射和反射光线的原理与过程，为制造太阳能电池和其他利用或操纵光的装置提供更直接的借鉴。

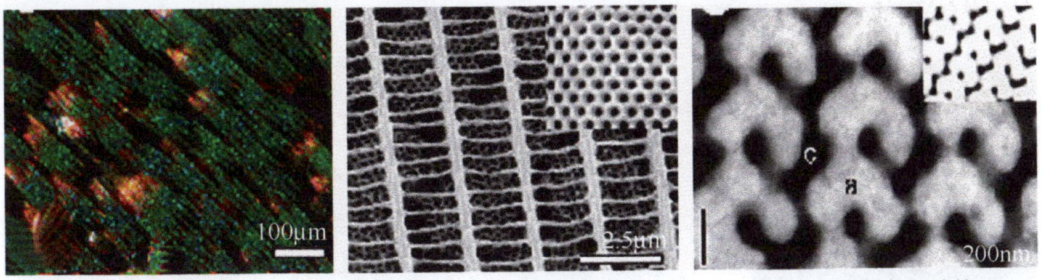

（a）鳞片宏观排列　（b）　鳞片微观结构　（c）　三维内部结构

图 14-7　灰蝶鳞片结构[21]

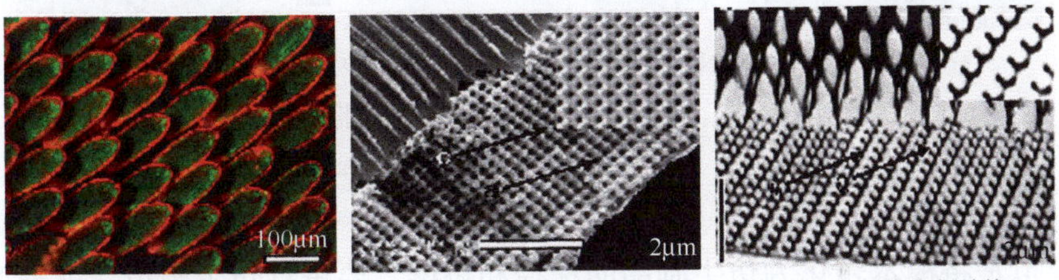

（a）鳞片宏观排列　（b）　鳞片微观结构　（c）　三维内部结构

图 14-8　凤蝶鳞片结构[21]

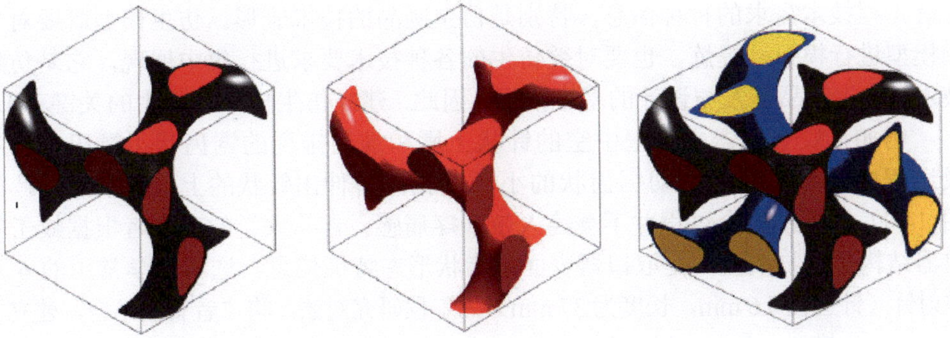
（a）单 gyroids 结构模型　（b）　双 gyroids 结构模型

图 14-9　蝴蝶鳞片三维结构模型[21]

通常，生物模型多用来辅助分析模本的机理，一般不直接用于仿生制品的制造，但是，随着设计与制造技术的发展，一些生物模型可以直接用于指导工程模拟与仿生制品制造，如 3D 打印制造技术的出现，不仅有力助推了生物模型直接转化为仿生技术产品的过程，而且制造出的仿生制品无论是结构还是功能都更接近模本，展现了较高的仿生效能。例如，骨骼外层是紧密堆积的钙化层，其由许多柱状的骨单位组成，内部细胞外层由细胞膜接收器包围；骨骼胶原质分子由钙化的无机物颗粒首尾联结构成胶原纤维，胶原纤维之间有由界面聚合物构成的纤维间基质。研究者在建立的生物模型指导下，采用 3D 打印制造技术，利用陶瓷纤维和塑料成功地制造出了仿骨骼结构的可编程不连续纤维复合材料，如图 14-10 所示[22]。

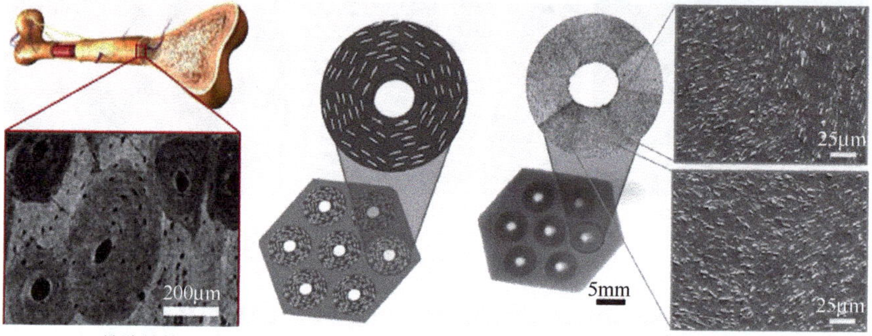

（a）骨骼结构　（b）生物模型　（c）3D 打印仿骨骼材料

图 14-10　骨骼结构与 3D 打印仿骨骼材料[22]

14.2.1.3　仿生模型

模拟是将模本转化为仿生制品的途径和桥梁，要进行仿生模拟，就需要在生物模型的基础上，结合工程实际需要，建立可用于工程实际的仿生模型，进而研发各种仿生技术与装置。仿生模型蕴含和展现的不仅仅有生物模型的重要信息，还有工程技术需求的种种信息，特别是仿生制品的技术雏形。仿生模型既要对生物模型进行模拟、提炼，也要对欲仿生的各种技术要求进行集中展现，它是仿生技术、仿生产品研发与设计的基本依据，因此，建立仿生模型是仿生的关键环节。

例如，蚊子口器由薄壁中空的针状上唇和规则排列的锯齿状小颚组成，刺吸过程中，首先微微振动锯齿状的小颚打孔，再伸出针状的上唇吸收血液，如图 14-11 所示，整个过程并不会给人带来疼痛感。吉林大学的研究者根据蚊子的口器结构与生物模型，提取口器表面锯齿状形态特征信息，选取医学常用的 6 号注射针（针直径 0.6 mm，长度为 37 mm）为工程研究对象，将二者有机结合，建立了注射针仿生模型，并据此制造出仿生注射针，如图 14-12 所示，与普通注射针相比，刺吸阻力明显减小[23]。日本关西大学的研究者也根据蚊子口器生物模型，设计出一种仿生无痛注射针模型，并利用硅酮制作出无痛注射针，它由宽为 15 μm 的“小颚”和直径为 30 μm 的“上唇”组成，刺吸过程中，先振动锯齿状结构的小颚，在皮肤上扎开极为微小的孔，再利用中空的针状上唇吸出血液，如图 14-13 所示[24]。与传统注射针相比，新型仿生无痛注射针需要的力度只有前者的 1/3。

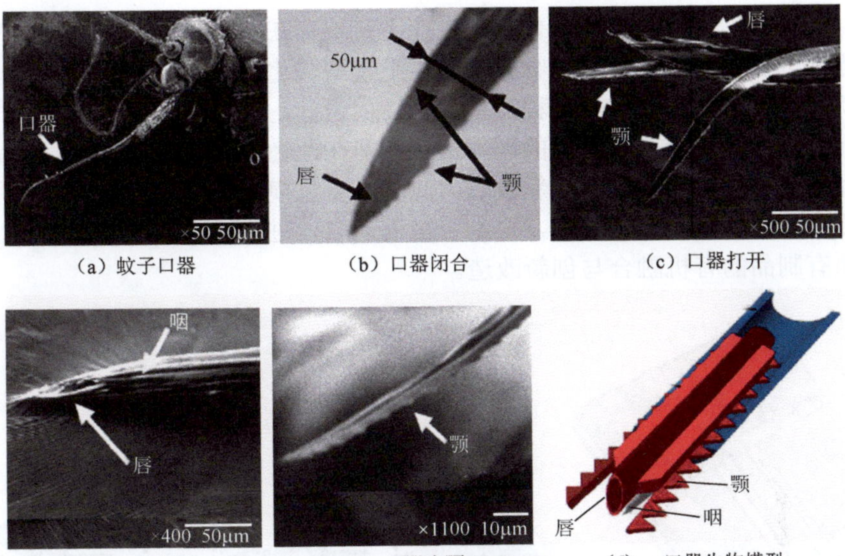

（a）蚊子口器　（b）口器闭合　（c）口器打开

（d）口器上唇　（e）口器小颚　（f）口器生物模型

图 14-11　蚊子口器结构与生物模型[23, 24]

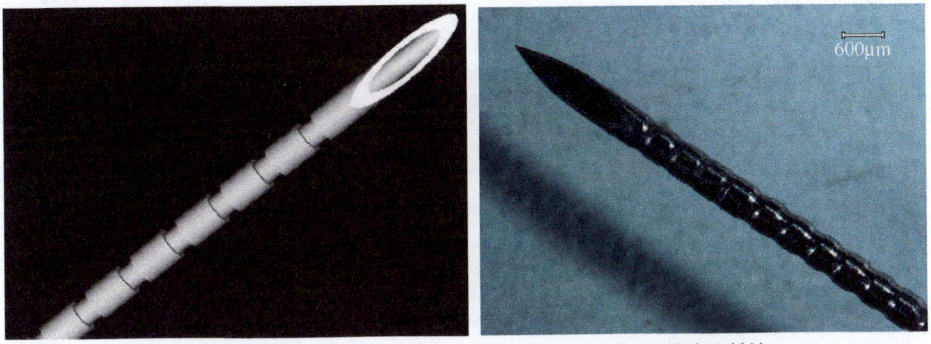

（a）注射针仿生模型　（b）仿生注射针

图 14-12　注射针针头仿生模型与仿生注射针[23]

14.2.1.4　生物模型向仿生模型的转化

生物模型是仿生模本功能特性与影响因素之间关系的最直接表达形式，可以使研究者更方便、有效、清晰地揭示模本的结构、功能、特性等，从而为模本功能仿生转化提供重要的生物学基础。仿生模型是仿生制品与仿生因素之间关系的最直接表达形式，是在生物模型的基础上，结合工程实际要求，建立的更接近仿生制品雏形的模型。仿生模型可以帮助研究者更便捷地制造出仿生制品，是建立仿生制品的关键依据。

生物模型向仿生模型的转化是仿生设计的关键环节，转化过程中，应将生物模型与工程实际相结合，保证生物模型的原理与核心内容充分转化。转化的类型包括：①原始创新基础上的转化，即在此之前不存在任何工程制品，仿生模型完全是原始创新模型，此时，生物模型向仿生模型转化过程中要充分考虑拟设计的仿生制品的工程需求，结合工程需求进行转化设计，然后利用仿生模型去指导仿生产品的制造；②原有基础上的创新改造，即在此之前存在传统的工程制品，仿生制品是原有制品基础上的创新改造，此时，生物模型向仿生模型转化过程中要结合原有制品特征与关键属性，再结合工程需求，进行模型转化设计，是生物模型与原有制品的有机融合与创新改造。

（a）注射针模型

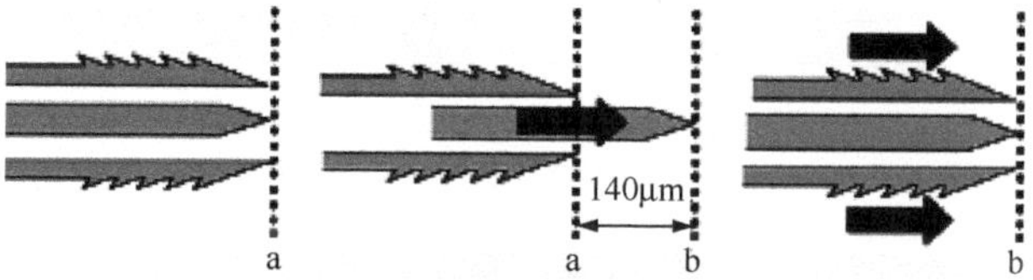

（b）刺吸过程示意

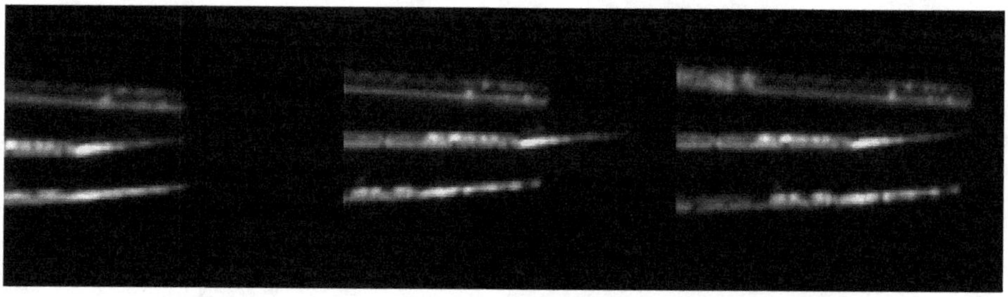

（c）仿生注射针刺吸过程

图 14-13　仿生注射针刺吸过程[24]

14.2.2　仿生设计技术

仿生设计是指提取仿生模本信息，通过构思、分析、规划、决策和创造等手段，将其与工程研究对象相结合，以制造出一个满足工程需求的人工系统，即把从自然界获得的仿生模本信息变成有望能解决工程技术问题与人文社会问题的具体方案的实践活动。仿生设计是仿生学最为重要的环节，是仿生制品（新技术、新产品、新系统、新工程等）开发、研制和构建的最直接依据。

14.2.2.1　仿生设计准则

仿生设计是转化模本优异功能的重要手段，其本质是革新和创新，是研发先进系统与创造新产品的重要途径。仿生设计的前提是了解拟设计仿生制品的目标需求，只有满足目标需求的设计方案才是可行方案。因此，在仿生设计初始阶段，应该了解仿生制品的工程需求，选择迫切需要解决的问题进行研究。

仿生设计的准则是：①目标功能有效实现准则。实现特定的功能是仿生设计的最终目标，仿生设计过程中的一切技术手段和方法，实际上都是针对设计出的仿生系统的功能而进行的。因此，设计出的仿生系统必须有效实现仿生模本所具有的功能特性，达到预期的功能目标，即要把模本功能有效实现放在设计的核心地位，为有效实现特定的模本功能而设计。②权重准则。不同的仿生因素对目标功能有效实现的贡献不同，有重轻之序。在仿生设计时，应根据权重次序，拟优先考虑重要因素的设计方案，着重模拟对仿生功能有效实现贡献最大、起主要作用的因素，在此基础上再进行其他因素的构建。③最优化准则。在仿生设计过程中，对所提取的仿生因素要进行逐一的、全面的筛选与优化，在仿生设计最后阶段，应对整个仿生设计进行统筹处理，实现仿生信息与仿生技术的有机融合，实现全域最优化。

14.2.2.2　单目标功能与多目标功能设计

单目标功能设计是指拟设计的仿生制品的主要功能目标只有一个，整个设计都围绕这一主要功能目标的实现而开展。单目标功能设计相对简单，具有明确的针对性。在设计过程中，仿生因素的设计关系遵循仿生设计准则，设计方法可采用仿生因素序贯设计或仿生因素并行设计，但无论采用哪种设计方式，主要关注的是主要因素与功能的对应关系，保证主要因素的高效转化与控制。

多目标功能设计是指拟设计的仿生制品的功能目标有两个或两个以上是必须要实现的，仿生因素的提取与设计都是围绕这些功能目标展开的，只有同时完成这些功能目标的设计方案才是可行的。多目标功能设计相对复杂，可以采用仿生序贯设计或并行设计的方法，也可以是二者的有机融合。相对于单目标功能设计，多目标功能设计由于要同时满足多种功能目标需求，因此，首先要分清功能目标的主次，确定先后顺序，对这些目标进行综合协调与统筹；然后要明晰各个仿生因素与各个功能的对应关系，确定仿生因素的主次关系。有时在设计过程中对于不同功能目标，仿生因素还会出现叠加或矛盾，这时就需要对仿生设计全程进行统筹优化，兼顾各个功能目标的共同实现。

例如，模拟壁虎足趾刚毛结构设计仿生吸附与脱附功能材料时，解决强吸附与易脱附二者功能上的矛盾性，自如地实现附着和脱附这两项功能的交替是仿生设计的关键。研究发现，壁虎实现强吸附能力的关键因素是刚毛的端部呈抹刀形[25,26]，可以伸展到被附着物的细微结构中，从而产生“范德华力”，每根刚毛产生的“范德华力”累积起来便能产生极强的附着能力；实现轻松脱附功能的关键因素是当刚毛末端的抹刀形表面与被附着表面呈 30° 角时，界面的附着关系开始分离，实现脱附[27]。基于壁虎足趾刚毛结构特性与吸附、脱附功能的对应关系，研究者利用低压化学气相沉积方法，将碳纳米管有机组成高密度、垂直取向的阵列膜，同时在其表面分布有任意取向的碳纳米管，这些在水平方向上任意取向的碳纳米管可通过与物体表面的相互作用而取向，如图 14-14 所示[28]。这种设计，一方面，当与物体表面接触时，在平行于表面的方向有更多接近线状接触的作用“面”，从而在沿接触表面的方向上产生更强的吸附力；另一方面，在垂直于物体表面的方向上，与表面接触的碳纳米管在外力的作用下可逐点脱离表面，吸附力大大减少，从而实现轻松脱附，如图 14-15 所示。因此，通过采用任意取向的碳纳米管阵列的设计方式，有效实现了吸附与脱附功能的交替。

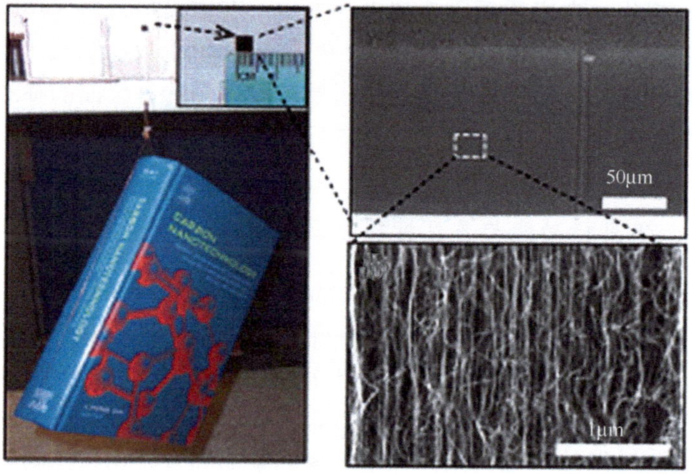

图 14-14　仿生碳纳米管阵列膜[28]

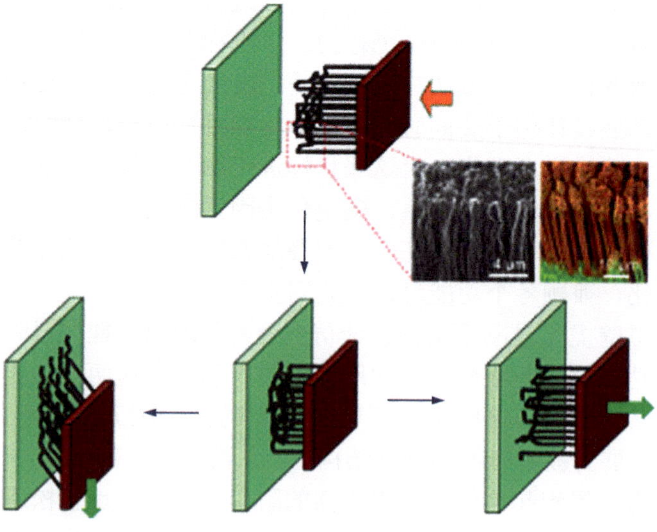

图 14-15　吸附与脱附过程示意[28]

14.2.2.3　系统设计

一个完善的仿生设计不单单是指目标功能的高效再现，还要考虑仿生制品与工况环境的相互作用。目标功能设计阶段，是仿生模本向仿生制品转化的过程，主要考虑仿生因素向目标功能优化转化的途径，设计的关键是确定仿生因素与功能之间的对应关系，进行仿生因素统筹与功能协调设计；系统设计阶段，是仿生制品向环境转化的过程，是直接影响仿生效能的关键环节，此阶段设计更多考虑的是仿生制品在各种工况环境下的功能实现模式，设计重点是确定仿生制品各个功能与工况环境的对应关系。因此，系统设计阶段应更多关注采用什么样的功能实现模式能有效协调仿生制品与工况环境的作用关系，这种作用关系表现在仿生制品自身不仅能用较低的消耗产生较高的仿生效能，而且对环境具有较高的适应性，且产生的副作用尽可能小。

14.2.3　仿生制造技术

14.2.3.1　仿生制造思路

仿生制造是依据仿生设计方案，将仿生模本、生物模型或仿生模型变成仿生制品的手段和途径。仿生制造是将制造领域的传统技术、高技术、新技术与仿生学相结合，建立的一系列的先进制造模式与加工方法，是目前先进制造领域中的前沿技术，为人类制造开辟了一个新的广阔领域。采用仿生制造技术制备的仿生制品不仅包括了非生命仿生制品，而且包括采用传统技术所不能制备的包含生命组件的仿生制品和具有完全生命的仿生制品。

仿生制造环节的首要任务是原材料的选择，在众多材料体系中选取与生物模型或仿生模型具有良好的匹配性的材料，各个材料的属性应具备充分实现功能目标的要求，同时，还要考虑材料的可加工性、经济适用性、易推广性、绿色可续性等，即材料匹配合理。然后，依据仿生设计方案与所选材料，进行制造工艺与方法优选，制造工艺是否科学、合理，直接决定仿生制造过程的先进性与高效性。有时，多个工艺方案都具备良好的可行性，此时，应结合仿生效能进行全程评估与决策。最后，根据优选出的制造工艺方案进行制造技术与装备的选择，制造技术与装备直接决定了仿生制品的成型模式与成型优异性等，因此，应尽量选择先进、精确、便捷、高效、绿色的制造技术与装备。

14.2.3.2　仿生制造工艺与方法优选

仿生制造工艺是指依据仿生设计方案，将原材料变成仿生制品的各个环节的方法与程序。任何一个仿生设计都离不开合理的、先进的制造工艺，制造工艺的进步可以提升仿生制品的质量。

仿生制造过程中，一个良好的制造工艺要具备合理性、先进性、可控性、适用性、前沿性等特征，这是获得优质仿生制品的重要保障。其中，制造工艺的合理性是指工艺方案要具备科学性与可行性，必须有效实现仿生功能目标的要求；

制造工艺的先进性是指与传统工艺相比，仿生制造各个环节大都具有新颖性，技术手段处于当下先进的水平；制造工艺的可控性是指仿生制品的各个制造环节都具有良好的可操作性，通过调配工艺方案可以定性或定量地实现仿生制品功能的可调控性；制造工艺的适用性是指不仅利于大规模生产和易于推广，而且还具有经济适用性；制造工艺的前沿性是指仿生制品的各个制造环节不仅代表了各种高新技术的转化，而且代表了一个前沿性的发展方向。

通常，同一个仿生设计方案可以有多种制造工艺，但采用不同的制造工艺流程会产生不同的制造效果。有时，即使是同一个工艺流程，一个微小环节的变更也会导致最终仿生制品功能特性的改变。因此，在仿生制造过程中，要对仿生制造工艺与方法进行优选，确保关键环节的精确控制，实现高效制造。例如，珍珠母贝的珍珠层像彩虹一样拥有多层次的色彩，许多研究团队试图人工合成这种结构变色材料，但都失败了，原因是人造珍珠层的各个层次之间没能牢固地结合在一起，粘合工艺出现了问题。为了解决粘合问题，英国剑桥大学的研究者改变了制造工艺，将基底材料的薄片浸入乙烯基聚合物或丙烯酸中，把材料片上的干酸溶解掉，再将薄片上剩下的高分子材料暴露在紫外线中，使之硬化。然后，在材料的表面涂上一层厚厚的非晶体碳酸钙，将其置于潮湿的空气中。因为材料的表面是多孔的，非晶体碳酸钙因而能够慢慢渗入材料之中并形成结晶。研究人员不断重复这个过程，最终制造出了一个多层次的涂层薄片，它甚至比真正的珍珠母贝更坚硬，色彩也更绚丽，如图 14-16 所示[29]。

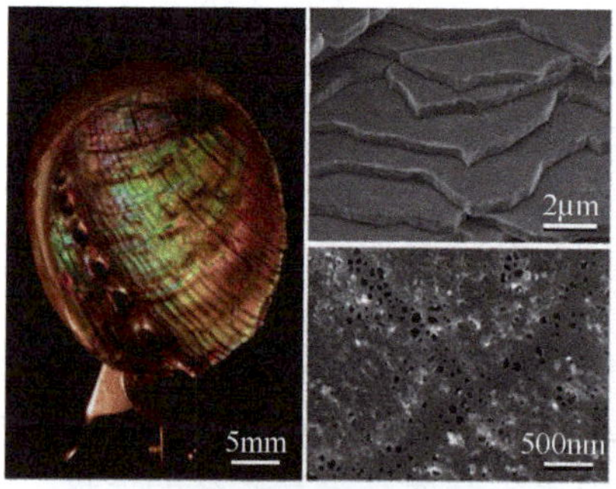

(a) 珍珠母贝珍珠层结构

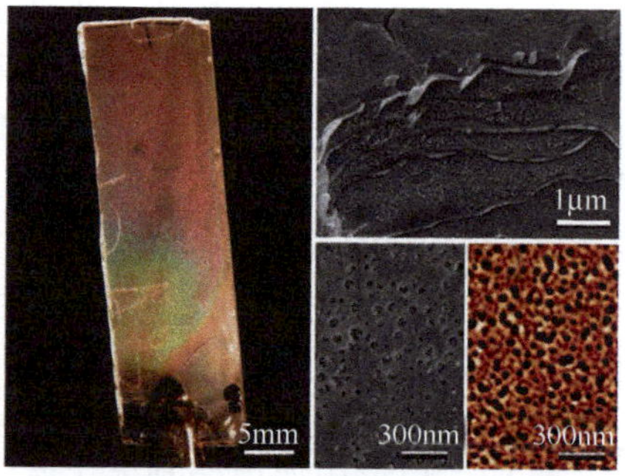

(b) 人造珍珠层结构

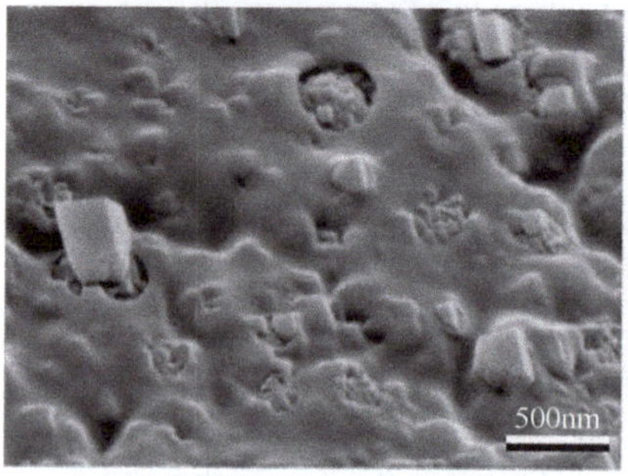

(c) 非晶体碳酸钙在有机质中结晶

(d) 光折射后产生的色彩

图 14-16　珍珠母贝珍珠层与人造珍珠层[29]

14.2.3.3　仿生制造装备优选与技术开发

仿生制造装备是获得仿生制品的必要手段，直接决定仿生制品的成型过程与制造模式。先进的制造装备是获得优质仿生制品的关键保障，也决定了仿生制品的制造方式等，如多步/复合制造方式或整体/一体化制造方式等。因此，在仿生制造过程中，应根据工艺方案与原材料加工属性等对制造装备进行优选，确保制造工艺的有效实现，以获得优异的仿生制品。

同时，制造技术与仿生学的有机交叉与融合，不仅开发了许多新型的制造装备，而且还产生了许多先进的仿生制造技术，如生物制造技术、仿生纳米制造技术、仿生自组装技术、3D 与 4D 打印技术、仿生自生长成形、仿生模板成形、仿生多层膜法、仿生表面激光成形、生物约束成形、生物分离技术等。这些制造技术有效实现了仿生制品的精确制造，尤其是实现了传统技术不能制备的包含生命组件的仿生制品与具有完全生命的仿生制品的制造，而且还实现了直接从仿生模本或生物模型到仿生制品的跨越式制造，如生物模板法、3D 打印技术等。

新型仿生制造技术的诞生与不断发展，不仅掀起了制造业新一轮的技术革命，而且也强有力地推动了具有复杂制造工艺、效能较高的仿生制品频出，实现了先进制造、高效制造、精确制造、绿色可持续制造等。例如，3D 打印技术的出现，实现了复杂制品的一体化精准成型，如美国宇航局采用 3D 打印技术打印的火箭喷射器（将用于火箭 RS-25 型发动机），能够在一个喷射器上设计出 40 个喷嘴，所有的这些都将作为一个整体一次打印完成，而传统制造需要制造 163 个零件，再进行焊接或组装。不仅如此，3D 打印技术还实现了生物模型直接到仿生制品的跨越式制造模式，如可以打印各种复杂的人造组织，包括心脏、肝脏、肾脏、肺脏、头骨、脊柱、义肢、血管等[30-32]，或有望掀起医学革命。

14.2.4　仿生测试技术

仿生测试技术是对仿生模本与仿生制品的相关信息通过检查与测量的方法赋予定性或定量结果的手段，是仿生模本与仿生制品机理揭示与性能分析的重要技术支撑。

14.2.4.1　仿生测试分析方法与技术创新

仿生学的多个学科、多个领域的交叉融合特性，使得对仿生模本与仿生制品相关信息的测试也存在复杂性与特殊性，这对测试分析方法、仪器与技术等都提出了更高的要求，也正是基于此，促使了一个全新的“仿生测试理论与仪器工程”研究的新领域诞生[33]，为测试理论与仪器科学领域的发展输入了一批先进、创新、精密的测试仪器与技术，对科学与技术的发展产生了巨大的推动力。

仿生测试分析包括两个方面，一是表征测试，即使用测试装置直接对模本或仿生制品的相关信息进行动态或静态检查与测量，获得定性或定量的量值及属性、表观特征信息等，如对模本与制品进行几何特征、物理特性、材料属性等表征测试。例如，在工程仿生领域，常用的常规表征测试技术包括电子显微技术、原子力显微技术、原子探针技术、X 射线衍射技术、热分析技术、红外光谱技术、高分辨 3D 成像技术、超分辨率光学显微成像技术、光遗传学技术等；二是试验测试，即对模本与制品进行试验测试分析，不仅试验测试本身可以获得相关数据，而且在试验过程中或试验之后还可以进行表征测试，以获得更加全面的信息，如对模本与制品进行运动学、动力学及相关机械性能的测试等。根据模本与制品的功能属性不同，测试技术是多种多样。通常，表征测试是获得模本与制品基本属性的关键测试手段，而试验测试是分析功能实现过程与模式的关键手段，两者相互结合，可以更精准地阐释模本与制品的功能特征与原理。

通常，有许多仿生技术与制品本身就是其他研究的检测技术与手段，如仿生传感器、仿生探测机器人等。同时，由于仿生学的原始创新性，致使在仿生测试过程中，有时常规的测试技术很难对复杂模本与制品做到精细分析，因此，研究人员往往会研发一些新的测试技术来进行分析，这也推动了新测试技术的不断涌现。例如，结构光照明显微镜（structured illumination microscopy, SIM）成像技术能够在极高的分辨率下展现细胞内的精细结构，但是，其局限性在于不能有效进行活体细胞成像。美国的研究学者开发了一种名为结构光激活非线性 SIM 的技术[34]，可以观测到活体细胞更多的动态活动，如可以获得细胞运动和改变形状过程中骨架蛋白的解体和自身再组装过程，如图 14-17 所示。

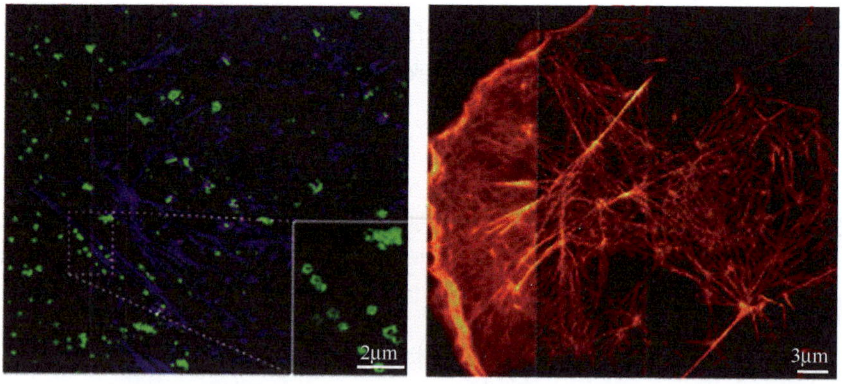

（a）亮态荧光骨架蛋白分子　　（b）　动态骨架蛋白每隔 15 s 40 多个时间点形成的图案

图 14-17　骨架蛋白自身再组装过程[34]

14.2.4.2　仿生测试仪器优选与创新研制

仿生测试仪器是模本与制品进行试验、测量、观测、检验、表征等采用的器具或装置，是获得仿生信息的技术手段。在进行仿生测试过程中，应该优选测试仪器，不同种类与不同精度的仪器获得的仿生信息是不相同的。通常，用于一个目标检测的仪器往往有许多种类型，应根据模本与制品的相关属性选择最适合的仪器。由于仿生学的多学科、多领域的交叉特性，有时采用传统、常规的测试仪器很难达到测试要求，因此，需要对常规仪器与设备进行改进、改造或创新研制，这也是仿生学全程创新的表现。

仿生学的不断进步，对仿生测试仪器也提出了更高、更新的要求。例如，测试对象向着微型化、超精密方向发展，如对基因、分子、细胞、微器件、微系统、微芯片等的几何尺寸、形状、运动、纳米力学等特性参数的测试，常规测试仪器很难完成，因此，必须研制新的测试仪器；测试对象向着大型化、复杂化方向发展，如许多仿生模本与制品其尺寸从几米扩展到几十米、几百米，甚至上千米，但其制造的精细化程度达到纳米量级，因此，采用常规的方法已不再适用，必须开发新型更加灵活的测试装备；测试对象向着多物理场耦合方向发展，如测试模本与制品在电场、磁场、热场、声场等多物理场耦合作用下的性能参数，采用传统单一物理场测试设备很难揭示多物理场耦合对模本与制品的交互作用规律，因此，必须开发新型的多场耦合测试装备。

仿生测试仪器是仿生学发展的重要前提和保障，仿生学任何一次巨大的发现与飞跃，都离不开先进测试仪器，而测试仪器的创新与提升，往往是催生仿生科技创新的重要因素。

14.2.5　仿生效能评价技术

在整个仿生设计、制造、应用过程中，仿生效能、费用、周期和风险成为评价仿生项目优劣的四大主要因素，在各因素中，仿生效能是评价的中心，是分析评价其他因素的前提，因此，对仿生体系的仿生效能评价尤为重要。

14.2.5.1　仿生效能

仿生效能是一个仿生系统满足特定目标要求程度的能力，即仿生系统在规定条件下达到规定使用目标的能力，是功能、效率与效益的有机结合。一个仿生系统具有较高仿生效能的表现是：①模本功能的仿生高效再现与转化，即将仿生模本的功能特性高效转化到仿生制品上，转化率越高，仿生制品的功能特性就越接近仿生模本，有的甚至能超越仿生模本的功能特性；②仿生制品质量上乘，可靠性高，即在整个仿生设计与制造过程中，设计方案优化、制造工艺合理、制造技术先进，获得的仿生制品质量上乘，应用过程中的稳定性与可靠性较高；③仿生效率与效益较高，即整个仿生设计、制造、应用与维护过程中的投入与仿生制品应用创造的价值相比，获得了更多的输出价值；④可续性良好，即仿生制品整个生命周期内都具有良好的绿色可续性。

14.2.5.2 评价指标体系

仿生效能评价研究是指依据对仿生体系设立的明确目标，按照一定的标准，对仿生制品整个生命周期各个阶段产生的成果的品质、属性与功能等进行量化，并对量化结果作出价值性的判断。仿生效能评价范围不仅包括仿生全过程产生的各种成果，而且还包括对仿生效益和仿生效率的评价，以及对整个仿生体系的综合与系统评价。

对仿生体系效能进行评价时，一般要从不同的方面建立多个评价指标，将多个指标的信息综合起来，得到一个综合指标，以此来反映被评价仿生体系的综合效能。尽管不同仿生体系效能评价的具体指标各不相同，但其评价指标的建立都应围绕上述提及的功能转化率、质量、效率与效益、可续性等方面进行，具体的评价指标可归纳为以下几个。

1）功能效益指标

功能效益指标主要包括仿生模本的仿生度、模本功能转化率、仿生制品期望性能指标的达到程度等。需要指出的是，不同仿生阶段的功能效益因素性能指标不相同，仿生设计过程关注的是仿生度与模本功能转化率，而仿生制造与应用阶段关注的是仿生产品的品质指标及期望的性能指标目标的达到程度。

2）经济效益指标

经济效益指标主要包括仿生效益与效率指标，即建立仿生设计、制造、应用、维护等各个阶段与环节的投入成本消耗与回收价值等指标体系。

3）社会效益指标

社会效益指标主要包括建立仿生制品作业质量、稳定性、兼容性、可扩展性、可续性等指标体系，其中作业质量与稳定性是指仿生制品在运行过程中的故障概率、使用寿命等；兼容性是指仿生制品与工况环境的适应性，与其他系统的配合性等；可扩展性是指工程仿生制品的可升级改造程度；可续性是指仿生制品整个生命周期的绿色性、生态性、等可延续性。

只有建立科学合理的评价指标体系，才有可能得出科学公正的综合评价结论，因此，构建仿生效能评价指标体系应遵守的原则包括科学性原则、目的性原则、层次性原则、可操作性原则、全面性原则、统一性原则、系统性原则、可比性原则等[35]。

14.2.5.3 仿生效能评价方法与步骤

传统评价方法的步骤是明确系统目标、分析系统要素、建立系统评价指标体系、制定评价结构和评价准则、评价方法的选定、专家评价、获得评价结果等一系列过程。由于仿生效能评价指标的多样性与复杂性，一般采用多指标综合评价法，即在传统评价方法的基础上，建立不同方面的多个评价指标体系，对每一个评价指标赋予一个权重系数，以体现各评价指标之间的相对重要性及对目标的贡献度，然后从整体上进行专家评价、实测数据、仿真数据的多数据源融合分析，最后得到仿生效能评价结果。

例如，以一个多元耦合仿生系统为例，采用多指标综合评价法进行仿生效能的评价步骤为：①评价目标需求及指标体系构建；②评价数据源采集；③评价多数据源融合。其中，评价目标需求及指标体系构建环节包括：分析评估对象和指导建立合理的评估指标体系。评价数据源采集环节包括：评价数据源的采集，如专家数据源的采集与试验数据源的采集。评价多数据源融合环节包括：采集到的效能评价数据源，往往是不同性质的数据，首先需要归一化，然后可以采用功效系数法进行多种评价数据源的归一化，进而求取综合的效能评价值。可进行多轮评价，每一轮的评价结论需要保存起来作进一步分析。对评价过程与评价结果进行分析，得到评价活动需要改进的因素与建议，反馈到下一轮改进的评价。经过反复迭代，最后得到可靠的评价结果，多元耦合仿生效能评估方法如图 14-18 所示[35]。

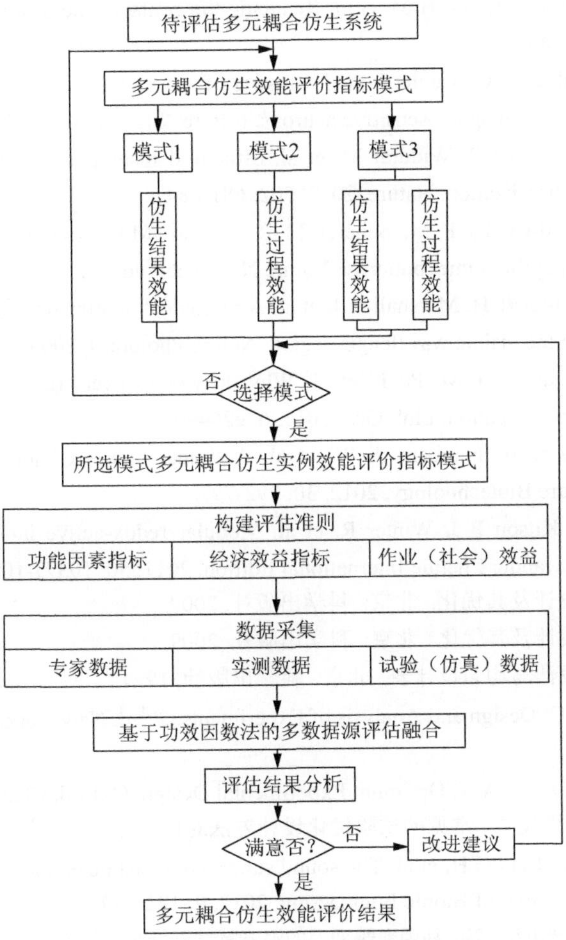

图 14-18　多元耦合效能评价方法[35]

仿生最终的目标是提高仿生制品的仿生效能，因此，建立科学、合理、全面、可靠的指标体系，采用适当的评价分析方法，依据科学的评价准则，对整个仿生体系进行效能评价，既是对仿生的整体水平的考察，又是对其存在的问题的诊断，同时，还是提升仿生决策及产品的重要依据。

参 考 文 献

[1] 柴中林. 关于植物叶序分布规律的斐波那契-卢卡斯序列的解. 中国计量学院学报, 2002, 3: 210-213.

[2] Luksys G, Fastenrath M, Coynel D, et al. Computational dissection of human episodic memory reveals mental process-specific genetic profiles. Proceedings of the National Academy of Sciences, 2015, 10: 4939-4948.

[3] Bird J C, Dhiman R, Kwon H M, et al. Reducing the contact time of a bouncing drop. Nature, 2013, 503: 385-388.

[4] Treiber C D, Salzer M C, Riegler J, et al. Clusters of iron-rich cells in the upper beak of pigeons are macrophages not magnetosensitive neurons. Nature, 2012, 484: 367-371.

[5] Siponen M I, Legrand P, Widdrat M, et al. Structural insight into magnetochrome-mediated magnetite biomineralization. Nature, 2013, 502: 681-684.

[6] Kolle M, Salgard-Cunha P M, Scherer M R J, et al. Mimicking the colourful wing scale structure of the papilioblumei butterfly. Nature Nanotechnology, 2010, 5: 511-515.

[7] Roberts N W, Chiou T H, Marshall N J, et al. A biological quarter-wave retarder with excellent achromaticity in the visible wavelength region. Nature Photonics, 2009, 3: 641-644.

[8] Wang L Z, Cheung J T M, Pu F, et al. Why do woodpeckers resist head impact injury: a biomechanical investigation. PloS One, 2011, 6: e26490.

[9] Nawroth J C, Lee H, Feinberg A W, et al. A tissue-engineered jellyfish with biomimetic propulsion. Nature Biotechnology, 2012, 30: 792-797.

[10] Cooper G J T, Kitson P J, Winter R, et al. Modular redox-active inorganic chemical cells: iCHELLs. Angewandte Chemie International Edition, 2011, 50: 10373-10376.

[11] 任露泉. 试验设计及其优化. 北京: 科学出版社, 2009.

[12] 任露泉. 回归设计及其优化. 北京: 科学出版社, 2009.

[13] 方开泰. 均匀设计与均匀设计表. 北京: 科学出版社, 1994.

[14] Montgomerg D C. Design and Analysis of Experiments. 2nded. New York: John wiley and Sons, 1984.

[15] Atkinsom A C, Donev A N. Optimum Experimental Design. Oxford: Clarenden Press, 1996.

[16] 程敬丽, 郑敏, 楼建晴. 常见的试验优化设计方法对比. 实验室研究与探讨, 2012, 31: 7-11.

[17] Chen K, Liu Q P, Liao G H, et al. The sound suppression characteristics of wing feather of owl（bubo bubo）. Journal of Bionic Engineering, 2012, 9: 192-199.

[18] 陈坤, 刘庆平, 廖庚华, 等. 利用雕鸮羽毛的消音特性降低小型轴流风机的气动噪声. 吉林大学学报, 2012, 42: 79-84.

[19] 任露泉. 试验设计的全程优化及其工程仿生应用. 第一届中国试验设计与质量改进会议论文

集, 2007, 11: 17-22.

[20] 贾媛, 刘晓敏, 陈钰婷, 等. 基于 TRIZ 和仿生技术的产品创新集成模型及其应用. 工程设计学报, 2014, 21: 522-528.

[21] Saranathan V, Osuji C O, Mochrie S G J, et al. Structure, function, and self-assembly of single network gyroid (I4132) photonic crystals in butterfly wing scales. Proceedings of the National Academy of Sciences, 2010, 107: 11676-11681.

[22] Martin J J, Fiore B E, Erb R M. Designing bioinspired composite reinforcement architectures via 3D magnetic printing. Nature Communications, 2015, 6: 8641-8647.

[23] 王京春, 陈丽莉, 任露泉, 等. 仿生注射器针头减阻试验研究. 吉林大学学报（工学版）, 2008, 38: 379-382.

[24] Izumi H, Suzuki M, Aoyagi S, et al. Realistic imitation of mosquito's proboscis: electrochemically etched sharp and jagged needles and their cooperative inserting motion. Sensors and Actuators A: Physical, 2011, 165:115-123.

[25] Autumn K, Liang Y A, Hsieh S T, et al. Adhesive force of a single gecko foot-hair. Nature, 2000, 405: 681-684.

[26] Bhushan B. Biomimetics: Bioinspired Hierarchical-Structured Surfaces for Green Science and Technology. New York: Springer Heidelberg New York Dordrecht London, 2012.

[27] Huber G, Gorb S N, Spolenak R, et al. Resolving the nanoscale adhesion of individual gecko spatulae by atomic force microscopy. Biology Letters, 2005, 1: 2-4.

[28] Qu L T, Dai L M, Stone M, et al. Carbon nanotube arrays with strong shear binding-on and easy normal lifting-off. Science, 2008, 322: 238-242.

[29] Finnemore A, Cunha P, Shean T, et al. Biomimetic layer-by-layer assembly of artificial nacre. Nature Communications, 2012, 3: 966-973.

[30] Martin J J, Fiore B E, Erb R M. Designing bioinspired composite reinforcement architectures via 3D magnetic printing. Nature Communications, 2015, 6: 8641-8647.

[31] Qin Z, Compton B G, Lewis J A, et al. Structural optimization of 3D-printed synthetic spider webs for high strength. Nature Communications, 2015, 6: 7038-7044.

[32] Bertassoni L E, Cecconi M, Manoharan V, et al. Hydrogel bioprinted microchannel networks for vascularization of tissue engineering constructs. Lab on a Chip, 2014, 14: 2202-2211.

[33] 车仁生. 仿生测试理论与仪器工程. 中国机械工程, 2000, 11: 241-244.

[34] Li D, Shao L, Chen B C, et al. Extended-resolution structured illumination imaging of endocytic and cytoskeletal dynamics. Science, 2015, 349: 6251-6255.

[35] 任露泉, 梁云虹. 耦合仿生学. 北京: 科学出版社, 2012.